U0160573

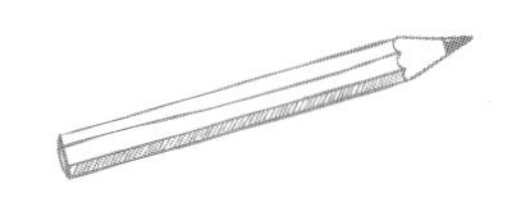

DK 图解

科学简史

1000个伟大的发明与发现

INVENTIONS AND DISCOVERIES

英国DK公司◎编著　赵昊翔　张雅妮◎译

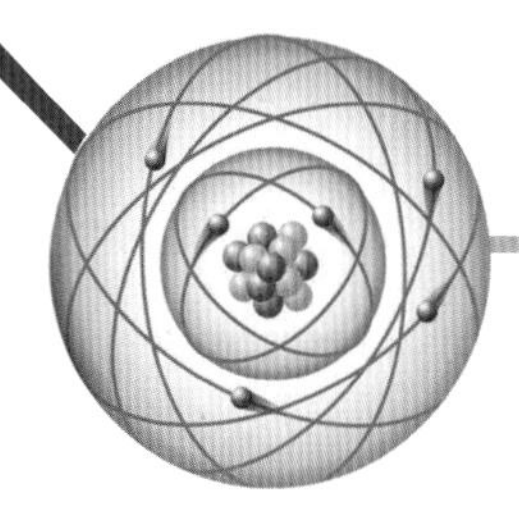

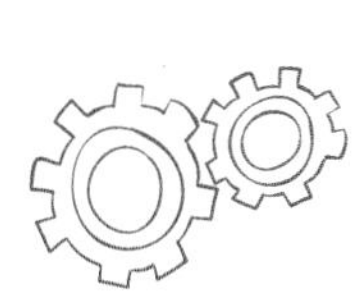

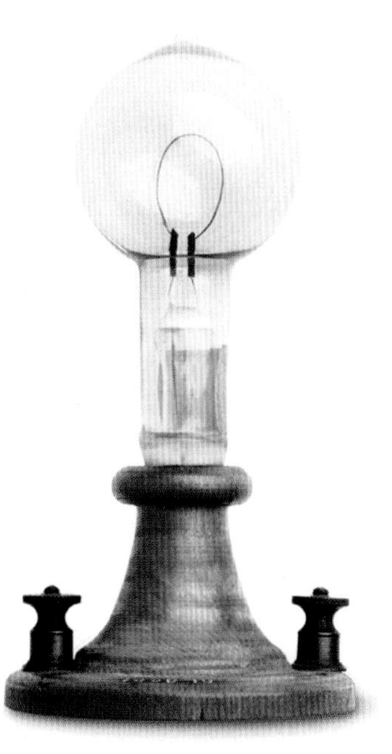

人 民 邮 电 出 版 社
北 京

Original Title: 1000 Inventions and Discoveries

内 容 提 要

本书内容涵盖了从人类文明伊始到如今信息化社会的科学发展历程，按照时间的顺序和文明的发展程度划分为“文明的基石”“权威的时代”“新世界，新思想”“巨大的变革”“科学为王”“大众发明时代”和“信息与未知”7章，分时段收录了公元前300万年到现在最为重要的科学事件和人物，全面记录了人类文明发展过程中至关重要的发明与发现。

从远古时代到如今的信息化时代，人类文明不断发展，各种发明与发现灿若繁星。翻开这本书，你会发现一个全新的科学世界：从300万年前的石制工具到现在的智能机器人，从固定电话到智能手机，从看得见的衣食住行到看不见的原子电波，从微小的细胞到神秘的宇宙。本书将带大家领略不一样的科学世界，让读者们从宏观角度了解科学从哪儿来，思考科学将向哪里去。

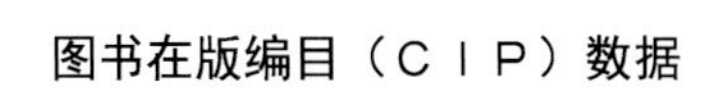

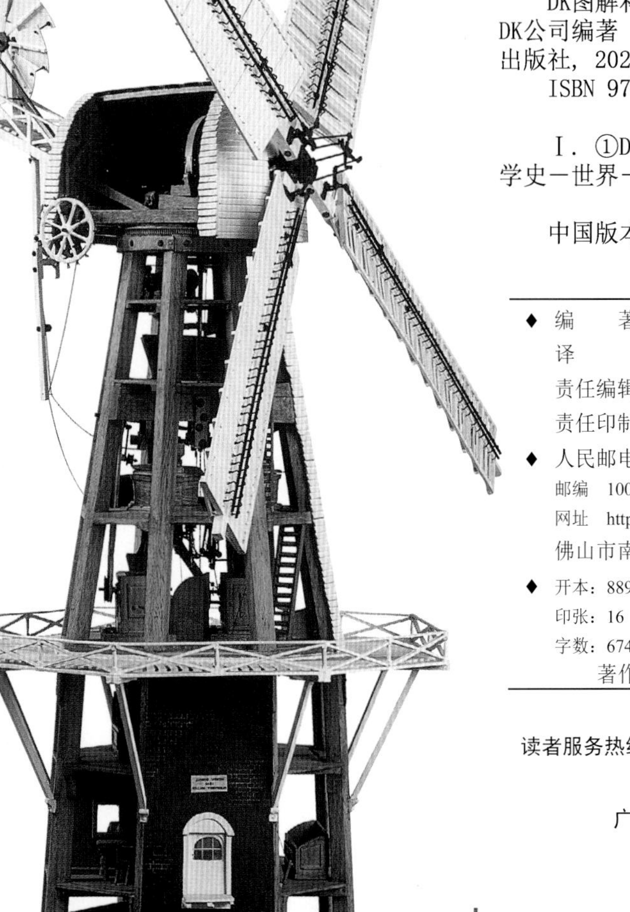

图书在版编目（CIP）数据

DK图解科学简史 ： 1000个伟大的发明与发现 / 英国DK公司编著 ； 赵昊翔，张雅妮译. -- 北京 ： 人民邮电出版社，2021.1（2023.11重印）
ISBN 978-7-115-54351-6

Ⅰ. ①D… Ⅱ. ①英… ②赵… ③张… Ⅲ. ①自然科学史－世界－少儿读物 Ⅳ. ①N091-49

中国版本图书馆CIP数据核字(2020)第114562号

◆ 编　　著　英国 DK 公司
　译　　　　赵昊翔　张雅妮
　责任编辑　宁　茜
　责任印制　彭志环

◆ 人民邮电出版社出版发行　　北京市丰台区成寿寺路 11 号
　邮编　100164　　电子邮件　315@ptpress.com.cn
　网址　https://www.ptpress.com.cn
　佛山市南海兴发印务实业有限公司印刷

◆ 开本：889×1194　1/16
　印张：16　　　　2021 年 1 月第 1 版
　字数：674 千字　　2023 年 11 月广东第 5次印刷

著作权合同登记号　图字：01-2020-4016 号

定价：119.00 元

读者服务热线：(010)81055493　印装质量热线：(010)81055316
反盗版热线：(010)81055315
广告经营许可证：京东市监广登字 20170147 号

www.dk.com

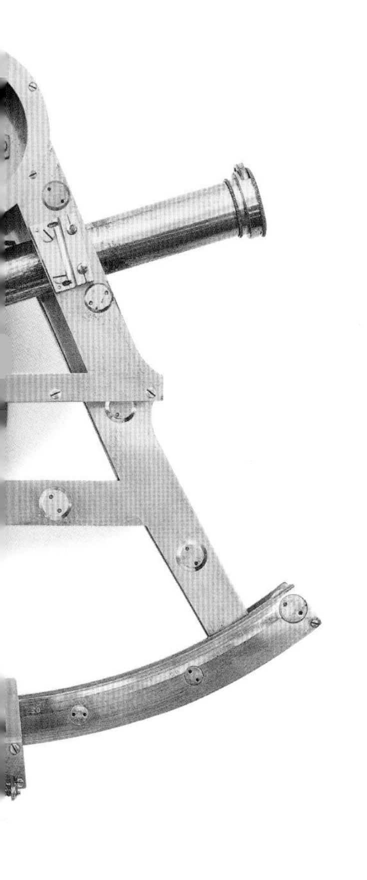

目录

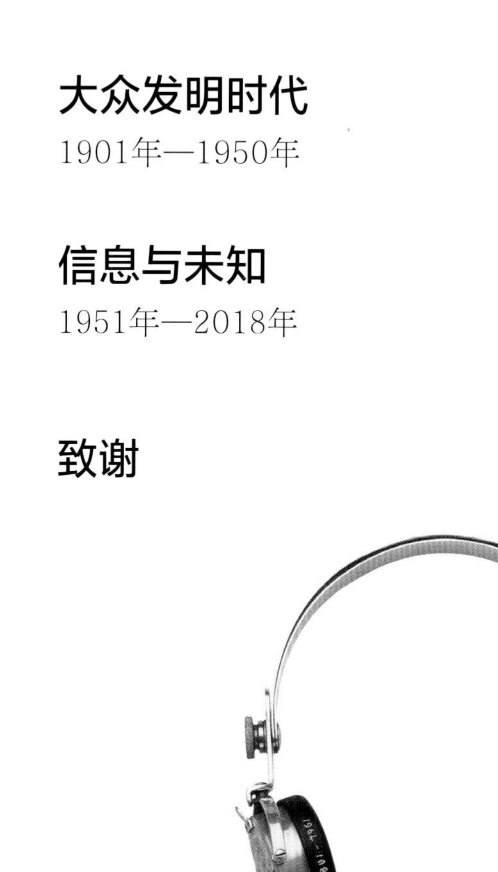

前言

300万年来，人类从未停止过创造与探索，成千上万的发明和发现由此诞生。有些发明和发现满足了人类的基本需求（从生存需求到求知需求），并为塑造我们今天的世界发挥了巨大作用。

过去和现在的世界几乎是截然不同的。无数的发明和发现不仅改变了我们的行为方式，也改变了我们的思维方式。发明是创造新东西，是以新方法把事物重新排列组合；发现则是让本就存在的事物或者原理走进人们的视野。无论什么发明和发现，都不是一蹴而就的，所以我们很难判断发明和发现的准确时间。在它们出现之前，往往会有一个准备过程，即使准备完了，也需要经过一段时间才能起作用。一项新发明也许要经过多年时间才能替代旧事物；一项新发现也许要经过几代人的时间，才能改变人们的思维习惯。

无论什么发明和发现，都不是一蹴而就的，所以我们很难判断发明和发现的准确时间。

发明创造始于何时？

这本书不是要罗列多少个“第一”。关于书中大多数的发明和发现，我都是按照它们首次为人所知的时间来编排的。但其中有些发明和发现，过了很久才为大众所知，或者很多年后才影响到人们的生活，这使得我们很难确定这些发明和发

现的起源时间，甚至无法准确知晓是谁做出了这些发明，有了这些发现。往往时机成熟时，就会有很多人产生同样的想法，而要把想法付诸实践又比仅仅有想法重要得多。所以，我在每个发明或发现下列出的是我认为对其贡献最大的人。可能的话，我还会在最后提及对此有过帮助或者有类似发明或发现的人。有些故事难以用短短的一段文字表达清楚，但它们非常有趣，我就把它们单独放在一个文字框里，或者用整整两页来加以描述。这些长故事将告诉我们发明和发现有时候是多么复杂，以及它们是怎样改变人们的生活的。在每一页最下方，我还按年代顺序排列出了世界上发生的其他重要事件。

也许我们很快就能掌握足够的知识来控制生命这台机器，从而改变我们的基本需求，使未来具有更多的可能性。

Roger Bridgman

越来越快

数百万年来，发明和发现呈现出两大趋势。随着观察论证的手段和数学学科的发展，古代的思想变成了现代的科学；制造器物的方式也随着科学技术的发展逐步取代传统技艺而发生了彻底的改变。今天，这两大趋势还在以更快的速度继续着。你们也许已经注意到，本书的第一章内容覆盖了将近300万年，而最后一章的内容只覆盖了最近的六七十年。尽管有如此巨变，但许多发明和发现的影响却是长远的。有些东西，比如风车或者大陆漂移理论，曾一度被人遗忘，可是后来再度出现在人们的视野内。其他一些东西，比如陶器，就从来没有被取代过。这些发明或发现之所以被应用和被记住，是因为它们满足了人类的基本需求，而这些基本需求直到现在也没有发生改变。不过，也许我们很快就能掌握足够的知识来控制生命这台“机器”，从而改变我们的基本需求，使未来具有更多的可能性。我希望这本书能帮助大家理解人类是怎样走到当前的世界的，甚至希望能帮助大家预见人类下一步将会走到哪里去。

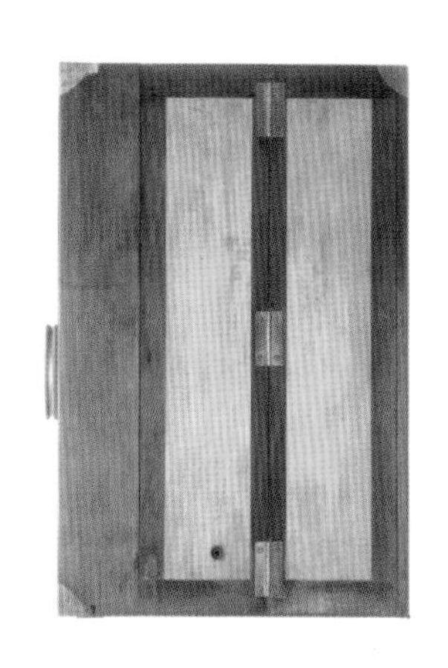

文明的基石

人类通过制造工具来改善或者适应环境，在恶劣的环境中生存了下来。人类经历了数百万年的漫长岁月，才有这些基本的发明和发现，并奠定了我们今天所说的技术基础。

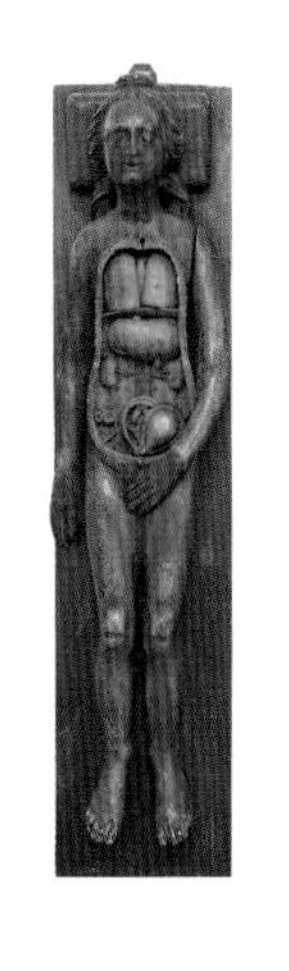

石　器

c 3,000,000 BC

人类和动物的主要区别是：人类会使用工具。现已发现的人类使用过的最古老的工具是在非洲发现的，距今已经有200多万年。它们是一些经过打磨的有锋利边缘的石器，可以用来割肉或劈柴。制作这些石器的先人，或许也用木头制作过类似的工具，但是木制工具都没能在漫长的岁月中保存下来。

火的使用

c 1,400,000 BC

人类早在学会生火之前，就已经发现了火的价值。摩擦、雷击或者用水珠聚光都可能产生火。最早使用火的人类，只能通过让火一直燃烧来保留火种。他们会用火来取暖、烤熟食物。此外，他们还会用火将低矮的灌木丛和高大的树林烧掉，使草长得更茂盛，以便引来他们想捕食的猎物。

钻

图右边的钻为古埃及弓钻，图左边的钻为新几内亚人用来在木料上钻孔的泵钻。

用以保持钻头直立的木块或石块

绳子系在木弓两端和木棒顶端，并缠绕在木棒上

拉动木弓并下压，由绳索带动木棒转动

用重石来增加钻头压力和旋转惯性

木棒末端装有铁质钻头

手　斧

燧石是用来制造工具的最理想的石头。右图这块手斧在公元前5000年—公元前1000年之间被人类制作出来，它是在法国亚眠郊外的圣阿舍利发现的。

把燧石表层成块地削落就能形成锋利的边缘

手　斧

c 1,800,000 BC

早期的粗粝型石器经历了上百万年的时间才演变为精美打造的刃型石器。制作者们把燧石表层多余部分削掉，使燧石的边缘更加锋利并且形成一个尖端，边缘用来切割或刮，尖端则用来穿刺。这个石器余下的部分则能紧紧贴合手掌，这也是它们被称为手斧的原因。

采　矿

c 40,000 BC

早期的人类已经会充分利用周围的东西，甚至包括石头。他们不仅用石头制作工具，还会从中提取矿物。经过了一段时间之后，地表好用的石头都用完了，于是人类开始通过挖掘来寻找他们想要的东西。最早的“矿床”只是一些浅坑，后来，“矿工”们不得不进行更深入的挖掘。他们想得到一种叫红赭石的矿物，它可被用作祭祀和在岩壁上作画时使用的颜料。至今发现的最早的红赭石矿井，位于非洲斯威士兰的邦乌山脉。

钻

c 35,000 BC

最早的钻具可能是被削尖的石头，人们用双手来转动它们。后来，人们用转动木棒的办法来取火。人们还发现，把绳子绕在木棒上，将绳子两端固定在木弓两头，再用推拉木弓的方式带动木棒，木棒就会转得更快。直到现在，世界上有些地方的人们还在使用这种木钻。

约公元前160万年	地球进入距今最近的一次冰期。冰层最终覆盖了北欧和北美洲。直到公元前1万年，绝大多数冰层融化，裸露出变了形的地表。
约公元前5万年	一块巨大陨石坠落到地球上（位置在今美国亚利桑那州）。这颗陨石重达40万吨，把地球砸出了一个直径1.2千米、深150米的大坑。

用天然植物藤蔓制成的渔线

鱼 钩

近代夏威夷的这种鱼钩与早期的鱼钩十分相似。

倒刺用来防止鱼上钩后挣脱

用象牙制成的钩

石刻工具

c 35,000 BC

早在4万年前，人们就已经使用錾刀这种石刻工具来制作精美的物件了。錾刀是可以把片状燧石边缘加工得更加尖锐和锋利的一种工具，它被用来在骨头或木头上刻出线条和沟槽。有了它，人类就能制造出像针这类能在较大的物件上刻出饰纹的精密工具。

鱼 钩

c 35,000 BC

用绳子拴住一块两头尖的石头，然后在上面穿上鱼饵，鱼一吞饵，石头便卡在鱼嘴处，这是人类最早的捕鱼方法之一。真正意义上的鱼钩是由最早的“现代人”克罗马努人发明的。他们用来钓鱼的鱼钩带有倒刺，左图是他们用改进过的多功能錾刀制作出来的工具。

工具手柄

c 35,000 BC

给石刀等工具装上手柄听着似乎很平常，但这却是个重大的突破。不带手柄的工具，用起来使不上劲，而且还会震得手疼。使用不带手柄的工具，人类无法更迅速敏捷地挥动手臂，毕竟人的手臂只有那么长。装上手柄或把手，既可以防止手臂受震，又能够加长力臂。没有手柄的石斧只能用来清除低矮灌木，而有手柄的石斧就能用来砍伐大树。

投矛器

c 35,000 BC

早期的狩猎者通常匍匐着悄悄爬向猎物，到一定距离时向猎物投矛进行猎杀。但猎物有时候会在狩猎者靠近的过程中逃窜，所以猎手需要新的方法，在离猎物较远时就可以投矛。投矛器是一种木制或鹿角制的长形工具，其一端有一个沟槽，用来撑托矛。这样狩猎者就可以把矛投得更远，提高捕获成功的概率。

弓和箭

c 30,000 BC

最早在约公元前3万年的岩画上，就出现了弓和箭，但迄今为止还没有发现当时的弓和箭的实物。到约公元前1.8万年，人们在箭上绑上尖燧石，这对猎物的杀伤力更大了。后来，弓箭发展成了战争中杀敌的武器。

洞穴岩画

c 30,000 BC

人类在3万多年前就能画出生动传神的画，但现代人却一直不知道。直到1879年，一个叫玛丽娅·德·索图拉的小姑娘和她父亲误闯入西班牙阿尔塔米拉的一个山洞，才发现，在山洞的洞顶有一幅巨大的动物岩画。此后，在法国肖维岩洞发现了更早期的岩画。这些古代艺术家在作画之前，

房 屋

经过两万年的变迁，人们开始用砖建造房屋。右图是公元前6世纪的房屋模型。

约公元前3.5万年	当时海平面没有现在高，人类徒步穿越连接西伯利亚和阿拉斯加的大陆桥进入美洲，后来全球冰层开始融化，海平面上升，大陆桥消失于海洋之中。	约公元前2.7万年	一位人类艺术家在今天德国的所在地创作了维伦多夫的维纳斯雕像。这是目前已知的、最早的人体雕塑，它放大了女性各部位的比例，而且它的全身被涂成了红色。

颜料、画笔、脚手架，甚至人工光源肯定已经被发明出来了。

画　笔

c 30,000 BC

在西班牙阿尔塔米拉和法国拉斯科洞穴以及其他地区的画家们也许采用了若干种不同的方式来作画，其中就包括喷洒的作画方式。从画作的效果来看，可以判断他们肯定用过画笔。咀嚼细枝条的一端使其纤维分散开来，这就是最简单的画笔，但这些世界上最早的室内装潢工匠们或许也使用过用羽毛或兽毛制成的画笔。

绳　索

c 30,000 BC

要考证人类制绳的确切年代很难。一些沼泽地因其酸性环境减缓了绳索的腐烂速度，除此之外，其他地方几乎找不到早期绳索的遗存实物，但从早期的绘画和雕刻作品上可以发现人类使用绳索的证据。有时候，在泥土中也能看到绳子压出的痕迹。在法国拉斯科洞穴中，考古学家就发现了用3股植物纤维编织的绳索的痕迹。绳索最初是用来织网或设套捕猎的。

房　屋

c 28,000 BC

人类大约在3万年前开始建造房屋，但大多数人还是栖身于有遮蔽的地方或洞穴中。他们也会建造简陋的棚子，住上一段时间后，就将这些棚子废弃，到别处去寻找食物了。考古学家在捷克的多尔尼维斯托尼斯，发现了大约公元前2.5万年用石头、木头和哺乳动物的骨头建造的房屋遗迹。

回旋镖

c 19,000 BC

回旋镖是非洲、印度和澳大利亚狩猎者使用的武器，它原来只是重木棒，狩猎者把木棒掷向猎物将其打晕或打伤后，便能更轻松地将猎物捕获。斗转星移，不断改良的木棒能被掷得更远、更快了，甚至打伤猎物后还能返回投掷者手中，于是就成了名副其实的回旋镖。最早的回旋镖是在波兰南部的一个岩洞中被发现的，距今大约2.1万年。大洋洲土著大概在公元前8000年，也使用上了回旋镖。

陶　器

c 13,000 BC

火的使用为人类制作陶器创造了条件。早期的陶工只需找到软黏土，塑形后把它放在火中烧就行了。由于一般的火不能使黏土均匀受热，制成的陶器很容易碎，也无法完全防水，但这并不妨碍它的使用。人们在中国发现了目前已知最早的陶器，距今大概两万年。

约公元前2.3万年 这时地球处于冰期的极盛期，地表被冰层牢牢控制着，越来越多的水被封存在冰川里，造成海平面持续下降。那时的海平面比今天的要低90米。

约公元前1.8万年 生活在大洋洲的土著在岩石上镌刻了数以千计的精美图案。他们还创作了彩色的图画，其中的红色颜料是用红赭石甚至人血制成的。

狗

c 11,000 BC

在研究古人类遗骨旁的其他骨头时，考古学家得出结论：大约在1.3万年前，人类就发现了狗的作用。也许在很久之前，狗就已经成为“人类最好的朋友”。科学家们认为狗最早出现于4万年前，由狼逐渐演变而来。早期的狗和狼极为相似，考古学家也很难准确地辨别出哪些是狗的骸骨。

颅孔

c 10,000 BC

人类曾经认为疾病的起因是恶魔潜入头颅，或者是灵魂被摄走了。于是他们就在头颅上凿孔来驱赶恶魔，或者让灵魂返回。颅骨穿孔手术大概早在公元前1万年就出现了，在法国昂西塞姆发现的一个约公元前5000年的头颅证实了这种手术的存在。并且其他一些被发现的头颅在颅孔周围有骨质生长的痕迹，这表明病人经历过颅骨穿孔手术而幸存下来了。

头盖骨上开有4个小孔

颅孔有新的骨质生长痕迹，表明此人经历过颅骨穿孔手术并幸存了下来

颅骨穿孔

这个开了孔的颅骨属于公元前2200年—公元前2000年。

哨子

c 10,000 BC

哨子可能是最早的乐器。目前考古学家发现的最早的哨子距今约有1.2万年。而在9000多年前，中国人就发明了能吹出不同音调的哨子。哨子究竟是如何被发明的，现在还不得而知，很可能是因为某个古人向竹子或骨头等天然的管状物内吹气时发现它们会发出声音，就由此发明了哨子。

农耕

c 9000 BC

见第12～13页，关于猎人是如何变成农夫的故事。

灶

c 9000 BC

最早的炊事方式，是将食物置于露天的火上翻转烘烤。这不但浪费柴火，而且还要有人在一旁翻动。如果将火放在一个石堆或黏土制成的空间——炉灶之中，效果就好得多。灶膛烧热后，就可将火扒出，把食物放入，然后将灶封住，待食物焖熟后即可食用。已知最早的灶是在巴勒斯坦的杰里科城发现的，1万多年前就已经有人在那里生活。

开采燧石矿

这根史前的挖掘棒是用鹿角制成的。

开采燧石矿

c 8000 BC

数万年来，人类一直在用身边的岩石制作工具。随着对工具需求的日益增长，工匠开始挖掘燧石之类的

约公元前1.1万年

除了冰原覆盖的北部地区，人的踪迹已经出现在美洲的大部分地区了。他们用带有尖锐石头的长矛猎捕乳齿象、猛犸（和象相似），甚至骆驼。

约公元前8300年

一个变化的时期（中石器时代）开始了。这个时期全球气温急速上升，覆盖欧洲的大冰川开始融化，更多的陆地裸露出来，等待迎接人类的到来。

石材。幸运的是，燧石就埋在松软的白垩层，用鹿角制作的挖掘棒就能从中挖出燧石。在英国和法国发现的早期竖井和坑道，深入地下达13米。

家　羊

c 8000 BC

大约1万年前，西亚和地中海沿岸地区的羊还都是野生的，而现在许多国家都有家羊，它们比其他任何家畜都要常见。早期从事农耕的人选择养羊，可能是因为羊群总是尾随领头羊，这样便于放牧。家羊个头不大，能适应艰苦环境，除了产肉、产奶，还能产出有保暖作用的羊毛。

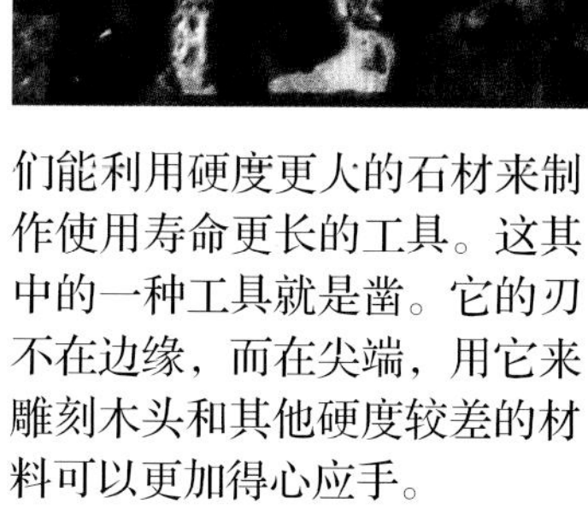

羊
图为4500年前美索不达米亚的乌尔城的农民和牛羊。

小麦和大麦

c 7500 BC

小麦和大麦事实上最初只是一种草。今日所见的各种麦子，都是人类长期对

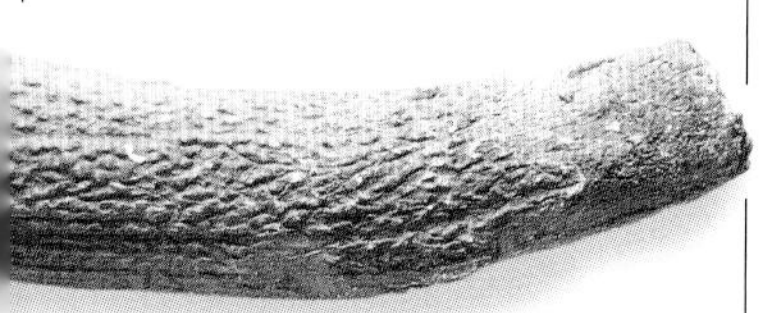

其优选培育的结果。人类的祖先不断选取颗粒大而饱满的种子加以培育。最早的农作物栽培可能出现在中东的杰里科一带，那里人口稠密，粮食需求量大。考古学家在那里的城镇地下发现了过去的小麦种子和大麦种子。

凿

c 7000 BC

大约9000年以前，人类开始用磨砺的方法取代剥层来制造石刃。这意味着他们能利用硬度更大的石材来制作使用寿命更长的工具。这其中的一种工具就是凿。它的刃不在边缘，而在尖端，用它来雕刻木头和其他硬度较差的材料可以更加得心应手。

生　火

c 7000 BC

人类有100多万年使用火的历史，但直到大约9000年前，人类才发现怎样生火。主要有两种方法，一种是用燧石敲击黄铁矿石，使之产生火花来取火；另一种是钻木取火。考古学家发现在欧洲大陆使用的生火方法基本都是这两种。

亚　麻

c 7000 BC

大约9000年以前，人类就开始栽种植物，并用它们的纤维来制作绳子或布。高茎的、开蓝花的亚麻是他们为制作绳子或布而栽培的第一种植物。他们用亚麻纤维纺成亚麻线——我们今天还在用这种线，因为它比棉线结实得多。考古学家在瑞士发现了早期的亚麻植物化石、亚麻渔网和亚麻织品。古埃及的木乃伊就是用亚麻布包缠的。

约公元前8300年　剑齿虎是一种大型的、带獠牙的猫科动物。它是天生的猎手，能猎杀乳齿象等大型动物。但随着乳齿象和其他一些生物的绝迹，剑齿虎也灭绝了。

约公元前8000年　在地球上称霸了100多万年的狮子的生存区域开始缩减，这个时期它们在北美洲基本已绝种。8000年后，欧洲的狮子也消失了。

农耕之路

不可逆转的弃猎从耕

燧石镰刀

图中的燧石镰刀制作于公元前4000年—年公元前2300年，手柄是现代仿古制造的。

在约旦某考古现场发现的碳化的小麦、大麦粒，以及无花果和葡萄的籽。

单粒小麦麦穗

最早的农收

早期农民种植的是单粒小麦和其他作物。他们用镰来收割庄稼。这种镰是将燧石刃片固定在木柄上制成的。

公元前1万年后的某段时间里，人类开始尝试用农业来控制他们所生活的这个世界。在数千年的漫漫岁月中，人类对狩猎得到的猎物、采集的野生谷物的依赖减少了，开始更多地依赖驯养的家畜和种植的谷物。农业生产带来的大量食物促使小村庄逐步发展为大城镇。

我们并不清楚先人为什么要改变他们的生活方式，只能猜测他们放羊或种麦的原因。但无论如何，这条路是无法回头的。与狩猎和采集野生谷物相比，耕种能让每个人获得更多的食物，也能喂养更多的孩子。孩子生得越多，对食物的需求也就越多。农业使人类最先体验到技术在改变生活方面的巨大力量。

最早进入农耕的人类，部分生活在中东“新月沃地”。那里土地广阔，阳光充沛，水源充足，具有理想的畜耕条件。后来，农业发展初期的故事在世界的不同地区一再重复，远至中国和南美洲，先人们各自独立地走上了农耕之路。故事的开端可能只是他们偶然发现采集来的种子有时会发芽生长，又偶然发现羊有群居的习性，易于管理。

打谷和风选

随着种植规模的扩大，人们需要更高效地处理粮食。先用连枷对大麦和小麦进行打谷处理，将壳屑与谷粒分离，然后扬向空中，借助风力把轻的壳屑吹走，留下谷粒。

到公元前6000年，人类发现小麦和大麦是最适合种植的谷物，而畜养牛和羊能得到肉、奶、皮和毛。后来，他们还用牛来犁田，也懂得了按季节适时种植。他们学会了利用每年的洪水来浇灌干旱的土地，还发明了谷仓，并用它来储存粮食。

这种形态的农业又延续了8000年，直到科学的发展带来新的变革。新的耕作方法不需要太多劳动力。20世纪以来，变革的速度越来越快，现在新型的动力机械、化肥、农药等，已经彻底改变了人类从石器时代就开始的生活方式。

今日的农收

人们依然在“新月沃地”上种植粮食。收割的基本原理多个世纪以来都没有改变，然而在许多地区，人们开始使用图中农民所用的联合收割机，这样可以一次性完成收割、脱粒和风选三项作业。

农业要求人们犁地和引水灌溉，这不仅改变了人类的生活方式，也改变了陆地的面貌。

榫头和榫眼

c 7000 BC

在学会制作优良的工具后，人类开始利用这些工具制作各种精致木器。首先要解决如何将两个木构件组装起来的难题。他们使用了榫卯的方法，先在一个木构件上刻出榫头，在另一个木构件上凿出榫眼，然后把它们榫接起来。这种方法也用于组合石材构件，英国的巨石阵就是典型的例子。榫卯至今还被广泛应用在木器制作上。

镰　刀

c 7000 BC

人类开始种植谷物后，很快就发明了收割庄稼的特殊工具。最早的是短直刃的镰刀。这种刀是使得农业发展（见第12～13页）成为可能的重要发明之一，最早的镰刀约产生于公元前7000年。后来镰刀的直刃发展为弧形刃，这种镰刀可以同时割断多株茎秆。现在还有一些地方在使用弯镰刀，只不过石刃已经变成了铁刃。

铜

这块天然铜纯度很高，几乎可以直接使用。

商人和贸易

像土耳其的许于克城（公元前6500年—公元前5400年）和南美洲的圣洛伦索（公元前1150年—公元前900年），这些早期的聚落都是因贸易活动而发展起来的。许于克因为拥有宝贵的黑曜石资源，在鼎盛期人口达到5000人。贸易对岛上居民也很重要，因为他们虽产有如香料等土特产，但并不能在本土生产所有的生活必需品。

黑曜石

黑曜石是火山喷发形成的天然玻璃，用它制造的刀具比用燧石或其他石料制造的更锋利。当时生活在现土耳其地区的先人虽有丰富的黑曜石资源，却没有珍贵的金属，于是他们就用黑曜石去交换。人们在距此900千米的古巴勒斯坦发现了产自该地区的黑曜石。

肉桂

香　料

肉桂、丁香、生姜和胡椒等香料的贸易历史可以追溯到公元前2000年或更早。香料原产于东方，那些熟悉香料产地的商人将香料贩运到西方，从中获得丰厚的利润。香料产地，如“香料群岛”（今印度尼西亚的马鲁古群岛）被他们视为商业机密，从不透露。

胡椒

生姜

铜

c 6500 BC

铜是最早被广泛使用的金属材料。第一个发现铜的人当时一定激动不已。这是少有的以金属形态被发现的金属。公元前6500年，土耳其人用铜制作出小巧精致的器物。到了公元前3000年，由于冶铜技术的改进，铜在中东和环地中海地区得到了更广泛的应用。

铅

c 6500 BC

铅是最古老的金属之一。铅和铜一样，大约在公元前6500年就开始在土耳其被使用。但在自然界很难找到纯铅，必须将铅矿石放入火中煅烧才能冶炼出铅。铅珠子是已知最早的铅制物，可能是因为当时的人们认为铅很珍贵，所以只将其用作饰物。

彩　陶

c 6500 BC

尽管初期的制陶工艺不成熟，但制陶人也想让陶器美观一些。在安纳托利亚高原上的古城许于克（今土耳其丘姆拉）发现了公元前6500年的陶罐，它们的外层涂有一层薄薄的乳白色泥釉，并用天然红赭颜料加以装饰。

船

这条在南美洲安第斯山的的喀喀湖的船是用苇秆扎制的。埃及人大约在公元前4000年就会用苇秆造船了。

用芦苇制成的帆绳和船帆

约公元前6800年	中东地区乡村的耕作方法得到改进，农作物品种增加，农田也得到了更加有效的利用。最重要的家畜“猪”也在此时期被驯化。
约公元前6000年	不列颠与欧洲大陆分离。现在英、法之间的海峡是由于冰层消融、海平面上升了数百米而形成的。

贸 易

c 6500 BC

能做到自给自足的群落极少。人们通过贸易可以调节余缺，也许还能从中赢利。贸易在早期的城镇建成后，成了经常性的活动。贸易所得的利润又推动了城市的发展。交通的发展使贸易范围扩大，把原先孤立的群落联系起来，并增进了群落之间对彼此习俗的了解。

鼓

这只苏美尔瓶发现于公元前4世纪末，其上有乐者使用木架皮面鼓进行演奏的图案。

斧 头

c 6000 BC

在瑞士发现了最早的直刃重型斧头，这种斧头在约公元前6000年开始出现。同一时期还出现了另一种基础工具——扁斧，扁斧的外形和斧头基本相似，但刃面垂直于手柄。这种工具可以用来加工硬质木料。

鼓

c 6000 BC

考古发现的最古老的鼓制作于公元前6000年左右。鼓向来具有宗教、政治或军事上的意义，古人意图用鼓声和鼓点来传达指令与激励人心，这促使他们发明出各式各样的鼓。最早的鼓是将动物的皮绷在空腔器物上做成的。现在的鼓多达几百种，包括非洲鼓、经典壶形鼓以及铃鼓等。

船

c 6000 BC

第一只“船”也许一开始只是某个人借以漂流的浮木。后来石斧得到改良，人们就用它在木材上凿出空腔，从而造出了真正的船——独木舟。造船匠还用皮革蒙在木板框架上，这样制造出的船更为轻巧，比如沿用至今的兽皮小圆舟。后来，古埃及人还发明了将芦苇紧紧捆扎在一起来造船的方法。

高立的圆船帮可以防止水溅到船员身上

用麻绳绑扎的苇秆做船体

约公元前6000年 位于现土耳其境内的许于克城，经过了约500年的建设，成为当时近东地区最大的人类聚居地之一。该城的泥砖建筑后来又存在了500年。

约公元前6000年 古代中国的画师将有机物和无机物混合加热，创造出了新颜料，这些新颜料丰富了颜料的品种。新颜料的配料包括树脂、蛋清、凝胶和蜂蜜。

编 筐

c 5500BC

编筐和织布在约公元前5000年就已经很普遍了，但编筐可能更早些，因为编筐比织布容易。编筐不需要用织机，直接用植物枝条就可以了，而织布则需先将植物纤维纺成线。中国用竹篾编筐，中东用亚麻枝和草编筐，欧洲则用柳条编筐。这些地方的人还会用这些材料来编席垫。

皮 革

c 5000 BC

早期的猎人就知道，只要经过防腐处理，动物皮毛就有很多用武之地。公元前5000年，人们已发明了很多将毛皮制成革的方法。他们先将毛皮做干燥处理，然后在上面涂上包括尿液的多种物质。到了公元前800年左右，美索不达米亚（今伊拉克）北部的古亚述人发明了更好的加工方法。他们将毛皮浸泡在掺入了明矾和富含单宁酸的植物提取物的溶液中。

织 机

c 5000 BC

织布的时候，用横的纱线（纬线）上下穿梭于纵向的纱线（经线）中。早期的织布者也许还用到过针。到公元前5000年，大多数织机都有了改进，织者可以通过织机先提起一半经纱让纬纱穿过，然后再提起另一半经纱，让纬纱穿回原位。

犁

c 5000 BC

种子在翻过的土壤里生长得更好。早期的耕种者使用木棒翻动土壤，后来发明了犁，尽管犁在早期只能用来挖土，但已经比木棒好多了。早期要靠人力推犁，公元前4000年后，人们就用牛来拉犁了，只要扶好犁，控制好方向即可。

印 章

c 4500 BC

印章是最早的安全信物，用来保护物品和签发文件。公元前4500年，美索不达米亚人先用绳子把包裹捆好，打上结后，在结头处放上黏土，用带有他们印记的石头在黏土上盖出印记。1000多年以后，人们开始在黏土片上写字，文件的签发盖章也是用类似的方法。

石 磨

石磨是用两块石头把谷粒磨成粉的工具。

石 磨

c 5000 BC

整颗的谷粒不易于消化，人们最开始用石块将谷粒砸碎。后来他们用两块石头，一块放在地上，另一块抓在手中来研磨谷粒。这样磨出来的面粉比整粒谷物更有营养，还能做成面包。这种石磨有时被称为鞍形手磨，因为下面的石块久磨后会出现鞍形凹陷。

灌 溉

c 5000 BC

灌溉是引水浇灌农作物的手段，即使土地干旱，这种手段也能确保农作物生长。大约在公元前5000年，古埃及人就已实现了大规模的灌溉。每年尼罗河泛滥时，他们就用蓄水池、池塘来蓄积大量的河水和营养物，等干旱时，再把水引向有需要的地方。

犁

这个犁模型发现于一座公元前2000年的埃及古墓。

犁头插进土壤

人把握犁的方向

约公元前5500年	中国黄河流域的人开始种植稻米。其后500年内，中国发展成全面的农耕社会。
约公元前5000年	在波斯湾北部肥沃土地上生活的欧贝德人，他们后来成了苏美尔人。他们发展出了灿烂的陶器和雕刻文化。

秤

c 4000 BC

杠杆秤是最简单的衡器：从中点处悬吊起木质或金属制的杠杆，杠杆两头各挂一只秤盘。在一只盘里放上要称的东西，在另一只盘里放上砝码以求平衡。美索不达米亚人大约在公元前4000年发明了这种秤。到公元前1500年，古埃及人把秤的精确度提高了。他们不把秤盘绳穿过秤杆的孔，而将其套在秤杆上。

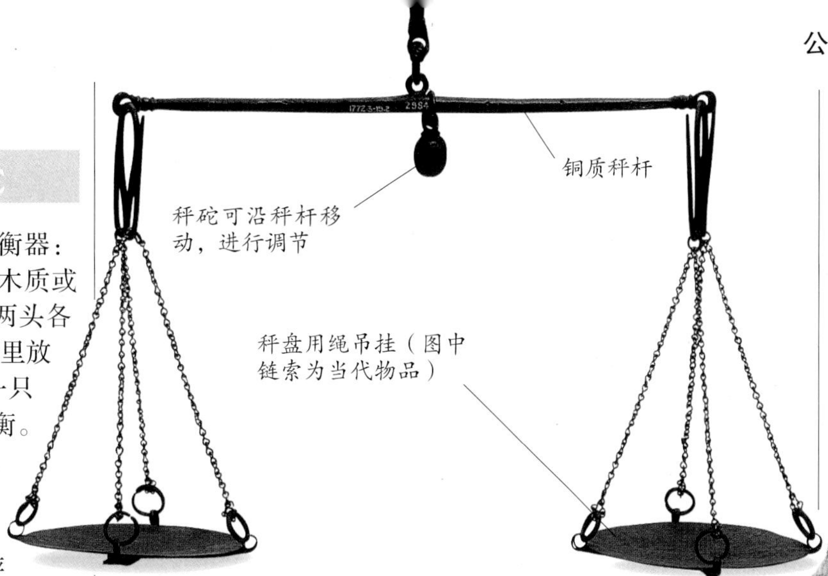

秤砣可沿秤杆移动，进行调节

铜质秤杆

秤盘用绳吊挂（图中链索为当代物品）

秤

古罗马秤的使用原理与美索不达米亚人发明的秤的使用原理相似。它们既简单又精确。现在还有人在使用这种秤。

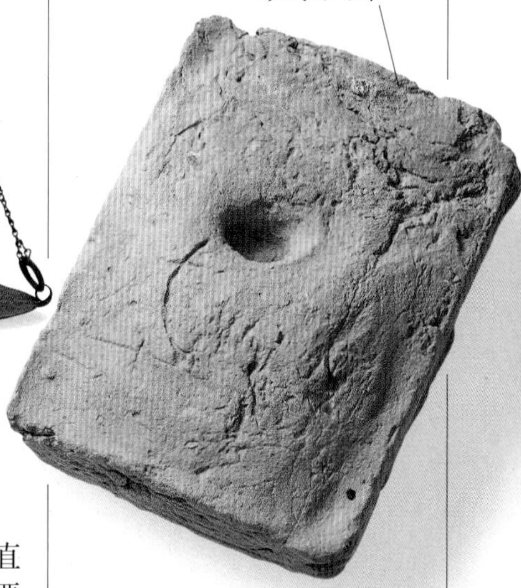

银

c 4000 BC

自然界的银通常与铜、铅伴生，但它的提炼难度大，因此，它被使用的时间比较晚。考古学家在公元前4000年的古墓中发现了银饰件。到公元前2500年，银矿在现在的土耳其得到全面开采，从一开始，银就因其稀缺性和美丽的外观而身价昂贵。银是制作钱币的原材料，直到现在，这仍然是它的主要用途。现在，银也成了胶卷中不可或缺的成分。

牛为拉犁的动力

砖

公元前2500年美索不达米亚的砖，部分有火烧的痕迹。

木模成坯时形成的边缘

砖

c 3500 BC

第一块砖是用泥做的。古人在泥里掺进杂草以增加其强度，然后将拌好的泥放进木质模具里塑形，泥脱模后在太阳下晒干就成了砖。人们在7000年前用的就是这种泥砖，但这种砖不太好用，因为大雨一冲刷，它们就又会变成泥。大概在公元前3500年，中东地区的人们就能制造出更耐用的砖。他们把黏土坯放在窑中烧制，砖的强度和耐水性比陶器要好。

约公元前4500年 来自西亚南部的农民向今德国多瑙河流域迁移，与当地仍以狩猎为生的居民混居下来。他们在这里建造大型木房子，并从事贸易活动。

约公元前3900年 仰韶文化在中国黄河中游地区持续发展。人们在那里圈养动物，从事简单的农耕活动，蚕的秘密也是他们发现的。红、白、黑三色彩陶是仰韶文化的一大特色。

城 市

约旦米底巴小镇的圣·约翰教堂地面上画的古埃及孟斐斯城。

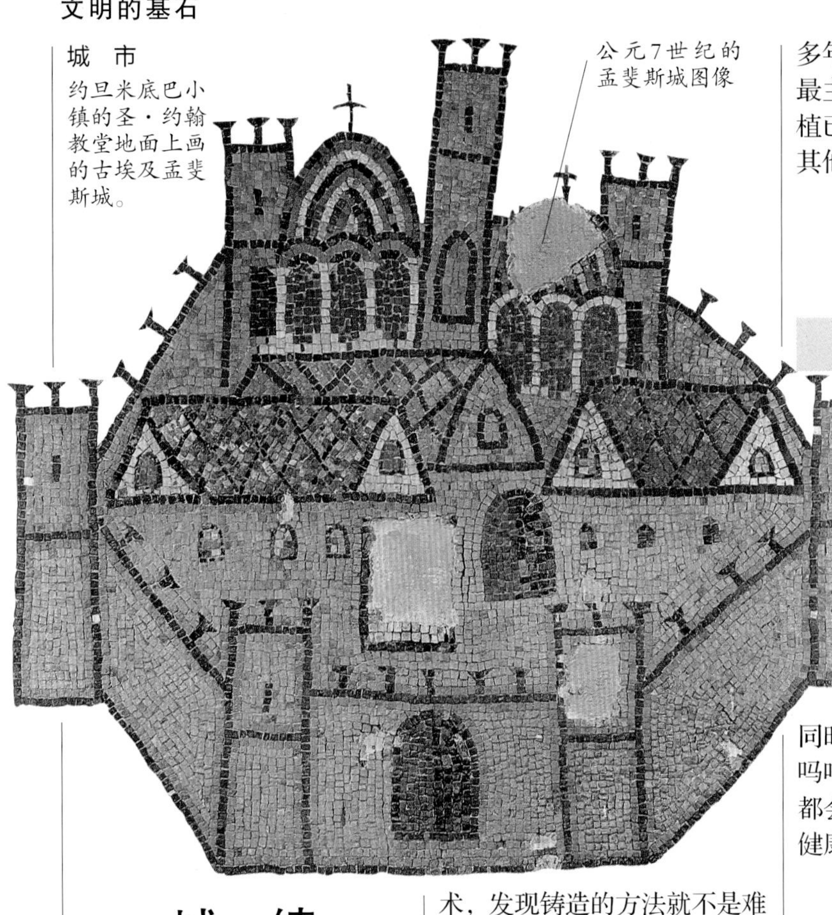

城 镇

c 3500 BC

农耕（见第12～13页）意味着群落中所需从事粮食生产的人数减少，剩余的人便有时间去推动城镇发展。城镇是人们聚居以保证安全、交换货物和交流思想的地方，也是文明的基础。人类最早的大型聚居点是中东的杰里科，大约形成于公元前7000年。公元前3500年左右存在于古埃及的底比斯和孟斐斯，应该是最早有街道和公共建筑的真正意义上的城镇。

金属铸造

c 3500 BC

铸造是将熔化的金属注入模具并冷凝成形的制物方式。只要掌握了冶炼技术，发现铸造的方法就不是难事，因为熔化的金属流浇在什么形状的地方就会凝固成相应的形状。已知最早的铸件是在欧洲南部巴尔干地区发现的铜斧头，铸造于公元前4000年—公元前3000年。因为青铜比铜容易铸造，且强度也高得多，所以，后来青铜铸件取代了铜铸件。

橄榄树

c 3500 BC

地中海克里特岛上的居民，大约在公元前3500年就开始种植橄榄树，以其果实为食，并从中获取橄榄油。5000多年之后，橄榄仍是克里特岛最主要的作物。今天，橄榄种植已扩大到地中海地区和世界其他具有类似气候条件的地方。

鸦 片

c 3500 BC

鸦片源于罂粟未成熟的果实，具有镇痛功能。在亚述发现的约公元前3000年的黏土片上，就有关于鸦片药用的证据。此后，鸦片还用于制作吗啡等其他药物，但同时也应注意，无论鸦片还是吗啡，在不正确的使用方法下都会让人上瘾，进而损害身心健康。

驮 驴

c 3500 BC

车子未必是最好的运输工具。在某些情况下，用动物驮运更为安全。驴是最早的驮畜，它由非洲野驴驯化而来。早在公元前4000年，轮车还没有被发明出来，西非北部的苏丹就有人用上了驮驴，人们称之为驮兽。他们之所以选择驴，可能是因为驴容易驯化，吃得了苦，负重可达60千克。

陶工转轮

c 3500 BC

早期的陶器都是人们徒手捏制的。后来，人们用长长的、像蠕虫一样的黏土条

从模具中取出的铜剑

石质剑模

经熔炉熔化的青铜

金属铸造

冶金工匠发现青铜更易于熔化和铸造。

约公元前3500年

欧洲人开始将死者安葬在大型墓地中。墓群一般长约70米，东西走向。社会地位高的家族被葬在位于东端的墓室中。

约公元前3500年

美索不达米亚乌鲁克城的雕刻工匠创作了不少杰出的作品，例如用白色石灰岩雕刻且嵌有其他材料的女神头像，还有用半透明的雪花石膏雕刻的花瓶。

来制作陶罐。但这两种方法都做不出完美的圆形罐。到公元前3500年左右，制陶人开始在转动平台上制作陶坯。这个平台可能只是一块圆石，它有助于制作规整的罐坯。后来，他们在转轴上放一块大石头，用脚转动石头，带动上部的小平台一起转动，这样就可以解放双手，用上面的小转台专心加工陶坯了。陶工转轮就这样诞生了。

道路使他们运输建造金字塔所需的材料时更加方便。

帆

c 3500 BC

早期的船员注意到，有时候风有助于航行，于是他们在桅杆之间张挂起毛皮或编织垫来充分利用风力，后来这些毛皮或编织垫慢慢发展成布帆。布帆大概在公元前3300年最早出现于古埃及。无论什么材料的帆，此时的人都只会利用顺风。此后过了1500年，船员才发明了能利用侧风的帆。

轮 子

c 3500 BC

美索不达米亚人最早利用轮子来移动物品。但轮子的灵感似乎不是来自滚动的原木，因为没有任何证据能表明最早的车轮是用原木制造的，人们用的是厚木板，即使是那些种植有大树的国家，也没有直接把原木锯成小片来制造车轮。轮子最初更可能与制陶有关，可能被用来制作规整的圆形陶器。

窑烧陶器

c 3500 BC

用一般的火加热泥坯，温度远远不足以制成结实的陶器。到公元前3500年左右，制陶人发明了用木炭加热的窑。窑内的热气向上，对架放于窑内的陶坯进行加热，这样制出的陶器更加结实。但建窑的成本高，采用窑制工艺的制陶人需要有许多顾客购买陶器才能有收益，所以他们一般在城市中经营。

道 路

c 3500 BC

早期的道路与现代公路不同，不是铺设出来的，但它在长度上却毫不逊色。比如建于公元前3500年左右的波斯官路就连接了波斯湾和爱琴海，长达2857千米。古代中国人开创了丝绸之路，其长度称雄于世。南美的印加人、非洲的古埃及人也都建造过道路，

轮 车

c 3500 BC

最早的关于轮子的记载发现于美索不达米亚南部的古老文明苏美尔的象形文字中，时间约为公元前3500年。从这些象形文字中可以看出早期的车子下面有类似雪橇一样的滑行装置。经过500年的发展，使用轮子的车已经非常普遍了。在陵墓和沼泽，以及古代壁画和雕刻中也可以看到轮子。在中国，发现了公元前2600年的使用轮子的车。

窑烧陶器

这只小水罐的制作年代为公元前2500年—公元前1800年。

约公元前3500年 在厄瓜多尔和哥伦比亚发现了美洲大陆最早的陶器。后来由于大豆等新作物需要更好的储存容器，陶器开始向北传播，大概在公元前2300年，又传到了墨西哥。

公元前3500年 中美洲开始大规模种植玉米，并取代之前长期种植的谷物和黍，成了该地区的主要作物。中美洲的许多地方也开始栽培大豆和红辣椒了。

不同的历法

历法就像钟一样，不过它告诉我们的是日期，而不是时刻。一年的总天数或总阴历月数不是整数，这是所有历法都无法避免的。古时的日历时长时短，因为那时每年的时间与地球绕太阳公转一周所需要的实际时间并不一致。

阴　历

阴历是根据朔望月而定的历法，从新月到满月再到新月为一个朔望月周期。这与阳历没有任何关系，阳历一年是指地球绕太阳公转一周所用的时间。因而使用阴历的人们，必须经常在阴历中增加一个月，才能使阴历的月份符合一年的实际时间。

太阳神位居中央，环绕四周的是一个月中的20天

这是阿兹特克人的历法石。15世纪，阿兹特克人统治了墨西哥的绝大部分地区。这块历石上的历法，基本依据260天为一周期而制。

埃及历

埃及人不考虑实际的月相，他们遵循12个月的规则，每个月固定为30天。年末另加5天，且不属于任何月份。这是一种简便的方法，但它的缺陷是将一年定为365天，比地球绕太阳一周的实际时间少1/4天，所以每100年闰25天。

十进制

c 3400 BC

早在文字出现之前，人们就开始对自己的财产计数了。他们计数的方法之一是在木棍上刻痕。这样的计数方法逐渐演化为最早的数字。起先，人们用24个符号来代表数字24。到公元前3400年左右，古埃及人发明了更有效的计数体系，他们用不同的符号来表示1、10、100等。用这种方法写24，只要用6个符号就可以了：2个10和4个1。

青　铜

c 3300 BC

大约在公元前3500年，人们发现从某些岩矿中可以提炼出铜，于是金属工具开始取代石器。此后几百年，人们发现炼铜的时候掺进锡所生成的青铜强度更高。青铜易于铸造（熔化后倒入模具中即可）成形，而且强度比石头大。青铜的发现对人类的发展有巨大的影响。

文　字

c 3100 BC

见第22～23页，中东商人创造了人类最早的文字记录。

蜡　烛

c 3000 BC

3万年前的人类在岩洞里作画的时候，用的是火把和原油灯。蜡烛比前两者都

蜡　烛

蜡烛最初是用蜂蜡制作的。

用手工方式蘸蜡而造成的纹理

上细下粗是因为将灯芯在熔化的蜡中反复蘸蜡造成的

约公元前3200年　英格兰的巨石阵开始建造。巨石阵在这一阶段实际上没有多少石头，只是简单的“圆形结构”—— 由堤和沟围成的举行宗教仪式的神圣场所。

约公元前3200年　有新的定居者来到波斯湾以北地区。他们的语言与此处的原居民不同，但他们共同构建了苏美尔文明。

好，因为它不会洒，携带方便，且可以通过修剪灯芯控制烛火大小。在克里特岛和埃及都发现了公元前3000年的烛台。他们将细绳放在熔化的蜡里来制造早期的蜡烛。

润滑剂

c 3000 BC

早期的轮车需要润滑，因为木轮与木轴摩擦会产生大量的热。在它们之间涂抹油脂能使这个问题得到缓解，但它们很快就会被消耗完。公元前1500年左右，可能是埃及人最先将脂肪与石灰及其他物质混合在一起制成了时效较长的润滑剂。

木板船

c 3000 BC

人们认为最早的木板船出现在古埃及。在开罗以南的阿拜多斯，考古学家发现了14艘大约于5000年前建造的大木板船。它们是由人们用绳子将木板一块块地“缝纫”而成的。这支埋于地下的船队可能是为某个法老的“死后生活”准备的。这些船没有龙骨，木板之间的缝隙用芦苇填充，以此来防水。这表明，当时埃及人的造船技术并不发达。

历　法

c 3000 BC

最早的日历出现在美索不达米亚南部的文明古国巴比伦。但是这些日历不太精确，它们是阴阳合历，总是与季节不太吻合。因为尼罗河每年泛滥的时间很稳定，所以埃及人利用这一特点最早制定出了阳历。

化妆品

c 3000 BC

人们常常想让自己看上去更有吸引力，或者更可怕，因而自产生文明开始，满足人们这一需要的化妆品就应运而生。在公元前3000年的埃及古墓中发现了已知最早的化妆品，它包括香水、润肤膏（男女通用）、眼影和睫毛膏。他们把不同的矿物碾碎用作颜料，如红色颜料用的是氧化铁，绿色颜料用的则是孔雀石。不列颠人在大约1000年以后，开始用靛蓝颜料涂抹在身体上来吓唬敌人。

棉　花

c 3000 BC

棉花是锦葵科植物，其原始状态是其籽内的团状丝纤维。棉花可能是5000年前印度河流域（今巴基斯坦）的人发现的：他们发现棉花纤维能纺出比亚麻（见第11页）更优质的纱线。这一发现迅速传至西方的美索不达米亚，亚述人喜爱至极，用其取代了粗糙的羊毛纤维。此后，棉花又传入了古代的中国。

棉花
很多棉属的植物都可以生产这种纺织纤维。

约公元前3000年 爱琴海的基克拉迪群岛出现了基克拉迪文化。尽管这个文化的基础是航海和金属冶炼，但人们将永远记得基克拉迪文化中那些简约的女性人体雕刻作品。

约公元前3000年 世界上第一个可考的兽医是在美索不达米亚（现主要在伊拉克境内）开始行医。他的名字叫乌卢加列蒂纳（Urlugaledinna），他主要使用草药来给各种动物治病。

文字时代

中东商人创造了最早的文字

黏土签印

在文字出现以前，人们用黏土来记录信息。美索不达米亚人用黏土将包裹的口封上，然后用石印章在泥封上留下他们的个人标记。

苇秆笔

最早的“笔和纸”是一根苇秆和一块软黏土。苏美尔人用削尖的苇秆在黏土上刻画符号。

楔形文字

随着文字由曲线逐步过渡到短直边的楔形和三角形，苏美尔文字的书写速度变快了。后来，这种文字都是从左向右书写，词与词之间也没有间隔。

像诸多发明一样，文字的出现也纯属意外，而这次意外与信封有关。大约6000年前，美索不达米亚的苏美尔人发明了一种记录贸易情况的新方法。他们用黏土做成形如动物、瓶罐或其他物品的符牌，然后把符牌用黏土封皮包起来作为交易记录。一旦封上信封，就看不出里面是什么了。于是他们用一根尖头小棒在黏土封上做上记号，标明里面装了什么。

没过多久他们就意识到，既然已在封背上做了记号，就不再需要符牌了，因为封背上的记号就已经标明了。到公元前3100年前后，符牌终于被记录交易内容的简单黏土片所代替。文字开始出现。

苏美尔人开始使用的是简化的象形图。为了快捷，他们开始用苇秆在黏土片上扎刺，而不再用棒在上面刻画。这样，进一步简化的象形图变成了真正的文字。考古学家把这种文字称为楔形文字。

这种文字还存在一些不足：每造出一个新字，就要造一个符号；而有些字，如“在里面”或者“在”就很难用图形表示。怎么用文字来表达人们的名字呢？苏美

早期希腊文字

大约3000年前，克里特岛上的居民开始使用3种不同的文字。20世纪50年代，英国语言学家、建筑师迈克尔·文特里斯解读了右图中的文字，并称之为线性文字B。其余两种至今还是未解的谜。

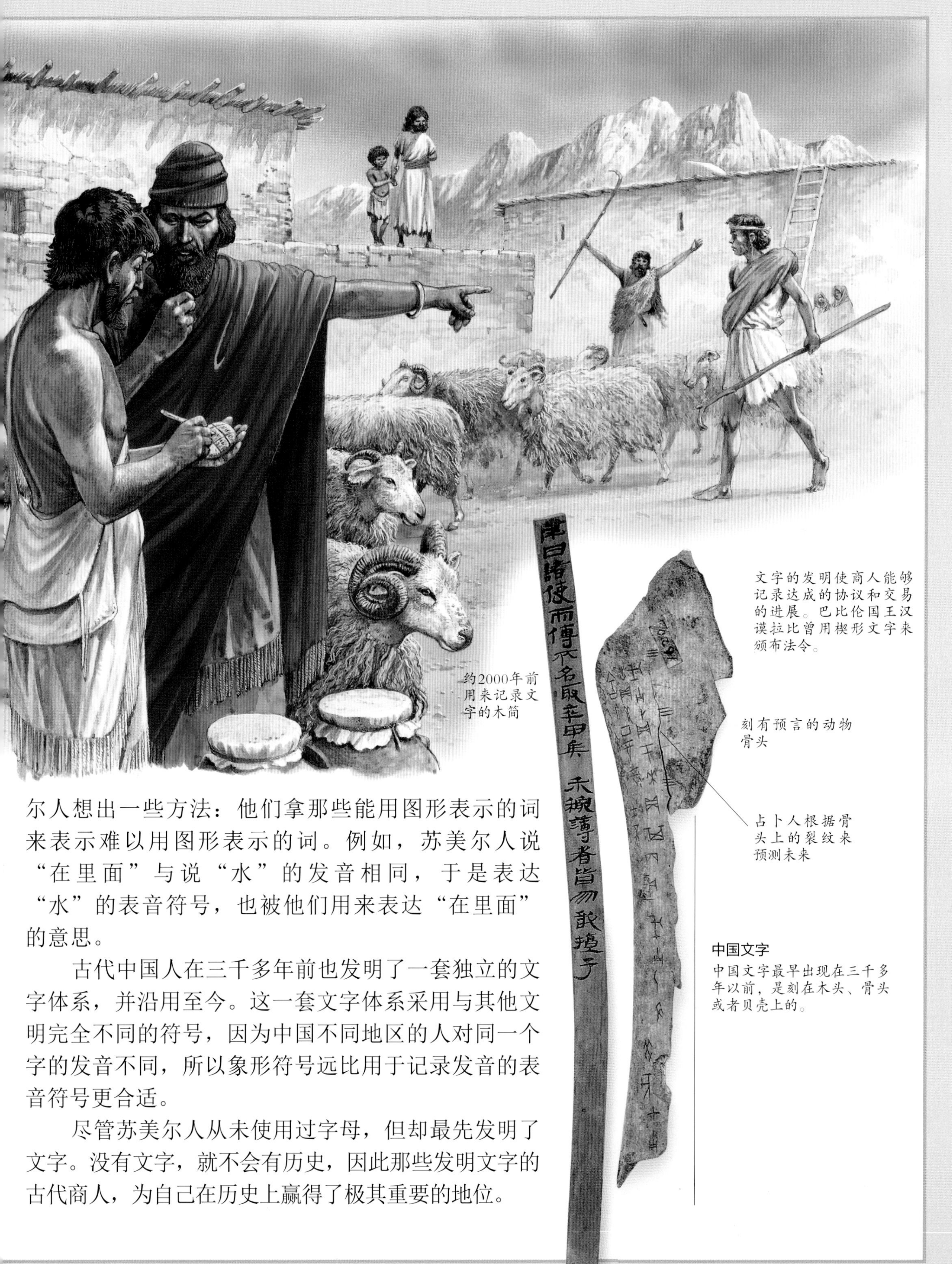

文字的发明使商人能够记录达成的协议和交易的进展。巴比伦国王汉谟拉比曾用楔形文字来颁布法令。

约2000年前用来记录文字的木简

刻有预言的动物骨头

占卜人根据骨头上的裂纹来预测未来

中国文字

中国文字最早出现在三千多年以前，是刻在木头、骨头或者贝壳上的。

尔人想出一些方法：他们拿那些能用图形表示的词来表示难以用图形表示的词。例如，苏美尔人说“在里面”与说“水”的发音相同，于是表达“水”的表音符号，也被他们用来表达“在里面”的意思。

古代中国人在三千多年前也发明了一套独立的文字体系，并沿用至今。这一套文字体系采用与其他文明完全不同的符号，因为中国不同地区的人对同一个字的发音不同，所以象形符号远比用于记录发音的表音符号更合适。

尽管苏美尔人从未使用过字母，但却最先发明了文字。没有文字，就不会有历史，因此那些发明文字的古代商人，为自己在历史上赢得了极其重要的地位。

斜　面

c 3000 BC

公元前3000年前后，人们已经会使用轮子、杠杆、斜面等基础的机械。在斜面上推重物或拉重物，比直接把重物提升到同一垂直高度要容易得多。埃及吉萨的大金字塔的大石块重达2吨，它们是在公元前2500年左右，由工人利用斜面一块块拉上去的。

车　床

c 3000 BC

车床也许已有5000多年的历史。车床上有切割面，通过转动车床上的材料使其与切割面接触，把材料加工成圆形。早期车床的工作原理和木钻相同（见第7页）。将绳子绕在要加工的部件上，绳子的两端系在弓上，然后往复推拉弓，带动加工部件旋转。在爱琴海的某些岛上，发现了大约公元前2000年用这种车床加工的大理石圆瓶。

竖　琴

c 3000 BC

竖琴是最古老的乐器之一，大约5000多年前出现在苏美尔和埃及。早期的竖琴很像射箭的弓，不过它有多根弦而不是一根弦，弹拨这些弦便能使它发出不同的乐声。经过多个时代的发展，竖琴现已和钢琴一样复杂。但在非洲和阿富汗的部分地区，还有人在弹奏最简单的竖琴。

装饰精美的琴板将声音放大

竖　琴

图片展示的是大约公元前2500年的美索不达米亚地区的乌尔竖琴。

杠　杆

c 3000 BC

简单的杠杆是一根绕着固定点（支点）转动的棒或杆。杠杆把作用于其一端的力在另一端放大，但作用的距离却变短了。人们早在公元前3000年（或许更早一些）就在使用杠杆了。他们可能发现，在一根木棍下垫一块石头，棍子就能撬起他们原先抬不起来的大石头。直到公元前250年，阿基米德才完全解释了杠杆的工作原理。

里拉琴

c 3000 BC

里拉琴是一种与竖琴十分相似的乐器，它的弦绷在与一个共鸣音响或音碗相连的双臂之间。公元前2800年的苏美尔人就会弹奏里拉琴了。古希腊人也喜爱里拉琴，并把它与英俊、多才、精于音律的太阳神阿波罗联系起来。但里拉琴不如竖琴幸运，它没能在现代交响乐中占据一席之位。

莎草纸

c 3000 BC

莎草纸于古埃及人的作用，就像纸张于现代人的作用一样。他们把芦苇纤维编织成片然后捣烂，待晾干黏在一起后，再用石头将它打磨成一张光滑的薄草纸。莎草纸太硬，无法折叠，因此，埃及人就把它们一张一张地拼接起来，做成长长的卷轴。全靠这些写有文字、画有图画的卷轴，我们才得以了解公元前2600年左右的古埃及历史。

蜡画法

c 3000 BC

古埃及人酷爱艺术。他们在公元前3000年左右发明了一种新的作画方法。他们将颜料和熔融的蜂蜡调和在一起，在墙上画完图画后加热，使颜料渗进墙面。这种作画方法叫作蜡画法，能产生明丽多彩的效果，那时的许多蜡画至今犹有保存。20世纪60年代，美国艺术家约翰斯使这种作画方法重现人间。

石建筑

c 3000 BC

在公元前2600年，埃及法老左塞尔和他的建筑师伊姆霍特普，在萨卡拉建造了梯形金字塔——第一座全石砌金字塔。这座共有6层台阶、高达60米的金字塔被用作左塞尔法老的陵墓。当时所有的建筑几乎都是砖木结构，石料只

约公元前3000年　埃及人制定了第一个广泛应用的长度单位——肘尺。一肘尺为肘部至中指指端的距离，约为45厘米，但有时略长一些。

约公元前3000年　巴比伦商人开始采用抵押船舶的方式借贷，这是一种风险保障方式。商人通过抵押船舶获得贷款来装备船只。贷款的利息很高，但如果船只沉没，商人则不必还贷。

莎草纸
画家可以在莎草纸上描绘出更多的细节。在这幅古埃及画作中，神灵正在称一个死者心脏的重量，看此人是否可以永生。

用在小型建筑上，因而左塞尔的这座用方形石料砌成的庞然大物确实为一大奇观。埃及金字塔现在还是世界石造建筑史上的奇迹。吉萨高地的胡夫金字塔是最大的金字塔。它高达约147米，使用了将近200万块巨型石灰岩。

金　星

c 3000 BC

因为金星是地内行星，所以在深夜是看不见的，但它却是傍晚或清晨天空中最亮的行星。因此，金星成为人类最先观察并研究的天体之一就不足为奇了。在中国、埃及、希腊和南美的古代天文文献上，都有关于金星的记载。而早在公元前3000年，巴比伦就有关于金星运行的记录了。

堤　坝

c 2900 BC

堤坝是古代人修建的最大的工程项目之一。公元前2900年左右，埃及人在尼罗河边建造的15米高的石堆堤可能是最早的堤坝。它的建造是为了防止洪水袭击孟斐斯城。我们今天仍然能在埃及的瓦迪结拉维（Wadi Gerrawi）看到另一座几乎与它同样古老的堤坝遗迹，但这座公元前2500年建造的堤坝不是用来防御洪水的，而是用来蓄积洪水，并将洪水导向干涸的河床，回灌到尼罗河的。这座蓄洪坝的厚度达90米。

泥板书

c 2800 BC

最早的书并不是纸质的。公元前2800年前后，美索不达米亚人在方形泥板上写字。一块泥板可刻写相当多的内容，但要刻一本书，一块泥板显然不够。如果他们要写的字很多，应该会像我们今天这样，一块接一块地刻，然后按顺序编上号。

约公元前2800年　北欧人“死者之家”的群葬风俗部分转变为独墓单葬。但并非人人如此，只有社会地位高的人才有此待遇。

约公元前2800年　古埃及出现了园林设计师，他们设计了林荫道和有水鸟栖息的池塘。设计师要是为贵族做设计，一般会采用方形围墙，再以亭台点缀。

针　灸
中国19世纪的针灸针盒，内有8根针。

钢针

红木针盒

失蜡铸造法

c 2800 BC

失蜡法是用来制造中空物件的铸造技艺。先用蜡包裹一团黏土进行塑模，塑模后再用石膏涂裹。加热模具使蜡熔化流出，这样黏土和石膏之间就会形成空隙，把熔化的金属液体注入空隙冷凝即可。我们普遍认为这种技艺是苏美尔人发明的。古埃及人很可能从苏美尔人那里学会了这种技艺，并在公元前2200年广为使用，且沿用至今。

茶

c 2700 BC

传说公元前2700年的某一天，中国的神农氏在一棵茶树下烧水， 一片茶树叶掉落水中，世界上第一壶茶就这样诞生了。然而，直到公元800年才开始有关于茶的书面记录。而茶再过800年才传入欧洲。1657年，伦敦卖出了第一杯茶，随后饮茶就成为英国人狂热追逐的时尚。

针　灸

c 2700 BC

在身体的特殊位置上扎针可以祛除疼痛，还能使身体恢复健康。比公元前2500年更早的时候，中国就产生了针灸术，此后几乎没有什么变化，只是原本的石针被不锈钢针取代了。针灸的思想原理是：“气”在人体内的经络中流动，但经络有可能受堵而不通畅，而将针扎进体内的恰当部位后捻转，就能使“气”重新通畅。

椅　子

c 2600 BC

很可能在公元前2600年，人类就有椅子了。但目前所知最早的椅子，是在古埃及国王的陵墓中发现的。这些椅子有柔软的座垫和兽足形状的椅腿，它们被置于陵寝中供死者使用。埃及人还用过折叠凳，并且现在还能在埃及买到这样的折叠凳。

发酵面包

c 2600 BC

早期的面包未经酵母或其他发酵剂发酵，所以口感硬实不易咀嚼。最早做出发酵面包的是古埃及人。他们偶然留下了一块“酸面团”，这里面的已发酵的微生物发挥作用。每次和面时在面里加少许

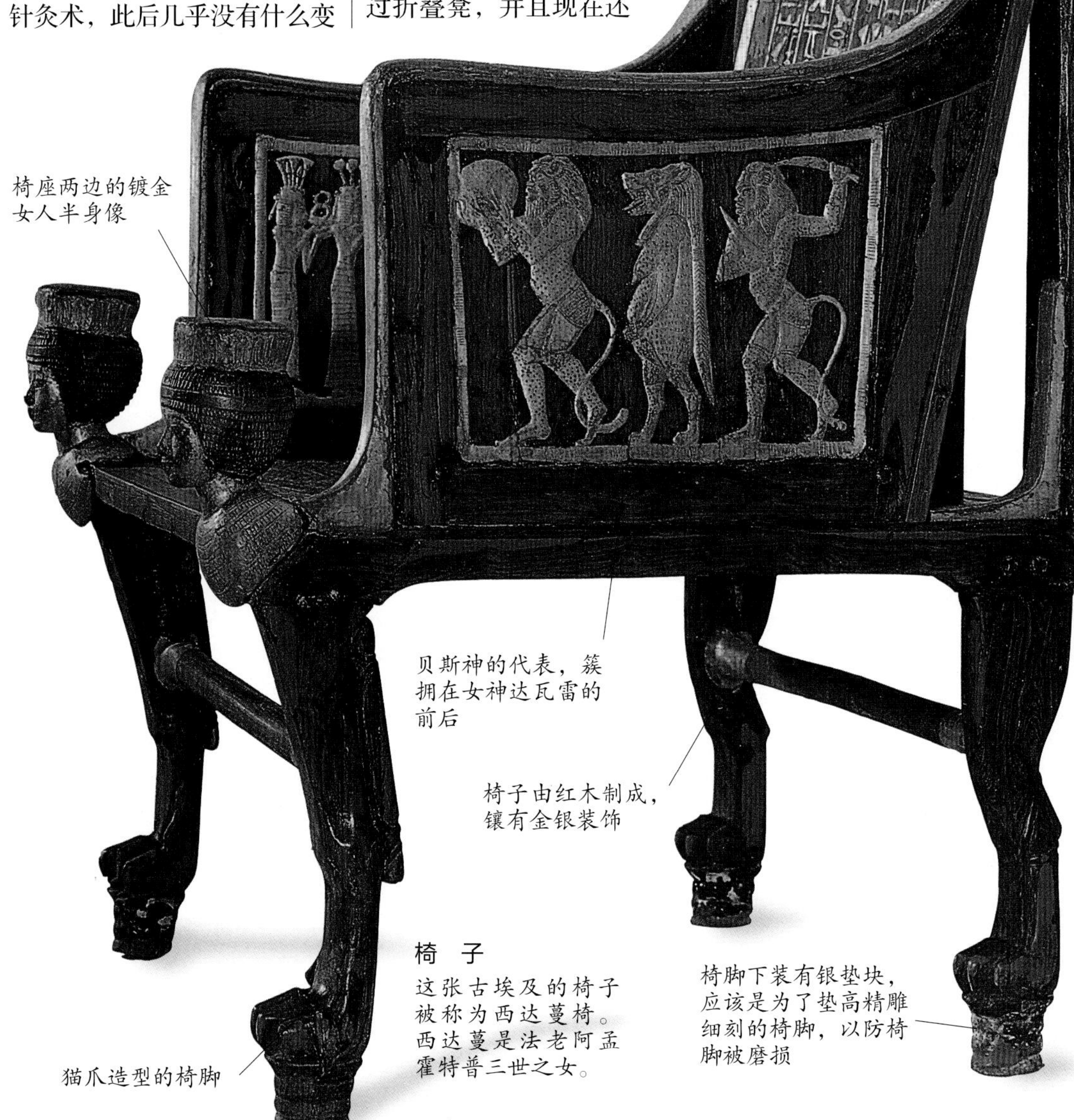

椅　子
这张古埃及的椅子被称为西达蔓椅。西达蔓是法老阿孟霍特普三世之女。

约公元前2800年 苏美尔奴隶制城邦进入全盛时代。国家的统治阶级是贵族奴隶主，而被统治阶级则是奴隶、手工业者和一般居民。

约公元前2700年 古埃及农民曾以舞蹈的方式求雨，这种习俗可以在古埃及的陵墓壁画上看出来。他们舞蹈不仅是为祈雨，有时也为了祈求健康，或者祈求多子多孙。

"酸面团"。微生物不断繁殖，它们产生出的二氧化碳在面团里形成气泡，这样做出来的面包就松软了许多。

丝　绸

c 2600 BC

蚕丝至今仍被认为是最理想的纺织原料。早在4600年前，中国人就纺出了丝绸。据说黄帝的妻子嫘祖发现了由蚕丝裹成的蚕茧，并将它们纺织成了丝绸。此后足足过了3000年，丝绸的秘密才被揭开，并先后被传到印度、日本和欧洲。

拱

c 2500 BC

没有拱的话，门窗和屋顶就只能用直梁来支撑。拱的跨度比直梁大得多，可使墙体留下更大的开口。最早的拱结构出现在公元前2500年的印度和美索不达米亚，这种拱只是从两端墙体上逐渐呈拱形朝中间建造，最后在拱顶上合拢。到了公元前100年，古罗马的建筑师学会了应用半圆形拱，并将其用在了几乎所有的建筑上。

地　毯

c 2500 BC

大约公元前2500年，古埃及人就织出了地毯。像土耳其这样的一些东部国家的游牧部落，不久也织出了优质的地毯。在寒冷的西伯利亚曾发现一条保存完好的地毯，它是2500年前一个游牧酋长的陪葬品。这表明当时地毯被视为贵重之物。地毯常常使人联想到魔法和浪漫。据说，公元前48年，埃及女王克利奥帕特拉就是从一卷地毯里跳出来向恺撒大帝自荐的。

玻　璃

c 2500 BC

玻璃的起源很难说清楚。它被发现可能纯属偶然。大约在公元前2500年，人们在用石灰石和木炭加热沙子时，意外得到了玻璃，并将其作为饰品。玻璃的基本配方可能是在美索不达米亚被发现的，但制造出我们今天所熟悉的玻璃的，却是古埃及人。古埃及人在公元前1450年左右，已能用模具来制造玻璃瓶了。他们的玻璃制造技术，在此后的1000多年里逐渐被传播到欧洲和亚洲。

墨

c 2500 BC

最初的墨是由烟灰和胶质物混合而成的块状物，需先将其蘸湿，方能用于书写，古埃及人用芦苇制成的笔蘸着墨汁，以飘逸的字体在莎草纸上书写。古代中国人则用毛笔蘸墨写字，而中国现在仍然可以买到与4500年前一样的墨块。

镜　子

c 2500 BC

我们每天都要照镜子。这种习惯起源于四五千年前铜镜的诞生。在古埃及，手镜是一种重要的时尚用品。古罗马人用的是银镜。而需要在一面涂上反光材料的玻璃镜则在1300年才由威尼斯工匠制造出来。

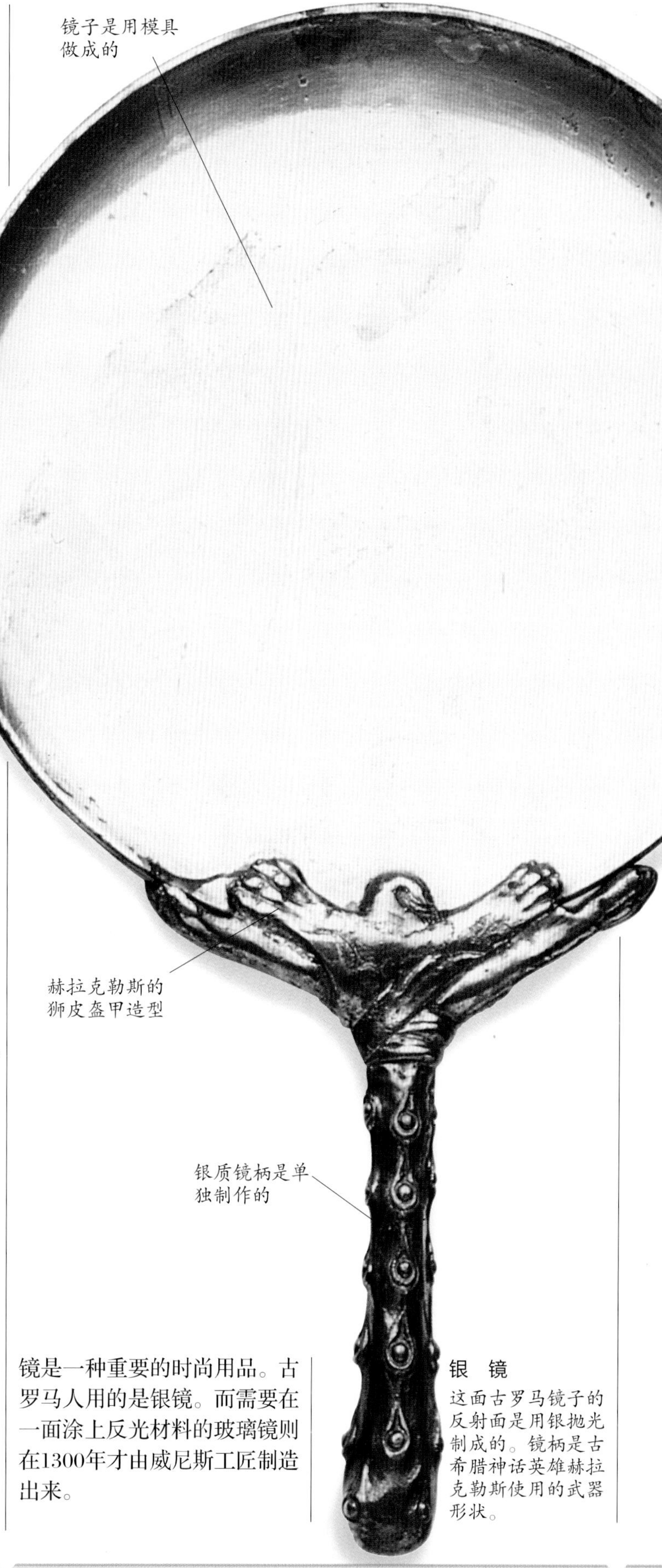

银　镜

这面古罗马镜子的反射面是用银抛光制成的。镜柄是古希腊神话英雄赫拉克勒斯使用的武器形状。

约公元前2600年	哈拉帕文明开始出现在印度河流域。
约公元前2500年	埃及法老胡夫建造了一座庞大的金字塔，即开罗附近的胡夫金字塔，它是世界建筑史上最为壮观的建筑之一。

马铃薯

c 2500 BC

早在西班牙人入侵南美并把土豆这种新作物带到欧洲的4000多年前，秘鲁农民就已经开始在安第斯山脉地区种植土豆了。土豆现在在秘鲁已不再是主要作物，但在其他一些地方却成了主要农作物。19世纪中叶，它成了爱尔兰人的主要食物。爱尔兰曾由于连年的土豆歉收而造成大饥荒。

滑雪板

c 2500 BC

住在北半球的人向北极地区迁移时，首先必须学会与冰雪打交道。起初的滑雪板又短又宽，很像包了皮革的木质雪靴。久而久之，它们变得又长又结实，最终演变成我们现在的滑雪板。已知最早的滑雪板是在芬兰和瑞典的沼泽中发现的，大约制作于公元前2500年。一幅年代相近的挪威岩画上也清楚地画着使用滑雪板的人。

滑雪板
斯堪的纳维亚长年是冰雪天气，滑雪板自然得到了发展。维京人和拉布兰人都会使用滑雪板。

焊　接

c 2500 BC

焊接是用热力或压力将金属部件连接起来的一种技术，或者是用填充金属来达到加固效果的工艺。焊接技术现在用于制造汽车、船舶等大型装备，最初却只用于珠宝加工。大约4500年前，苏美尔地区的普阿比皇后和她的所有珠宝一起入葬，这些珠宝中包括一些前所未见的精美项链，它们都使用了焊接技术。这些项链至今完好如初。

羊皮纸

c 2400 BC

羊皮纸是用来写字的光滑白色皮革。传说羊皮纸发明于公元前200年，因为当时的托勒密埃及王朝禁止莎草纸的出口，迫使他的竞争对手、帕加马的统治者发明了羊皮纸以作替代。虽然“羊皮纸”（parchment）一词是从“帕加马”（Pergamum）派生而来的，但事实上，羊皮纸早就存在了。古埃及人早在公元前2400年左右就在类似羊皮纸的纸上写字了。

马

c 2300 BC

与羊或猪相比，马更为桀骜不驯，所以它的驯化过程更长。最早的驯马人生活在东欧，即现在的乌克兰一带，马被驯服的确切年代很难确定，但到公元前约2000年时，古巴比伦人已经能驾驭马匹了。300多年后，叙利亚人和古巴勒斯坦人也骑上了马。后来游牧部落喜克索人驾着双轮战车占领了

约公元前2500年 秘鲁北部的居民在地下建造居室，他们生活在石砌的地窖里。他们对陶器一无所知，但会编筐作为容器。他们还种植葫芦，并用其做容器来装东西。

约公元前2500年 埃及流行起了插花。他们用花盘点缀宴席桌面，在葬礼仪式上也要献上一束花。最受青睐的花是花托沉重的荷花，他们把它插在特制的花瓶里。

孟斐斯城以及整个埃及，马也跟随着他们到了埃及。

桶形穹顶

c 2000 BC

人们发明了拱结构之后，很快就将其应用于建筑物中最重要、也是最棘手的部分——屋顶。他们将拱结构一个挨一个建造起来，形成坚固的、隧道似的圆筒形屋面，即桶形穹顶。拱结构发明后不久，桶形穹顶就被广泛使用，至今仍受到建筑师的喜爱。

浴　室

c 2000 BC

早在4000年前，一些建筑师就认为建筑里不能没有浴室。在印度河流域（今巴基斯坦）摩亨佐-达罗考古发现，大约公元前2000年的一些即使很普通的住房里，都有带排水管的浴室，有的浴室里甚至还带坐便器。再看西方，大约在公元前1700年的克里特岛上那些富有的米诺斯人家中，已有了豪华的浴室，他们可以慢慢地享受沐浴。

编　钟

c 2000 BC

报时钟的发明受到了中国人在公元前2000年发明的编钟的启发。将不同大小的扁圆钟按音律编排挂在架子上，用锤击打它们使其发出乐声。编钟一般用于宗教仪式和一些其他的演奏活动。公元850年左右，编钟的形式传到日本、印度和西方。那里的僧侣也敲击起一排排的钟铃来。又过了500年，受编钟的启发，人们制造出公共报时装置，僧侣的报时工作也被报时钟取代了。

双轮战车

c 2000 BC

公元前3000年，美索不达米亚人就已经会使用四轮战车。这种笨重的战车是从牛车发展而来的，战车给美索不达米亚人带来了很大的军事优势。由于马匹的引进，四轮改成了双轮，从而出现了速度更快、机动性更强的双轮马拉战车。这种变革发生于公元前2000年左右。

车轮的战争

军队将领是许多发明的先驱，在运输工具的发明以及改进上也不例外。大型轮车最初可能只用于皇家葬典，但士兵很快就发现，轮车在运送士兵和物资到前线方面，比步行或牲畜驮运有更大的优势。不仅如此，轮车不久就直接用于作战。但随着骑兵作战的技术日臻娴熟，轮车最终还是被淘汰了。

轮车既可用于作战也可用于运动，图为亚述国王亚述那西尔帕二世驾车猎狮的情景。

有轮辋、轮辐、轮毂的轮子

系马的车辕

古罗马双轮战车具有速度快、驾驶简单的特点，是当时最好的战车。

运输轮车

最初的运输轮车很笨重，车身用木头和皮革制成，有4只实心木轮。前轴装在枢轴上以保障机动性，它与单辕连接；辕的另一端是木质牛轭，用以将牛拴住，驾车人坐在前轴上方高出的座位上，随车轴一起转向。

双轮战车

轮车引入了马匹，也精简了车身结构，包括将实心轮改为辐条轮（见第31页），使其成为可由一两名士兵驾驶的、威力巨大的作战武器。由于它只有两个轮子，所以便于急转弯，机动性更强；它甚至可用4匹马来拉。这些轻巧的战车帮助使用它的军队打了不少场胜仗。

约公元前2400年 一种复杂的“死亡崇拜”曾在马耳他岛发展蔓延。它发端于萨格拉和祖里格（Xagra and Zurrieq）附近，这里的居民将棺椁嵌入石块中合葬。到后来，拉哈尔地区的人们将死尸安置在墓室中，这种“死亡崇拜”才宣告结束。

约公元前2300年 苏美尔帝国祸起萧墙，最终被入侵者萨尔贡一世接手。萨尔贡一世顺势建造了新的城邦阿卡德城，它一度成为世界上最富裕的城邦。而苏美尔人也不复存在，取而代之的是阿卡德人。

铁

c 2000 BC

铁在东南亚首次被发现，距今大约已有4000年的历史，当时的人认为它比金子还珍贵。随着冶炼和加工方法的改进，人们更有效地利用了它的强度和延展性。大约在公元前1200年，人类步入铁器时代，以前所未有的速度迈向了现代社会。由于铁的熔点高，早期使用者不得不发明新的技术，如用锻造而不是铸造的方法来制造铁器。

铺装道路

c 2000 BC

已知最早的铺设了路面和排水沟，又能适应各种气候条件的道路，是地中海克里特岛上的米诺斯人在大约公元前2000年建造的。这条道路用石头铺设，中间高两边低，有些地方还有排水沟。相较于今天的道路，它的独特之处在于：人行道在路中间而不是两边。

骰　子

c 2000 BC

据说古埃及人是世界上最早玩骰子的人，骰子还与我们今天的差不多。大约在公元前2000年的时候，骰子上的点数才开始定型成今天的样子，在此之前，它们存在多种形式。最初人们掷骰子主要是为了预测未来。骰子一般用骨头或牙齿之类的东西制成。用来预言未来的骰子很快变成了赌博游戏的道具，这也许是不可避免的。人们现在依然用掷骰子的方式赌博。

锁

c 2000 BC

当今大部分的锁都是基于公元前2000年的一项发明。古埃及人发明的这种木质锁里有一根闩，上面有若干孔，由销子插进去加以固定。只有般配的钥匙才能将所有销子推出，然后拨出锁闩将锁打开（见第144页“耶尔锁”）。

铁

经适当处理的铁器具有弹性，再将其锻打出锐利的锋刃，就能造出如图中古罗马人使用的这种剪刀。

方形帆

此船模型被发现时，桅杆和帆都已不在，现在的桅杆和帆是依照同时代船上的样式仿造的

船员在船头用垂线测量水深

船员拉帆绳以调整帆的高度和方向

大　船

图中的大船模型被发现于公元前2000年的古墓中，古埃及大船与此相同，除使用帆以外，还要用桨划水，推动船在水中行驶。在国王和达官显贵的陵墓里放置船模型，以供他们在“另一个世界”使用，这是当时的习俗。

约公元前2000年 凯尔特人在苏格兰和爱尔兰建造起了“蜂窝式”房屋。这些房屋用粗糙的石块搭建而成，呈圆形，中央高起，有点像蜂窝。

约公元前2000年 世界上第一种书写语言——苏美尔语开始绝迹。因为苏美尔人，即现在的阿卡德人，被迫要使用征服他们的人的语言。但苏美尔文字还是继续存活了2000年。

锯 子

c 2000 BC

与斧和刀不同，锯子能锯开任何厚度的木材。它的锯齿以一定角度错开，锯入木材后可有足够宽度的间隙让锯条通过。铜的发现为锯子的发明创造了条件。到公元前1500年，古埃及人已经能锯厚木板。

六十进制数

c 2000 BC

1小时有60分钟，1分钟有60秒的设定源自4000年前古巴比伦人发明的一种进制体系，这种体系最先使用了今天十进制的基本原理。每个数字的值取决于它所在的位置。因为古巴比伦人使用的是六十进制，而不是十进制，所以把1放在第一数位上，其数值为1；而把1放到第二数位上，其数值就是1×60，即60；而把1放到第三数位上，其数值就是1×60×60，即3600。

雌雄植物

c 2000 BC

巴比伦人可以说是专业的农艺师和园艺家。他们很早就发现有些种类的植物有雌雄之分，就像人有男女之分一样。雌性植物会结出果实，但前提是获得雄性植物的花粉并受粉。古代巴比伦印章上有反映人工授粉的图案。到了约公元前1800年，人们已经为了给雌性椰枣花人工授粉而买卖雄性椰枣花了。

系舵的木柱

乘客坐在船的尾部

掌方向的舵

埃及人用香柏木板来造最好的船

大 船

c 2000 BC

很难确切地说小船是什么时候变成大船的，但要想在开阔的水域里安全航行，船应当足够大。大约4000年前，古埃及人就建造出了第一艘适合海上航行的船。他们知道如何掌帆来利用侧风。为了应对顶风，他们仍然保留了船桨。

投石器

年轻的大卫用拿手的投石器向腓力斯丁巨人歌利亚挑战。

钳 子

c 2000 BC

钳子应该是为了夹取加热后的金属而发明的。它可能是在公元前3000年，即人类开始冶炼金属后的某个时间里出现的。最早证明钳子出现的证据是公元前1450年左右古埃及人创作的一幅壁画。在这幅画上，一个冶金者用一根管子向炉内吹风，而他用来夹住炉火中那块金属的无疑是一把钳子。

投石器

c 2000 BC

投石器是通过在一块皮革上系两段绳子制成的武器。投石者将石块放在皮革上，抓着绳子快速旋转，然后突然松开，就可投出石头。约公元前1000年成书的著作中已经记载了大卫用投石器杀死歌利亚的著名故事，所以投石器的发明应当更早。公元前750年，古埃及人的军队也使用了投石器，直到今天也还有人在使用。

辐条轮

c 2000 BC

车轮最初都是实心的，很笨重。但制造者很快就发现，轮辋和轮毂才是车轮最重要的部分。于是他们把不重要的部分挖空以减轻轮子的重量，这就是最原始的辐条轮。公元前2000年，美索不达米亚人已经开始使用由4根独立辐条组成、强度更高的新式辐条轮。但这种辐条轮要再过1000年才传至北欧。

约公元前2000年 临近北美阿拉斯加海岸的阿留申群岛被来自北美大陆的人所占据。他们在沿岸有淡水资源的地方建起村庄，用皮筏做交通工具，以猎捕海豹和熊为生。

约公元前2000年 爱尔兰的泰尔迪安竞技场（the Tailteann Games）增加了一个类似掷铁饼的新项目，不过他们投的不是铁饼，而是车轮。凯尔特人的英雄库丘林手执轮轴，用尽全力掷到最远。

紧身胸衣

c 1900 BC

人们从未停止过对自身形体美的追求。4000年前，生活在地中海克里特岛上的米诺斯妇女就为了尽量收紧自己的腰身而穿上紧身胸衣。而想显示身体曲线的不单单是女子，在公元前1500年左右的米诺斯国王宫殿遗址中发现的壁画上，男子似乎也有着细腰。

自来水

c 1700 BC

在印度河流域摩亨佐-达罗的那些古代浴室里可以说是应有尽有，可是克里特岛的米诺斯富人并不满足于此——他们想让水从龙头里流出来。而考古发掘证明了他们确实有自来水。在克诺索斯城米诺斯国王的宫殿里，就铺设了进水管和排水管，洗澡不再是什么麻烦事，而是一种惬意的享受。

秋　千

c 1600 BC

谁也说不准秋千是什么时候发明的，它的出现很可能是受了随风飘荡的藤蔓的启发。在克里特岛进行的考古发掘中，发现了公元前1600年米诺斯统治时期的秋千。秋千是古代的一种游戏，就像五子棋和捉迷藏一样，给一代又一代的儿童带来了欢乐。

黄　铜

c 1500 BC

黄铜是铜锌合金，因为其强度高，色泽亮丽，且耐腐蚀，适合于制造多种器具。黄铜的早期历史难以追踪，因为它常被错当成青铜。直到18世纪，很多人还在沿用古老的冶炼方法来制造黄铜，即把铜矿石和锌矿石放在一起加热冶炼，使其产生黄铜。由于锌矿石又叫菱锌矿，所以黄铜也叫菱锌矿黄铜。

旗　帜

c 1500 BC

中国人发明的旗帜有着非凡的含义，在战场上起着非常重要的作用。如果帅旗被敌方夺去，那就意味着一场战事的结束。据记载，公元前1100年左右的中国周朝君王的旗帜（这可能是历史上第一面重要旗帜）是白色的，现代西方人却往往把白旗与投降和败北联系在一起。

手　套

c 1500 BC

埃及的天气有时候也会比较冷，但是，在年轻的埃及王图坦卡蒙的陵墓中发现的优质亚麻手套，并不是为了御寒，而是用于仪式中。这说明，尽管这个国家比较炎热，但公元前1350年，也有人戴手套。在比较寒冷的地方，人们肯定也戴手套御寒，但我们目前所知的证据最早只能将手套的历史追溯到公元700年左右。

密　写

c 1500 BC

文字发明后，人们就开始担心不相干的人会阅读到他们所写的东西。密写，或者叫文字加密，有着很长的历史。已知最早的例子是公元前1500

约公元前1900年 埃及的室内装修工匠忙于为富人搞各种装饰。他们在石膏上绘制图案，张挂有纹饰的挂毯，安装红、白、黑相间的护墙板和彩绘的木质天花板。

约公元前1750年 古巴比伦第一代王朝最著名的统治者汉谟拉比在泥板上颁发了他制定的法典。《汉谟拉比法典》可能是人类历史上的第一部成文法典。

紧身胸衣

在这幅公元前18世纪的壁画上，优雅的女人穿着紧身胸衣。这幅壁画是在克里特岛克诺索斯的米诺斯王宫里发现的。

喇　叭

c 1500 BC

通过嘴唇将空气吹入而发声的管状物都可以叫喇叭。澳大利亚的迪吉里杜号角从技术上讲也是一种喇叭，与羊角制的羊角号一样。今天仍旧有宗教仪式使用羊角号。现存最早的银喇叭，是古埃及人于公元前1500年左右制作的，可能是用于庆典仪式。古罗马人在战场上使用号角。而喇叭又过了1000年才成为演奏乐器。

盔　甲

c 1100 BC

直到17世纪先进武器的出现使盔甲变得无用，人们才不再使用盔甲。盔甲是历经千年才逐渐完善起来的：从头盔到腰带，再到加固衬衣，等等。大约在公元前1160年，古代中国士兵穿的是犀牛皮制成的铠甲。到公元前800年，古希腊武士的披挂就包括了青铜头盔、金属护胫和保护胸部的青铜胸甲。

喇　叭

澳大利亚的迪吉里杜号角，由桉树枝制成，一般长约1.5米，吹奏时发出低沉而单调的声音。

年左右的古埃及象形符号。这些符号也许只是为了好看，而不是为了隐藏什么。

鞋　子

c 1500 BC

最早的鞋子是拖鞋。到了公元前1500年，美索不达米亚人的鞋已经能裹住整只脚。这种鞋类似于我们今天的软帮鞋，即用一张软皮革裹至脚踝，然后用一根皮带将其扎起的鞋子。大约在同一时期，克里特岛的米诺斯人在冬天穿的是高腰靴。

漏　壶

c 1500 BC

埃及人通常根据太阳的位置计时，到了大约公元前1500年，他们也用漏壶装置来计时。漏壶装置的基本原理是：一只水壶，接近底部处有个小洞，内侧从上到下刻有刻度，壶中的水慢慢滴漏出来，水面的高度就表示时间。当水面接近底部时，滴漏速度减慢，所以底部的刻度比较密集，不易读取。一种改良的漏壶大约于公元270年出现，它的原理有所改变：水慢慢滴进无漏洞的壶中，水的浮力带动刻度针来显示时间。

漏　壶

这只漏壶是在埃及卡纳克遗址的一座古庙中发现的，制作于公元前1415年—公元前1380年。

约公元前1600年	一个埃及抄写员着手准备一本有1500年历史的医书的新抄本。这部莎草纸新抄本记载了疾病的各种症状和详细的医治方法。
约公元前1400年	古希腊人开始使用文字，这与他们后来使用的字母系统差异颇大。3350年后，一位语言学家破译了其中一种符号系统，并把它称为线性文字B。

溜冰鞋

这是用马腿骨制成的溜冰鞋，大约属于公元前1200年，它不昂贵，也不会生锈。

桨

c 1100 BC

桨和船的历史相当。腓尼基人在促进桨的完善方面可能做出了更多的贡献。腓尼基人来自现今黎巴嫩地区，是天生的水手。大约在公元前1100年，他们已是东地中海地区最大的贸易商了。到了公元前700年，他们发明了双排桨快船，两侧各有上下两层桨。后来，古希腊人将双排桨快船发展成三级桨战船，用于海上作战。

溜冰鞋

c 1000 BC

溜冰鞋应该是在冰天雪地的地方发明的，事实上它们确实起源于3000年前的斯堪的纳维亚半岛。不过，当时金属还很珍贵，所以最早的溜冰鞋是用驯鹿、马等动物的骨头制作的。溜冰原本是一项实用技能，但中世纪时，荷兰的运河在冬季成了理想的天然滑冰场，溜冰也就逐渐演变成了一项体育运动。

磁　石

c 1000 BC

公元前800年，希腊北部平原地带的古希腊人发现了一种奇特的黑石头。米利都学派的哲学家泰勒斯，在其著作中也记载了这种能吸铁的石头，但他们并没有发现它的指北特性，它的这一特征是中国人在300年后发现的（见第37页）。首先发现磁石的地方叫马格尼西亚（Magnesia）。它是磁石英文“magnetite”的词源。

骆　驼

c 1000 BC

早在公元前3000年，古埃及人就认识了骆驼，但他们可能还没有用骆驼来驮运物品。直到2000年后，美索不达米亚人才想到了使用这些不易驯服但高度耐旱的骆驼来驮载重达500千克的货物，美索不达米亚人还繁育出供人骑用的、体重较轻、行走较快的骆驼。

编　织

c 1000 BC

无纺不成布。尽管初期的织机也可以搬运，但游牧人显然更青睐直接用两根编针来织布。编织很可能起源于公元前1000年的北非沙漠游牧民族地区。编织大概是经埃及传入欧洲的。考古学家在埃及发现了大约公元前450年的编织物。

桨　橹

这是公元前700年腓尼基双排桨快船的模型。

方横帆可以给船增加速度

甲板位于舱内划桨的人的头上方

船体应该是用一个大树桩做成的

用以撞击的羊角状船头

约公元前1100年	被称为巨石阵的不列颠石头圈阵仍在使用中，但它的规模扩大了，通向巨石阵的道路向东延伸了2.8千米，然后折向东南，通向埃文河。	约公元前1000年	印度开始使用一种全新的印度历。印度历一年有12个“月”（Moon month）。现行的公历纪年比它略长，为确保纪年准确，印度历每隔30年便额外增加一个月。此后的3000年间，印度历一直在被使用。

铁头犁
c 900 BC

用木头或青铜制作的犁头在耕地时很容易被磨损。铁比青铜坚硬，但它在古时候很珍贵，于是古人就选择只在木犁头前端包上铁。古巴勒斯坦人可能在公元前900年就已经用上了这种犁头。

字母系统
c 900 BC

早期的人写字时并没有使用字母系统：他们最开始用一个符号表示一整个词，后来变成一个符号一个音节。大约公元前1600年，在叙利亚或者古巴勒斯坦出现了有辅音符号的字母系统，到了公元前900年，古希腊人在这套系统中加进了元音，使之适用于他们的语言。古希腊人的这套系统是最早的精确记录声音的字母系统，后来成了包括英语在内的若干字母系统的前身。

袜子
c 800 BC

人们穿上鞋子之后，肯定感到有穿袜子的必要。但我们不知道人类是何时开始穿袜子的。公元前700年的古希腊诗人赫西俄德，在其一首诗里最早提到了袜子。最早的袜子可能不是编织品而是毛毡做成的，穿着不会很舒服。

油灯
c 700 BC

人工光源已经有3万年的历史。人们用植物纤维做灯芯来点燃油脂。然而，真正意义上的油灯却在此后很久才问世，它有可重复加油的油池，还有耐燃且能调控火苗的灯芯。古代中国和埃及的一些油灯，都有可穿灯芯的细管。但最早的油灯却是出现在约公元前700年的古希腊。这种油灯使用橄榄油或果仁油，亮度低，夜间使用时不足以做一些精细的活儿。

古时的新灯

要制作一盏成功的油灯，灯油、油池和灯芯一定要做好。油燃烧产生的烟要比脂肪少，而油池要易于灌注和携带，灯芯要能将油吸上来，形成薄层，利于灯油汽化从而充分燃烧。好的灯芯在供油的同时，自身也不会很快被烧尽。

这是10世纪末中亚贵族使用的装饰华丽的青铜油灯。

拉住沉重桅杆的缆绳

这种盾牌可以保护划桨的人

舵桨

最早的灯

早期的岩洞壁画家也许是借助树枝燃烧的火光来创作的。古人做饭时可能也发现沾上油脂的柴能烧更长时间。这一发现与油灯的发明仅一步之遥。最初的灯可能是一个容器，里面放着蘸了油脂的细枝或苔藓，但细枝或苔藓在供油的同时，自己也很快被烧完了。

后来的灯

古希腊人对吸油的细枝做了很大改良，把原始的灯改进成茶壶的样子，灯芯在壶嘴的位置，此后，油灯并无更大的改进。直到1784年，瑞士发明家艾梅·阿尔甘才发明了带柱状灯芯和有玻璃灯罩的油灯。

约公元前1000年 形体庞大、满身白粗毛的大白熊犬，又叫比利牛斯山地犬，从亚洲传入欧洲。人们用它来保护羊群，使羊群免遭当地狼和熊的侵害。

约公元前800年 古代中国不断壮大，当时人口已达1400万。

日　晷

c 700 BC

早在3500年前，人们就在使用"立竿见影"的方法来计时。到公元前700年，古埃及人就发明了日晷。日晷的底部是刻有时间刻度的长条，长条的一端有一个与其垂直以形成影子并投影到刻度条上的部分。每隔半天要把日晷的方向倒转一次。几百年以后，古代天文学家（包括巴比伦的贝罗苏斯）将日晷做成了曲线形。

阿基米德螺旋泵

c 600 BC

阿基米德螺旋泵至今仍用于农田灌溉（见第16页）。它是一个圆柱形木桶，内部装着可旋转的螺旋面。木桶底端浸于水中，转动螺旋面，就能把水旋上来，其原理就像将螺钉旋进木头时，会有木屑出来一样。但这种泵不是阿基米德发明的，可能是他在公元前260年看见埃及人用过这种泵，于是就把它记载在书里了，所以后人就称这种水泵为阿基米德螺旋泵。

手推石磨

c 600 BC

劳动人民一直是用原始石磨把玉米等谷物碾成粉的，手推石磨的出现是在此3000年后。手推石磨由两个大的圆形磨盘组成，上磨盘与下磨盘的凹槽紧密接合。上磨盘靠中央处有个添料口，旁边装有手柄，用以推动磨盘。从添料口倒入的谷物被上下磨盘碾轧成粉，再从磨盘磨合面边缘的细缝中漏出。这种高效设备，可能是公元前600年发明的，但是在哪里发明的却不得而知。

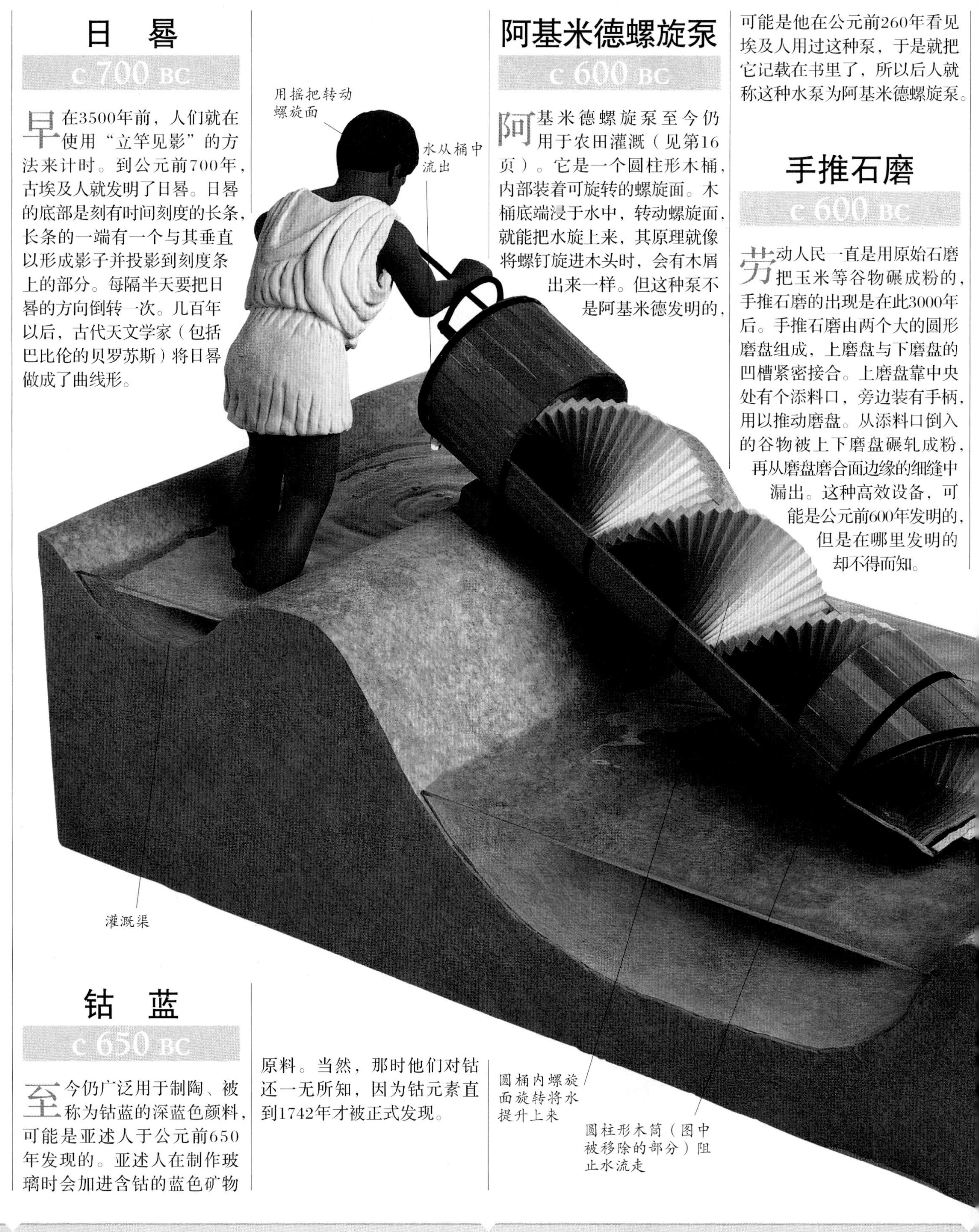

钴　蓝

c 650 BC

至今仍广泛用于制陶、被称为钴蓝的深蓝色颜料，可能是亚述人于公元前650年发现的。亚述人在制作玻璃时会加进含钴的蓝色矿物原料。当然，那时他们对钴还一无所知，因为钴元素直到1742年才被正式发现。

约公元前700年　亚述（今伊拉克北部）人用鹰和隼来狩猎。此时的皇室热衷于各种狩猎活动。亚述王亚述巴尼拔还让人把他的事迹刻在石头上："我杀死了这头狮子。"

约公元前650年　斯巴达人惨败给阿格斯人，于是斯巴达的新王吕库古王重建城邦并集中精力发展军事力量。在随后的一个世纪里，斯巴达勇士征服了其周边的领土以及希腊西南部的大部分地区。

金属货币

c 600 BC

大约在公元前600年，人们常常用珍贵的金属来换取商品。但很多人会用不纯或重量不足的金属来行骗，所以商人们要花费时间来进行辨别和称量。生活在今土耳其西部的吕底亚人结束了这一费时的局面。他们规定了流通金属块的质量和重量标准，在合格的金属上打上国王的印记以证明其价值。实际上，他们已经发明了硬币。

商　店

c 600 BC

生活在公元前450年的古希腊历史学家希罗多德认为，商店是发明硬币的人发明的。吕底亚人是赚钱的天才，他们的首都萨第斯以繁华而著称。英文里有个形容某人腰缠万贯的说法就叫“富得像克洛伊索斯”，克洛伊索斯是吕底亚的一个国王。

电

c 600 BC

电的历史始于树脂的化石：琥珀。大约在公元前600年，古希腊哲学家泰勒斯观察到，用布擦过的琥珀能吸起轻小物体。他看到的就是静电效应。但2000多年后，英国学者威廉·吉尔伯特才对这一现象进行了细致的研究（见第85页）。泰勒斯根据琥珀（希腊语elektron）为静电吸引现象造出了“electric”这个词，意思即为“电”。

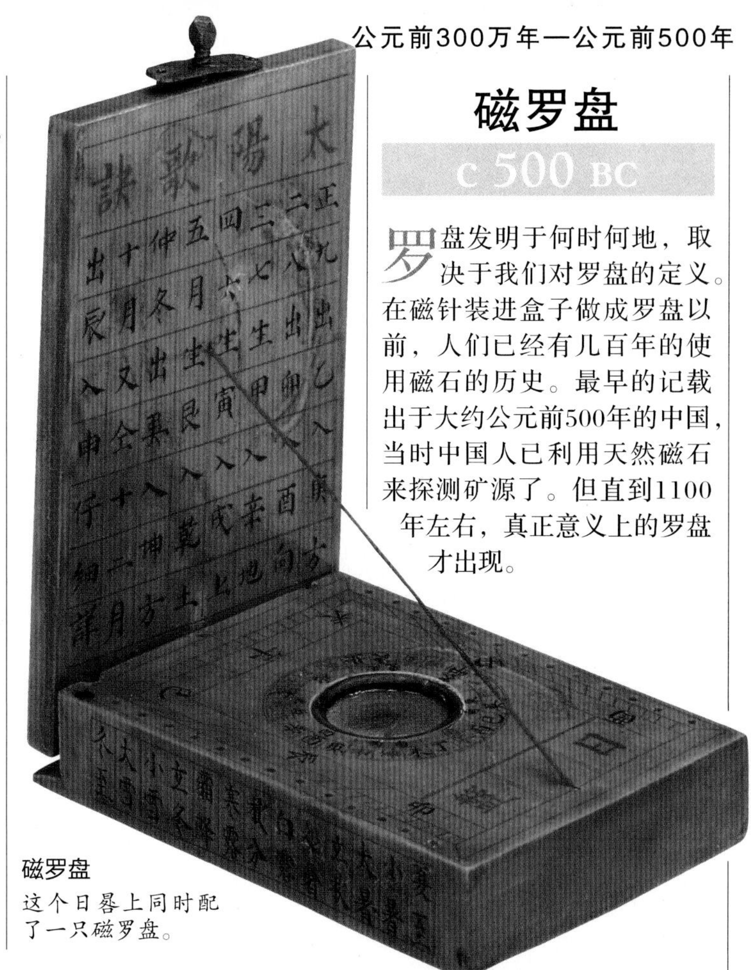

磁罗盘

这个日晷上同时配了一只磁罗盘。

磁罗盘

c 500 BC

罗盘发明于何时何地，取决于我们对罗盘的定义。在磁针装进盒子做成罗盘以前，人们已经有几百年的使用磁石的历史。最早的记载出于大约公元前500年的中国，当时中国人已利用天然磁石来探测矿源了。但直到1100年左右，真正意义上的罗盘才出现。

毛　笔

这是日本人在19世纪用的毛笔，它是将笔毫插在竹笔杆里制成的。

毛　笔

c 500 BC

公元前500年，毛笔被发明了，在此之前，中国人是用刀在竹筒上刻字的。毛笔用竹子做成，笔杆粗细类似铅笔，笔尖柔软，能在丝绸上书写，很适合写复杂的汉字。两三百年后，毛笔的使用进入全盛时期，人们用毛笔来书写隶书。隶书尽显毛笔的优雅笔锋，是中国书法的重要组成部分。

毕达哥拉斯定理

c 520 BC

毕达哥拉斯定理（勾股定理）认为，直角三角形斜边的平方等于两直角边的平方之和。但创立这条定理的未必是毕达哥拉斯本人，而可能是他在公元前530年于意大利创立的那个学术团体中的某个人。不管这个定理是谁提出的（见第38～39页），我们现在还在使用这条定理。

音乐和谐论

c 520 BC

见第38～39页，毕达哥拉斯和他的追随者如何发现宇宙和谐的故事。

阿基米德螺旋泵

这是一张阿基米德螺旋泵的模型图。为了展示水流是怎样沿着螺旋线抬升的，我们把外面的圆柱形木筒移除了一部分。

约公元前600年	腓尼基（现黎巴嫩）海员定期远航6000千米，到不列颠采购康沃尔地区产的锡。为了做到这一点，他们摸熟了海上航行的路线。
约公元前500年	最后一批爱尔兰麋鹿（也称大角鹿）绝种了。爱尔兰麋鹿外形与驼鹿相似，但它的鹿角是世界上最大的，横宽达4米，而且角的边缘有锋利的刺。

数与音乐

毕达哥拉斯和他的追随者追寻宇宙的和谐

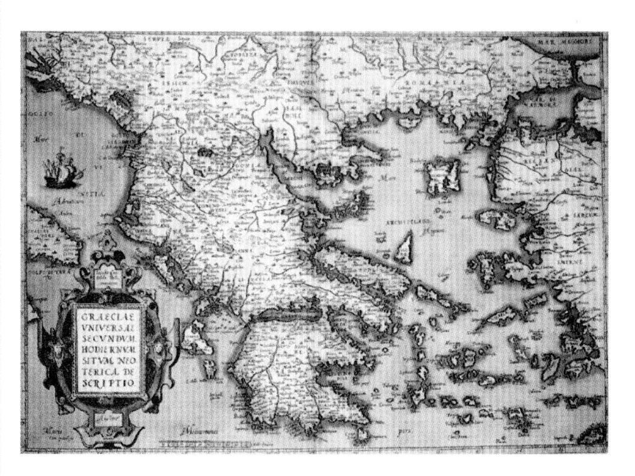

古代之旅

毕达哥拉斯生于爱琴海上的萨摩斯岛。公元前530年，他航海西渡来到今意大利南部的克罗托内定居。

2500年前，意大利南部的一个小城里，聚集着一群非凡的思想家。他们发现的音乐和数学之间的神秘关系，至今仍为我们所相信，更重要的是，他们相信我们的世界是遵从数学法则运行的。

古希腊哲学家毕达哥拉斯，在50岁左右穿渡爱奥尼亚海，来到克罗托纳（今克罗托内）定居，他的很多学生也随之而来。这些追随者开创了毕达哥拉斯学派。毕达哥拉斯学派的成员都要宣誓绝对忠诚并严守秘密。数学是他们最大的信仰，但他们也信仰一些与数学无关的东西，比如灵魂转生。

毕达哥拉斯因其同名定理而闻名于世（见第37页）。不过这个定理只是他们所发现的诸多数学关系之一，毕达哥拉斯的追随者们对1+2+3+4=10这个事实特别着迷。这些数能完美置于一个三角形中，即所谓四列十全（十点三角形）。后来他们发现四列十全和音乐之间存在着某种联系，这个发现使宇宙是建立在某种神秘秩序基础（也称为kosmos）之上的观念变得更加牢不可破。

他们从任意长度的弦发出的声音出发，把弦分成二等份、三等份或四等份，产生了彼此间完美和谐的新音律。这一发现虽不能解释复杂的音乐原理，但对解释毕达哥拉斯所用的简单乐器十分有效。这不仅奠定了音乐科学的基础，而且坚定了毕达哥拉斯学派认为数学是理解宇宙之关键的

错误的科学

人们经常会因毕达哥拉斯的原理而在音乐研究上感到困惑。这件1490年的木刻即意在演示他的原理，但这并不可行。因为毕达哥拉斯只用了弦做实验，并没有考虑到用多种乐器演奏的音乐。

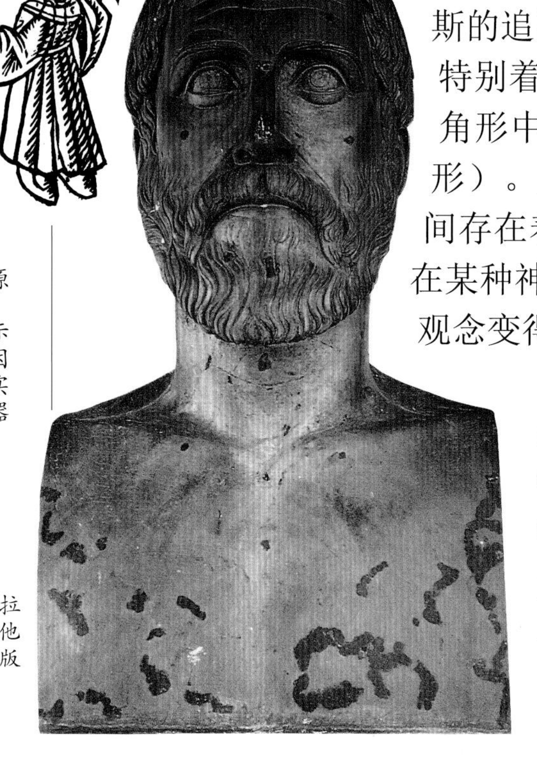

神秘的哲学家

这是数学与哲学巨匠毕达哥拉斯的塑像。但是在现实中，他和他的追随者却从未公开出版过他们的著作。

信仰。

毕达哥拉斯学派的人大概是最早怀疑地球不是宇宙中心的思想家。他们推测行星是绕着“中央之火”旋转的—— 虽然他们可能并不认为地球是行星。毕达哥拉斯的一些追随者甚至认为，行星的分布严格遵循数学原则，它们的运行轨迹创造了一个神秘的充满“音乐韵律的宇宙”。但这个完美的理论只是建立在猜测而非事实之上的。

自毕达哥拉斯时代以来，我们不断探索前进。

辩论者

上图是雅典大学一幅画的局部图。画面上的细节也许能准确地反映毕达哥拉斯的追随者们是如何检验他们的理论的。他们基于信念和辩论，而不是基于实验。他们的数学思想局限于我们现在所说的几何学。

四列十全（十点三角形）是由10个点构成的三角形。包含了1、2、3、4四个数字，与其音乐理论相似。毕达哥拉斯学派一直尝试用简单的几何理论来解释全宇宙。

数学家

我们其实并不知道毕达哥拉斯长什么样子。但历代的艺术家都把他描绘成一个迷恋神秘符号和书本的人。

我们已经知道数学是一种强有力的、解释宇宙运作的理论，但那些不以事实为基础的解释也常常把我们引入歧途。毕达哥拉斯认为宇宙存在一种数学秩序——而且这个“理论”可以解释万事万物。科学家现在虽然在探索和描述物理宇宙上取得了一定的进步，但依然没能证实毕达哥拉斯对宇宙的哲学理解。

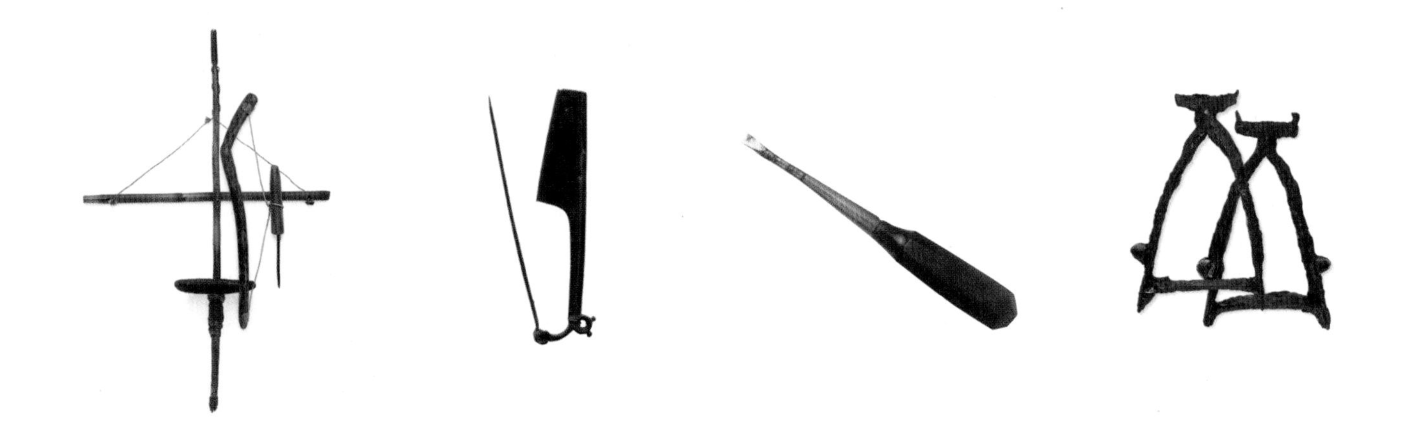

权威的时代

从公元前499年到1400年，不仅涌现出许多发现和发明，而且出现了灿烂的古希腊文明和古罗马文明，以及世界上主要的宗教信仰。然而，在这个时代大多数人的思想要么被传统限制，要么被公认的理念束缚，要么受到权威的禁锢。

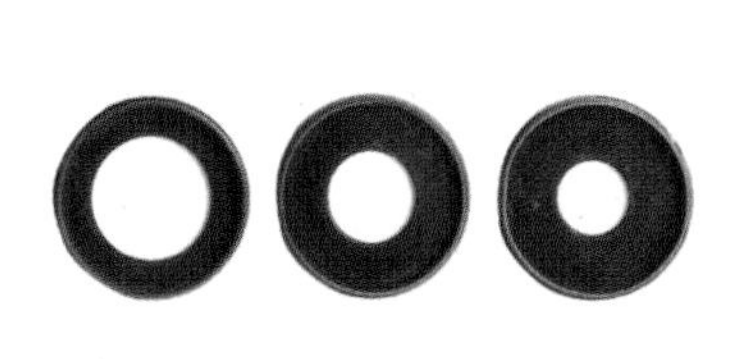

铁在建筑中的应用
协和神庙是阿格里真托的20座神庙之一，建于公元前6世纪—公元前5世纪。

铁在建筑中的应用

c 470 BC

一般认为，首先用铁做建筑材料的是维多利亚时代的人。但实际上，早在维多利亚女王之前2300年，古希腊阿格里真屯（Agrigentum，今西西里岛的阿格里真托）的建筑工匠，就已用长5米的铁梁来支撑他们的神庙。古希腊人还用其他一些较小的梁和各种各样的铁构件来加固石建筑物。

舞台布景

c 458 BC

在英文中，“舞台布景”（scenery）一词来自“化妆间”（skene）。在古希腊，化妆间设在舞台后面，供演员使用。到了悲剧作家埃斯库罗斯的时代，化妆间还被用来架设组成舞台布景的彩色镶板，为演员提供演出背景。为了悲剧《奥瑞斯忒亚》的首演，埃斯库罗斯搭建了比寻常演出更好看的布景。他在这些布景的镶板上绘上彩色图画，从而创造了我们今天所说的舞台布景。

中央供暖
这是法赛里斯市的一处遗址。古希腊人可能在这些石柱上方搭建房屋，房屋底下的空间可以烧火，从而为房屋集中供暖。

日食的成因

c 450 BC

在古希腊哲学家阿那克萨戈拉对日食做出解释之前，即便是见多识广的雅典人，对此现象也心存恐惧。阿那克萨戈拉从今土耳其来到雅典。他说日食是因为月亮挡住了太阳，这是正确的。但他认为太阳只是一块白热化的岩石，还没有半个希腊大。

中央供暖系统

c 450 BC

大多数人都认为中央供暖是古罗马人首创的，其实它的首创者很可能是古希腊人。古罗马人称他们的地板供热系统为“热炕”（hypocaust），“热炕”在希腊语中的意思是“在下面燃烧”。古希腊的菲斯利斯城（今属土耳其）遗址上的房舍有中空的地板，很像古罗马人的热炕。这说明早在公元前450年，古希腊人就在使用中央供暖系统了。

土、空气、火和水

c 450 BC

几个世纪以来，古希腊哲学家都一直在思索宇宙是由什么组成的。大约到公元前350年，绝大多数哲学家都接受了此前100年的政治家兼诗人恩培多克勒提出的理论。恩培多克勒认为万物皆由土、空气、火和水这几个要素以不同的比例混合而成。他的理论在我们现在看来有点滑稽可笑，但他也最先提到了化学元素的存在，并最终促使了现代化学的诞生。

约公元前500年 中国春秋时期军事学家孙武撰写了世界上第一本军事著作《孙子兵法》。书中论述了如何利用情报人员进行情报和反情报工作，其中也包括同时从双方窃取情报的双重间谍。

约公元前490年 世界上的第一次马拉松长跑发生在古希腊。为了传递捷报，一名古希腊士兵从马拉松城跑了42.195千米到达雅典。1896年，这种长距离的赛跑成为首届现代奥林匹克运动会的比赛项目。

黄道十二宫

c 450 BC

很可能是古巴比伦人把黄道分成十二宫的。黄道十二宫代表一年中太阳运行所经过的12个星座。公元前419年的一个楔形文字泥板就记有十二宫图。不过给星座命名的是古希腊人，他们把星座叫作白羊座、金牛座等，古希腊人称这些星座为“动物园”（*zodiakos kyklos*），也就是我们今天所说的“黄道”。

黄道十二宫

这是一个16世纪的木刻，反映的是黄道十二宫与人体相关的众多理论之一。

飞翔的演员

c 450 BC

古希腊剧作家在剧情冲突难以解决的时候，一般会设置一个从天而降的神来化解冲突。必要时，空中的神就会用吊架“下凡”。吊架也被用来创造喜剧效果：在阿里斯托芬的喜剧中，有个角色就是坐在一只大蜣螂上被吊到“天堂”去的。

城市规划

c 450 BC

许多古代城市都呈现一种网格状布局。米利都的希波丹姆可能是第一个真正的城市规划专家。希波丹姆多才多艺，颇具影响力。他认为城市建筑应按功能分区布局。他参与了古希腊港口城市比雷埃夫斯的重建和意大利南部古希腊人聚居地的新建工程的设计，并在其中实践了自己的城建规划思想。

编织袜

c 450 BC

双脚在忍受了数个世纪的毡袜刺痒之后，终于迎来了舒适的编织袜。编织技术非常适合用于制作手套、袜子等编织物，而且无须裁剪缝纫。公元前450年左右的一些古埃及贵族就是穿着编织袜入葬的。800年后，沙特阿拉伯人在穿拖鞋的时候，也会先穿上一双编织袜。

骡　子

c 450 BC

马匹不太适应炎热干燥的气候，而驴的适应能力则相对好些，但驴的身躯小，行进速度慢。不知道是谁灵机一动，让马和驴杂交生出兼具两者优点的骡子（也可能是马和驴自然交配的产物）。骡子最早可能出现在土耳其及其周围地区。公元前450年左右，古希腊历史学家希罗多德第一次将这种强壮耐劳的动物载入史册。

甩臂顶端有用以装填抛射物的碗状凹槽

绞紧的皮筋提供拉力

约公元前450年 应民众的要求，古罗马人将法律以书面形式公布，朝着更加透明开放的政府迈出了一大步。在那之前只有少数人能接触到法律，而司法公正几乎是不存在的。

约公元前443年 古罗马开始了审查制度并任命了第一位审查员。起初，审查员仅仅负责统计人口，但很快他的职权就扩大到控制公众道德和审查反政府言论的发表。

大 学

c 450 BC

如果把大学定义为求学的中心，那么印度北部比哈尔邦的那烂陀寺可能就是世界上的第一所大学。佛教创始人释迦牟尼还在世时，这所佛学寺院就已经存在，并一直留存到1193年，直到突厥入侵者将其烧毁。

加密通信

c 410 BC

最早使用加密通信的是古希腊斯巴达军队的将领，他们用的是一种叫作密码棒的锥形棒：把皮带缠在锥形棒上，然后将信息写在皮带上。解开皮带时，原先写在上面的信息就变成了一些杂乱无章的符号，只有将皮带缠在一根与原先的锥形棒一模一样的棒子上时，才能看出写的是什么。正是依靠这种加密通信方式，古斯巴达统帅吕山德才能在公元前404年的那场战役中免遭被波斯军队击败的厄运。

石 弩

c 400 BC

早在火药发明之前，人们已经使用大型木制石弩来投掷铁块或大石块等投射物了。石弩初登场可能是在公元前399年，在古罗马与北非古迦太基王朝之间的战争中。将石弩甩臂拉向身后并填装投射物，然后绞紧用动物筋腱制成的绳子，一旦松开甩臂的系绳，甩臂立刻向前飞甩，可将投射物抛向500米之外，但石弩的准度很一般。

弩 弓

c 400 BC

弩弓射程比一般弓箭远。最早的弩弓是古希腊的加斯卓菲特硬弓（gastrophetes）。“gastro”代表“胃”，因为士兵在使用弩弓时，要把弓的一端抵于胃部，另一端抵在地上，然后把弓弦拉到发射位置，再随时扣动扳机将箭射出。只要你来得及装箭，弩弓就是可以置敌人于死地的武器。

弩 弓

弩弓到15世纪时已发展成能像步枪那样瞄准的远程武器了。

改进的巴比伦历

c 380 BC

早期的巴比伦以新月那天作为每个月的开始（见第21页）。为了与季节吻合，巴比伦需要不时增加一个月来调节，但不同的城市增加月份的时间不一，这就会带来很多混乱。有的城市甚至需要在一年中增加两个月。公元前541年，国家规定了统一的加月时间，但直到公元前380年左右，天文学家才计算出恰当的加月周期，并制定出正确的历法，而这种历法一度成为世界上最好的历法。

石 弩

石弩到中世纪仍在使用，如能及时设置好，就能对目标实施有效的打击。

约公元前430年 雅典雕塑家菲迪亚斯完成了一座巨型宙斯雕像。雕像高约12米，宙斯坐在镶有黄金和珠宝的王座上。这尊宙斯雕像是古代世界七大奇迹之一。

约公元前390年 凯尔特人的分支高卢人，生活在现今的意大利北部和法国。他们沿波河长驱直入，攻陷了古罗马，并大肆劫掠，但在得到献纳的黄金之后，他们就立即撤离了。

笔　尖

早期的古希腊文献是用芦苇秆制成的笔抄写的。抄写员通常将笔存放在木盒中。图中木盒的一端还有个墨汁池。

笔　尖

c 380 BC

古埃及的抄写人员用苇秆制成的笔在莎草纸上写字（见第24页），这种笔的笔尖较软，类似于现在的毡头笔。早期硬头笔出现于古希腊，它的笔尖上有一个小裂缝以便吸墨。虽然笔仍用芦苇做成，但笔尖改进之后，已能较流畅地写字了。后来他们引进了比莎草纸更平滑的羊皮纸（见第28页），于是大多数抄写人员都改用书写更灵便的羽毛笔。

苇秆一端削尖，并开一个小缝，用来吸附墨汁

自动机械装置

c 370 BC

自动机械装置是能模仿动物动作的机器装置。最早的自动机械装置是塔伦特姆的古希腊哲学家阿契塔在公元前370年左右制造的“鸽子”。它能围绕一个由蒸汽或空气推动的旋臂“飞翔”。阿契塔受毕达哥拉斯的影响，制作了许多与音乐有关的小装置。他对机械装置中的数学原理也很感兴趣，也许这就是他设计“鸽子”的原因。

天　球

这是16世纪的宇宙图，图中巨人阿特拉斯在中央托住地球，地球被天球上的各个行星所环绕。

天　球

c 360 BC

行星和其他一些天体似乎在恒星平稳旋转的背景下不规则地运动。古希腊天文学家欧多克索斯最早对此现象给出解释。他说天文学家看到的星体分别属于27个球面。恒星都在最外层的球面上，而太阳、月亮和行星各有专属的球面。它们联合在一起的稳定运动，造成了视觉上的不规则运动。这个解释尽管漏洞很多，但由于不断修补，成了2000多年来最恰当的解释。

约公元前350年　古希腊哲学家亚里士多德提出了6个证明地球是球体的论据。他的观点得到了普遍认可，从而结束了长达数世纪的关于地球形状的争论。

约公元前330年　马其顿国王亚历山大大帝以焚毁波利斯城的宫殿来结束对波斯帝国的征战。从此，古希腊文明开始传入并影响中东。

原子理论

c 350 BC

古希腊哲学家德谟克利特的理论影响了整个现代科学。世界是由原子组成的，原子是物质的最小单位的理论，可能就是他最先提出的。他说原子的数量不计其数，由同样的东西组成，但形状各异。原子以不同方式排列形成不同的物质。这个理论非常接近现在的理论，一个生活在大约2400年以前的人能提出这样的理论，是很了不起的。

烹饪书

c 350 BC

人类的历史可以说是一部烹饪史。早在公元前350年，古希腊作家阿克斯特亚图就写了一本关于如何享受美味佳肴的书，这本书的名字叫作《舒适生活》（*Pleasant Living*）。大约200年后，烹饪达人阿特纳奥斯又写了一本烹饪书，在这本书中，他列出了几种制作乳酪蛋糕的配方。

煤

c 350 BC

考古学家们相信，威尔士一带在4000年前就开始烧煤了。但关于煤的书面记载，最早出现在亚里士多德于公元前350年写的一本地理书上。亚里士多德对煤的兴趣源自他关于地球的理论。从古罗马时代开始，人们对煤的兴趣转向煤的可燃性和它在冶金中的作用上。大约在1200年，一位名叫赖尼尔的僧侣，在其书中提到用类似木炭的黑土冶炼金属的事。

冰冻甜食

c 350 BC

古罗马人在饮食上很讲究，对冷食和甜食更是情有独钟。当时，糖还是稀有之物，冰箱则更无从谈起。但自公元前4世纪以来，古罗马人就开始使用天然冰块和蜂蜜。但到了夏季就会有问题，于是尼禄大帝命人从高山上取回冰雪，以冰雪冷冻甜果汁来饮用。而聪明的中国人早在公元前2000年就学会做冰糕了。大约到1300年，意大利旅行家马可·波罗才将中国人的配方带到欧洲。

水　银

c 350 BC

水银是唯一在常温下呈液态的金属，古代中国人曾用其来祈求长生不死。古埃及人也可能很早就知道了水银，而且公元前350年左右，就已经开采和提炼水银了。由于水银神奇的特性，从一开始它就是炼金术的重要添加剂。人们希望用“贱”金属炼出“贵”金属。古人虽然知道水银有毒，但有时仍用水银来治病。

形式逻辑

c 350 BC

每个人都有必要知道如何有逻辑地进行争论。古希腊哲学家亚里士多德最早确定了严谨的辩论规则。例如，他指出像“鱼能游泳，我也能游泳，所以我是一条鱼”这样的论证是错误的，正确的逻辑应该是“鱼能游泳，我是一条鱼，所以我能游泳”。他还指出，所有的科学都依赖于一套不证自明的原则。他的逻辑非常严密，以致后来很长的一段时间里，人们一致认为他已经把这个问题讲透彻了。亚里士多德关于逻辑的许多见解，对于科学是必不可少的。

欧氏几何

c 300 BC

亚历山大的欧几里得可能是史上最伟大的数学大师。他在公元前300年左右所讲授的几何学方法至今仍然适用。他收集前人的研究成果，结合自己的研究重新编排，写成了《几何原本》。这本书带领读者从最基本的概念开始，演绎出令人惊叹的结论。欧氏几何简明严密，事实上，今天的数学教科书上还有许多欧几里得的思想。

铅　管

c 300 BC

管道工的英文“plumbers”来源于古罗马语的“plumbum”，这个词的意思是铅。古罗马的工程师先把周边的山上的水引入城中，再用管道把水送往有需要的地方。他们也用过木管，但更多的是采用铅管。因为铅更耐用，而且易于加工成管子。铅管在20世纪仍有应用。但绝大多数已被更换，原因正如古罗马建筑师维特鲁威当年指出的那样，铅具有毒性。

铅　管

在古罗马，城市居民通常会在自家的铅管上刻上自己的名字。

约公元前320年　随着城市的迅速发展，生活垃圾的处理成了新问题。对此雅典通过了一项法令，即禁止在街道上倒垃圾。最早的垃圾收集系统应运而生。

约公元前304年　在古罗马，格那尤斯·弗拉维乌斯立了一块永久性的日程碑，用来公布执行法律事务的日期。在此之前，每月的日期到了当月才宣读，这使得司法存在不确定性。

马赛克画

从这块制作于公元前250年—公元50年间的马赛克镶嵌画上可以看出，这种看似死板的拼镶技术也能表现出细节与动感。

马赛克

c 300 BC

马赛克是用不同颜色的碎石或碎玻璃在墙壁上或地面上拼贴而成的图片。早期的马赛克画用的可能是鹅卵石，直到公元前300年，人们才发明了镶嵌技法，他们将石头或玻璃切割成小薄片，然后拼镶成能表现细节且色彩丰富的图案。这种美观、耐磨的室内装潢广受古罗马人的喜爱。现在还能看到许多古罗马留下来的马赛克镶嵌画。

植物学

c 300 BC

利用与栽培了数千年的植物后，人类开始思考诸如植物起源及其生长奥秘的问题。研究植物的科学叫植物学。第一位真正的植物学家是古希腊的狄奥弗拉斯图。公元前320年—公元前280年，他写了200多本植物学方面的书，可惜只有关于植物起源和生长的两本书得以传世。虽然现代植物学已不再使用他的著作，但没有他，现代植物学也许无从谈起。

马　鞍

c 300 BC

人类最初是直接骑在马背上的，既没有马鞍也没有马镫。后来，他们在马背上垫上毯子或布，这些毯子和布逐渐演变成我们今天所用的皮革马鞍。中国人在公元前50年就开始使用马鞍。但有人认为马鞍的发明还要再早250年，是由当时生活在今乌克兰的斯基泰游牧部落发明的。

灯　塔

c 280 BC

古时候海员进港时，通常要靠火来引导。他们一般会在山顶点火，靠火焰白天冒烟和晚上发光的特性来导航。最早的灯塔建在埃及亚历山大港外的法罗斯岛上。灯塔由古希腊工程师索斯特拉特于公元前280年左右建成，其高约125米——接近金字塔的高度（见第24~25页）。灯塔内部有梯子，但燃油是用滑轮吊至顶端的。

压缩空气

c 270 BC

亚历山大的克特西比乌斯发现空气能被压缩，且压缩后能产生一种力。也许他是在把一个空罐口朝下扣入水中时，注意到往下扣压时要用力而发现的。他看到罐里依然是干的，于是意识到是里面的空气将水挡住了。克特西比乌斯利用空气力学的这一发现，做出了几项发明。

带垫马鞍使骑马变得舒适

马　鞍

这匹配有马鞍和辔头的马模型为唐朝（618年—907年）时的制品。

约公元前300年

地理学家皮西亚斯一直航行到英格兰的兰兹角，并徒步考察了不列颠的许多地方，成为第一个描述欧洲北部的古希腊人。在考察的途中，他还享用了当地的蜂蜜酒。

约公元前293年

健康女神许革亚“抵达”罗马。传说她与她的丈夫，也就是药物之神阿斯克勒庇俄斯一起“照看”古罗马公民的健康。她常常被描画成拿着碟子喂她的蛇喝水的形象。

登船桥

c 260 BC

军队将领经常应召解决一些实践中的问题。如在第二次世界大战中，士兵架设“应急”铁桥让部队过河。而在2000多年前，古罗马将领盖乌斯·杜伊利乌斯（Gaius Duilius）就组织架设过木架桥。公元前260年，他发现他需要统领陆军参加海上作战，于是他在舰上配备了一些木制登船桥，用来勾挂在敌方战船上。这样，他的士兵就能通过登船桥冲上敌方战船，并且最后登船桥帮助他们取得了胜利。

阿基米德原理

c 250 BC

见第48～49页，阿基米德解决重量问题和浮力问题的故事。

地球的周长

c 250 BC

最早计算出地球大小的人是昔兰尼（今利比亚的沙哈特）的天文学家厄拉多塞。他发现夏至日正午的阳光直射进埃及阿斯旺的一口井中时，太阳正在头顶正上方。但与此同时，在阿斯旺以北800千米处的亚历山大，用一根立竿做实验即可看出太阳并不在它的正上方，而是与垂直方向偏离7度。厄拉多塞意识到，这个差别是由地球自身的曲率造成的。因为圆周是360度，已知阿斯旺和亚历山大之间的距离为800千米，他算出地球的周长为：$800\times360\div7$。他得到的结果约为41,143千米，已经十分接近地球的实际周长（40,000千米）了。

滑轮组

c 250 BC

单滑轮就是用一根绳子绕在一只轮子上，以垂直起吊重物的装置。它在绳子的一端系上重物，拉动另一端来拉升重物。古希腊科学家阿基米德根据单滑轮的原理，将一根绳子穿绕在多个轮子上，从而创造出滑轮组，这样就可以用同样的力吊起更重的物品。这意味着拉绳子的长度增加了，但拉动它需要的力小了很多。滑轮组现在仍用来提吊重物，只是把绳子换成了链条。

心脏瓣膜

c 250 BC

古希腊医生埃拉西斯特拉图斯是最早思考人体运作原理的人之一。尽管我们现在的理论与他的理论大相径庭，但他的思想也并非天方夜谭。他是第一个正确描述了心脏瓣膜功能的人，他阐释了心脏瓣膜是如何阻止血液回流的。

建立人体解剖学

c 250 BC

人体解剖学是研究人体构造的学科。早期的解剖学家是不允许解剖尸体的，所以他们关于内脏器官的描述和图解都是以猜测为基础的。最早将解剖学建立在真实观察基础上的科学家之一是古希腊医生希罗菲卢斯（Herophilus，也译为赫罗菲拉斯），他准确地描述了大脑、神经、血管、眼睛和人体的其他部分。

以解剖为基础的解剖学

这是15世纪时，人们教授解剖学用的模型，它所展示的人体器官比希罗菲卢斯时代的更详尽。

约公元前287年 古罗马平民昆图斯·霍滕修斯（Quintus Hortensius）成功当上古罗马的“独裁者”，这是古罗马平民在要求平等的抗争中取得的一次伟大胜利，此后昆图斯即下诏宣布平民法也适用于富人。

约公元前282年 林德斯的古希腊雕刻家卡雷斯用12年时间在罗德岛上完成了一尊高32米的太阳神赫利俄斯青铜雕像。但这座雕像毁于60年后的一次地震，而它的碎片也被人出售了。

浴缸里的科学

阿基米德解决了一个重要问题并发现了浮力

为什么有的东西能浮在水面，而有的东西则会沉入水底？这对船舶设计师来说，是个重要的问题。而古希腊科学家阿基米德在为国王做王冠鉴定时发现了这个问题的答案。

阿基米德出生于公元前287年，是西西里岛的叙拉古人。他与国王希隆二世关系密切，有充裕的时间研究数学和机械问题并著书立说。国王经常召见阿基米德，要他帮助解决难题。国王有一顶王冠，但他怀疑其中掺了银，于是要阿基米德查出银的真实含量。阿基米德知道，只要测出王冠的密度（物体质量与体积之比）就行，因为银的密度比金小。要测出某物体的密度，就要测出它的重量（这与质量成正比）和体积，但是，他不知道怎样测出王冠的体积。

有一天，他进浴盆洗澡时发现浴盆里的水面在上升。他猛然意识到只要把浴盆加满水，再把王冠放进去，水就会溢出，取出王冠后，看看再加进多少水才能把浴盆加满，所加水的体积就是王冠的体积。

阿基米德还发现自己的身体在浴盆里变轻了。如果不在水里加任何东西，浴盆里的水面是变化的，水中的各个部分肯定都有一个向上的推力，以抵消水自身的重量。任何浮在液体中的物体，即使只是部分置于其中，都会受到与因放入该物体而溢出的水重量相等的力。我们现在称这一原理为阿基米德原理（浮力原理）。运用这个原理，阿基米德只要将王冠及与王

装饰宗教神像的金叶

供神和帝王使用的金器

古代能工巧匠用纯金打造出精美的金饰，这些金饰能代表其佩戴者的尊贵地位。这也是国王要弄清王冠是否由纯金制成的原因。

尤里卡!

据说阿基米德找到这个难题的答案时十分兴奋，他跳出浴盆，赤裸着跑到大街上喊：“尤里卡（我明白了）！”这件事可能只是虚构，但现在人们一提到阿基米德，就会想到这句“尤里卡”。

验证阿基米德的原理

把两个完全相同的容器盛满水后挂于天平两端，天平会保持平衡。在其中一个容器中慢慢放入一个苹果，保持该容器内的水盈满边缘，天平也能保持平衡。阿基米德原理告诉我们，浮在水中的苹果的重量与它排开的水的重量相同，所以该容器中苹果和水的总重量与放进苹果之前一样。

精密天平两端放置着两个完全相同的容器

冠等重的金子分别放入盛满水的容器中，记下每一次溢出水的重量，不必直接测出王冠的体积，就能算出其中掺了多少银。

阿基米德可能并没有这样做，但他确实解决了国王的难题。他还发现了物体或浮或沉的原因。放入水中的物体逐渐下沉，直到其自身重量与它所排开的水的重量相平衡时，该物体就会浮在那个位置上。如果物体的平均密度大于水，它就浮不起来。

公元前450年左右的古希腊三级桨战船

古希腊战船

这艘宏伟的古希腊三级桨战船充分体现了古希腊人赢取海战的实力。这种船速度极快，且配有撞杆，可以击沉敌方战船。随着技术的发展，这种战船逐渐能够承载更多的武器和士兵。

后来，国王希隆二世遇到了更棘手的问题，叙拉古被古罗马人重重包围。这时阿基米德年事已高，希隆二世再次把阿基米德召来，这次阿基米德运用科学知识设计出了战船和石弩，据说还设计出了可以利用阳光烧毁古罗马战船的大反射镜。公元前211年，叙拉古被攻破，遭到古罗马士兵的烧杀抢掠。这个连洗澡都在思考科学问题的天才阿基米德也未能幸免于难。

阿基米德是个天才，他只用一些简单的设备，就能做出重大发现。

管风琴

c 250 BC

古希腊发明家克特西比乌斯是第一位将管风琴的音管、琴键和送风器三部分组合在一起的人。他意识到，要让音管发出稳定的声音，需要恒压向管内送风。于是他将管子接到一个底部开口且直立在一个水箱中的大容器上。当他向容器中的泵送入空气时，尽管容器中的空气量是不断变化的，但水对空气形成的反作用力使得容器内压力恒定不变。他的管风琴被称为“水风琴”，音量很大，可在户外演奏。

安全别针

c 250 BC

现在的安全别针是1849年由美国工程师沃尔特·亨特发明的。而安全别针的前身——扣衣夹的历史就久远多了。公元前1100年，弗里吉亚人发明了扣衣夹，古希腊人和古罗马人常常佩戴装饰得很别致的扣衣夹。到公元前250年，扣衣夹就有些像2000年后亨特发明的安全别针了。

球体的表面积和体积

c 250 BC

球体表面积和体积的计算公式在科学界广为应用，古希腊数学家阿基米德是第一个思考出计算公式的人。他证明了球体的表面积相当于与球体直径等同的圆面积的4倍。他还证明了球体的体积等于恰恰可装下这个球体的圆柱体体积的2/3。我们现在用数学工具很容易就能解决这些问题。但阿基米德只靠想象，在想象中对球体进行切分与计算，以寻求解答。他的方法虽已失传很久，但比17世纪的微积分（见第96页）要早许多年。

汉　字

c 220 BC

使用不同语言的人都知道数字“2”的含义，但各自语言中的发音不尽相同。汉字也是如此，因为只要是同一个字，说不同方言的人都能认识它。极具魄力的秦始皇为统一中国，于公元前221年左右推行了统一文字等诸多改革。

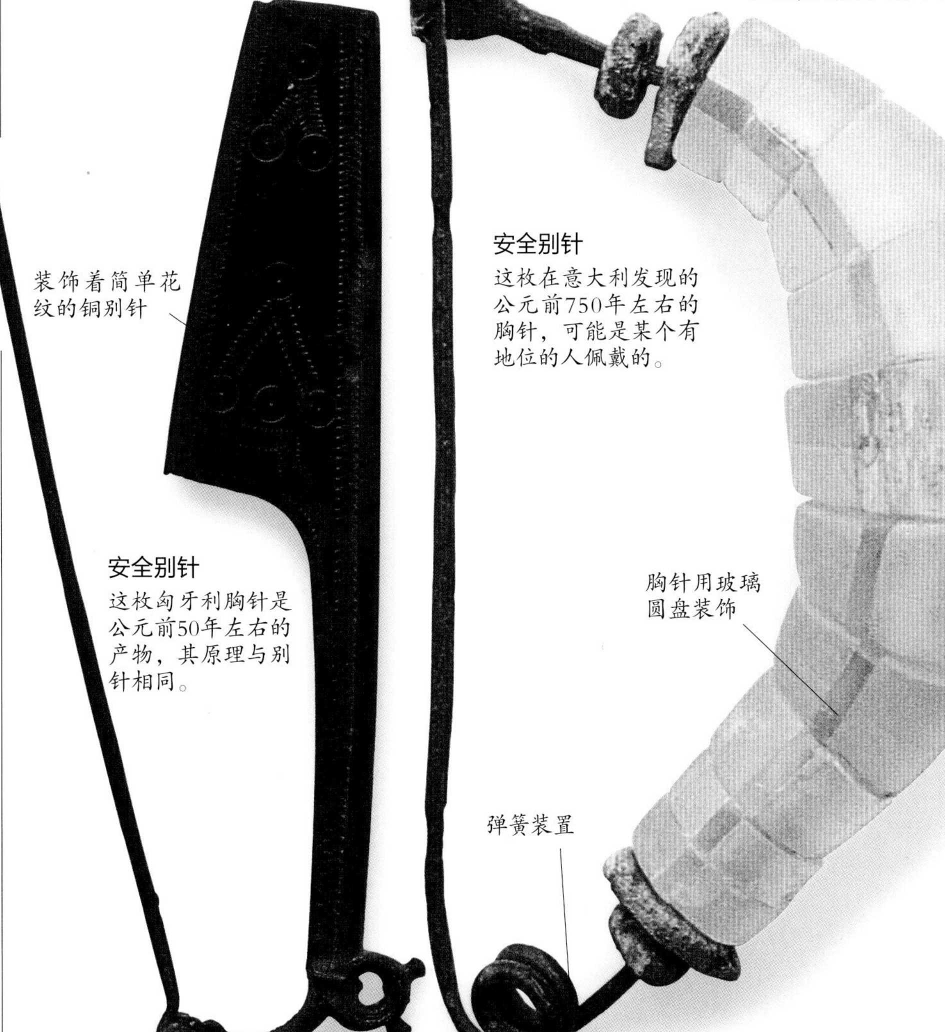

安全别针
这枚在意大利发现的公元前750年左右的胸针，可能是某个有地位的人佩戴的。

安全别针
这枚匈牙利胸针是公元前50年左右的产物，其原理与别针相同。

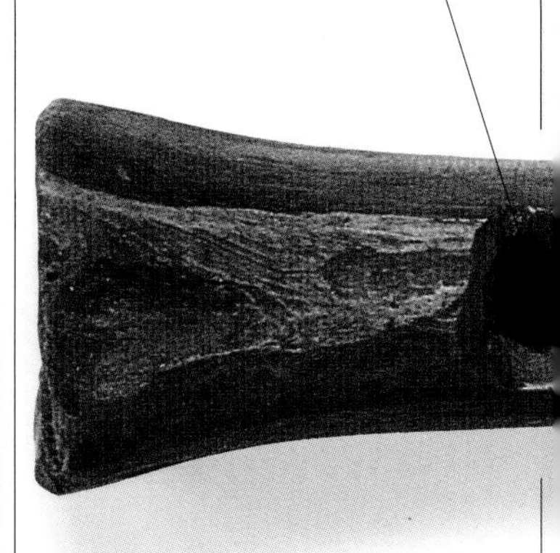

车　轨

c 220 BC

今天，全世界的许多城市都有有轨电车。公元前220年，秦始皇时代还没有电力，但他认为有序和通畅的交通非常重要，于是他规定车轮要使用统一的间距，道路上的车辙沟要与轮距匹配。这可能是世界上最早的车轨系统。

约公元前222年	被凯尔特人占领了4个世纪的意大利北部城市梅迪奥兰，被南部的古罗马人再次夺回，并成为罗马帝国的一部分，这个地方后来被人们称为米兰。
约公元前211年	秦始皇统一中国，施行“统一文字、统一车轮轨距、统一度量衡”的政策。

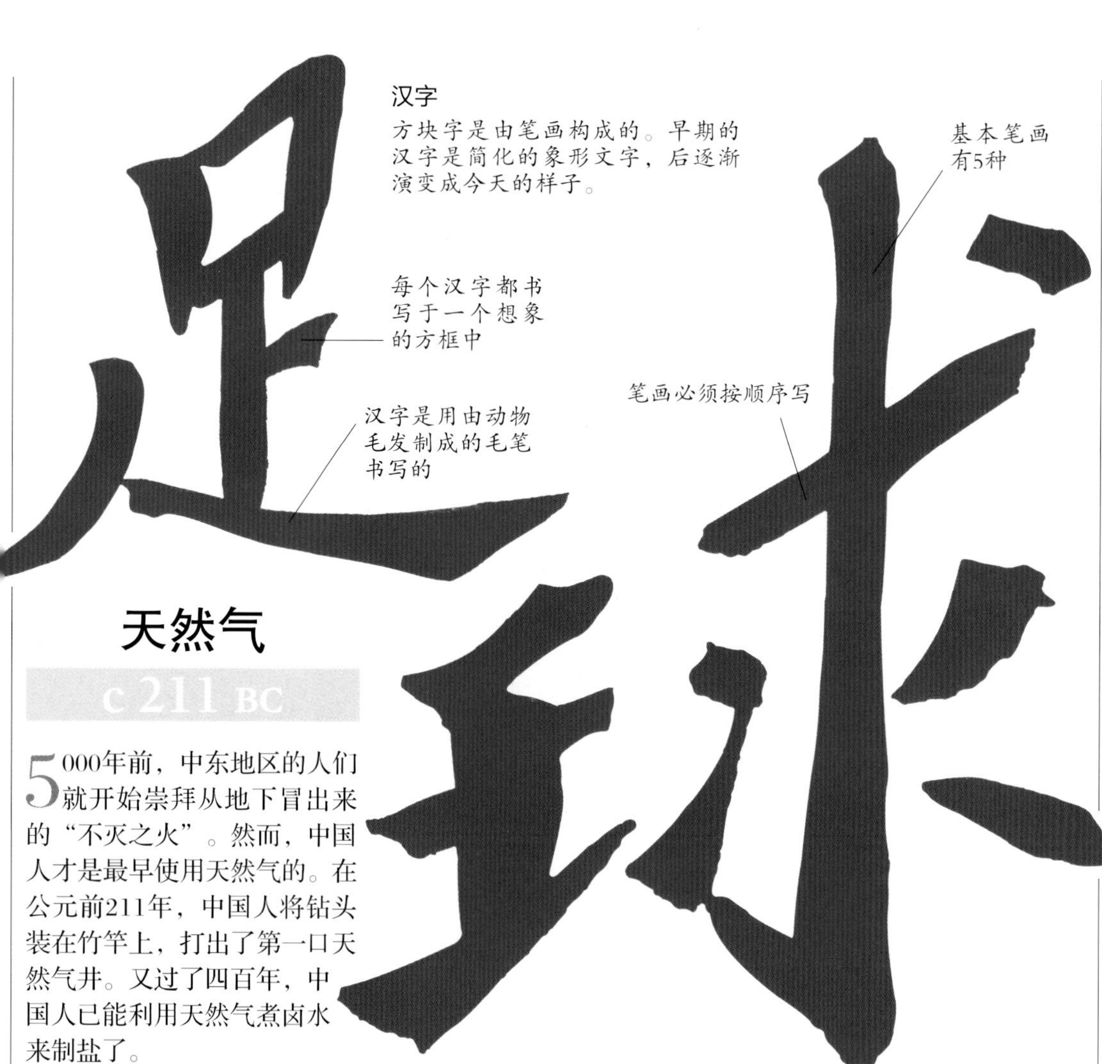

汉字
方块字是由笔画构成的。早期的汉字是简化的象形文字，后逐渐演变成今天的样子。

天然气

c 211 BC

5000年前，中东地区的人们就开始崇拜从地下冒出来的“不灭之火”。然而，中国人才是最早使用天然气的。在公元前211年，中国人将钻头装在竹竿上，打出了第一口天然气井。又过了四百年，中国人已能利用天然气煮卤水来制盐了。

标点符号

c 200 BC

标点符号的规范也许使写作变得复杂了，但能使读者易于理解文章内容。我们从希腊文和拉丁文中发现了标点符号的重要作用。早期希腊文几乎没有标点，字与字之间甚至没有空隙。大约公元前200年，拜占廷的亚历山大图书馆馆长阿里斯托芬最先倡导使用标点符号。他给古希腊文献加上标点，开创了当代标点符号的先河。

锁子甲

c 200 BC

古希腊武士的青铜胸甲不仅沉重，而且对动作也有所妨碍。大概从公元前200年起，古希腊士兵中穿锁子甲的人开始增多。苏美尔士兵穿锁子甲的时间可能比古希腊士兵还要早一些。锁子甲用皮革或布作底衬，外层是数以千计的、环环相扣的铁环，可抵御剑和矛的攻击。一件锁子甲可能重10千克，但穿起来比胸甲舒服，行动也更方便，它最终成了古罗马军团的标准装备。

笛　子
几乎所有管状物都能制成笛子。图中是10世纪维京人的骨笛。

连锁商店

c 200 BC

连锁商店指由同一个公司经营并且销售相同商品的商店。在20世纪，连锁商店成为世界各城镇的显著特征。1750年，美国哈得孙湾公司就办起了第一家连锁商店。已知最早的连锁商店出现于公元前200年的中国，其销售的商品是衣物。

笛　子

c 200 BC

如今演出所用的笛子多是横着吹而不是竖着吹的。中国和欧洲各自发明了横笛。中国在公元前9世纪即有横着吹的管乐器，但中国人的“笛子”约到公元前200年才定型，它有6个指孔，另有1孔用竹膜或芦膜覆盖。吹奏时，笛内空气振动，发出中国笛子特有的悠扬哀婉的乐声。大约与此同时，在如今的意大利托斯卡纳地区似乎也出现了横笛。在德国，笛子大约从1100年开始应用于军乐队。

约公元前218年 用象群驮运重装备，迦太基统帅汉尼拔率领4万大军翻越积雪覆盖的阿尔卑斯山进入意大利，企图征服罗马。虽然他打了一些胜仗，但总体而言还是以失败而告终。

约公元前215年 古罗马通过法律，规定妇女佩戴的黄金饰物不得超过半盎司（1盎司约等于28.35克），穿的束腰外衣不得超过一种颜色。该法律还限制宴会的客人数量，同时禁止男人穿丝绸。

纱　丽

c 200 BC

印度妇女早在公元前200年就穿上了优雅的纱丽。在公元前150年的印度雕像上就出现了这种围裹身体，有时连头也一并裹着的织物。这一时期的妇女雕像通常都穿着纱丽，裹着头巾，戴着珠宝。如今的纱丽材质有些是合成纤维，也有些是传统的丝绸和棉布。

钢

c 200 BC

人们在炼铁时，无意中炼出了钢——含少量碳的铁，钢的强度比铁大。铁中混入碳元素可能是冶炼过程中使用了木炭造成的。炼钢几乎是同时在不同地方开始的，从公元前200年起，中国和印度就有了真正意义上的炼钢业，他们用木炭将铁加热，将碳元素渗入铁中，然后将铁再次加热并锻打，直到碳元素均匀地分布在铁中。

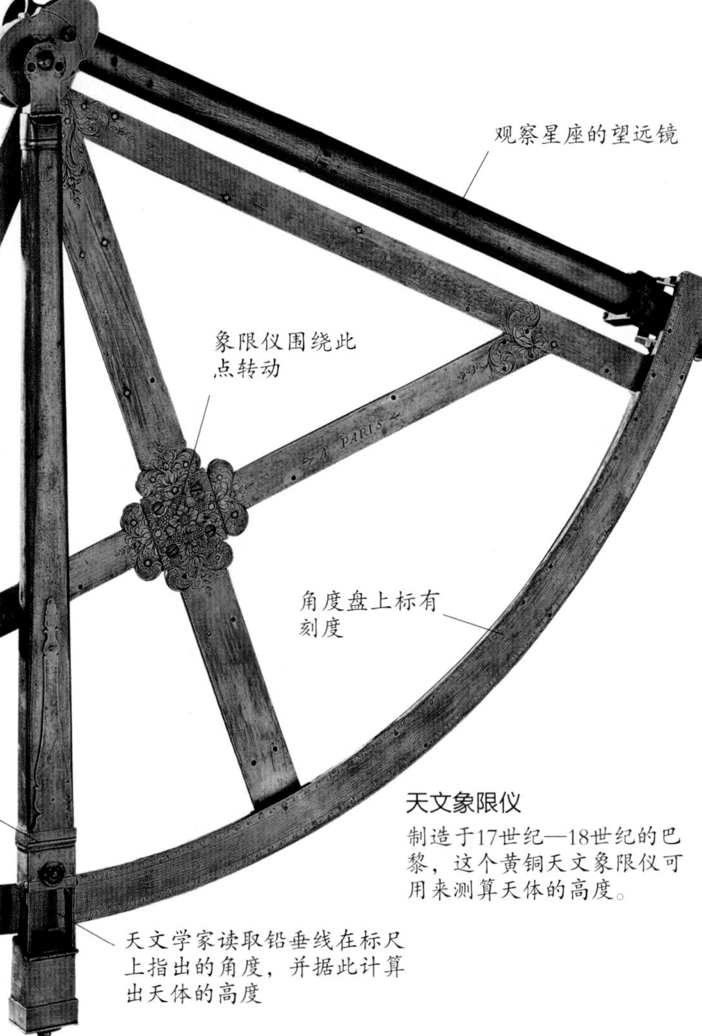

天文象限仪

制造于17世纪—18世纪的巴黎，这个黄铜天文象限仪可用来测算天体的高度。

活　塞

c 150 BC

现在很多机器都是由汽缸里的压缩空气或燃料推动活塞往复运动而驱动的。要制造不发生泄漏的活塞相当困难，因而早期的发明家都尽量不采用活塞。例如，约从公元前1000年始，人们一般都使用风箱向熔炼金属的炉子里鼓风。大概到了公元前150年或更早一些的时期，才开始有冶炼工匠使用比风箱更好的、利用活塞加汽缸原理的空气泵。

活　塞

早期的水泵常常用这种活塞结构。由于水同时也扮演着润滑剂的角色，因此，泄漏的水倒也不是很多。

天文台

c 150 BC

古巴比伦在公元前2500年就有了最基础的天文台，但他们没有仪器。约公元前300年在埃及亚历山大建成的天文台里，也没有多少天文仪器。希腊罗德岛的天文台算得上第一个拥有精密仪器的天文台，古希腊天文学家喜帕恰斯曾于公元前134年到公元前129年在此处进行天文研究。到了公元9世纪和公元10世纪，巴格达和大马士革都建造了非常好的天文台。

约公元前200年　古罗马因过于繁盛而引来了诸多问题。人口增长失控，贫困的人们挤住在三层高的木屋里，那些木屋经常发生坍塌或者火灾。瘟疫肆虐这座城市整整20年。

约公元前150年　古罗马贵族认为跳舞是不光彩的、危险的活动。为了使下一代免受这种活动不利的影响，他们下令关闭所有舞蹈学校。

马　掌

c 150 BC

人类在公元前2000年就开始骑马。但直到公元前150年，人们才开始意识到保护马蹄可以使马在崎岖不平的路面上也能正常奔跑。东欧人最先驯服了马匹，也是他们最先发明了马掌。早期的马掌是用皮革做的。到了公元450年左右，西欧人发明了钉在蹄子上的马蹄铁。

岁　差

c 150 BC

春分或秋分的时候，太阳经过昼夜平分点，世界各地的白天和夜晚都是一样长的。但春分和秋分的日期每年都会变化，这种现象就叫岁差，岁差最早是由古希腊天文学家喜帕恰斯发现的。他把他所观察到的星座位置与早期希腊及巴比伦天文学家测算的位置进行对比，发现每年都会发生相同大小的位置变化。通过进一步研究，他发现岁差是地轴旋转造成的缓慢变化导致的。

三角学

c 150 BC

三角学是数学的一个分支，主要研究不同图形的边角关系，以及不同物体之间的距离。这种关系可以用于计算远处物体的距离和大小。作为数学家和天文学家的喜帕恰斯，运用三角学知识测量出了太阳和月亮的距离，并且比前人的测量结果都要精确。不过，他的测量结果远小于我们今天知道的实际距离。他把自己的研究写成了12本书，以三角学创立者的身份而闻名于世。

马　镫

c 150 BC

发明这种意义非凡的垫脚工具的人，无疑与最早驯服马匹的人来自同一地方，即现在的乌克兰（见第28页）。这个简单的发明在将马匹用于战争上起了极大的作用。骑在飞奔的马上，如果没有马镫，骑手就很难坐稳，更不用说骑在马上拼杀了。

星的亮级

c 130 BC

天上恒星的亮度各不相同，天文学家根据他们在地球上对恒星的观察，按亮度对恒星加以分类。天文学家喜帕恰斯在编写星体目录时开创了这种亮度分类法。他根据自己在罗德岛上的观测，准确地得出了850颗星的亮度。他的观察结果一直被沿用到17世纪。

交叉拱顶

c 100 BC

桶形拱顶是由一连串拱形组成的，采用这种结构能建造很长的建筑物，但遗憾的是，这种结构的侧墙开口不宜太大，否则容易坍塌。古罗马人是拱体结构的专家，他们很快就找到了这个问题的解决办法：他们使每个开口都与桶形拱顶的开端交叉相接，让这种相互交叉的拱顶成为一个自我支撑的结构，可以用于建造任意大小的建筑。

铁　犁

c 100 BC

我们不知道古罗马人是否在欧洲南部的松软土地上也会用铁犁耕作，但铁犁对北部厚硬的土壤来说确实是理想的工具。古罗马人入侵北方后，和凯尔特人一样使用铁犁，但还有部分部落使用木犁。高效的农业也许是凯尔特人造就强势文明的因素之一，即使凯尔特人对古罗马人构不成威胁，他们也使古罗马人感到厌烦。

马　镫

公元850年—1050年，维京人所用的马镫。

约公元前150年　在研究古希腊语法的同时，马卢斯的哲学家克拉特斯利用空余时间制作了世界上第一个地球仪，这表明那时的古希腊人已相信地球是圆的。

约公元前124年　西汉丞相公孙弘和大儒董仲舒建立起中国第一所大学“太学”，太学的主要任务是教育官员管理国家，包括传授谶纬学文化。

螺旋压榨机

这是一台小型木质压榨机，用于榨葡萄汁酿酒或榨橄榄制油。

螺旋压榨机

c 100 BC

螺旋压榨机使用一个大的木质螺杆来挤压置于两块木板之间的东西。它可能是由希腊人于公元前100年发明的，可以用来榨取橄榄油和葡萄汁，古希腊人和古罗马人还用它来压平衣裳。然而1500年后，它才得以发挥它的重要用途——印刷书籍（见第76～77页）。

水轮机

c 100 BC

手推石磨（见第36页）是很累人的活，而且通常由妇女来干。所以公元前100年左右出现的水轮机肯定大受古希腊妇女的欢迎。磨的上片磨盘与一个由流水推动的水平方向的明轮相连。70年后，古罗马人就建造出了我们今天看到的大型水轮机。

锡　罐

c 100 BC

镀锡铁皮制的罐子于1810年首次用于保存食物。但早在2000年前，古罗马人就知道锡是食品容器的理想内衬涂料，因为锡耐腐蚀且易于加工。不过他们制作的在铜上加锡的容器不是用来存放食品，而是用来做饭的。我们今天还能买到镀锡铜盘。

速　记

c 63 BC

政治家希望人们记住他们说的话，伟大的古罗马政治家西塞罗也不例外。公元前63年，他要求他的朋友马库斯·蒂洛（Marcus Tiro）发明一种记录他在元老院的重要演讲的速记方

刨　子

c 100 BC

传统上人们是使用刨子来使木板的表面变得光滑平整的。刨子是一块底部平整、微露刀刃的木质或金属材料制成的工具。用刨子在木料表面上推一下，就能刨下一层薄薄的木片。刨子的起源是个谜，但古罗马人是最先开始使用刨子的。在意大利南部的古城庞贝发现的刨子已经与当代的刨子十分相似。庞贝城于公元前80年成为古罗马人的殖民地，公元79年因维苏威火山的爆发而长埋地下。

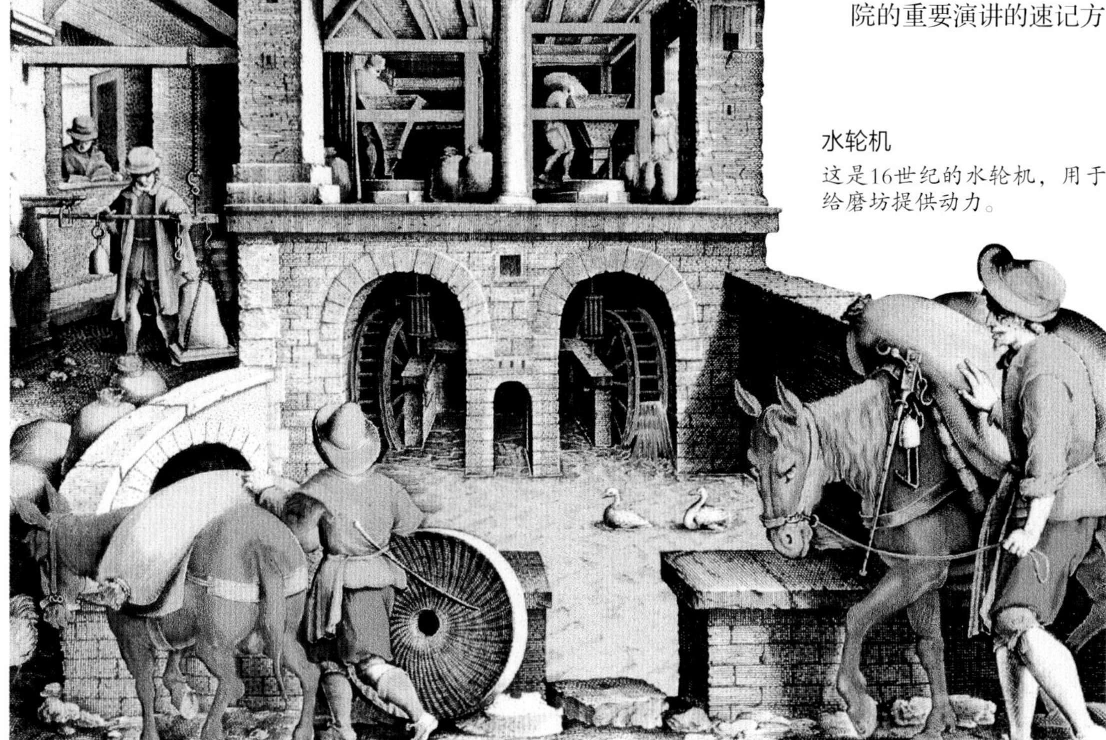

水轮机

这是16世纪的水轮机，用于给磨坊提供动力。

约公元前100年　随着中亚国家被汉武帝征服或与汉武帝结盟，丝绸之路由此向西延伸至罗马帝国，思想和商品都因这条6000千米的道路得以传播。

约公元前67年　古罗马公民眼看着他们的铸币贬值了数十年后，古罗马的统治者终于发行了一种金币来解决这一问题。但70年之后，尼禄大帝却窃占黄金以支撑自己的帝国。

法。蒂洛出色地完成了任务，他的速记方法一直被沿用到罗马帝国灭亡后的几百年间。

造纸术

传统的造纸术是将细网筛浸入有植物纤维的大纸浆桶里，把水过滤之后，纤维就会附着在细网上，压平后进行干燥处理就成了纸。如今的纸是用木纤维浆在机器上生产的。世界上最早的纸产于中国，是以苎麻的纤维为原料，用手工方法制成的。

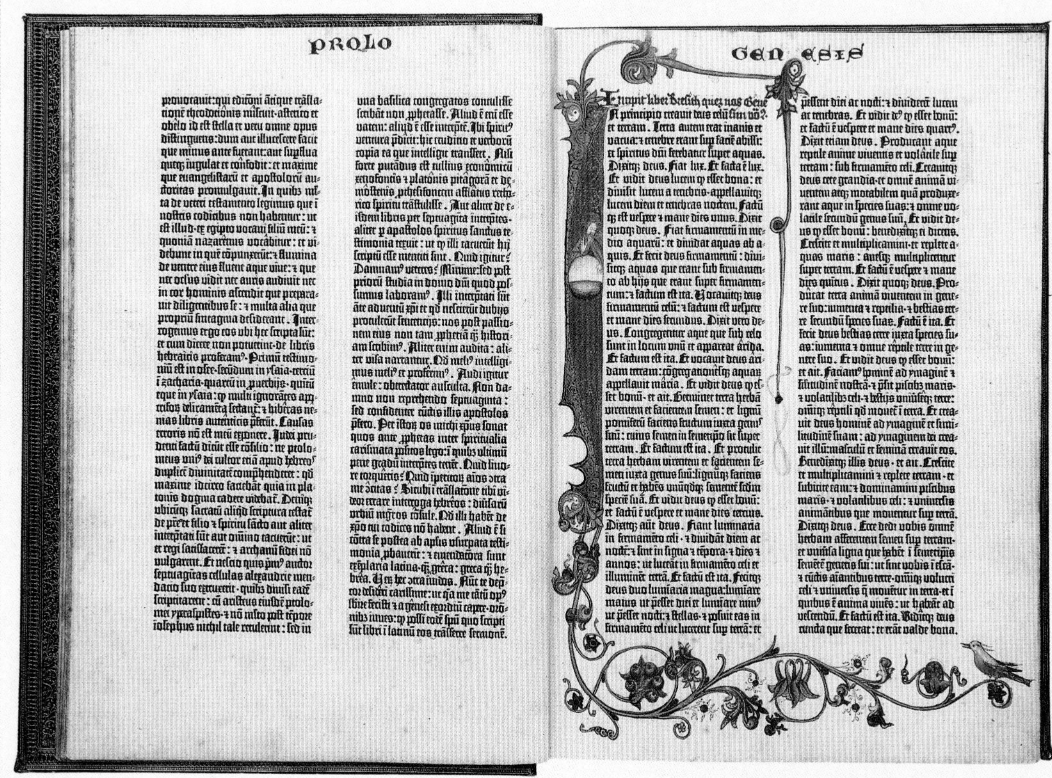

PROLO

GENESIS

《圣经》是西方印的第一本书。在1455年印刷的这本《圣经》，部分采用了羊皮纸，部分则采用了纸。

纸和印刷

大约在1450年发明的印刷术使书籍印刷变得容易了。但如果用羊皮纸（一种皮革）来印刷书籍，书籍的价格就会非常昂贵。纸张的及时出现与印刷术完美结合，使之成了最伟大的发明之一。

纸张是如何传到西方的

经过了12个世纪，造纸术才逐步从中国传到欧洲。它先是传到朝鲜，约公元650年传到日本。到了公元8世纪，叙利亚的造纸作坊才向欧洲出口纸张，又过了400多年，欧洲人才开始自己造纸。

新闻公告

c 59 BC

人们总是对新闻有需求。但在没有印刷术的年代，把新闻传播给民众的唯一办法就是把新闻抄写出来并张贴在人人都可以看到的地方。恺撒大帝在公元前59年发布了官方宣传单《罗马公报》，这种方式迅速被广泛应用，于是诸如诞辰、婚嫁、占星以及死刑执行等各种消息很快就开始借此公布。

纸　张

c 50 BC

人们往往忽略纸张的伟大之处。由于它质地轻、强度高、价格便宜，所以从中国传到西方后，很快就取代了其他书写材料。东汉宦官蔡伦一度被认为是造纸术的发明者，但考古学家在中国陕西省发现了在公元前49年左右制成的纸，所以蔡伦其实是在公元105年改进并革新了造纸术，并令纸张的使用得以推广。纸是后来许多发明的关键组成部分。比如印刷术、茶包等发明必须在发明纸张之后才可能被发明。

儒略历

c 45 BC

一直到公元前45年，罗马帝国的历法还很混乱。额外的天数是胡乱添加到日历上的，当天的日期要根据某些特殊的日子倒着推算才能得出结果。一些官员甚至开始按照自己的需要搅乱历法，所以历法改革已刻不容缓。恺撒大帝引入了一年365天、每4年一闰的历制。与此同时，他更改了月份的名称，比如用他自己的名字命名7月，用继承人奥古斯都的名字来命名8月。改革后的历法与我们今天的历法十分接近。

吹制玻璃器皿

c 10 BC

古埃及人用模具制造玻璃器皿（见第27页），他们过了很多个世纪也没发现无须模具也能制造玻璃器皿的方法。大约在公元前10年的叙利亚，有人用管子蘸了熔化了的玻璃液后，在管子的另一端吹气，看到那团熔化的玻璃无须模具就被吹成了泡泡，人们这才知道不用模具也能制造玻璃器皿。在此之后，虽然玻璃器皿制作工人还在使用模具，但直接吹制也成了一种重要的工艺。吹制出的玻璃器皿光洁、圆润，行销于整个罗马帝国。

公元前44年　3月15日，包括盖尤斯·卡修斯和马库斯·布鲁图在内的部分议员在恺撒走进元老院时将其杀死，因为这些刺杀者认为恺撒企图废除共和制并独裁称帝。

约公元前19年　古罗马工程师在法国南部建造的大型高架水渠完工。这座三层拱体结构水渠跨越加尔河，将水引向尼姆城。这座加尔河上的引水桥至今耸立，已有2000多年的历史。

圆 顶

CAD 50

圆顶实际上就是向所有方向延伸的拱结构。早在4000多年前，苏美尔人就建造过类似的圆顶。但古罗马人才是最早的圆顶建筑大师，他们使用了大量的混凝土来建造圆顶建筑，如公元68年所建成的圆顶直径达15米的尼禄皇宫，就是他们早期的杰作之一。60年后建成的古罗马万神庙，至今巍然挺立，其圆顶直径几乎是尼禄皇宫圆顶的3倍。

螺 钉

CAD 50

螺钉是理想的紧固件，只要施加很小的力，螺纹就能产生很大的力。螺钉的螺纹不容易做，尤其是螺帽上的内螺纹。专门加工螺纹的丝锥大约到公元50年才出现。几乎在同一时期，古希腊科学家、发明家——希罗在一部关于机器的著作中提及，有些机器的组装必须使用制作精细的螺钉。

街 灯

CAD 50

现在大城市的人都要依赖街灯来进行夜间照明。大概公元50年，古罗马的一些公共场所入夜后会使用照明灯。当时的街灯不过是750年前就已发明出来的茶壶状油灯的放大版，所以一般不会特别亮。

灌木修剪术

CAD 50

灌木修剪术是将灌木修剪成各种各样几何形状的艺术。大约公元50年，灌木修剪成了古罗马时尚悠闲的活动。最开始对灌木进行的修剪是非常随意的，奥古斯都大帝的一位朋友甚至声称修剪术是他发明的。修剪术不但很有意思，它还说明当时的古罗马人已经发明了适合在花园使用的大剪刀。

独轮手推车

CAD 50

轮子（见第19页）问世后，独轮手推车的发明本该是顺理成章的，事实是在那之后3500年的漫长岁月里，独轮手推车都没被发明出来。中国人在大约公元50年就用起了独轮车，而西方此时还对此懵然不知。目前所知欧洲建筑工匠和矿工使用这种灵活的独轮小车的最早证据，出现在中世纪的一些装饰图案上。

自动售货机

CAD 60

已知的第一台自动售货机是古希腊发明家希罗在公元60年设计的。他的设计思路是：往机器里扔进一枚硬币，机器就会给出一些圣水。希罗在一本书中描述了他设计的这种机器，但我们不知道他是否真的把这机器造了出来，也不知道这机器的可靠性如何。

约公元60年 不列颠女王布狄卡是当时的古罗马人册封的当地领主的妻子，她领导了一场反对古罗马人的起义。几次胜仗后，布狄卡在托斯特附近被苏埃托尼乌斯·保林努斯的古罗马军队打败。

约公元64年 在尼禄大帝残暴统治10年后，罗马城发生了一场大火。尽管这火可能是尼禄自己放的，但他把罪名归咎于基督徒，并以此为借口，对他们进行迫害。

圆 顶

古罗马万神庙至今仍是世界最大的圆顶建筑。

三角形面积公式

CAD 60

众所周知，三角形面积是底和高乘积的1/2。如果不知道高，就要先算出高。但在2000年前，亚历山大的希罗就发明了一个与众不同的公式：只要知道三条边的长度而不用知道高就可以求面积。这个公式是：$S=\sqrt{p(p-a)(p-b)(p-c)}$，其中a、b、c分别为这个三角形的三条边的长度，p为三条边长度之和的一半。尽管这个公式简明实用，但一直没有得到广泛使用。

汽转球

CAD 60

汽转球常被说成是最早的蒸汽机，但希罗最初发明它时，只是将它当作一个玩具。它是一个安装在管轴上的空心金属球。蒸汽由管轴进入金属球，而后从金属球上的两个喷嘴喷出，像火箭喷出的气体一样推动金属球旋转。汽转球可能是用古希腊神话中风神埃俄罗斯的名字命名的，虽然它没有什么实际用处，但它展示了蒸汽的力量。17个世纪以后，这种能量的潜能才得到释放。

蒸汽从气嘴喷出，推动球体转动

水在锅炉中被加热

汽转球

这是现代人仿制的希罗的汽转球玩具。

剪 刀

CAD 100

剪刀是剪开如布匹、纸张或毛发等质地松软的物品的理想工具。人们早在公元前3000年，就知道了剪刀的原理。但像今天这种由两块刀片铆接组成，绕中心转动的剪刀，是古罗马人在公元100年左右发明的。钢铁在16世纪以前并不便宜，所以剪刀在那时还是裁缝、理发匠等特定职业人士才能使用的工具。

桁架桥

CAD 100

人站在横于缝隙间的木板上时，木板与空隙两端的交点为受力点，其余部分只是增加重量，而不增加强度。桁架是一种专门用于桥梁建设的框架结构，其受力部位为框架中的弦杆与腹杆，能有效地承重而减小桥梁的移位变形。古罗马人在公元100年掌握了这个原理，架设了桁架桥让军队过河。200年后，他们已能用桁架结构支撑宽达23米的大屋顶。

地震探测仪

CAD 130

发生大地震时，会有明显的震感，但对于大震前的小震，不借助监测仪或地震仪，就很难发现。东汉时期的天文学家张衡在公元130年发明的地动仪可能是世界上第一台地震探测仪。不管它是不是第一台地震探测仪，它都肯定是最有意思的。张衡的地动仪上面有8个铜质龙头，分别朝向8个方向，龙嘴各含一球；龙头下各置一只嘴巴朝上张开的铜蟾蜍。龙头的结构巧妙，能感受到非常微弱的震动。一旦发生微弱的地震，龙嘴里的小球就会落进蟾蜍嘴里，并发出响声，从而起到报警作用。

公元79年 意大利南部城市庞贝在地震后不久，又因附近维苏威火山喷发而遭到灭顶之灾。该城居民，包括来此度假的古罗马贵族，都被埋于熔岩与灰烬之中。

公元115年 中国东汉史学家、文学家班昭逝世。她14岁结婚，丈夫早逝。她的成就包括参与编纂及续写《汉书》，撰写《东征赋》《女诫》等。

托勒密宇宙体系

CAD 140

托勒密是古埃及的天文学家和数学家。比他早5个世纪的古希腊天文学家欧多克索斯用天球理论解释了星座和行星的运动（见第44页）。但这一理论没有详细解释行星的运行轨迹以及亮度时而变化的原因。很明显，认为行星绕地球做圆周运动的简单理论无法解释行星的真实运行轨迹。托勒密的解释是：宇宙中各天体在围绕地球运转的同时，还围绕自身的小圆轨道（或称本轮）运转。天文学家在此后的1500年里，人们普遍把托勒密的新地心宇宙体系当真理接受了。

发现于庞贝古城遗址的提桶

肥　皂

这个古罗马提桶上的洗浴画面展示的是女神维纳斯在用肥皂水洗头发的情景。

白内障手术

CAD 200

患白内障的人的晶状体会变得混浊，最后还会视力下降，甚至失明。今天的外科医生能用手术摘除病变的晶状体，使患者恢复视力。令人惊奇的是，这种手术在2000年以前就已经有人会做了。当时印度有一位名叫妙闻的外科医生，据传他编写了一本医学百科全书《妙闻集》，书中就详细描述了进行这种手术的过程，他在书中提出，喝酒是可对患者实施麻醉的唯一办法。

曲　柄

CAD 150

曲柄可以把往复运动变为旋转运动。例如，自行车的脚踏把双腿的上下运动转变成了车轮的旋转运动。曲柄发明时间的确定取决于对曲柄的定义。公元前600年左右出现的手推石磨（见第36页）就是早期的曲柄雏形，但目前出土的证据显示，一直到公元150年才有“曲杆”——曲柄的最早应用，在中国古墓随葬品中发现了曲柄的模型。

肥　皂

CAD 150

人们似乎从公元前1000年起就用油脂和草木灰煮制肥皂了。肥皂最早并不是用于洗涤，而是用于医疗的。古罗马人从公元150年开始用肥皂来清洗物品，他们可能也是最先开始用肥皂清洗衣物的人。而且古罗马妇女在此前100年就已经用肥皂来洗头了。

交感神经系统

CAD 170

人体的许多部分并不受意识的控制，而是受交感神经系统的支配。交感神经系统会通过自动加速心跳、暂停消化系统等多种方式来调节我们的身体。著名的古希腊内科医生盖伦深入研究了人体，其中就包括对神经系统的研究。他在公元170年左右辨别出的一些神经，正是我们现在所知道的人体交感神经系统的一部分。

代数学

CAD 250

代数学不只是一个人的发明。这种不用具体数字而全部由文字进行运算的技巧，始于巴比伦和古埃及，且发展得相当缓慢。在公元250年左右写成的《算术书》中，古希腊数学家丢番图用某些符号取代了一些文字。他还构思出乘方的规则，解释了负数相乘时的正负变化。他的书还探讨了一些艰深的数学问题（后人称之为丢番图方程），这些问题在今天看来依然十分有趣。

约公元136年　古罗马皇帝哈德良为了阻挡来自不列颠北部的入侵者，建造了一段长城。这段长城长118千米，起于索尔韦港湾的鲍内斯，止于泰恩河的沃尔森德。

约公元184年　中国东北部的农民张角发动了黄巾起义，导致汉王朝的灭亡。起义者提出“苍天已死，黄天当立”的口号，要建立和平的天下来取代汉朝。

页装书

CAD 350

世界第一本书没有书页，而是写在连续的卷轴上。有人相信恺撒大帝是第一个把卷轴折叠起来而不是卷起来的人，这种折叠起来的书方便信使携带。古希腊人和古罗马人都有使用活页的木页记事簿，但要直到350年，带书页的书籍才成为记录文字的标准形式。

书籍的诞生

大约从公元前50年起，宗教文本的内容增多，一些典籍也逐渐变得更具吸引力。当时常用的是莎草纸（见第24页），但这种纸质地很脆，折叠时也容易断裂，因此，绝大多数新典籍都改用羊皮纸抄写（见第28页）。羊皮纸早在公元前2400年就发明出来了，但很少被应用。

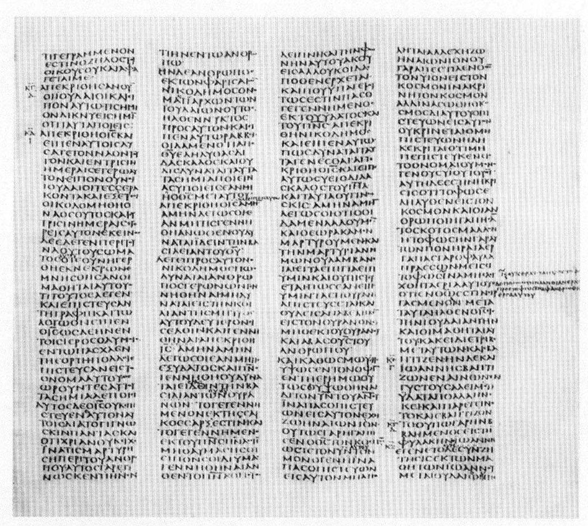

公元4世纪古希腊《圣经》的一页。

页装书何以取胜

典籍抄本开本不大，书页的设计可以让读者迅速翻至任何章节，又或者翻到某一页浏览内容。由于纸的正反两面都能写字，因此手抄典籍的容量比卷轴要多出一倍。

最古老的典籍抄本

现存最古老的典籍抄本是一本古希腊的《圣经》抄本，写于公元300年—400年。因为它是在埃及西奈山附近发现的，所以被称为《西奈抄本》。另一个有名的《圣经》抄本——《亚历山大抄本》是在此一个世纪后写成的。这两本《圣经》现皆保存于大英博物馆。

多节鱼竿

CAD 350

鱼竿的历史可能和鱼钩（见第8页）一样悠久。而一米多长的鱼竿大概源自公元4世纪的古罗马贵族，他们当时把钓鱼当作娱乐活动。这种鱼竿大多是木制的，由于较长，被做成了若干节，这与我们现在使用的伸缩鱼竿很像。

多节鱼竿

这个马赛克地板镶嵌画发现于非洲利比亚大莱普提斯的古罗马帝国遗址，从中可清楚看到人们用鱼竿钓鱼的情景。

约公元250年 古罗马天主教新创立了一种叫驱魔人的神职阶层，他们的任务就是劝说妖魔远离人和某些地方。尤其是在受洗礼之前，驱魔人通常会举行仪式。

约公元330年 耗时127年的世界上最大的田径场在君士坦丁堡（现伊斯坦布尔）落成。它能容纳6万名观众，此外，田径场还作为举办双轮战车赛、集会以及公开处决罪犯等的场所。

公共医院

CAD 397

庙宇大概自公元前4000年以来就被用来收容病人，但公认的第一家公共医院大约是公元397年在古罗马开设的。医院的创立者做了许多善事，被人们称作圣法比奥拉。她是一位有很高文化教养的古罗马贵族，后来她又创立了好几家医院，还为不少修道院提供支持。僧侣们以她为榜样，兴建了更多的医院。

轮　犁

CAD 500

普通的犁不带轮子，牲口拉犁时，耕地的人将犁扶正就行，在松软的地上使用这种犁并无大碍，但在北欧的硬土上耕作，就有点困难了。大约在公元500年，人们给普通的犁配了结实的轮子，改进的犁是用几头牲畜来拉的，并且更加稳定和易于控制。

马颈圈

CAD 500

人们最早用牛来拖运物品，一般会在牛背上套一个牛轭。但是轭不适用于马，因为它会压迫马的喉部，让它使不出劲来。用带垫的颈圈套在马脖子上，就不会影响马发力。马颈圈的起源尚不清楚，可能是在公元500年左右由中国人发明的。到了12世纪，西方人才开始使用马颈圈。

星盘

这项发明让人通过观察星座位置来确定所处的纬度和当地的时间。

羽毛笔

c 500

羽毛笔大概出现于公元500年，于19世纪得到广泛使用。羽毛笔通常用鹅翅膀上的大羽毛制成，只要把羽毛根部削尖，然后开一道小槽供墨水下流，蘸一次墨水就可以写一到两行字。

公元纪年

AD 525

我们今天所用的纪年是基督教会规定的，“公元前”的意思是“基督诞生以前”，而“公元”的意思是“基督年”。公元525年，一位名叫狄奥尼修的僧侣提出，把基督诞生的那一年作为公元纪年的起点，他计算出那一年是古罗马建国的第754年。

星　盘

CAD 550

星盘是用来进行天文计算和星座探测的仪器。星盘上的星座图可以转动，以便与当时的天空相对应，可以调节其上的观测孔来准确定位要找的星星。现存最早的星盘是中东人在公元6世纪制成的。15世纪中叶，富有的旅行家开始带着星盘旅行，用它来分辨时间和了解其他天文信息。

雕版印刷术

c 600

早在活字印刷术定型之前，中国人就开始印制书籍了。他们将文稿抄写在薄纸上，再将写着字的一面贴在木板上，按显露在薄纸上的笔画来刻板。印书时在刻好的木板上涂墨，然后压上纸张，就印出了木板上的文字。

雕版印刷的印版

图形和符号被刻在印版上。

约公元400年	夏威夷群岛的第一批居民从3200千米外的马克萨斯群岛来此定居下来。他们没有书面语言，却有丰富而神秘的口口相传的文化和实用的知识。
约公元476年	西罗马帝国灭亡。日耳曼的西哥特人攻陷罗马，66年后，其首领奥多亚塞废黜了西罗马的末代皇帝罗慕路斯·奥古斯图卢斯。

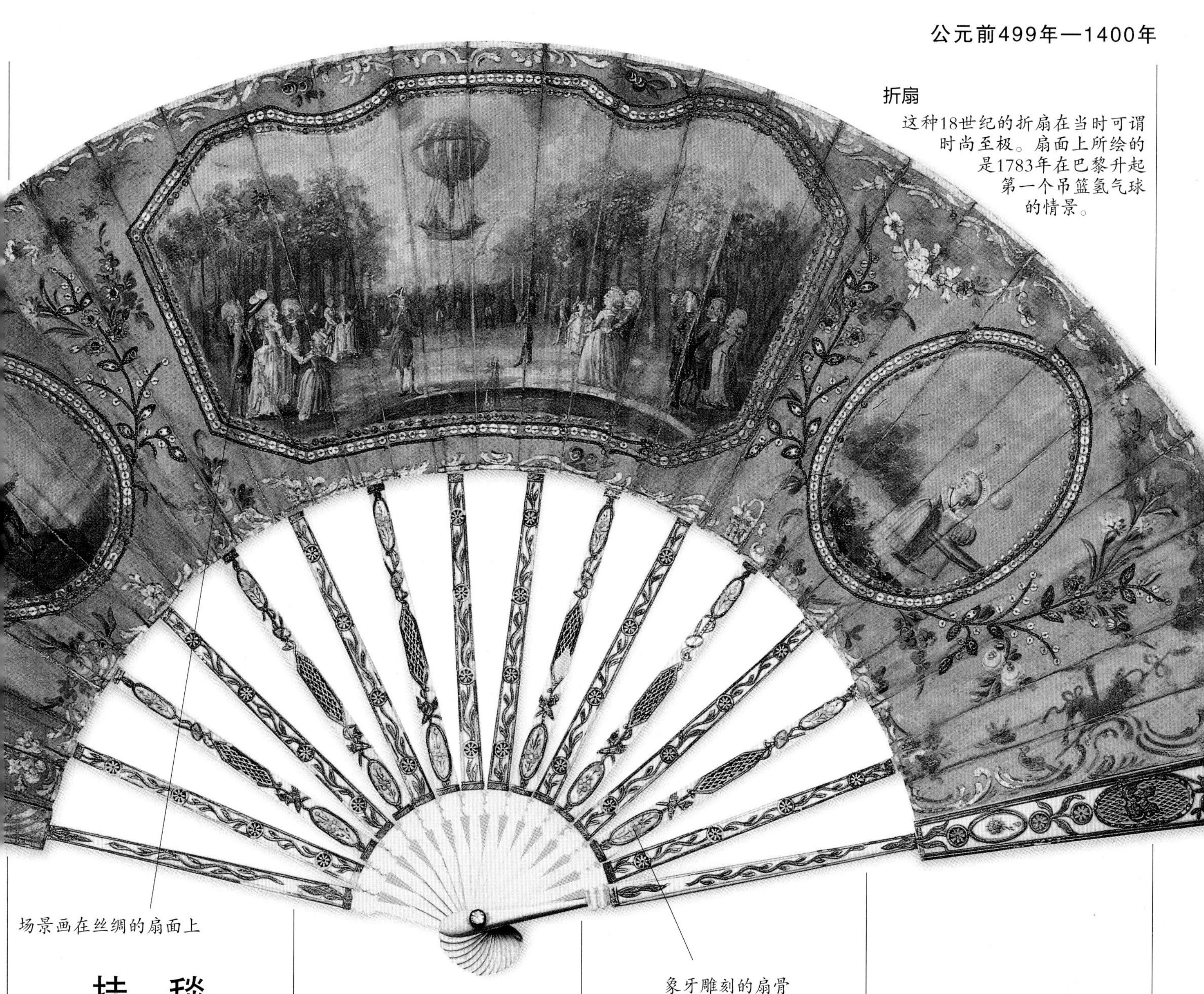

折扇

这种18世纪的折扇在当时可谓时尚至极。扇面上所绘的是1783年在巴黎升起第一个吊篮氢气球的情景。

场景画在丝绸的扇面上

象牙雕刻的扇骨

挂毯

CAD 600

真正的挂毯是用彩线在织机上织成的。最早的挂毯可能是中国人在1500年前制成的，有些用丝织成的挂毯看上去美如画卷。另一些设计成壁挂式的挂毯，就比较粗糙，但面积比较大。欧洲人可能是在公元8世纪独立发明了挂毯，著名法国贝叶挂毯上描绘了1066年征服者威廉一世入侵英国的故事，但它不是真正意义上的挂毯，而是一针一线绣成的刺绣品。

风车

CAD 600

最早的风车是波斯人在公元7世纪左右发明的。一开始风车只是一个由布帆推动的轮子，用来驱动石磨，上面的风轮和下面的石磨与同一个垂直杆的两端相连。这些风车的样子就像7个世纪前发明的倒置的巨大水轮机（见第54页）。风车现在已经发展成为今天风力发电机的风力涡轮机。

折扇

CAD 650

折扇是日本人在公元7世纪发明的，与一般的扇子不同，这种轻便的随身物品在封建社会时期的中国和日本极受青睐，它不仅仅是一把扇子，还是重要的社交器物。对于18世纪的欧洲人来说，凡是来自中国的东西都很时尚，折扇也不例外，那时的贵妇人都随身带着折扇。

零

CAD 650

零是难以理解的概念，因为我们很难对根本不存在的物体进行计数。数学家们经历了很长时间才接受了代表“无”的数字“零”。生活在公元7世纪的印度伟大天文学家婆罗门笈多是最早接受这个概念的学者之一。“零”这个词来自印度语中的“sunya”，它形如圆圈，意思是“空”，印度数学家们也用圆圈代表数字“零”，也就是我们今天所用的“0”。

公元529年 为清除非基督教思想，拜占庭皇帝查士丁尼关闭了已有900年历史的雅典研究院。雅典研究院是古希腊伟大的哲学家柏拉图创立的思想和研究中心。

公元604年 伦敦在埃特尔伯特国王统治下，为圣保罗建起了5座教堂。其中第一座建在原罗马庙宇的旧址上。此后的1100年里，这5座教堂中有3座被火焚毁，1座被维京入侵者所毁。

火焰喷射器

CAD 670

要焚烧敌方物资就意味着我方要深入这些物资附近的地方，而火焰喷射器在远处就可以焚烧掉敌方的物资。最早尝试用火焰喷射器焚烧物资的是公元7世纪君士坦丁堡（今土耳其伊斯坦布尔）的拜占庭人。这种火焰喷射器可能是叙利亚建筑师卡利尼库斯发明的，它把黏稠的可燃液体装在壶里投射，或通过管道喷射，在当时让敌人闻风丧胆。公元673年，拜占庭人用喷火武器击溃了一支萨拉森（今阿拉伯）舰队。

明 轮

CAD 780

明轮船的历史较为久远，可能在公元5世纪末就出现了。但最早记载明轮船的是大约公元780年的唐朝人李皋。他描述的是一艘明轮战船，由水手站在踏机上踩动两只蹼轮来推动战船前进，据说航速不亚于帆船。1130年，中国的杨幺在领导农民起义时，也用过明轮战船。1838年，英国工程师伊桑巴德·布津内尔开通了横跨大西洋的航班，当年那艘“大西部”蒸汽轮船就是明轮驱动的。

明轮
这是1858年布津内尔投入运营的“大东部”上的明轮模型。

彩色玻璃窗
这扇彩色玻璃窗大概制作于1330年。

和 服

CAD 700

日本和服——一种很长的宽袖袍，出现于公元700年左右。和服上没有纽扣，以特定的方式围在身上，然后用一根腰带系扎。和服是从公元前200年中国侍臣穿的服装演变而来的，经过1000年的改进，到17世纪，和服成了今天我们所看见的雅致服饰。

瓷 器

CAD 800

瓷器与一般的陶器不同，它色泽纯白，有半透明感，强度也比陶器更高。制作瓷器的神秘原料是白瓷土，白瓷土实际上就是一种花岗岩石粉，把它与陶土混合在一起，经高温焙烧就成了玻璃似的瓷器。瓷器是在公元800年左右由中国人发明的，到1300年左右，中国人制作的瓷器已比较精美。从那时起，中国开始向西方出口大量瓷器，引得西方陶工争相模仿。

花窗玻璃

CAD 800

公元7世纪时，还不存在大块的玻璃，建筑师在设计教堂的大玻璃窗时要将很多小块的玻璃拼在一起。到了公元7世纪末，教堂开始采用彩色的玻璃。但直到公元9世纪，人们才用彩色玻璃拼成图案。欧洲金碧辉煌的哥特式教堂要到12世纪才使用花窗设计，而彩绘玻璃要再过200年才出现。

零的系统应用

CAD 820

现在大家都承认在一个数的末尾加一个“零”，就使这个数增大了10倍，例如20就是2的10倍。但早期的数字体系里关于零的用法是很模糊的。例如，把0放在十位列上表示什么没有，但他们很少将其放在个位列。公元820年，数学家穆罕默德·花拉子密是第一个用如今这种方式来使用零的人。经过法国奥里亚克学者吉尔伯特的努力，花拉子密

公元618年	617年，唐国公李渊于晋阳起兵，次年称帝建立唐朝，定都长安。中国在唐朝时是当时世界上最强盛的国家之一，与亚欧多国均有往来。	约公元750年	一座圣本笃修会修道院在德国伊萨尔河畔的泰根塞边上建成，被后人称为“明兴”，即“僧侣之家”，后来这里发展成德国第三大城市慕尼黑。

的思想终于传到了西方。

天花诊断

CAD 900

天花的初期症状和危险性不大的麻疹很相似。波斯的内科医生拉齐斯在公元900年左右就告诉人们如何准确地对两者进行辨别。他说："麻疹患者常出现不安、恶心和烦躁等症状，这些症状比天花严重，而天花患者则背部疼痛较为严重。"

西里尔字母表

CAD 900

俄语和另一些相关语言使用的是西里尔字母表。西里尔字母表是用公元9世纪—10世纪在东欧传播基督教的圣西里尔的名字命名的。西里尔字母和英语字母差异很大，但都是从西里尔所熟悉的希腊字母发展而来的。不过西里尔字母表增加了几个字母，用来表达这一地区语言中特有的音素。

火　药

CAD 900

火药（黑火药）是最早被人们发现装进管子里可以发生爆炸的物质。大概在公元900年，中国炼丹师惊讶地发现，当把3种常见的原料以一定比例混合起来后，就能发生剧烈燃烧或爆炸。他们利用这一发现制造出了用于娱乐的烟花和用于战争的火药。14世纪，欧洲人将火药用于火炮和枪支。火炮和枪支的出现，彻底改变了战争的面貌。17世纪之前，火药是人们唯一知道的爆炸物。

火药的来龙去脉

我们并不清楚火药的发现史，不过火药的秘密肯定是中国人最先掌握的。西方人究竟是从东方学会制造火药的还是自己发现的也是一个未解之谜。13世纪的英国科学家罗杰·培根记录了制造火药的配方，但这可能是他通过研究阿拉伯火药而得来的，而阿拉伯人则是从中国人那里学来的。

工匠细心地往管子中装填火药。

中国古代皇帝放烟花招待宾客的图画，大约绘于12世纪。

火炮和火箭

原始的火炮是依靠装填在管子里的火药点燃后产生的瞬间推力将管子里的东西射出的，这个瞬间推力也能将管子本身推向空中。这就是火箭的发射原理，中国科学家将这两种功能都用在了军事上，他们还可能用火药制造过炸弹。

烟　花

烟花是火药最早的应用。制作粗糙的烟花也能达到有趣的表演效果，烟花能发射出五彩缤纷的礼花弹，利用火药还能制造爆竹，营造热闹的节日气氛。

公元837年　4月9日，哈雷彗星和地球擦肩而过。当时这个由尘埃和冰块形成的奇妙天体距地球仅49.4万千米。哈雷彗星每隔76~79年就会回归一次。

约公元874年　英格尔弗尔·阿纳尔森从挪威抵达冰岛，成为冰岛第一个居民。他在这里开荒种田，并因附近温泉热气升腾而称他的农场为雷克雅未克，意即"烟雾缭绕"。这里后来成了冰岛的首都。

纸币

13世纪的中国，在忽必烈的统治下，官员用纸币付账。

活字印刷术

1045

活字印刷，用单个字块拼成文本进行印刷。这种印刷方式在15世纪革新了西方文化的传播方式（见第76～77页）。早在1045年，北宋的毕昇就用胶泥制出了单个活字，然后用融化的松香将它们粘起来排成书版。加热后，松香化开，单个活字又可以拆开供下次使用。遗憾的是，活字印刷并不适用于字数太多的汉语，却非常适用于西方的语言。

纸　币

CAD 900

随着中国经济的发展，流通中需要越来越多的现钞，以保持贸易的持续发展。公元900年之前，中国人偶尔也会使用纸币。但纸币要到10世纪，也就是成都的商人使用后才开始正式成为流通货币。在此后300年里，在忽必烈统治时期，中国已经完成由纸币替代金属货币的过程。

精神病医院

AD 918

不同时期不同地区的人对精神病的态度各有不同。在许多国家，人们把行为不正常的人归咎于妖魔缠身，因此像对待动物一样对待他们。但10世纪巴格达（今伊拉克首都）的人则不这样，尽管不断受到外敌的入侵和攻击，但他们还是于公元918年建立起了世界上第一家精神病医院，用尊重的态度对待精神病人。

仙女星系

AD 965

星系是指由众多恒星组成的系统。太阳只是银河系中数以亿计的恒星中的一颗。仙女星系离我们有230万光年远。伊斯兰天文学家苏菲于公元965年对它做了记载。尽管仙女星系不难观察，但对仙女星系的第二次记载，却是在用上望远镜之后的1612年才做到的。

光学理论

c 1000

海桑如何创立了现代光学理论，见第66～67页，这是一个关于一位阿拉伯科学家如何装疯并建立现代光学理论的故事。

烟　花

c 1000

继发明火药（见第63页）之后，1000年左右，中国人又发明了烟花。当时中国的烟花只有一种黄颜色，大概到了1800年，法国化学家克劳德·贝托莱发现了钾氯酸盐，才使彩色烟花成为可能。经过多年的探索之后，烟花制造者最终发现，锶化物可以产生深红色，而钡化物则可以产生绿色。

乐　谱

c 1050

有些音乐无须记录下来，因为它们简单易记。但公元9世纪欧洲的复杂合唱音乐就需要写出来，因为要表明声调，不过当时人们标记音乐的符号看上去并不像乐谱。直到1050年，身兼音乐教师的圣本笃修会僧侣圭多才将音符标在5条线上。又过了500年，乐谱才成了现在的样子。

烟花

一个古代中国的家庭在放鞭炮迎灶神。

公元968年	12月22日，拜占庭历史学家利奥助祭观察了日食的全过程，并详细地描述了他所见到的一切。他是第一个记录了日全食中日冕现象的人。
公元986年	格陵兰岛的莱夫·埃里克松是第一个看见北美大陆的欧洲人。他的船在风暴中偏离了航线，他因此沿着现今属加拿大的大西洋海岸航行，最后才返回故里。

机械钟

1088

最早的机械钟是北宋的苏颂在1088年发明的。但是这个钟没有机芯，因为他设计的是一个水轮，当水把水轮的桶滴满后，水轮会停下来把水倒掉，以此来报时。第一座带机芯的钟现存于巴黎大法院，是亨利·德维克于1360年左右制造的。它只有一根指针，每天有2小时误差，其精确度远不及苏颂所造的钟。

休耕轮作制

c 1100

如果年年在同一地块上种同样的庄稼，这块土地的养料很快就会被“耗尽”。早期的农民会迁往别处去开发新的耕地。然而，这对于中世纪的农民来说是不可能的，因为他们要定居在一个地方。从大约1100年起，欧洲农民开始采用轮作制。他们秋天耕种1/3的农田，春天也耕种1/3的农田，让余下的1/3农田“休息”一年，使之得以恢复。这样，他们每年就能收获两次。春天他们会先种豌豆或黄豆，因为这样可以增加土壤中的氮，从而增加土壤的肥力，一举两得。

哥特式拱门

c 1140

中世纪的哥特式尖肋拱顶教堂建筑比早期的建筑更轻盈、更宏伟。罗马式建筑的拱门呈半圆形，如要造得高大就必须很宽，这常常带来设计难题。另外它还需要厚重的墙体以防坍塌。而哥特式建筑的拱门不用很宽就能建得很高，对两边墙体的推力也小，这样墙体就可以更薄，窗户也可以更大。

壁　炉

c 1150

早期的壁炉是置于屋子中央的，烟从屋顶上开的洞口排出。12世纪时出现了贴近墙体，且带高烟囱的壁炉。烟囱将烟排出户外，同时形成对流使火烧得更旺。后来还增设了架空炉格栅，空气就可以从上下两面流通。壁炉为寒冷的冬季带来了温暖。

机械钟

这是苏颂造的机械钟塔模型。

公元996年 11月1日，罗马帝国皇帝奥托三世签署了一项文书，割让出巴伐利亚的部分土地。该文件首次使用“Ostarrichi”（意为“东方领土”）的说法，这部分土地即后来的奥地利。

1066年 9月27日（星期三），诺曼底公爵威廉率6000名士兵入侵英格兰。他向东进攻到黑斯廷斯，并于10月14日在此击败了哈罗德二世的军队，从而改变了英国的历史。

未来的目光

装疯卖傻的阿拉伯科学家海桑创立现代光学理论

开罗城

坐落在尼罗河畔的开罗，在地中海海湾以南160千米，是埃及的首都。10世纪，埃及人在这里建立起开罗城，并使之成了中世纪最大的城市之一。开罗城的名字来源于阿拉伯语“al-Qahhirah”，意指“胜利”。

照相机、电话和电视只是众多以光学为基础的发明中的一部分。数百年来，人们始终没有弄清光学问题。大约在1000年前，名叫海桑的“疯癫”阿拉伯科学家帮助世人更好地“看清”了这个世界。

据说海桑当年来到埃及发展最快的城市开罗后，他走到臭名昭著的暴君哈基姆面前，就如何控制埃及命脉，也就是尼罗河泛滥的问题提出了自己的建议，但海桑的建议并未奏效，尼罗河依旧泛滥。因为暴君哈基姆曾因讨厌狗叫而杀了全开罗的狗，海桑认为避免承受暴君的怒火的唯一办法就是装疯。所幸的是，海桑装疯的策略成功了，哈基姆放过了他，也没有干预“疯子”对数学和物理的研究。

装疯的海桑不再考虑河水的问题，他转向了光学问题：人是怎么能看见东西的呢？看见一个事物时眼睛里发生了什么？是不是如毕达哥拉斯所说的，眼睛里有羽状触须，它能伸出眼睛去探索物体的表面？又或者是像伊壁鸠鲁认为的那样，从太阳等光源发出的光照射到物体上，然后反射到我们的眼睛，使我们看见物体？

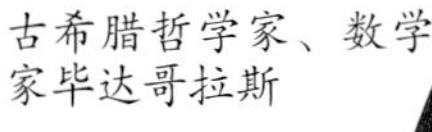

古希腊哲学家、数学家毕达哥拉斯

视觉

毕达哥拉斯（约公元前580年—公元前500年）是最早思索眼睛功能的人之一。大约200年后，伊壁鸠鲁意识到视觉是由进入眼睛的光形成的。

伊壁鸠鲁（约公元前341年—公元前270年）和毕达哥拉斯一样，出生在希腊的萨摩斯岛。

在海桑看来，毕达哥拉斯的想法近乎荒唐。如果毕达哥拉斯是对的，那么我们为什么在黑暗中看不见呢？海桑赞同伊壁鸠鲁的分析，并对此进行了更深入的研究，他运用自己的数学才能，计算出我们今天所知道的大量有关光的知识。如光在平面镜和曲面镜上的反射规律，以及光在透过玻璃或空气时的折射规律。他甚至阐明了用双眼

开罗的君王哈基姆依靠科学家的帮助来解决实际问题，如控制尼罗河一年一度的泛滥。

看东西比单眼看东西要好的原理。

海桑把他的研究成果写进一本伟大的书里，这本书就是《光学》，此书后被译成拉丁文并于1270年传入欧洲。也许是巧合，此时，放大镜和眼镜，即显微镜和望远镜的前身，恰好开始在欧洲出现。

1021年的一个夜晚，令人害怕的哈基姆神秘失踪。海桑立即“恢复”健全的理智，并且又活了20年。他虽然睿智无比，但恐怕也想象不出自己的研究会给人类带来多么大的影响。即使是当今的互联网，也用到了海桑1000年以前那本著作中的思想。

17世纪时的玻璃通常是有颜色的

17世纪时的放大镜

17世纪时的眼镜

有用的透镜

改善视力的透镜最早出现于13世纪末，也许与海桑的研究成果有关。到17世纪，眼镜制造业促进了更多功能强大的光学仪器的发明。图中这些简单的眼镜和放大镜现在还在被人们使用。

舵

这艘1430年左右的英国船上已经有完善的舵。这个模型是参照一张小图片制作的，所以看不出掌舵的舵柄。

舵

c 1200

据说古代中国的一些船已经使用简单的舵了，但直到1200年左右，全世界的船都还是靠船员划桨来调节方向的。舵的形成不是一步到位的。最初人们只是把一支大桨安在靠近船艉的部位当舵使用。到1200年左右，这支大桨就被移至船艉，成了简单的舵。到1300年左右，人们又在舵上装上被称为舵柄的长操纵杆，这才算是真正意义上的舵。

当代数字体系

1202

当代的数字体系发源于印度，经过漫长的旅途才传入西方。这一体系于公元6世纪—7世纪成形于印度，公元9世纪被阿拉伯数学家所吸收，10世纪时被传到西方。1202年，莱昂纳多·斐波那契出版了《计算之书》，这种数字体系才引起了较大反响。这本书阐明了阿拉伯数字体系的各个方面，包括从如何书写数字到百位、十位和个位等进制的神秘之处等，这个新体系使计算变得容易了。

空投宣传品

1232

军队将领常常试图用文字来达到不战而屈人之兵的效果，其中一种方法就是空投宣传品。这个方法在1232年就由蒙古（中亚游牧民族）军队使用过，他们在围攻开封城的时候，用风筝把传单散发到开封城里。是否有人看了这些传单，我们不得而知，但在1234年，蒙古人攻下了开封。

纽　孔

c 1250

你可能认为纽扣和纽孔是同时出现的，但事实上纽扣出现在先，纽孔出现在后。古希腊和古罗马人把纽扣放在肩上来系紧衣服，但这些纽

1215年	英格兰贵族迫使国王约翰王赞成“男爵法案”，承认他们的权利。《大宪章》起草于温莎堡附近的兰尼米德，由约翰王6月15日签字生效。
1225年	位于巴黎中心西岱岛的巴黎圣母院，历时65年终于竣工。它成了教堂建筑的新典范，并成为世界上参观者最多的建筑之一。

扣是用小绳圈扣紧的，而不是直接扣在布上开的纽孔里的。纽孔是欧洲人在13世纪发明的。纽孔的发明使得纽扣大受欢迎，以至于官方不得不通过法律限制每个人能拥有的纽扣数量，以防富人占有太多的纽扣。

磁 极

1269

法国工程师马里古特用一块天然磁铁做了最早的电磁方面的科学实验。他将长条小铁片放在圆形天然磁石的不同位置上，并标出小铁片的指向。这些指向的延长线会聚于磁石的两头，磁石上的这些线就像地球仪上的经线，经线从北极发散又在南极会聚。他称磁石的这两个点为磁极，我们至今仍在使用这个名称。

眼 镜

c 1280

大约在13世纪，出现了夹在鼻梁上的由一对透镜组成的眼镜，但不知是谁发明的。英国科学家罗杰·培根于1268年也曾描述过一种用于阅读小号字的放大镜，但那与眼镜还不是一回事。在1301年，意大利出现了眼镜制造业。佛罗伦萨的亚历山德罗·狄·斯皮纳和萨尔维诺·阿玛蒂被认为是眼镜的发明者。但是，像这一时期的其他许多发明一样，眼镜也可能是中国人在10世纪就有的发明。

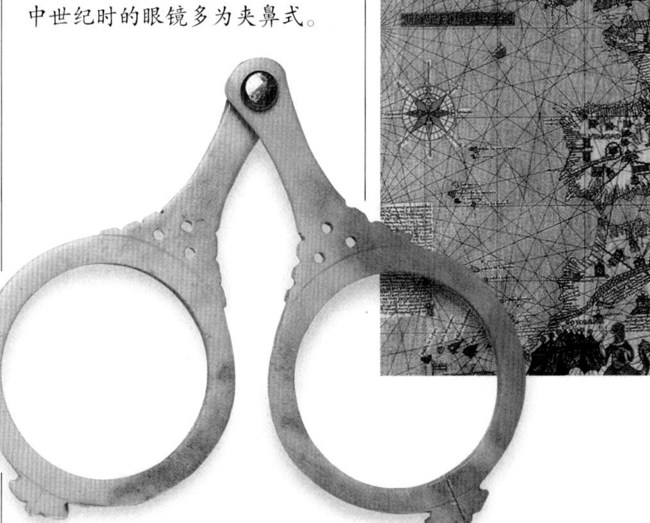

眼镜
中世纪时的眼镜多为夹鼻式。

彩虹中的数学

c 1280

要分析彩虹产生的原理，需要用到更先进的三角知识（见第53页）。大约1280年，穆斯林天文学家已创立了他们所需的数学知识。13世纪，在一座由成吉思汗的孙子资助的天文台里，两个学生应用这一新创立的数学知识，并结合海桑的光学理论（见第66～67页），阐明了雨水将阳光折射成彩虹的理论。

火 箭

c 1300

中国人在发明火药后不久，就制造出了做烟花用的简单火箭，而把火箭应用在军事上是后来的事了。不过，这些“火箭”只是将烟花绑在箭上做成的。中国军队最早将火箭用作武器是在1300年。这时，火箭上已装有爆炸装置，它再也不是玩具了。

鞋 码

c 1305

最早的标准鞋码系统可能要追溯到1305年。当时的英国国王爱德华一世规定3颗大麦粒的长度为1英寸（1英寸约等于2.54厘米），也就是说官方规定的大麦粒要有1/3英寸长。据说童鞋从此就按这种标准来计量。当时稍大一些的儿童的脚长都在13颗大麦粒左右（约11厘米），所以就称这个长度的鞋为13码的鞋。

航海图

1311

在12世纪以前，世界地图一般用于图书中的图解。意大利的彼得·韦康特（Petrus Vesconte）是第一个制作航海图的人。他于1311年制作了一幅航海图，其航海信息主要是从航海员那里收集而来，而不是通过测量得来的。这幅图也是目前所知最古老的航海图。

航海图
这张1375年的航海图以地中海为中心。图上有许多标示航线的线段。

转轮排字架

c 1313

在毕昇于1045年造活字（见第64页）的基础上，大约在1313年，王桢做了和毕昇类似的事情，他需要6万个木活字来印书。为了存放这些活字，他发明了转轮排字架，盘内格子每一格放一个活字。轮盘装在轮轴上可以自由转动，木活字按古代韵书的分类法排列。他制作了2个大轮盘，排字工人坐在轮盘之间，需要时就可转动取出所要的活字。

1275年 威尼斯探险家马可·波罗穿越戈壁沙漠来到中国，并朝见了中国当时的统治者忽必烈。后来他将自己的所见所闻写成了著名的《马可·波罗游记》。

1306年 荷兰的阿姆斯特丹在获得一些特权后，终于在1275年得到正式承认。阿姆斯特丹是阿姆斯特尔河畔一座由堤坝围护的小城。它的名字由这条河（Amstel）的名称与堤坝（Dam）的名字结合而来。

火炮

这张法国版画描绘了德意志帝国在1870年—1871年用先进的火炮攻打巴黎的情景。

第一本解剖学著作

1316

如今的医生所了解的大部分关于人体内部构造的知识，都来源于早期医生对尸体的解剖。意大利医生蒙蒂诺·德·卢兹就解剖过很多尸体，他还会在公共场合解剖尸体并给观众进行讲解。尽管他试图按照前人盖伦（见第58页）的观点去看问题，但是他在1316年写的《蒙蒂诺解剖学》一书却是根据对人体的解剖观察写成的。这是欧洲第一本有关人体解剖学的著作，也是人体解剖方面最早的系统指南。在1543年安德烈亚斯·维萨里的《解剖学手册》出版以前，该书一直是标准的解剖学指南。

火　炮

c 1320

中国人在发明火药（见第63页）之后不久就造出了火炮，但由于最初的炮筒是竹管做的，所以威力只相当于加强版的烟花。只有青铜或铁制的炮筒才能承受强大的爆炸力。大约在1320年，铸造和钻孔技术的改进使得这种金属火炮的制造成为可能。这种新武器迅速在全欧洲得到使用。到15世纪时，火炮就已发展到很厉害的地步，可以发射重达25千克的炮弹。

炼金术著作

c 1320

第一部大受欢迎的炼金术著作于1320年问世，作者使用的是笔名。该书研究的是将普通金属变成黄金的理论。早在1300年，由阿拉伯炼金术士贾比尔·伊本·哈扬写的几本书就被译成了拉丁文，贾比尔也因此成了名人。后来有个不知名的炼金术士就盗用贾比尔·伊本·哈扬的名字写了一本《完美的研究》，吸引人们阅读。此人还写了其他几本书，使用的笔名都是贾比尔。但他完全可以光明正大地署上自己的真名，因为他写得很好，几乎所有炼金术士都看过他写的书。

自鸣钟

1335

早期的钟只能在每小时开始的时候响一次钟来报时。第一座能按实际时间报时的自鸣钟诞生于1335年的意大利米兰。这是中世纪的一大技术成就——一台能计数的机器，这种钟迅速得到全欧洲的效仿。其中就包括坐落在英格兰索斯柏里大教堂于1386年安装的那座钟，它至今仍在工作着。

半音阶琴键

c 1350

管风琴是最早的键盘乐器，但早期的管风琴不能弹奏出升半音和降半音，或者说弹不出半音。因此，欧洲的管

1321年　意大利诗人但丁于9月14日去世，享年56岁。他用自己的母语意大利语而不是拉丁文写作了长诗《神曲》，这首诗歌描述了经历地狱、炼狱和天堂的旅程，是文学史上最伟大的史诗之一。

1333年　阿尔诺河泛滥，淹没了意大利名城佛罗伦萨，城中所有桥梁都被冲垮。但灾后重建的佛罗伦萨变得更加繁荣，成为意大利最美的城市之一。

风琴从1350年起开始出现半音阶琴键，算是一个了不起的进步，这使得那些同时具有半音和全音的风琴能弹出不止一种音调。不过当时的琴键好像是为胖手指的人设计的，直到15世纪末，管风琴的琴键才变窄到现在的尺寸。

火　枪

c 1350

火炮的设计并不复杂。但要设计小型轻便，能填装火药，并进行瞄准发射的火枪就不是那么容易了。最早的火枪大概出现在1350年的欧洲。这种火枪没有扳机，使用时夹在腋下，且无法瞄准。第一支跟现代火枪相似的是火绳枪，这种枪大概在1470年才投入战场使用，但敌不过发射迅速且精准的弓箭。

击弦古钢琴

c 1360

击弦古钢琴是现代钢琴的远祖。最早关于古钢琴的记载出现于1360年的一本法国的账簿上，不过当时它还不叫钢琴。击弦古钢琴的机械原理很简单：按下琴键后会带动一个金属薄片敲击钢丝弦发出声音。击弦古钢琴发出的声音很轻，因为金属薄片阻止了钢丝弦的自由振动，对于那些喜欢夜间练习的音乐家来说，这反而是一大优势。

船　闸

c 1373

船闸是中世纪的技术，且沿用至今。船闸在闸两边水位不同的情况下使用，船只先进入一个水池，在池中注水或者放水来抬升或降低船位，使之与要进入的河道水位相同。据说第一座船闸是1373年在荷兰的弗雷斯韦克建造的。1481年，意大利维泰博也有了船闸。

木刻版画

c 1400

木刻版画指在一块纹理细致的木板上刻出反向图画，再印到纸上。公元600年左右，古代中国的书籍就都是用木刻印刷板印制的了。但木刻版画的历史却不同，大约在1400年，木刻版画才开始被应用，但主要用于纸牌的印制。一直到1450年，活字印刷得到完善之后，木刻版画才真正出现。读者都想在手抄本上看到那些精美的插图，而木刻版画正好能满足他们的需要。

运动员用的拍子的模样已有点接近今天的网球拍了

网　球

c 1400

法国的掌球是网球的始祖，但与今天的网球完全不同。法国掌球正像它的名称所表示的那样，不是用球拍而是用手掌直接击球。到大约1400年，木质球拍才取代了双手，这才出现了类似网球的游戏。16世纪时，打网球是在室内进行的。大约300年后，英国军官沃尔特·温菲尔德把网球活动改在室外进行，首创了我们今天所知的草地网球。

网球
这种手掌击球游戏在18世纪的法国很流行。

木工手摇钻

c 1400

木工手摇钻发明于1400年左右，它也是汽车发动机中的曲轴的祖先。手摇钻的中段呈“U”形，上端为把手，下端装有钻头。木工用一只手按住上端，另一只手转动中段的“U”形部位，底端的钻头就能钻进木头，这有点像活塞在汽缸里的运动。

1347年　敌方士兵用投石器将染上黑死病的尸体射进乌克兰南部一个贸易集镇，这场细菌战波及了整个欧洲。致命的瘟疫迅速蔓延，在4年的时间内夺去了1/3的欧洲人的性命。

1362年　自1066年以来，英国首次在司法诉讼中使用英语来代替拉丁语或诺曼法语。这一规定是辩护法要求的，不过该法律还规定，诉讼记录仍然必须用拉丁文。

新世界，新思想

人类对世界的理解在1401年—1750年发生了巨大变化。地球不再是宇宙的中心，它似乎还因为探险家不断发现新大陆而在变大。新的发现和新的传播手段，带领人类走进了理性和现代科学交织的时代。

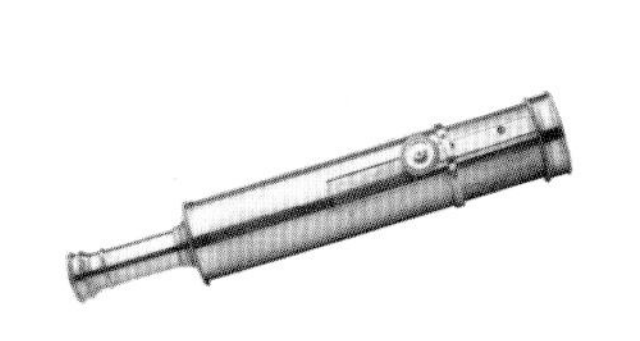

金属活字
这是朝鲜在1406年使用的青铜活字模。

金属活字

1403

在14世纪，朝鲜人开始制作金属活字。1403年，朝鲜第三代王太宗设计了第一种金属活字字体。他铸造了10万个活字，而这仅仅只是开始。他后来又铸造了2套不同的字体，比德国改进活字印刷早得多。

水力炼铁厂

1408

中世纪的炼铁工匠把铁矿石放在烧木炭的熔炉中炼出松软多孔的锻铁块。火烧得越旺，熔炉的效率就越高。于是，他们用风箱往炉内鼓风，使火烧得更旺。随着铁需求量的增加，熔炉也越造越大，用人力来拉风箱显然已经不够。英国达勒姆郡的主教沃尔特·斯克洛解决了这个问题，他于1408年建造了一个用水力驱动的炼铁厂，使英国成为世界上产铁量最大的国家。

破解密码

1412

早期的密写方式保密性差。但在14世纪末，阿拉伯的一些密码学家让密写方式严谨了起来。他们编制了一个体系，可以将每个字母分别转变为另一个字母，并依据有些字母出现频率更高的特点来破解密码。1412年，这些商贸用的技巧被埃及学者卡尔卡尚迪（al-Kalka-shandi）编辑成书出版，成为最早的也是最可靠的编码和解码指导书。

透视法

c 1412

在1410年—1415年，意大利建筑师兼艺术家菲利波·布鲁内莱斯基发现了透视法。透视法这种艺术手段能表现所画物体在图中的大小比例和相对位置。这一发现革新了艺术家作画的方式。在他发明"透视点"（即所有平行线条在画面上的汇聚点）之前，画作一般都是扁平化的。20年后，他的朋友莱昂·阿尔贝蒂写了一本书，详细地介绍了如何建立准确的透视图。画家因此创作出逼真的图画，直到19世纪出现照相技术，这类画作的逼真程度才被超越。

塔式风车

c 1420

风车面临的一个问题就是风向的变化。早期的风车有个装在枢轴上的大木箱，机械部分都安装在木箱里，所以要使风帆根据风向而变向是很难的。大约发明于1420年的塔式风车将沉重的机械部件都固定在塔身上，而将风帆单独装在塔身顶部可移动的塔头上，这样风帆跟着风向变向就简单多了。

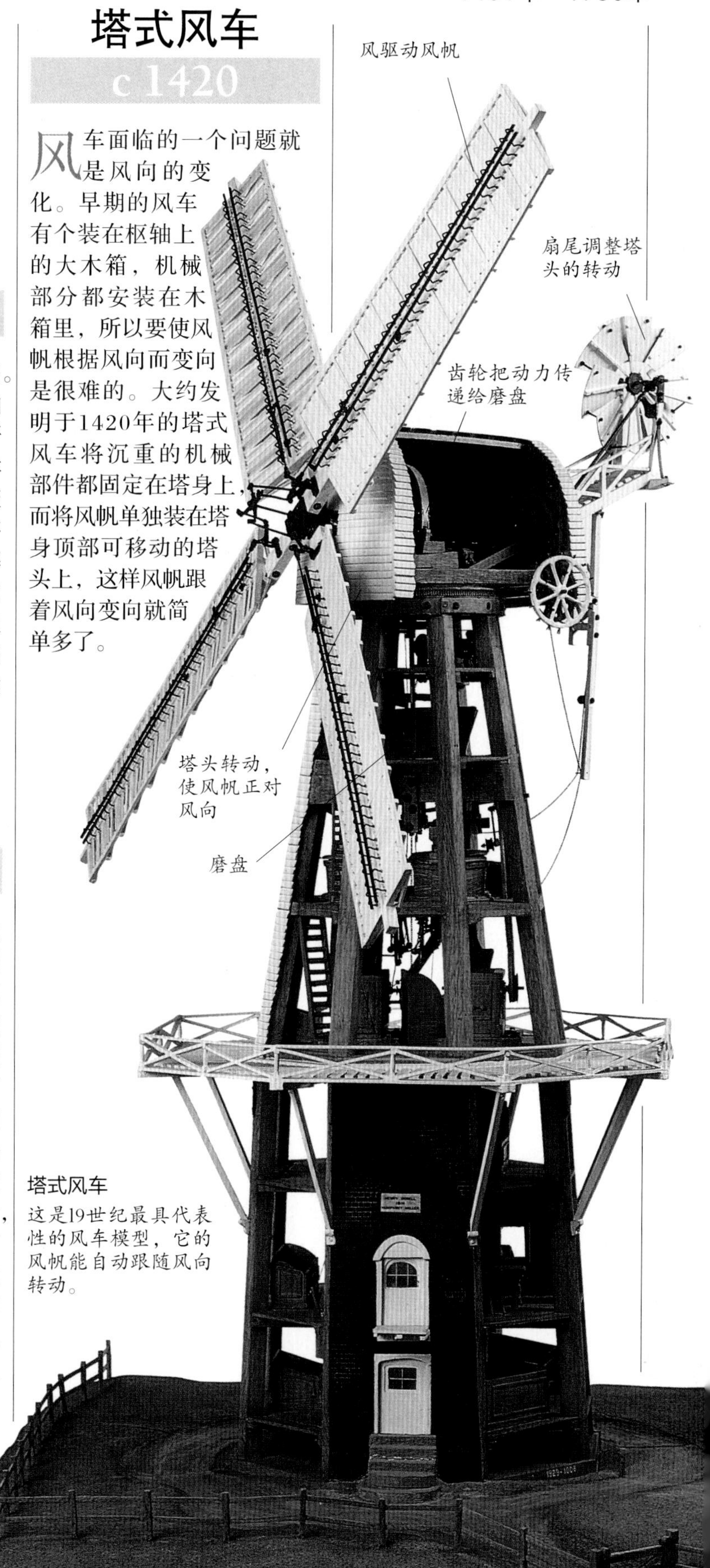

塔式风车
这是19世纪最具代表性的风车模型，它的风帆能自动跟随风向转动。

1405年	郑和率船队首次远航西洋并访问了一些当地国家，打破了当时中国的封闭状态，他率领的62艘船曾到过印度尼西亚和斯里兰卡等地。
1418年	意大利建筑师菲利波·布鲁内莱斯基奉命设计佛罗伦萨大教堂的穹顶。他将穹顶设计成八角造型，外部使用白色肋柱，现在这座大教堂是佛罗伦萨城一道亮丽的风景线。

飞 轮

c 1430

没有飞轮的话，汽车发动机（见第150页）就不能正常工作。飞轮很重，它能储存汽缸瞬间爆燃所产生的能量，然后再释放出来使发动机稳定地运转。尽管早期的一些设备（如陶工的转轮）也包含类似于飞轮的结构，但独立的飞轮却是15世纪初才出现的。对于那些靠人的双脚上下踩踏来提供动力的机器来说，飞轮能使其运动速度稳定下来。

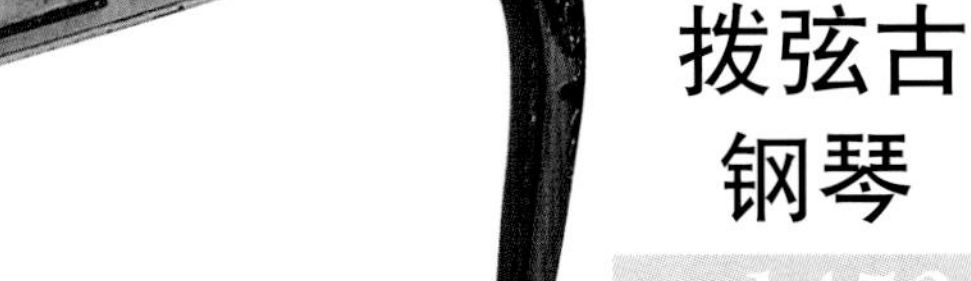

拨弦古钢琴
这架比利时拨弦古钢琴大概制作于1600年，它有2套键盘。

风速仪

c 1450

气象观测人员用风速仪测量风的速度。那种在杆上装风杯的风速仪可追溯到大约1850年，但最早的风速仪还要比它早400年。意大利艺术家、数学家莱昂·阿尔贝蒂发明的风速仪很简单——一块铰接于杆顶的矩形金属片。风一吹，薄片就倾斜，可以显示出大致的风速。他在1450年左右写的《数学的乐趣》一书中对此有所描述。到了17世纪，英国科学家罗伯特·胡克在此基础上发明了更精确的风速仪，而此时，玛雅人正在建他们的“风塔”。

油 画

1430

尽管古罗马时期已经有了油画颜料，但把它完美应用于艺术上的，却是文艺复兴时期的画家罗伯特·坎平和扬·凡·爱克。他们都被油画颜料所能展现的真实感所吸引。早期的颜料，如用蛋清稀释过的颜料，难以形成色彩层次柔性过渡的效果。而新的颜料配合新的画法——透视法（见第73页），使他们创作的画作具有前所未见的真实感。

西洋景

1437

莱昂·阿尔贝蒂研究透视法之后，意识到可以将透视法应用于微缩图中，以产生更具真实感的效果。所谓“西洋景”就是一只一端开有小孔的箱子，箱子里按透视法布置了三维场景。从小孔看进去时，这些景致就如真实场景一般。1437年，阿尔贝蒂制作了第一套西洋景。他甚至将景致画在玻璃上，以产生光感效果。

拨弦古钢琴

c 1450

产生于15世纪末的拨弦古钢琴已为大众所熟知，一直到1709年钢琴（见第100页）发明之前，它都一直是键盘乐器之王。与钢琴不同的是，按下它的琴键时，琴弦不会受到敲击，而是会被弹拨。由于这个原因，无论弹奏力度大小如何，都不会改变音量大小。有些拨弦古钢琴有几套琴弦，这样在演奏乐曲的时候就可以使音量发生变化。关于这种乐器最早的记载大约出现在1450年，拨弦古钢琴一出现即迅速风行欧洲，且至今还用于演奏。

长 号

c 1450

长号，也叫萨克布号，是法国人于1450年发明的。它靠嘴唇振动在管腔内产生共鸣发出声音。最简单的长号只能演奏几个音符，因为它的长度是固定的；而可以伸缩的长号基本能演奏出所有的音。现代的长号自第一根长号发明以来就一直没什么变化。

1431年 5月30日（星期三），法军领导人贞德被英国人烧死在鲁昂的火刑柱上。在百年战争期间，贞德曾带领法国人把英国人从奥尔良驱赶出去。

1435年 意大利雕塑家多纳泰罗完成了一个真人大小的大卫青铜像（有史以来第一尊裸体青铜雕像）。这尊栩栩如生的艺术品令人惊叹不已。

金属印刷板

c 1455

木刻印刷板（见第71页）无法印制更精细的版画，但金属印刷板可以。金属印刷板一般为铜质，雕刻艺术家需要用锋利的刻刀在其上刻出所需的图画线条。然后，在金属印刷板上刷上油墨，紧接着把金属印刷板的表面揩干净，仅留下刻痕里的油墨。将潮湿的纸用力压在金属印刷板上，刻痕里的墨水就会被纸吸附上去，一张金属印刷版画就完成了。这一工艺叫凹刻印刷，最早出现在1455年。由于这种印制需要较大的压力，所以一般的印刷商还是使用木刻印刷板和活字印刷板来印书。

凸版印刷

1455

见第76～77页，“发明家谷登堡让印刷改变世界，自己却死于贫困”的故事。

舞蹈记录法

c 1460

舞蹈教师和排舞师经常要记下他们舞蹈动作，才能更好地指挥舞者。而某种程度上，古埃及人曾用象形符号做过这样的记录。但西班牙是最早使用文字来系统记录的，他们在1460年就开始使用文字来表示动作。而在欧洲其他地方，舞蹈指导类书也会使用简写来达到同样的目的，比如在奥地利的玛格丽特图书馆发现的《初级舞蹈教程》（约1460年）和《舞蹈艺术及舞蹈教学》（1488年）等。

罗马字体

1464

早期的印刷字体不但用墨重而且有些地方很尖细。很快，印刷商就想使用更轻盈圆滑的字体来适应新的印刷技术。他们选了一套自以为是罗马风格的字体，但实际上这套字体是公元9世纪的一个英国僧侣设计的。第一个使用这种字体的是德国印刷商阿道夫·鲁施，时间约在1464年。次年，德国印刷商斯韦因海姆和潘纳茨使用了更接近现在罗马字体的字体。

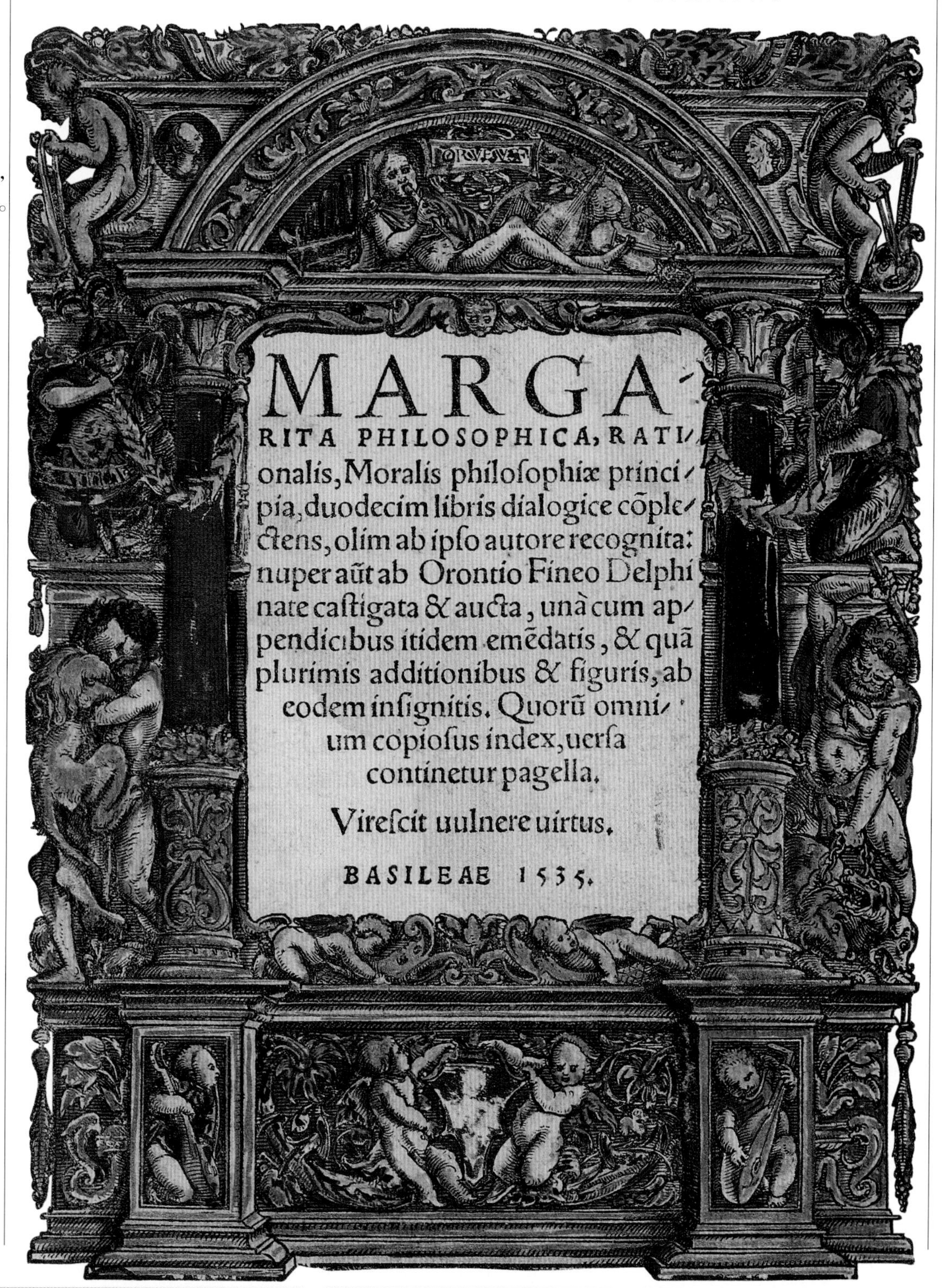

MARGA-
RITA PHILOSOPHICA, RATI-
onalis, Moralis philoſophiæ princi-
pia, duodecim libris dialogice cõple-
ctens, olim ab ipſo autore recognita:
nuper aũt ab Orontio Fineo Delphi-
nate caſtigata & aucta, unà cum ap-
pendicibus itidem emẽdatis, & quã
plurimis additionibus & figuris, ab
eodem inſignitis. Quorũ omni-
um copioſus index, uerſa
continetur pagella.

Vireſcit uulnere uirtus.

BASILEAE 1535.

罗马字体

这是16世纪的一本哲学著作，其页面上的罗马字体庄重而精美。

1436年 英国通过了第一部限制谷物贸易的法律——《谷物法》。《谷物法》旨在限制谷物的进出口而实现英国境内粮食自足，但《谷物法》的颁布反而导致粮价飞涨和全英饥荒。

1452年 雕塑家吉贝尔蒂完成了佛罗伦萨大教堂3扇青铜门的最后一扇的雕塑。大门上生动而深刻的浮雕，展现了《旧约》中的故事场景，直到现在仍深受人们的赞美。

印刷机的威力

发明家谷登堡让印刷改变世界，自己却死于贫困

约翰·谷登堡

有关约翰·谷登堡的史料很少，他的很多信息都不为人所知，这其中包括他的生日。约翰·谷登堡在珠宝加工上的巧手，无疑为他在完善金属活字印刷术时提供了很大帮助。

15世纪的欧洲渴望着变革。过去的1000多年里，欧洲一直被教会所主宰，社会被传统的价值观所笼罩。虽然新的思想已开始传播，但如果只靠笔和羊皮纸的话，思想的文字也只能停留在纸上。在德国的斯特拉斯堡，一位叫谷登堡的青年珠宝匠有些跃跃欲试。他向朋友们借钱买来一些与珠宝加工毫不相干的东西。他既不说为什么借钱，也不说需要那么多钱的原因。最后，他的朋友们不再借钱给他，除非他把借钱的原因说明白。他的解释让他的朋友们大吃一惊：他正在从事一项伟大的发明，这项发明能将双手从书籍的复制中解放出来，并实现书籍的批量生产！

谷登堡的活字字模、油墨以及印刷机看起来前景非凡，于是他和朋友们在1438年成立了一家公司，但事情进展却并不如意。其中一个合伙人突然去世，而这个合伙人的儿子想要公司的股份，于是他们把谷登堡告上法庭。谷登堡虽然赢了，但是他们的秘密却被张扬了出去，随之而来的便是书籍印刷的大潮。

谷登堡后来回到他的故乡美因茨去改善他的发明。他没有资金，于是就去说服

纸张置于压纸格上，对折后放在活字上

印刷工人拉下手柄，将压盘压到活字上

置于压床上面的活字印刷板

压盘

槽盒可在压盘下活动

印刷机

印刷机是由压榨葡萄或湿纸所用的立式压榨机发展而来的。印刷机上蘸有油墨的活字面朝上，纸向下压在活字印刷板上。

铸字模

先用钢冲头刻出凸形字母，然后放在铜坯上用榔头冲压，做出凹形字模。把铜坯夹压成字模，再把铅水灌入冲压出的字模中，铸成活字。

钢冲头的一端刻有字母

敲进质地较软的铜块上的铜冲头

带字母印的铜字模

早期的印刷工作并不简单，活字排版和上墨都要手工操作。每页都需要两三个人才能完成。

商人约翰·富斯特给了他两大笔贷款。1455年，谷登堡出版了他的第一本书，并把它拿到附近的法兰克福交易会上参加展览，参观者无不赞美他的书印刷清晰。

这时候，富斯特来向谷登堡讨债。可是谷登堡还不起，又或者是不肯还，于是他再次面临官司，但这回他输了。富斯特掌控了一切，还挖走了谷登堡最好的助手，这个助手后来把富斯特捧成了世界上第一个成功的印刷商。

富斯特一家独大的好景不长，短短25年，印刷商就遍布欧洲各个角落。到1500年，他们已印刷了3万本书，把新思想传遍了欧洲，并孕育出了我们称为文艺复兴的时代。

而谷登堡呢？他继续从事着他的印刷事业，但并没有赚到多少钱。美因茨的大主教给他提供衣食，1468年，谷登堡去世。历史曾在他的手上前进得更快，但却在后来的路上抛弃了他。

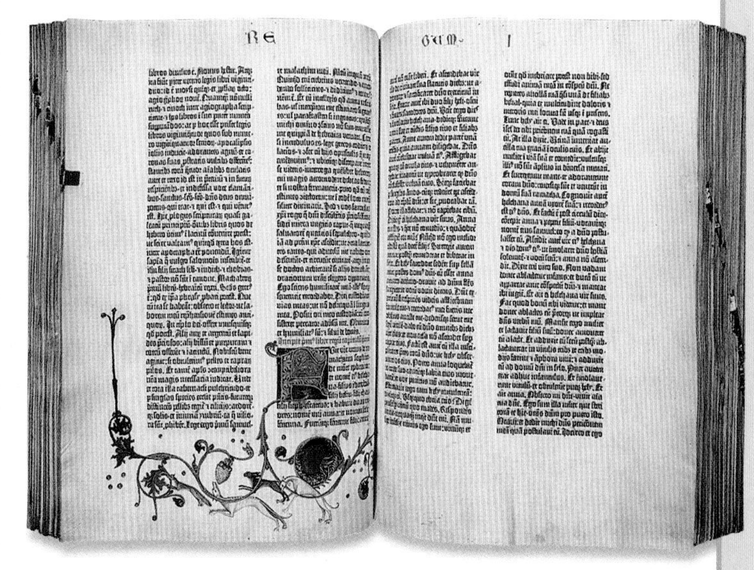

最早的印刷书籍

早期的印刷书籍，比如这本《谷登堡圣经》，排版设计都是模仿手抄本的。印刷字母通常用手工加以美化，配上精致的彩色配图。

密码频率表

1465

密码频率表能显示每个字母的使用频率。有了这张表，任何人都能破译简单的替换式密码文件。例如，“e”是英语中使用最频繁的字母，如果一份英语密码文件中，“k”出现得最频繁，那么“k”代表的就是“e”。最早的密码频率表是意大利的建筑师阿尔贝蒂于1465年发布的。这张频率表几乎使简单的加密方式失去意义，于是，他又发明了一个密码轮，用它编制的密码就安全得多。

钟 琴

c 1480

如果到荷兰或者比利时旅游，你还可以听到当地钟琴发出的让人震撼的声音。钟琴大约出现于1480年，由早期的简单钟铃装置发展而来。钟琴的秘密在于细心设计的钟形。如果制作不严格，那它发出的声音就会不和谐，从而破坏音乐效果。

火 炉

1490

露天的火会浪费能量，因此人们将火置于用石头、瓷、砖砌成的火炉里。最早有文字记载的火炉出现在1490年法国的阿尔萨斯地区，它可以在热能从烟囱排出之前将它们集聚起来。后来的火炉里又加设了铁散热片，可以调控排烟量和聚热。在俄罗斯，火炉通常与烟囱一起出现，是当地建筑物的重要部分，用来给房间供暖。

发现美洲

1492

进入15世纪，意大利青年航海家克里斯托弗·哥伦布因为计算错误，误打误撞来到了美洲大陆。哥伦布认为地球实际要比看上去小一些。他声称，因为地球是圆的，所以如果向西航行的话，会更快到达东方的中国和印度。大多数人都认为他是个疯子，但是西班牙女皇伊莎贝拉却在1492年资助了他的探险。他没有抵达印度，却登上了西印度群岛。哥伦布四度远航到这个“新大陆”，并于1498年第三次远航时抵达现在的委内瑞拉。尽管他没能找到去亚洲的航线，但却把欧洲和美洲联系在了一起，并永远地改变了它们的命运。

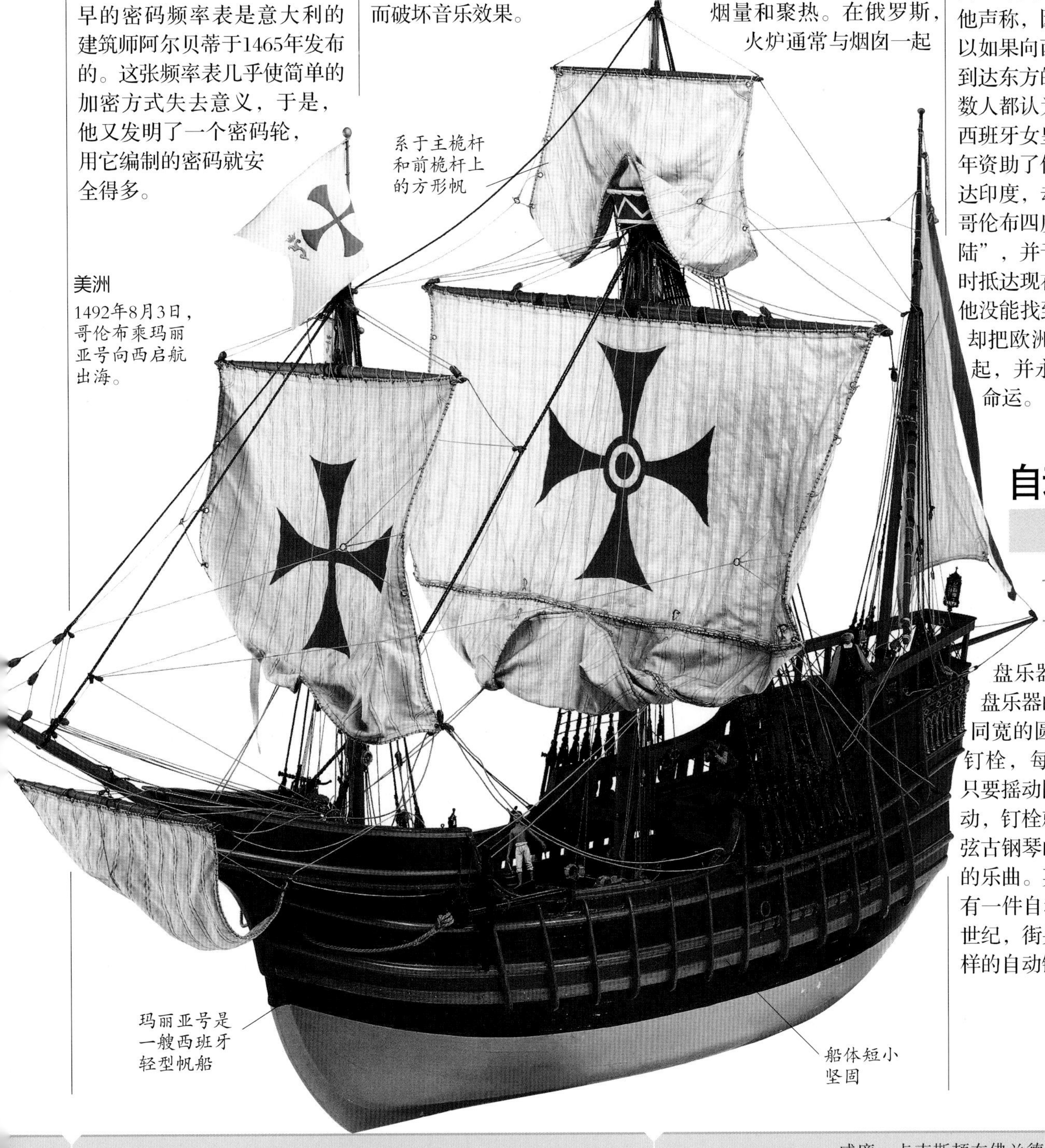

系于主桅杆和前桅杆上的方形帆

美洲

1492年8月3日，哥伦布乘玛丽亚号向西启航出海。

玛丽亚号是一艘西班牙轻型帆船

船体短小坚固

自动键盘乐器

c 1500

1500年以前，只有音乐家能演奏乐器，但此时自动键盘乐器横空出世。自动键盘乐器的每个键上都有一个同宽的圆柱形筒，筒上插有钉栓，每个钉栓对准一个键。只要摇动圆柱的摇把，使之转动，钉栓就会按下管风琴或拨弦古钢琴的琴键，演奏出相应的乐曲。英国国王亨利八世就有一件自动键盘乐器。直到21世纪，街头艺人仍然在使用这样的自动键盘乐器。

1455年 争夺英格兰统治权的内战（史称玫瑰战争）在圣奥尔本斯打响了。最终，以白玫瑰为族徽的约克家族击败了以红玫瑰为族徽的兰开斯特家族。

1475年 威廉·卡克斯顿在佛兰德斯的布鲁日出版了第一本英文书。他在德国学会了印刷技术，并把自己从法文翻译过来的《特洛伊城简史》印刷出版了。

欧洲的新世界

美洲新大陆只是在哥伦布和其他非美洲人看来是新的大陆，因为几千年前就已经开始有人在美洲大陆上生活，并且他们还有自己的先进文化。但新大陆一经发现，欧洲人就蜂拥而至，在这里建立新的殖民地。其中一些殖民地后来联合建成了今日的美国。短短几个世纪后，美国的科技和工业已在世界范围独占鳌头。

哥伦布问候新大陆原住民

中世纪的世界

哥伦布发现新大陆前，欧洲人心目中的世界只包含亚洲、非洲和欧洲。中国是亚洲的主宰，而欧洲有多个权力中心，比如英国、法国和西班牙。

哥伦布的大胆假设

在15世纪，东西方之间的贸易变得非常重要，但西方人要到东方去却不是那么容易。哥伦布认为只要一直向西航行就能抵达东方。有经验的航海家告诉哥伦布，他的想法是错的，但没有阻止他做出这一尝试。

美国的成长

1587年，英国在北美洲的部分土地上建立起临时的殖民地，并命名为弗吉尼亚。弗吉尼亚后来成了美国的一个州。到了1880年，美国就取代了英国，成为世界工业的龙头。

菠萝

菠萝的果实主要由螺旋状排列于外周的花组成。

菠　萝

c1500

菠萝原产于南美洲，在哥伦布1498年发现美洲大陆之前，欧洲人甚至不知道菠萝的存在。很快，他们开始通过海运运输这种水果，并在世界各地种植它。1502年，葡萄牙的探险家们在西印度群岛也发现了菠萝，他们很快就将菠萝引种到7000千米以外的南大西洋的圣海伦娜岛上。1590年，该岛开始和欧洲进行贸易往来。同一时期的英国探险家沃尔特·雷利勋爵在他的一次美洲之旅中也发现了菠萝。

怀　表

1500

第一块怀表有汉堡那么大。它的发明者是德国的锁匠彼得·亨莱因，他用发条取代配重来做表内的驱动。亨莱因还为这块怀表设计了一个金属盖，看时间的时候必须打开盖子，并且这块表没有分针。无论如何，人们终于能将“时间”随身携带了。

半色调雕版印刷

1510

早期的雕版只能印刷出黑白两色的画。交叉影线在色调过渡上能起一点作用，但不能从根本上解决问题。最早解决这个问题的是德国的艺术家卢卡斯·克拉纳赫和汉斯·布克迈尔。他们为每幅画都制作了若干块雕版，分别用于印刷黑、灰、浅灰以及其他色调。用这些雕版印出来的画，具有自然逼真的效果。

1478年　西班牙国王斐迪南五世和王后伊莎贝拉要求教皇希克斯图斯四世建立西班牙宗教法庭，他们意在找出并除掉罗马天主教的敌人。后来，西班牙宗教法庭因其使用酷刑而臭名昭著。

1510年　荷兰画家耶罗尼米斯·博斯完成了怪诞的三联画《人间乐园》。这组三联画的噩梦象征主义对400年后的画家产生了影响。

鸦片酊

c 1520

鸦片酊从16世纪初就被医生用作镇痛剂，直到400年后，它才被其他止痛药物所取代。鸦片酊是瑞士医生帕拉切尔苏斯发明的，只需将鸦片溶解在酒精中即可。大概过了1个世纪，英国的托马斯·西德纳姆最先探索出鸦片酊的用途。18世纪到19世纪，鸦片酊成为最受欢迎的止痛药，但同时它有很强的成瘾性，也让很多患者上瘾。

鸦片酊

这些装有鸦片酊的瓶子是19世纪医药箱中的必备品。

乐谱活字

c 1525

用活字印刷乐谱，需两个步骤：首先是印五线谱，然后再印音符。1525年，法国的印刷商皮埃尔·阿泰尼昂发明了更好的办法：既然每个音符都带有一小段五线谱，那么音符和五线谱岂不是就可以一起印了。此后10年，阿泰尼昂一直为最杰出的作曲家印刷乐谱。

氟　石

1529

氟石又叫萤石，如水晶般美丽，在制铁和制铝中起到重要作用。氟石是氟钙化合物，常见于温泉附近。德国学者兼科学家乔切斯·鲍尔最早于1529年对氟石做出了描述。他认为氟石是一种化石——当时的科学家把在地下发现的东西都叫作化石。

人体解剖的科学研究

1543

在很长一段时间里，医生对人体结构的知识主要来源于古希腊内科医生盖伦的研究成果（见第58页）。后来，佛兰德斯的内科医生安德里亚斯·维萨里革新了人们对人体解剖的见解。他从自己的解剖实践中发现，盖伦的结论基于动物解剖而非人体解剖。1543年，维萨里出版了一本专著，里面详细介绍了人体的解剖学结构，展示了人体解剖的真正意义。

太阳系

这是18世纪的太阳系模型，转动边上的摇把，就能看到地球的绕日公转运动和月球的绕地公转运动。

太阳系

1543

生活在16世纪的人大都相信地球是运动着的宇宙中心。虽然哥白尼在1543年出版了自己的天文学著作，并提出地球实际上是绕日公转和绕地轴自转的，可是几乎没有人相信他的说法。到了17世纪末，来自英国、法国、丹麦和荷兰的科学家纷纷赞同哥白尼的观点。罗马天主教会迫于无奈，终于在1758年允许其信徒阅读哥白尼的著作。

植物园

1543

植物园不只是散步的地方，更是活生生的科学图书馆，其“馆藏”通常是经过数个世纪收集而来的。世界第一座公共植物园是1543年在意大利的比萨向公众开放的。两年后，意大利的帕多瓦大学也开放了自己的植物园。现在的植物园，如英国的邱园，还设有种子库，用以保存那些濒临灭绝的植物。

复　数

1545

高等数学中常用到复数。如果没有复数，就无法解决负数的平方根问题。这是因为负数的平方为正数，所以实数里就不存在负数的平方根。1545年，意大利数学家杰罗拉

1535年　法国探险家雅克·卡蒂埃（Jacques Cartier）想从北美洲找到通往中国的航线。他跋山涉水来到了一个村庄，后来他把经过的那条河命名为圣劳伦斯河，把翻越过的山命名为蒙特利尔山，而把那个村庄叫作魁北克，这就是后来的加拿大。

1535年　此前两年，西班牙殖民者弗朗西斯科·皮萨罗处死了印加皇帝阿塔华尔帕，现在又洗劫了印加王朝的首都库斯科，并在此建立了现代的利马城。印加王朝因此覆灭。

莫·卡尔达诺为解决负数平方根的问题，发明了一个新的数，用来代表“-1”的平方根。这个新的数与正常的实数一起构成了今天所谓的复数，为一系列的数学难题提供了解决的方法。

舞台灯光

1545

在16世纪初期，欧洲大多数剧院都是靠日光来给舞台打光的，但意大利建筑师希望能制造出一种带有戏剧性的灯光来控制舞台效果。1545年，塞巴斯蒂亚诺·塞利奥提出了在火把或蜡烛前面放置装有不同颜色的水的玻璃球来制造不同颜色的光束的想法。

矿山铁路

c 1550

有火车头的列车19世纪才出现，但铁路运输却很早就出现了。车轮在轨道上比在一般的路上更容易拉动，也就可以运送更重的货物。铁轨最早出现于矿井里，因为在那里有成千上万吨的矿石要从狭窄的通道里运出来。法国最早在1550年建成了第一条矿山铁路，而直到1605年，英国才出现铁路。

职业病

1556

人天生就不适宜在矿山和工厂里工作，因为人们的健康非常容易被灰尘和化学物质伤害。最早意识到这一点的是格奥尔格·阿格里科拉。在他的伟大著作《论冶金》里，他描述了16世纪矿井里恶劣的工作环境，以及由此环境引发的多种职业病，例如折磨矿工的“呼吸困难”和“肺部受损”等。

暗　箱

1558

暗箱在这里指的是“黑暗的箱子”。现代的照相机就是从有一个小孔的黑暗箱子发展而来的。光从小孔进入箱子，在小孔对面的箱壁上形成一个上下颠倒的真实影像。但在1558年以前，这个影像都是模糊不清的，直到意大利物理学家詹巴蒂斯塔·德拉波尔塔将小孔换成透镜，情况才发生变化。透镜能使更多的光进入暗箱、并聚焦成一个清晰的、能让艺术家精确临摹的影像。

植物园

法国巴黎植物园于1650年向公众开放。

1536年　英王亨利八世欲与他的妻子离婚，但遭到了罗马天主教会反对，于是亨利八世宣布他不会再服从教皇。他关闭了所有的修女院、修道院和一些同教会类似的地方，并没收了他们的财产。

1555年　法国占星师兼医生诺查丹玛斯出版了《诸世纪》一书，又译作《百诗集》，书中的诗句用多义性语言写成，据说这是一本预言书。其中一个预言是世界末日将降临于3797年。

肺循环

1564

早在威廉·哈维发现血液循环（见第89页）之前，意大利外科医生马特奥·科伦波就发现了血液是在肺部循环的。在1559年出版的书中，科伦波就描述了血液是如何从心脏泵向肺部的。他在书里描述称血液在肺部与一种“精神”（氧气）结合，变成鲜红色，然后再返回心脏。

铅　笔

1565

德裔瑞士博物学家康拉德·格斯纳最早把石墨定义为矿物。同时，他也是第一个尝试把这种软矿物用于书写的人。1565年，他想出了把石墨填充在木头管里来做笔的主意。与此同时，英国发现了丰富的石墨矿。但直到1812年，才出现了我们今天所见到的用石墨黏合成笔芯的铅笔。

墨卡托投影法

1568

要在平面的纸上表现球形的地球，地图制作者需要用到投影法，但这样难免会造成一些变形。佛兰德斯的地理学家格哈德·墨卡托是最早系统性地解决这个问题的人。他了解到，为便于航行，海员需要一张用直线来表示罗盘方向的地图。他的投影法完美地解决了这个问题。虽然这种方法会让两极附近的国家在地图上显得略大，但这种方法还是沿用至今。

超新星

1572

亚里士多德学说的一个重要观点是恒星是不变的。因此，当1572年11月11日，丹麦天文学家第谷·布拉赫观察到一颗亮星出现在仙后座时，不禁大吃一惊。我们现在知道，那是超新星，是恒星爆炸形成的。布拉赫肯定那颗星比月亮要远，因此是恒星中的一员无疑。1573年，他公布了这一新发现，从此声名鹊起。他的超新星学说打破了那些古老陈旧的观念。

软木塞

1580

一直以来，酒都是放在没有盖子的罐子和桶里的。瓶子问世之后，往往用软木塞来封住瓶口。目前还不清楚软木塞是什么时候开始流行的，但在莎士比亚写于1600年的剧本《皆大欢喜》里有写到一个角色对另一个角色说：“拔出你口中的软木塞，我也许会喝掉你里面的东西。”这说明莎士比亚的观众对这一发明并不陌生。

背面刻有如何查找复活节日期的说明

格里高利历

这个18世纪的万年历可以查出儒略历和格里高利历中每年复活节的日期。

格里高利历

1582

恺撒大帝在公元前45年完善过的历法（见第55页）到了1582年，再次落后于实际季节。出现这一现象的原因是，一个地球年为365.242天，而不是恺撒定的365.25天。于是当时的教皇格里高利十三世使用了一个一劳永逸的办法来调整历法。首先，他在儒略历里减掉10天来摆正历法，然后规定每4个世纪中有3个世纪要各去掉一个闰年。格里高利历纠正了儒略历的误差，并一直被沿用到今天。

摆的等时性原理

c1583

只要钟摆不是太大，钟摆从一边摆动到另一边的时间总是恒定的。这一现象是意大利伟大的科学家伽利略最先发现的，据说他当时正在比萨大教堂参加一次乏味的礼拜，但他的注意力集中在了摇摆的吊灯上。准确计时的问题用这一理论即可解决，但一直等到1657年，荷兰的克里斯蒂安·惠更斯制造了第一个钟摆仪后，才在实践上验证了这一问题。

无限的宇宙

1584

关于天体，《圣经》上的教义反映了当时人们的观念：地球是宇宙的中心。意大利哲学家、诗人乔尔丹诺·布鲁诺不赞同这个观点，因此在1600年他被绑到了火刑柱上。他的观点在今天看来再

1564年 4月26日，一个将来要成为举世闻名的大文豪的孩子在英国埃文河畔的斯特拉特福的圣三一教堂受洗。他的父亲约翰·莎士比亚和母亲玛丽·阿顿给他取名为威廉·莎士比亚。

1570年 安德烈亚·帕拉第奥在维琴察市建成了他的圆形别墅后，这奠定了一种线条清新古典、布局简单的建筑风格。这种被称为帕拉第奥新古典主义建筑风格的建筑在之后几个世纪里如雨后春笋般涌现。

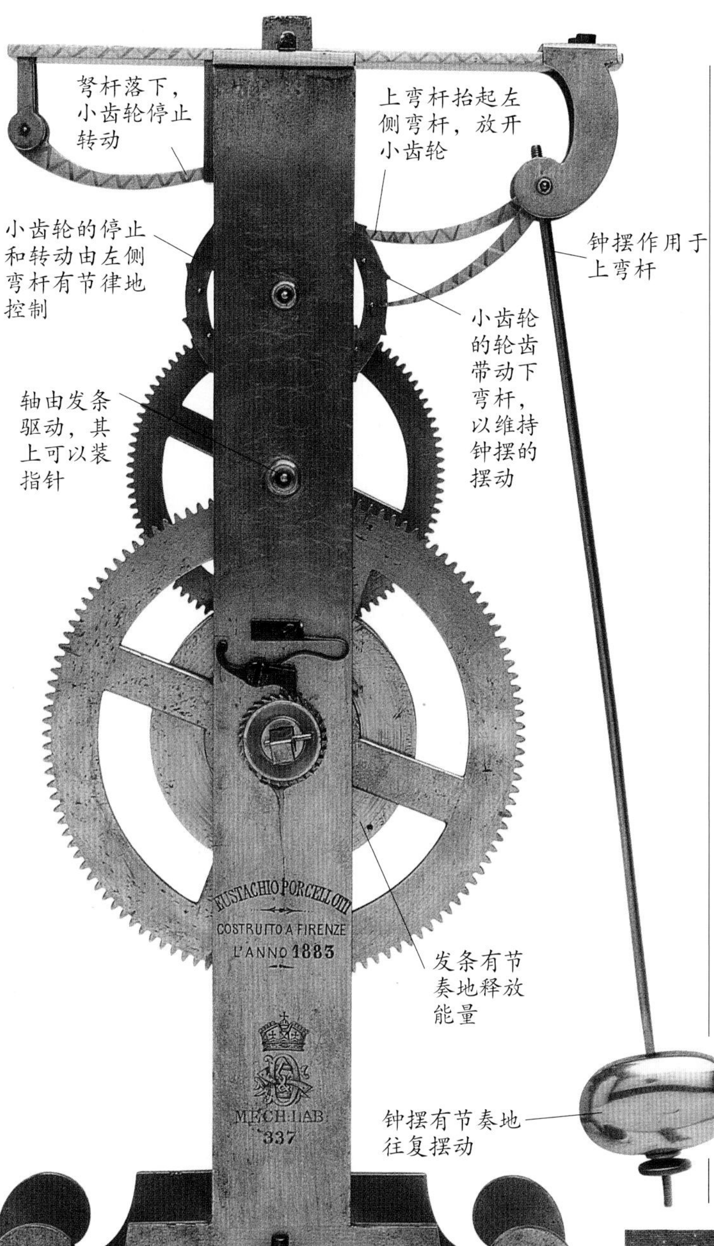

钟摆的恒定摆动

伽利略在16世纪设计了机械钟摆。这是1883年仿制的模型。

正常不过了，可惜，在那个时代，认为地球绕太阳旋转是大逆不道的，更不用说认为宇宙包容着无数像地球一样的行星了。而决定他命运的，是他说的这句话："《圣经》只该管道德，不该管天文。"

无限的宇宙

宇宙比喜帕恰斯等早期天文学家所想象的要大得多。

十进制

1585

1585年以前，人们就已经有了十进制的思想，但并未普及，直到佛兰德斯数学家西蒙·斯蒂文发表了名为《论十进》的小册子后，这种十进制思想才被普及。斯蒂文提出一种记写十进制数的方法，不过这种方法比较复杂，现在已经不再使用。他还建议货币、度量衡、重量都采用十进制，这个建议在各地被不同程度的采纳。

力的三角形法则

1586

力学上存在一个问题，即当一个物体同时受到两个不同方向的拉力或推力时，这个物体将如何运动？我们可以用力的平行四边形法则来解决这个问题，即作用在一个物体上的两个力的大小和方向分别由平行四边形相邻的两条边来表示。这个方法是在1586年由西蒙·斯蒂文提出的比较简单的力的三角形法则演化而来的。斯蒂文的这一法则，如同他的其他许多发现一样，在当时是标新立异的，他的有些发现甚至还超越了比他名气更大的伽利略。

碟形转动书架

1588

如今，只要利用光盘和互联网，我们就能获取大量信息，甚至都不用站起来。但其实古人早就想过这样了。1588年，意大利工程师阿戈斯蒂诺·拉梅里发现读者一般都喜欢坐着不动，于是他设计了一个像旋转木马那样的木头大转盘。读者只要坐在一边转动转盘，就能拿到书架上10个格子中的任何一本书。拉梅里将他的特别发明推荐给了行动不便的人。

1577年

西班牙托莱多市来了一个画风独特而充满梦幻色彩的画家埃尔·格列柯。这个来自克里特岛的画家的画里充满大量变形或被拉长的人，他们急切地想到达天堂，画家借此来表达自己的精神世界。

1588年

5月，西班牙国王腓力二世派出130艘重装战船——西班牙无敌舰队，用来入侵英格兰。但这些无敌舰队先在加来海峡停靠下来，后开向苏格兰海域，在那里又遭遇风暴，63艘战船因此触礁沉没。

编织机

这台19世纪的编织机是李的升级改进版。

编织机

1589

英国的牧师威廉·李察觉到，他的女友爱针线活甚于爱他，于是他决心要改变这一情形。1589年，他设计了第一台编织机，这种编织机一直沿用到19世纪，而其中的一些原理我们今天还在使用。李曾向伊丽莎白一世提出保护他创意的请求，但女王开始说这种机器没有任何优点，后来她又改口，说这种机器会让手工编织工人失业。威廉·李最后死于贫困。

抽水马桶

1591

洗手间的起源要追溯到抽水马桶的发明者约翰·哈林顿。他是英国女王伊丽莎白一世时期宫中有名的教士。他以《埃阿斯变形记》（埃阿斯是特洛伊战争中的古希腊英雄）为题发表了他的设计方案。“埃阿斯”与伊丽莎白时期“茅房”的俚语谐音双关。哈林顿把第一台抽水马桶安装在了英格兰的里士满宫。不过，直到18世纪末U形管和储水器发明之后，他的发明才得以普及。

现代代数符号

1591

第一个使用接近如今代数符号的是法国数学家弗朗索瓦·维埃特。他的《分析学概论》也是第一本始终用字母代表数字的著作。他还引入了正负符号，但有时也使用文字来代替符号。

验温仪

1592

伽利略能闻名于世是因为他用实验革新了物理学的面貌以及他对日心说的坚持。其实伽利略还发明过其他一些有用的东西，其中就包括验温仪。他注意到，空气受热会膨胀，于是他把瓶子倒扣在液体中至瓶颈处。通过观察液体是随瓶中空气的热胀被排出还是冷缩而吸入，来判断温度高低。

风力锯木机

1592

在人们的印象中，风车是用于抽水和磨面的，直到荷兰画家科内利斯·科内利兹想到将风力运用在另一个工业生产——锯木上。他自己在1592年制造了一台风车，跟其他的风车一样，它需要迎风而立。但由于它的体积庞大，只有放在浮筏上才能运转。

南半球星座

1595

从地球的任意点上观察，看到的都只有半个星空，而另一半则被地球挡住。因此，在探险家们越过赤道以南之前，欧洲的天文学家还不知道星空还有这么多的未知区域。1595年，荷兰航海家彼得·凯泽在去往东印度的航程中，发现并命名了12个新的星座。到1603年，这些星座就被最新的星象仪和星图收录了。

装满水的玻璃球，可将油灯的光聚焦在其下面的镜片上。

油瓶

油灯提供光线照亮标本

透镜把光聚焦在标本上

物镜

通过旋动螺丝来调整显微镜的焦点

复式显微镜

17世纪60年代，英国人罗伯特·胡克制成了如图所示的复式显微镜。这种显微镜一般是双镜头的，当然也有三镜头的。

1591年	里亚尔托桥竣工，这是威尼斯人最喜爱的桥梁之一。当时这里的旧桥需要重建，安东尼奥·达·蓬特赢得了竞标，他的设计为单石拱结构，上面还开设了两排店铺。
1597年	英国伊丽莎白一世时代最伟大的歌唱家兼作曲家约翰·道兰德，出版了自己的首部歌曲集。这是当时最畅销的歌曲集，其中大部分抒情歌曲都表达了无限的忧伤。

目镜在眼杯的底部

用上等皮革把镜筒包裹起来

复式显微镜

c 1600

用单透镜放大物体是可以的，但理论上说，双透镜的效果会更好。世界上第一台双透镜显微镜（又称为复式显微镜）出现在1600年左右，可能是荷兰眼镜制作商汉斯·扬森发明的。由于透镜质量差，早期的复式显微镜成像模糊，效果还比不上后来荷兰的博物学家安东尼·范·列文虎克发明的单透镜显微镜。

地　磁

1600

在英国物理学家威廉·吉尔伯特开始他的地磁实验之前，地磁一直都是最神秘的存在。他在1600年发表了自己的实验结果。这本磁学论著打开了近代电磁理论的大门，同时这部书里还包含了很多对地磁的观察情况。吉尔伯特的结论是，磁针会指向北是因为地球本身就是一块巨大的磁石，它的南北磁极与南北地极基本吻合。在牛顿的万有引力理论（见第98～99页）尚未发现的年代，吉尔伯特并不是唯一认为宇宙是受磁力作用而聚合在一起的科学家。

磁性星球

威廉·吉尔伯特相信，地球内部有一根巨大的磁条。但实际上，地心的温度高到根本不存在固体。现代理论认为，地球的磁场是由地核液态铁的运动产生的。不管怎样，数个世纪以来，航海家一直是依靠这个磁场来使用罗盘导航的。现在我们还知道，地磁场的影响远超出地球本身。

威廉·吉尔伯特（1544年—1603年）

罗盘

罗盘的原理最早应该是中国人发现的，但他们将其应用于土地开发和与设计房屋朝向相关的风水学上。到1050年，人们认识到了磁北方向和真北方向的区别。到了12世纪，人们把铁针悬浮在水面上做罗盘并用于航海。

极光

早期航海家们对极光不会陌生，这种光会在靠近地球南北两极的地方偶尔出现，在夜空中形成奇异的、跃动的光幕。但是他们没有将此与罗盘联系起来。事实上，极光的存在证明了地磁场的存在。

在靠近地球南北两极的地方可观察到极光。

1598年　英国通过了《济贫法》，用以解决老者、病者和贫者的问题。该法律规定政府要向这些人提供救济金，但这些人中有劳动能力的必须去贫民习艺所，那是一个比监狱好不了多少的地方。

1599年　位于伦敦南部泰晤士河畔的环球剧院开始营业，首场演出由宫内大臣剧团献上。威廉·莎士比亚是该剧团的首席剧作家，他还拥有该剧院的股份。

AETERNITATI

IOANNIS BAYERI
RHAINANI I.C.
VRANOMETRIA,
OMNIVM ASTERISMORVM
CONTINENS SCHEMATA,
NOVA METHODO
DELINEATA,
AEREIS LAMINIS EXPRESSA.

ATLANTI
VETVSTISS
ASTRONOM
MAGISTRO.

HERCVLI
VETVSTISS.
ASTRONOM.
DISCIPVLO.

《测天图》
在巴耶的《测天图》出版之前，并不存在系统的恒星命名方法。该书的扉页装饰颇具时代特色。

巴耶恒星命名法

1603

人们不用望远镜就可以观察到成千上万颗恒星。因此，天文学家就有必要建立一个恒星命名的标准。一般的标准是用希腊字母来对每个星座的恒星进行命名，离我们最近的恒星（实际上是靠得很近的三颗星）叫半人马座α星，因为它是半人马星座中最亮的一颗，而α是希腊字母表中的第一个字母。这套系统是1603年德国律师约翰·巴耶为出版恒星指南《测天图》而发明的。这是第一部精确度极高的恒星图集。当恒星数量超出希腊字母的数量时，巴耶就使用拉丁字母继续为恒星命名。至今，他的系统已经为大约1300颗恒星命名了。

静脉瓣膜

1603

血液把重要物质送达人体各部位之后，就经由静脉回流到心脏，进入下一轮的循环。由于重力和摩擦力的阻碍作用，如果没有静脉的单向瓣膜，血液就可能流错方向。1603年，意大利外科医师希罗尼穆斯·法布里丘斯发表了他在人体静脉中发现的瓣膜细节。他当时并未弄清楚为什么会有瓣膜，但是他的发现却帮助威廉·哈维证明了血液循环理论（见第89页）。

光影理论

1604

现在用照相机可以轻松地记录光和影，但对16世纪的人来说，并不那么简单。因为那时照相机的问题在于，它只能照到部分物体，其余部位则被挡住。大部分的光影理论问题都是由

恒温器

c 1600

通过调节温度，恒温器使物体保持恒温。大约在1600年，荷兰发明家科内利斯·德雷贝尔把火炉的气门和温度计连在一起，制造了第一个机械式恒温器。这是最早的反馈式控制系统，具有划时代的意义。

望远镜
这是伽利略在1610年制作的望远镜。

凸面物镜把光收集起来并折射形成倒像

活栓夹住火石，火石撞击弯铁，打出火花，点燃弹药

扳机

触发杆

枪托抵住肩部

扳机护桥

1600年	莎士比亚写下了他最伟大的剧作之一——《哈姆雷特》。这是他历经十年辛酸后写出的悲剧，被誉为欧洲四大名著之一，在某种程度上，悲剧不仅是不幸，更是某种意义上的美。
1605年	罗马天主教教徒盖伊·福克斯于11月5日在伦敦被捕。他和其他同谋在议会开幕式上放置了火药桶，试图炸毁上议院。

文艺复兴时期的天才莱昂纳多·达·芬奇解决的，但真正有科学解释的光影理论则是德国天文学家约翰尼斯·开普勒于1604年创立的。

望远镜

1608

1608年，荷兰眼镜制造商汉斯·利伯希发现，透过两片合适的镜片看物体，远处的物体会变大，他因此发明了望远镜。利伯希很可能还依据这个原理发明过显微镜，因为显微镜和望远镜一样使用双镜头。利伯希把名为“观察者”的望远镜献给政府，但政府更希望使用双筒望远镜。然而，意大利科学家伽利略意识到了单筒望远镜的重要性，在不到一年的时间里，他就自制出一台望远镜来对银河进行观测，并有了惊人的发现。

报　纸

1609

报纸起初只是用于公司内部的业务通讯。后来才逐渐成为刊登消息的出版物。第一份报纸，应该是德国在1609年开始发行的《关系报》（由约翰·卡罗勒斯发行）或《关系新闻》。1650年，欧洲各主要城市都有了报纸，不过通常只有一版，而且没有头条和配图。

月　坑

1609

原本所有人都相信古希腊哲学家亚里士多德的观点：月球的表面是完美的。直到1610年，伽利略通过望远镜发现，月球的表面非但不完美，而且凹凸不平，布满了大坑。这一发现动摇了人们自古以来的观念，而这还只是开始。

木星的卫星

1610

伽利略成了制作望远镜的专家，他制作出了一架能将物体放大20倍的望远镜。1610年1月，他将这架望远镜对准木星，发现了它最大的4颗卫星。伽利略把这一发现以及其他很多由望远镜带来的发现发表在了他的《星际使者》一书中。而这4颗卫星是由德国天文学家西蒙·马里乌斯命名的，分别为：木卫一（依奥）、木卫二（欧罗巴）、木卫三（盖尼米得）和木卫四（卡里斯托）。

猎户座星云

1610

望远镜发明后，天体观测成了一种时髦的职业。1610年，法国学者尼古拉·德·佩雷斯克在用望远镜观察猎户座时，最先注意到了“云状星体”。现在我们知道这些“云状星体”就是星云，也就是一大团会发光的、里面孕有新星的气体。奇怪的是，尽管猎户座星云是肉眼可见的，但先前从未有人记载过。

趣味数学

1612

法国数学家巴谢·德·梅齐里亚克是最早的也是最成功的数学难题制造者。1612年，他出版了《关于数的有趣问题》，书中除了用不同的砝码组合来称重以及将奇怪的物品组合运输过河等一般的智力题外，还有许多有趣的扑克游戏。该书的最近一次再版是在1959年。

燧发枪

c 1612

最早的便携式火枪出现于14世纪，但真正具有杀伤力的火枪要到17世纪才出现。这种火枪使用扳机装置点燃火药，这样士兵就可以双手握枪并精确瞄准目标。燧发枪是那时的火枪中最好的。第一个燧石点火装置可能是一个为法国国王路易十三制造枪械的枪匠——马林·德·布尔如瓦（Marin de Bourgeoys）于1612年制造的。只要扣动燧发枪扳机，装在弹簧上的火石就会被释放并撞击铁片，产生火花，引爆火药，从而射出子弹。1630年，燧发枪成了欧洲各国军队的标准配备武器。

枪管护木

枪膛内有螺旋膛线（或称来复线）使子弹发生旋转，保持直线出膛

燧发枪

燧发枪的弹药是从枪口装填的，这种装弹方式很慢。在预装火药的弹药筒出现之前，这一直是远程火枪的标准装弹方式。而子弹问世后这种方法就被彻底淘汰了。

1605年 西班牙作家米格尔·德·塞万提斯出版了《唐·吉诃德》。这本书讲述了主人公唐·吉诃德和他的忠实仆人桑丘·潘沙战胜假想中的敌人的故事。

1607年 5月14日（星期四），一批殖民者在弗吉尼亚詹姆斯河的一个岛上发现了詹姆斯镇。这是英国人在美国最早的永久居住地，而带领他们过去的是一个叫克里斯托弗·纽波特的向导。

行星运动的规律
天文学家约翰尼斯·开普勒是最早将高等数学应用于行星研究的人。

新陈代谢

1614

1614年，意大利内科医生圣托里奥想弄清楚人体排出的液体和固体是否与摄入的食物质量相等。为此，他用一个天平对自己摄入和排出的东西进行了长期的称量。结果他发现排泄量少于摄入量，而这些少了的东西我们现在知道有一部分是二氧化碳，而圣托里奥当时把它称为“不可察觉的汗”。他的这个长达30年的实验，是历史上对人体新陈代谢进行的最早的详尽研究。

对　数

1614

对数将乘除转换为加减从而简化了计算过程。苏格兰数学家约翰·内皮尔从1594年开始研究对数，直到1614年才发表了自己的研究成果。他对对数更进一步的研究成果发表在他去世两年后出版的第二本书里。瑞士数学家约斯特·比尔吉也独立完成了对数的研究，并于1620年发表了自己的研究成果。

索　引

1614

索引更多应用于大型资料性书籍中，因此，最先在书中应用索引的是百科全书的编纂者就并不令人感到意外了。1614年，佩蒂纳（今克罗地亚）的主教安东尼奥·扎拉出版了自己的巨著《剖析艺术和科学》，他在书末编辑了条目索引，以方便读者查阅。

行星运动的规律

1619

在17世纪初期，人们已经接受了哥白尼的日心说：行星以恒定的速度，在完美的圆形轨道上围绕太阳转动。后来天文学家开普勒却证明事实并非如此。开普勒用他的老师第谷·布拉赫收集的天文数据计算出行星的运行轨道并不是圆形的，而是椭圆形的，其运行速度也并非恒定的。宇宙越来越多地显示出它复杂的真实面貌。

蜡火的结构

1620

英国政治家、哲学家弗朗西斯·培根认为，仔细的观察和认真的思考，比简单阅读和养下判断更有助于了解自然界的奥秘。在1620年，他发表了一项由他细致观察得出的结果：蜡火的结构分明，核心较暗而外层较亮。这一简单的事实帮助科学家理解了燃烧的本质。培根这种观察和思考的方法如今已经成为科学研究的重要法则。

潜水艇

1620

1578年，英国数学家威廉·伯恩描述了关于潜水艇的设想，但最先造出潜水艇的却是荷兰雕刻师科内利斯·德雷贝尔。1620年，他用木头造出了一艘潜水艇，并在外层包上了浸过油的皮革以防渗漏。这艘潜水艇由12名桨手驱动，在泰晤士河约4.5米深的水下来回潜航。乘客通过由浮子托出水面的管子呼吸。国王詹姆斯一世不仅资助了这项发明，还曾亲自乘坐过一次潜水艇。

折射定律

1621

光在一般情况下是直线传播的，但当它射向玻璃之类的介质时，传播方向就会改变，这就是折射。荷兰天文学家维勒布罗德·斯涅尔在1621年发现了光的折射定律。了解光的折射定律后，科学家就开始利用它设计效果更好的透镜。后来，法国数学家皮埃尔·德·费马揭示了斯涅尔折射定律的本质：光总是沿最短最快的路径传播。

焦炭炼铁

1621

铁是用炭加热铁矿炼成的。17世纪之前，炭的来源主要是木炭。到1620年，树木逐渐稀缺，英国炼铁者达德·达德利开始使用煤炭来炼铁。但煤炭中含硫量大，会破坏炼铁过程。于是，达德利发明了去除硫黄和其他对炼铁不

1614年　美国印第安部落首领波瓦坦的女儿波卡洪塔斯嫁给了弗吉尼亚的英国殖民者罗尔夫。此前，波卡洪塔斯被英国人所俘，并更名为吕蓓卡。

1616年　建筑师穆罕默德·阿迦为苏丹·艾哈迈德一世在君士坦丁堡（今伊斯坦布尔）建成了一座富丽堂皇的清真寺。因这座清真寺的内部用蓝色瓷砖装饰，后来的人们称之为蓝色清真寺。

焦炭炼铁

18世纪的英国，人们用煤炭烧制出炼铁的焦炭，火光映红了天空。

利成分的烤煤法。这种方法将煤炭变成了纯度很高的焦炭。1621年，达德利申请了制取焦炭的专利。直到1709年，英国炼铁大师亚伯拉罕·达尔比开始大规模用焦炭炼铁，焦炭才得以广泛应用。

词　典

1623

最早的一本被真正称为“词典”的是英国人亨利·科克拉姆于1623年出版的《英语词典》。但他的《英语词典》只收录了“难”词。他觉得没必要把人人皆知的词编进去。不过，约翰·克西于1702年出版了《新英语词典》，这本词典给日常词汇做了定义解释，成为最早的现代词典之一。

对流加热

1624

古罗马人曾用暖气来取暖，但暖气并不在房间里循环，而是在地板下循环。另一种取暖方法是在房间里生火，但这样大量的热气都随烟囱散失了。1624年，法国建筑师路易·萨沃集两者之长，设计了一种从地下将空气吸入，经火炉加热后再送往房间的方法，他在1685年发表了这个设计方法。

血液循环

1628

1628年，英国医生威廉·哈维提出了医学史上最重大的发现之一——通过观察和实验，他证明了人体内的血液是循环流动的。在此之前，医生都相信血由肝脏合成，然后再转变成身体组织。哈维的想法在今天看来再平常不过，那是因为我们生活在一个在他的研究成果基础上建立起来的科学医疗时代。

血液循环

以下图解是根据哈维在1628年用来解释血液循环的理论画出的。

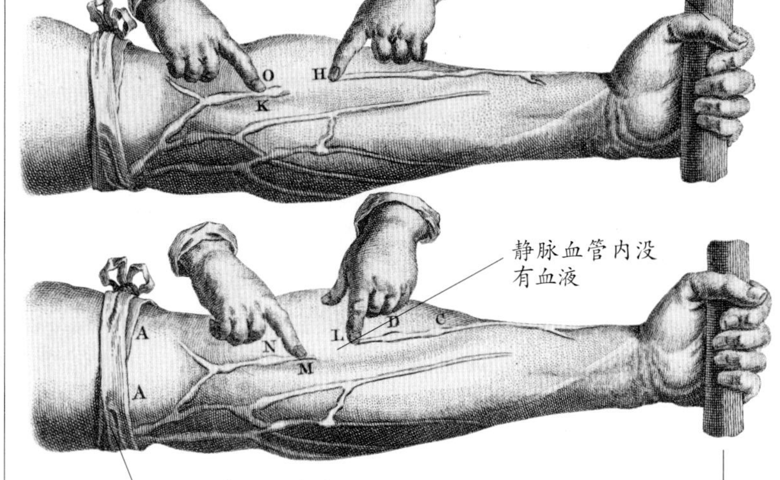

1620年 100多名清教徒为逃避迫害，离开英格兰前往美洲。这些清教徒于9月16日从普利茅斯出发前往弗吉尼亚，但由于中途迷航，最后他们在科德角定居下来。后人称他们为“美国开国先驱”。

1624年 荷兰画家弗兰斯·哈尔斯是奔放豪迈画风的大师，这一年他创作了他最出名的作品《微笑的骑士》。最让人吃惊的是，画中的主角——一个穿着古怪的骑士以一种有人在为他拍照似的方式微笑着。

游标尺

1631

刻度尺很多时候不够精准，因为很多时候要靠肉眼来判断刻度的读数。1631年，法国公务员皮埃尔·韦尼耶对刻度尺进行了改良，他改良的刻度尺一直被沿用至今。除了一般的刻度之外，它还有一把刻度更细的副尺。通过观察副尺上哪个刻度与主尺相对，使用者可以读出更加精确的读数。

计算尺

1633

1633年，英国大臣威廉·奥特雷德把数学计算变成机械操作，他做了2把标有对数（见第88页）的尺子。使用者只需将2把尺子滑到相应位置，就能完成乘除计算并读出答案。1654年，罗伯特·比萨克（Robert Bissaker）对尺子的滑动做了改良，从此计算尺成了科学家和工程师的基本工具，直到计算器出现后它才被淘汰。

平面坐标系

1637

坐标图把用x和y代表的数字组合变成了有意义的图形。坐标图是法国哲学家勒内·笛卡儿首先提出的，人们一般更熟悉他的那句“我思故我在”。平面坐标系使人们能用代数方法解决几何问题，也能用几何方法解决代数问题。笛卡儿还开创了用字母表最后几个字母代表未知数，最前面几个字母代表已知数的先河。

伞

1637

最早的伞出现在1637年。据报道，当时的法国国王路易十三已经有了遮阳伞和“油布伞”。它们看上去有点像中国和日本的传统华盖，但它有可折叠的木制骨架。我们今天所用的铁骨伞则是英国人塞缪尔·福克斯于1874年发明的。

抛物线

1638

17世纪之前，人们认为物体只有受到持续的推动时才能持续运动，伽利略却证明事实并非如此：运动的物体在没有外力阻挡的情况下，会一

金星凌日

这个约在1760年制造的模型能模拟金星从太阳前面经过的情景。

1632年　体形巨大但身手敏捷的相扑手志贺之助将对手摔出圈外，成为世界上第一个“横纲”（相扑资格最高级别）。这次比赛是在相扑公开赛恢复后的第32年举行的。

1642年　伟大的荷兰艺术家伦勃朗·范赖恩创作了巨幅群像画《夜巡》。这幅画表现了在朦胧晨色中，一队士兵从司令部列队而出的情景。

直保持运动状态。现实中运动的物体之所以会慢下来或停下来，是因为有摩擦力和重力的作用。伽利略还通过实验进一步证明，自由落体的速度会增快。接着他又对抛射物——向空中抛出的物体进行了研究。他推断，抛射物水平向前的速度是恒定的，但垂直向下的速度递增，所以它的运动轨迹是曲线，即所谓的抛物线。

金星凌日

1639

水星或金星从太阳前面经过的现象被称为“凌日”。金星凌日只发生在6月或12月，前后两次相隔8年。这种现象十分罕见，一个多世纪才出现一次。英国牧师杰里迈亚·霍罗克斯是个天文爱好者，他用标准天文表计算出1639年12月会出现金星凌日，这是历史上第一次关于凌日的记载。

铜版雕刻印刷术

铜版雕刻印刷术广泛应用于名人肖像印刷，如化学家汉弗莱·戴维。

铜版雕刻印刷术

1642

在路德维希·冯·西根这位荷兰的艺术家发明铜版雕刻印刷术之前，人们没有其他办法把图画的所有色调印刷出来。西根的技术是由普通金属印刷板印刷（见第75页）改良而来。艺术家不是直接在铜板上画，而是先把整块金属板弄得粗糙，粗糙的表面能吸住油墨，这样印出来就会是纯黑色了。艺术家再对金属板的不同部位进行不同程度的打磨，就可以印出不同的色调，而完全磨平的地方就没有颜色。在照相机发明以前，铜版雕刻后印出来的画一直是最受欢迎的。

气压计

1643

意大利物理学家托里拆利在伟大的科学家伽利略生命的最后几个月里帮助过他，而伽利略建议他做的实验也帮助托里拆利一举成名。1643年，托里拆利将一根管子灌满水银，然后把它倒放在盘子里，水银一开始会下降，但随即便停了下来。托里拆利发现，水银是因为大气压力而停止了下降。随着气压的上升和下降，管子里的水银也会随之上升和下降。托里拆利于是发明了气压计，但气压计这个名字却是1676年由法国物理学家伊丹·马略特命名的。

气压计

这是托里拆利发明的气压计（复制品）。

托里拆利的水银柱最高能达760毫米

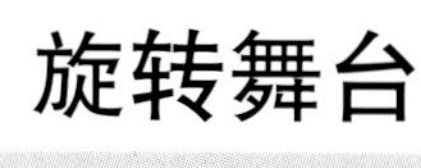

旋转舞台

1645

观众是看不见舞台后的机械装置的，包括旋转舞台。有了这个巨大的旋转舞台，数秒内就能实现场景的切换。最早的旋转舞台可能是意大利建筑师贾科莫·托雷利建造的。大约在1645年，他在意大利威尼斯建的一家剧院里就有一个旋转舞台。托雷利后来又到巴黎建剧院。由于他在巴黎的工作太过出色，以至于他回意大利之后，他在巴黎的继任者竟然出于嫉妒把旋转装置拆了。

大气成分的区分

1648

扬·巴普蒂斯塔·范·海尔蒙特是一位炼金术师。他对“贤者之石”十分痴迷，认为借助它就能点铁成金。不过他也发现了一些东西：在燃烧木炭和发酵葡萄液这两个不同的过程中，它们释放出的气体实际上完全相同。他意识到这些气体并不是一般的空气，而是一种特别的气体。我们现在把这种气体称为二氧化碳。海尔蒙特的遗作出版于1648年，从他的遗作中可以看到，他还发现了另一种气体——一氧化氮。

1643年　路易十四继任法国国王，后世称他为“太阳王”。路易十四认为自己对臣民有至高无上的权力。他除了将大量财力投入战争之外，在对艺术的资助方面出手也极其阔绰。

1653年　印度泰姬陵竣工。它是印度莫卧儿帝国的皇帝沙·贾汗为纪念宠后蒙泰姬·玛哈尔而建。泰姬陵是用白色大理石建造的，建筑表面用珍贵的宝石镶嵌。数个世纪以来，参观泰姬陵的游人络绎不绝。

真空的力量

1654

托里拆利的气压计（见第91页）证明了大气是有压力的。证明了大气的压力极大的是德国马德堡的工程师奥托·冯·居里克。1654年，他为皇帝斐迪南三世做了一次令人惊讶的演示。他用两个金属半球接合成一个大球，然后用自制的泵将里面的空气抽出。由于球碗里没有了空气，碗外的大气紧紧地压住这两个金属半球，连马队也无法拉开。

摆钟

1657

伽利略早在1583年就意识到摆十分适合计时，但他并未将其变成真正的钟。1657年，荷兰数学家克里斯蒂安·惠更斯设计了一个机械结构，通过单摆摆动来控制重量驱动的齿轮转动。他还设计了一个钟摆，无论摆的大小如何，摆动频率总是不变。这大大改进了计时的精确性，分针终于出现在时钟上了。

火星的自转

1659

无论如何，17世纪的望远镜在今天看来都十分简陋，但当时的天文学家却用它们发现了许多新现象。1659年，克里斯蒂安·惠更斯成功地描绘出了火星的表面特征。他发现，每次观察火星时，火星的表面特征都会发生变化。他意识到火星在自转。7年后，意裔法国天文学家吉安·卡西尼测算出了火星上一天的时间，即火星自转一周的时间。他发现，火星上的一天比地球上长40分钟。

毛细血管

1661

显微镜帮助人们揭开了许多谜团。其中之一就是威廉·哈维的血液循环论（见第89页）中缺失的一环：血液如何从动脉进入静脉？1661年，在意大利博洛尼亚工作的马尔切洛·马尔皮吉找到了答案：血液是通过毛细血

水平仪

这是用于地平测量的水平仪，制作于20世纪初。

测量人员用以观看远处测量杆的望远镜

红细胞

扫描式电子显微镜揭示了红细胞的碟状结构。

红细胞

1658

血液呈红色是因为血液里有大量的红细胞。在1658年以前，没有人知道这个道理，直到荷兰博物学家扬·斯瓦姆默丹在显微镜下观察血液时才发现了它。斯瓦姆默丹是当时最伟大的显微镜专家，他用显微镜观察到了许多新的事物。可惜的是，他父亲认为他不务正业，不再资助他。后来，斯瓦姆默丹郁郁而终。

1652年	5月，英荷两国舰队因贸易问题在多佛海峡发生冲突。7月8日，英国正式对荷兰宣战。
1655年	牙买加岛被英国占领。海军上将威廉·佩恩和陆军上将罗伯特·维纳布尔斯远征来此，击败了早在哥伦布时代就移民到那里的西班牙人。1670年，牙买加成了英国殖民地。

管从动脉进入静脉的。毛细血管极细，只有在显微镜下才能观察到。

马略特定律，因为马略特也独自发现了这个定律，此外他还注意到这个定律只在恒温条件下适用。

水平仪

1661

任何受重力影响的物体都可用于检验某物是否处于水平状态。最好用作检验的物体则是水中的气泡，因为气泡总是浮于最高点。如果一个圆柱形的细长管处于水平状态，其中的气泡就会处于中央位置。把这种小管安在合适的支架上，使用者只需将支架放在物体上，把气泡调节到中心位置，即可确保此物处于水平状态。这个小发明叫水平仪，最早出现于1661年，如今建筑工人仍在使用它。

寿命表格

1662

人口学家是指研究人口的人。人口学家使用各种统计数据，如某一地区的居住人口数量、千人出生率和千人死亡率等。这个学科是英国商人约翰·格朗特在研究死亡记录后创立的。1662年，他发表了寿命表格，从寿命表格中可以看出一定年龄的人的预期寿命是多少。现在的人寿保险就是以这些表格为基础的。

对真空的研究

亚里士多德的古典物理学认为真空是不存在的。到17世纪，先进的技术已经可以直接向旧观念提出挑战。居里克演示了影响巨大的半球实验后，爱尔兰化学家罗伯特·波义耳也制造出了真空泵。在掌握了自由控制空气的手段后，科学家开始发现更多有关燃烧、声音和气象的奥秘。

奥托·冯·居里克是一位伟大的演说家，也是一名优秀的科学家。

波义耳和胡克在1659年制造的真空泵（复制品）

制造真空

简单的真空泵用活塞将空气抽空，并用单向阀来阻止空气回流。由于活塞的每一个冲程只能抽出部分空气，因此即使单向阀和活塞没有泄漏，也无法做到完全真空。但这并没有对早期的实验产生多大阻碍。

空气科学

在掌握了空气控制手段之后，居里克、波义耳和马略特等科学家发现了有关气体的很多现象。例如，没有空气，蜡烛就不能燃烧；没有空气，声音就无法传播；湿润空气在气压变低时会形成云等。马略特和波义耳还发现了空气压力及其体积之间的关系。

波义耳定律

1662

罗伯特·波义耳曾和英国物理学家罗伯特·胡克共事，波义耳在胡克的协助下制造了一台高效空气泵。波义耳用这台泵有了多项关于空气的发现，但最著名的还是波义耳定律。该定律认为一定量的气体的体积与其所受的压力成反比，也就是说，压力越大，体积越小，压力越小，体积越大。在法国，这个原理被称为

反射式望远镜

1663

最初的望远镜利用透镜使远处物体的光经折射进入观察者的眼睛。这些透镜会产生色晕使物像模糊，面镜则没有这个问题，所以采用面镜的望远镜成像更清晰。这个设想是意大利天文学家尼科洛·组基（Niccolo Zucchi）于1616年提出的，但第一台反射式望远镜却是苏格兰数学家兼天文学家詹姆斯·格雷戈里在1663年设计完成的。1668年，艾萨克·牛顿也设计了一台反射式望远镜，并引起科学家的关注。格雷戈里的反射式望远镜现在仍发挥着作用，1980年就曾有一台被发射到太空中。

1660年 英国杰出科学家在举行了15年的非正式定期大会后，于伦敦建立了英国第一个科学协会，也就是英国皇家科学学会。两年后，该学会获得了查理二世的皇家特许令。

1661年 法国国王路易十四为加强芭蕾舞训练，创建了法国舞蹈剧团。在第一任团长皮埃尔·博尚的领导下，职业芭蕾舞标准得到提高。若干世纪后，该团变成巴黎芭蕾舞剧团。

火星的极冠

c 1666

像地球一样，火星也有极地冰冠，尽管火星的冰冠可能比较薄，其主要成分为固态二氧化碳而非由水冻结的冰，但它们至少看起来跟地球是一样的。吉安·卡西尼是最早利用望远镜对火星进行观察的人之一，他约于1666年最先报道了冰冠的发现。尽管卡西尼是这方面的先驱，但他的方法是陈旧的。后来他还反对牛顿的万有引力理论（见第98页）。

磷

1669

磷是使火柴燃烧的主要成分，也是我们身体中不可缺少的化学成分。1669年，德国炼金术士亨尼格·布兰德在提炼自己的尿液时，发现了磷。使他惊讶的是，这种提取物会在黑暗中发光。但布兰德对这个发现一直秘而不宣，到了1680年，波义耳也发现了这种新元素。

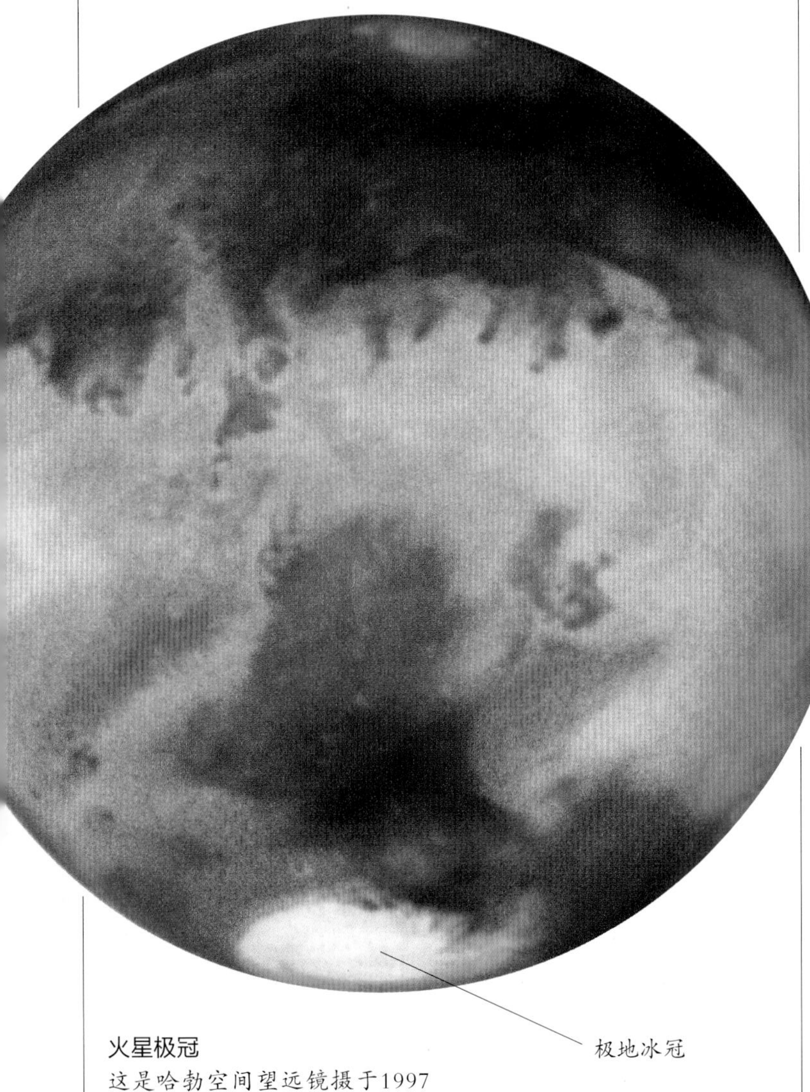

火星极冠
这是哈勃空间望远镜摄于1997年的火星照片。

店铺秤

1669

老式秤使用砝码，其机械原理是法国数学家吉勒·德·罗贝瓦尔在1669年设计的。新的秤盘由一套机械臂支撑，可上下垂直移动，要称的商品不必放在秤盘正中间。这种秤适合店铺和其他一些要求快捷简便称重的场合使用。

香槟

c 1670

获胜的赛车手总是情不自禁地摇动手中的香槟，让它喷得到处都是。香槟之所以能喷出来，是因为香槟的发酵方法（香槟发酵法）比较特殊，这种方法使香槟富含二氧化碳。据说香槟是一个叫作唐·佩里尼翁的人于1670年发明的，但他可能只是向世人奉献香槟这一佳酿的法国酿造区里无数酿酒人中的一个。

光的衍射

1672

光在绝大多数情况下都是沿直线传播的。但光在经过物体边缘时会发生细微的弯曲，所以光在物体边缘处形成的影子会比纯直线传播时的影子略小一些。光的这种效应称为衍射，是英国物理学家胡克于1672年发现的。胡克的发现后来支持了光是以波的方式传播的理论（见第97页），因为波在物体边缘处发生了同样的弯曲。

原生动物

1674

荷兰博物学家安东尼·范·列文虎克并没有受过系统的科学训练。幸运的是，他的工作给了他充足的业余时间。他利用这些时间打磨出了更好的镜头，用来观察更微小的东西。1674年，他成了世界上第一个看见原生动物的人，这些原生动物是在池塘和水洼中游动的微小的单细胞生物。他对我们周围的微生物世界的描述，对科学界产生了重大影响。

光速

1676

光传播得很快，要测出光速非常困难。但如果测量距离足够长，也会对测量有所帮助。这是丹麦天文学家奥勒·罗默于1676年意外发现的。当时他注意到木卫星蚀（木星的卫星转到了木星背面）的时间在一年里是变化的。他意识到，这肯定是因为地球与木星之间的距离在一年中是不断变化的，所以光在地球与木星的卫星之间的传播距离也是变化的，奥勒·罗默算出光的速度是每秒22.5万千米，比实际光速慢了25%，但他却开了一个好头。

细菌

1676

细菌比原生动物更小。因此直到1676年，安东尼·范·列文虎克制作出能将物体放大280倍的镜片后，

1666年 9月2日，一家面包店发生小火灾并失去控制，引发了伦敦大火。大火烧了足足4天，13,000幢房屋和众多的公共建筑，包括圣保罗大教堂，都化成了灰烬。这是英国伦敦历史上最严重的一次火灾，但这次火灾切断了鼠疫的蔓延。

1675年 伦敦大火之后，数学家兼建筑师克里斯托弗·雷恩重新设计了圣保罗大教堂。虽然他的方案被接受了，但其中许多大胆设计还是遭到了其雇主——教会的否决。

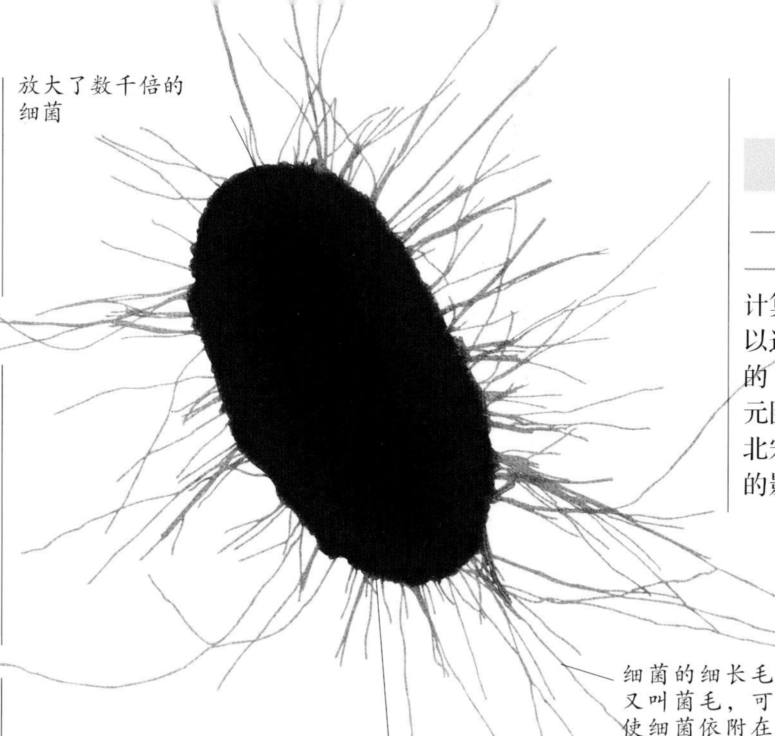

细菌
图中的大肠杆菌对保持人体的健康有着很重要的意义，但有些细菌会引起食物中毒。

才看到了采集于他自己嘴巴里的细菌样本。为了看清这些细菌，他还采用了一些小诀窍，例如在细菌旁边增加照明，让细菌像光柱中的灰尘一样显现出来。

二进制

1679

二进制只用两个符号来计数，即0和1，这套系统是当代计算机的核心，但它的历史可以追溯到3000多年以前。中国的《易经》就反映了如何从二元图案中进行预言。11世纪的北宋哲学家邵雍深受《易经》的影响，他的著作也有可能启发了德国数学家莱布尼茨对二进制的认识。莱布尼茨对二进制的精妙十分赞赏，他认为可用二进制来建立一套宇宙语言，这是《易经》的作者也没有想到的。

柠檬水
到了19世纪，柠檬水生意已极具规模。图中这个卖柠檬水的意大利小贩已不必走街串巷叫卖，他有了自己的固定摊位。

柠檬水

1676

柠檬汁饮料肯定已有很长的历史，但作为商品的柠檬水最早出现在1676年的巴黎，口渴的巴黎人随时可从沿街叫卖的小贩手中买到柠檬水。这些柠檬水由柠檬饮料公司生产，小贩从柠檬饮料公司拿到授权后才能进行买卖。小贩背着一个装着水、柠檬汁以及蜂蜜的木箱子，用这3种配料即可配制出清爽可口的蜂蜜柠檬水。

1678年 清教徒约翰·班扬写出了《天路历程》的第一部分，这本书讲述的是一个灵魂追求救赎的故事。该书诗句内涵丰富，通过对书中人物的描写，褒扬了人间的善，也鞭挞了人间的恶。

1679年 经过124年的营建，莫斯科圣巴西尔教堂终于落成。该教堂拥有洋葱状的穹顶和色彩亮丽的塔楼，是俄罗斯东正教教堂建筑的经典之作。

打簧表
奎尔式打簧表设计精密，使用者通常是看不到其内部构造的。

压力锅

1679

食物在温度高于沸点的水中烧煮，会熟得更快。1679年，法裔英国物理学家德尼·帕潘发明了一只能把水烧到沸点以上的“蒸煮锅”——一只有安全阀的密闭锅。水加热后，锅里的气压升高，使锅内的水在达到沸点以上时才沸腾。

打簧表

1680

早期的怀表是放在衣袋里的，想看时间就要把它掏出来，打开护盖，还要有足够的光，才能看见上面的时间。1680年，英国钟表匠丹尼尔·奎尔发明了打簧表，使生活变得方便多了。只需将手伸进衣袋，按一个按钮或拨杆，表内的小铃就会发声报出大概的时间。在夜间，打簧表的作用就更明显了。

隧道爆破

1681

欧洲的山脉布满了隧道和运河，这些隧道与运河多是靠炸药爆破岩石才造出来的。权威人士称，最早采用爆破施工的主要运河是法国南运河，它穿越法国，把大西洋与地中海连在了一起。1666年—1681年，法国工程师皮埃尔·里凯为了让河道通过一座石山而开凿出了一条160米长的通道。他在砂岩上钻出数百个洞眼，然后放炸药进行爆破。

哈雷彗星
所有的彗星都是由冰和尘埃组成的巨大雪球。

哈雷彗星

1682

人们过去一直认为每颗彗星只会出现一次，然而，英国天文学家艾德蒙·哈雷却证明，彗星围绕太阳运转，并不断回归。他研究了一颗在1682年出现的彗星的轨道，并且证明它就是以前曾经两次出现过的同一颗彗星。1705年，他预言这颗彗星将于1758年重现。后来它真的出现了，人们为纪念他便将这颗彗星命名为哈雷彗星。

微积分

1684

微积分是研究变化的数学：如物理变化（如运动）和数学变化（如面积）。微积分是德国数学家戈特弗里德·莱布尼茨和英国科学家艾萨克·牛顿各自独立创立的数学方法。牛顿创立的是一种解决力学问题的特殊方法，而莱布尼茨发明的则更像当代的微积分。虽然牛顿的研究在1666年就初步形成，但莱布尼茨于1684年先于牛顿发表了自己的研究成果，牛顿因此终身与他为敌。

运动学三大定律

1687

英国科学家艾萨克·牛顿于1687年将运动学三定律公式化并发表。这三个定律至今还应用在生产生活的各个方面。牛顿第一定律是：力是改变物体运动状态（速率和方向）的原因。伽利略也曾发现这个定律，但另两个定律都是

1682年 耗时21年，动用3万名工匠，位于巴黎西南的凡尔赛宫终于初步建成。法国国王路易十四随即搬进了这座陈设豪华的新宫殿。

1688年 英国第一位女作家阿芙拉·贝恩发表了长篇小说《奥罗诺科》，讲述了一位非洲王子沦为奴隶的故事。一些人不相信女性能写出这么好的作品，因而控告她抄袭。

牛顿发现的。牛顿第二定律解释了物体的运动状态在不同的作用力下会如何改变；牛顿第三定律指出，施于某物体的作用力会产生大小相同、方向相反的反作用力。

引力理论

1687

见第98～99页，牛顿发现万有引力的故事。

光的波动理论

1690

自古以来，科学家一直被光所困扰。尽管1621年人们发现了光的衍射现象，但是谁也解释不清光为何会遵循这一规律。克里斯蒂安·惠更斯提出了最早的光的波动性理论：光是一束波。当光穿过某一物体时，光波会产生二级波。光从某一角度照射到玻璃上时，所产生的二级光波速度会变慢，从而造成光的弯曲。因为惠更斯的理论与牛顿的学说相抵触，所以直到19世纪才被认真对待。

单簧管

c 1700

单簧管是一种木管乐器，音域广阔，音色优雅出众。它是德国音乐家、乐器制作家约翰·登纳在1700年左右，根据一种较原始的乐器——芦笛改进而来的。为了拓宽芦笛的音域，登纳在芦笛上增加了3个音键，来弥补原来芦笛高低音域的巨大落差，因而至今还有人把单簧管的下半截称为芦笛。

燃素理论

c 1700

燃烧会产生火焰，于是人们认为，可燃物在燃烧过程中肯定丢失了某些成分。大约在1700年，德国化学家斯塔尔首次将丢失的成分命名为"燃素"。但这个理论存在一个问题，即有些物质燃烧后，不但没有变轻，反而变重了，因而"燃素"的质量是负的。到了1783年，法国化学家安托万·拉瓦锡推翻了"燃素"的说法，他指出燃烧时有氧参与而没有"燃素"丢失，这才是对燃烧的正确解释。

条播机

c 1701

与撒播不同，条播机能将种子按行整齐地播种。古巴比伦人用过条播机，但直到1701年左右，英国农民杰思罗·塔尔才发明出第一台自动条播机。条播机是他开发的系统农业的一部分。他看到蓬勃生长的葡萄一般成列生长，而两旁的土壤既疏松又没有杂草，受此启发，他发明了自动条播机。虽然并非他的所有想法都被人接受，但他发明的自动条播机具备的精确播种优势显然被接受了。今天的播种机都是塔尔条播机的改良版。

条播机

从这幅收藏于伦敦科学博物馆的壁画中可以看出，杰思罗·塔尔正在向人们展示他的条播机。

1694年 7月27日（星期五），英格兰银行成立。虽然是私立银行，但英格兰银行将全部120万英镑都贷给了英政府，作为回报，英政府让英格兰银行获得了发行钞票和经营所有英国公司银行业务的特许权。

1697年 法国作家夏尔·佩罗出版了《鹅妈妈的故事》，使《睡美人》《灰姑娘》及其他童话故事首次大范围面世。这部《鹅妈妈的故事》童话集是他收集民间流传的故事整理而成的。

月亮掉下来

艾萨克·牛顿发现了把宇宙黏合在一起的“胶水”

艾萨克·牛顿3岁时，父亲早逝，母亲改嫁到邻村，留下他与祖母一起生活。牛顿生活在林肯郡的伍尔索普庄园，他常常郁郁寡欢地坐在家后面的果园里。1653年，牛顿10岁时，他的母亲从邻村回来。她指望牛顿能够为家里挣点钱，但牛顿一心只想读书。最后母亲还是把牛顿送去上学了。

三一学院
英国剑桥大学的三一学院是英国国王亨利八世于1546年创建的。牛顿在1661年进入三一学院学习。

除了拉丁文，牛顿在学校里什么也没学到；好在拉丁文是当时科学界的通用语，牛顿在剑桥大学读书时拉丁文就派上了用场。大学里的教学内容是传统的，但牛顿自学了伽利略、笛卡尔和其他学者的科

牛顿对这个果园非常熟悉，这是他思考深奥科学问题的理想场所，他正是在这里悟出了万有引力定律。

学思想。“柏拉图是我的朋友，亚里士多德也是我的朋友，”牛顿在笔记本上写道，“但真理才是我最好的朋友。”

1665年，牛顿获得学位不久，瘟疫就在伦敦流行开来，所有人都被迫离开了剑桥。牛顿回到伍尔索普庄园。果园还在那儿，他还是去果园里坐着。不过现在，他满脑子都是科学问题，其中之一就是：“是什么使行星保持在轨道上运行？”一个广为流传的故事是这么说的：他在果树间徘徊沉思，脑海里想的都是月亮这些天体，而正在此时，一个苹果从树上落下。苹果与月亮之间的联系，恐怕只有牛顿这样的天才才能想到。月球之所以会围绕地球旋转，是因为它也像苹果一样在下落。地球引力的作用使月亮不能沿直线方向运行，而只能围绕地球旋转。这些原理也适用于围绕太阳公转的行星。

牛顿进一步证明，引力的大小与距离的平方成反比。如果一颗行星离太阳的距离是另一颗质量相同的行星的2倍，那么这颗行星受到的太阳引力就只有另一颗行星的1/4；如果距离是3倍，那么受到的太阳引力就只有1/9；依此类推。

虽然之前有其他人也提出过类似的想法，但牛顿更进一步。他运用强大的数学方法，结合他的运动学三大定律，证明了引力作用适用于所有行星的轨道运动。这就是将整个宇宙维系在一起的“胶水”。

1687年，牛顿出版了《自然哲学的数学原理》（*Mathematical Principles of Natural Philosophy*, 通常称为《原理》，即*Principia*，是其拉丁文标题的缩写）一书。在这本书中，牛顿阐述了支配物体运动的三大定律、地球引力理论和万有引力理论。

万有引力定律

月球的质量远大于苹果的质量，然而两者都遵循万有引力定律。

反射式望远镜

牛顿认为只用透镜是做不出好望远镜的，于是他设计了用面镜做的望远镜。这种设计沿用至今。

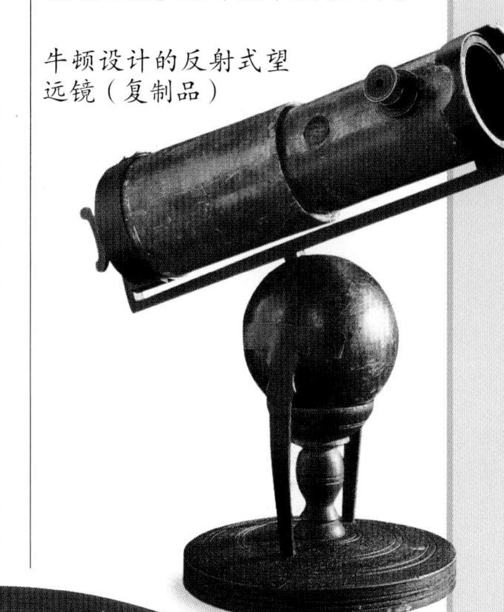

牛顿设计的反射式望远镜（复制品）

太阳系模型

大约制作于1712年的钟式结构太阳系模型。牛顿认为太阳系就像一部巨型机器，他一直不敢确定它是否会一直运作下去。

植物的两大种类

1703

科学家把植物划分为两大类：一类看上去像草或者棕榈叶；其余都划入另一类。它们的学名分别是单子叶植物和双子叶植物。单子叶植物的幼株只有一个叶片，而双子叶植物的幼株有两个叶片。这个重大发现是英国博物学家约翰·雷最早提出的，也是他毕生研究的成果。

白光的组成

1704

在牛顿之前的时代，人们已经知道白光经过棱镜时会被分成各种颜色的光。不过很多人认为这是因为棱镜改变了白光——就像黏土被模具塑形一样。为了证伪这个观点，牛顿加入了第二个棱镜使分散的光重新组合成白光，证明了白光实际上是由多种颜色的光组成的。虽然他在1670年就发现了这个事实，但直到1704年才在他的《光学》一书中公布了这个发现。

钢 琴

1709

今天的大多数键盘乐器，击键力度越大，发出的声音就越响亮。然而，500多年前最好的键盘乐器——拨弦古钢琴并非如此，因为它的弦与一个不受用力大小影响的装置连在一起。1709年，意大利拨弦古钢琴制作家巴托罗梅奥·克里斯托福里发明了不同灵敏度的触键，并将之应用在他的“可强可弱的羽管键琴”中，后来逐渐应用在现代钢琴中。克里斯托福里的键乐器用音锤敲击钢丝弦，更利于控制音量。

蒸汽机

c 1710

英国工程师托马斯·纽科门在1710年设计出一种蒸汽机，并于1712年正式制造出了一台。这台蒸汽机是纽科门借鉴前人托马斯·萨弗里发明的水泵制造的，其原理是冷凝蒸汽形成真空来抽取矿井积水。起初，纽科门与发明家约翰·卡利合作，他们用真空推动活塞，再驱动另一台单体泵来抽水。尽管纽科门蒸汽机的效率很低，但它却是此后50年内最好的蒸汽机。

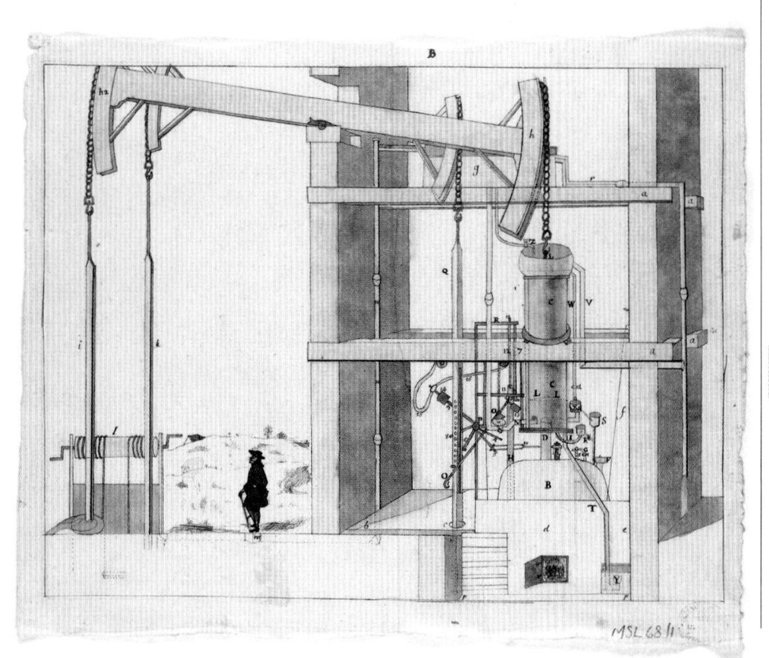

蒸汽机

纽科门蒸汽机的活塞通过摇杆梁与抽水泵的泵杆相连。

概率论

1713

猜测和赌博也许不能体现数学的精确性，但像皮埃尔·德·费马和布莱士·帕斯卡这样的一流数学家，早在17世纪就开始研究概率论了。第一本重要的概率论著作由瑞士数学家雅各布·伯努利于1713年出版。1718年，法国数学家棣美弗出版了第二本概率论著作，揭示了当今概率论的大部分基本内容。

水银温度计

1714

德国物理学家丹尼尔·华伦海特同时发明了两个东西：一个是非常有用的温度计，另一个是后来以其名字命名的

水银温度计

这是一支早期的由英国制造的水银温度计，其玻璃管固定在一块刻有温度标记的木板上。

1703年

俄国沙皇彼得大帝建造了圣彼得堡城，并将此城称为他的“欧洲之窗”。数以千计的农奴在建城过程中丢掉了性命。从1712年开始，在之后的两个世纪里，它一直是沙皇俄国的首都。

1707年

随着《联合法案》的通过，英格兰王国和苏格兰王国组成了大不列颠王国。苏格兰同意英格兰议会对其行使政府权力，但保留苏格兰原有的法律体系和基督教长老会。

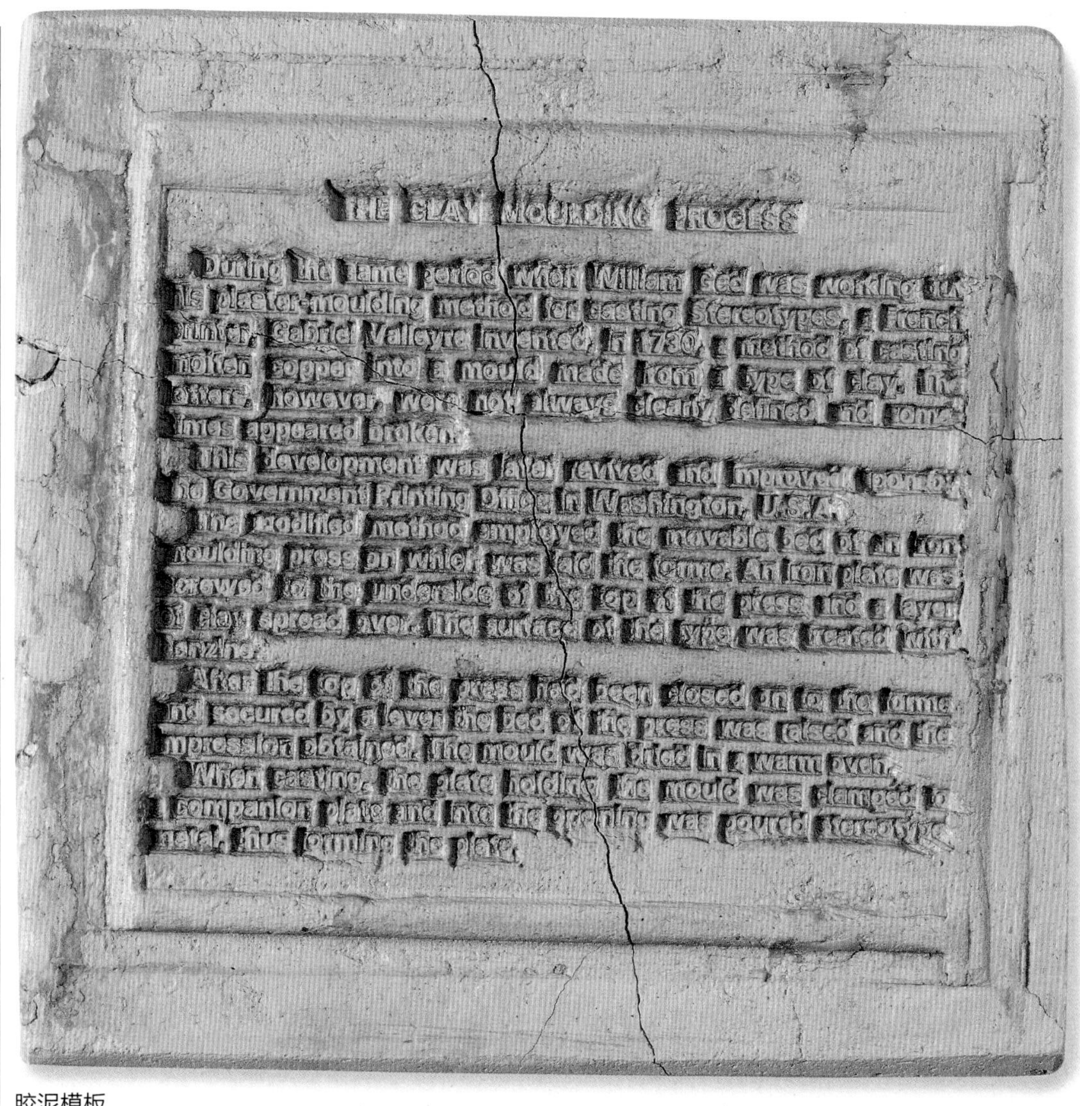

胶泥模板

用胶泥模板制作的金属印刷版是左右颠倒的。

温度计量标准（华氏度）。早期的温度计要么靠空气热胀冷缩，要么靠酒精从一个小泡中膨胀到细管里来显示温度。华伦海特于1714年制作的温度计采用的是第二种原理，只是把酒精换成了水银，以便测量更高的温度。

潜水钟

1717

潜水钟有一个腔室，人待在里面不需要潜水设备即可潜入水下。1687年，威廉·菲普斯（后来成为美国马萨诸塞州州长）制造了一只潜水钟，用来打捞西印度群岛水下的金银珠宝，不过他的潜水员没有使用他的潜水钟。最早用于长时间水下作业的潜水钟是英国天文学家艾德蒙·哈雷发明的。1717年，他描述了人如何在17米深的水下潜水一个半小时：把装满空气的箍铅木桶放到水下，为潜水钟里的人供氧。

浇铸铅版

1727

早期的印刷商在印成一本书后，会打破字版重复利用。如果一本书要再版，就必须重排字版。1727年，苏格兰金匠威廉·格德发明的浇铸铅版省去了这些程序。浇铸铅版即将熔化的液态金属倒入塑模中复制成一块印版。法国印刷商加布里埃尔·瓦利弗尔也有相同的创意，但他用的是胶泥。有了铅版，出版商就不需要再保存数以吨计的字块了。

光行差

1728

1728年，英国天文学家詹姆斯·布拉德雷发现了星光的光行差。人们这才找到了地球在宇宙中高速运行的证据。想象一辆雨中的汽车，当它停下时雨水顺着车窗玻璃垂直流下；当它开动时，雨水就向后偏斜了。布拉德雷正是发现了这点，汽车即地球，雨水即其他恒星发出的光，因为地球在运行，所以光的方向发生了偏斜。

消色差透镜

1729

艾萨克·牛顿曾说，透镜总是会产生色晕。1729年，英国法官切斯特·霍尔证明了牛顿的这个说法是错误的。他把用普通玻璃制成的凸透镜和用重晶燧石玻璃制成的凹透镜合在一起，抵消了色晕，创造出无色差镜头。后来，英国光学专家约翰·多隆德也制作出同样的镜头。这为未来的品质更佳的显微镜的发明奠定了基础。

钴

1730

大约18世纪初，化学彻底摆脱了炼金术。瑞典化学家格奥尔格·勃兰特使用了更加科学的方法于1730年发现了钴，并因此受到奖励。他后来还曝光了炼金术的骗局。如今，钴是制造高级磁元件和放射治疗中最重要的材料。

1726年 英裔爱尔兰作家乔纳森·斯威夫特完成了《到世界远方的几次旅程》，即后来的《格列佛游记》。该书用讽刺的手法描述了小人国、大人国、通人性的马以及飞行浮岛上的居民，后来成了世界经典名著。

1729年 英国牛津大学的约翰·卫斯理及其兄弟查尔斯·卫斯理创立了卫理公会（基督新教卫斯理宗）这个非正式的宗教支系吸引了许多普通民众。

六分仪

c 1730

海员能够通过测量太阳的高度来定位导航。简单的测量方法并不精准，而直视太阳又会灼伤眼睛。大约在1730年，英国的约翰·哈德利和北美的托马斯·戈弗雷都发现了一种较好的方法：从一面可移动的镜子上观测太阳的影像。他们发明的仪器叫八分仪，因为镜子摆动的幅度可以达到1/8个圆周。后来经过改良的六分仪精确度更高。

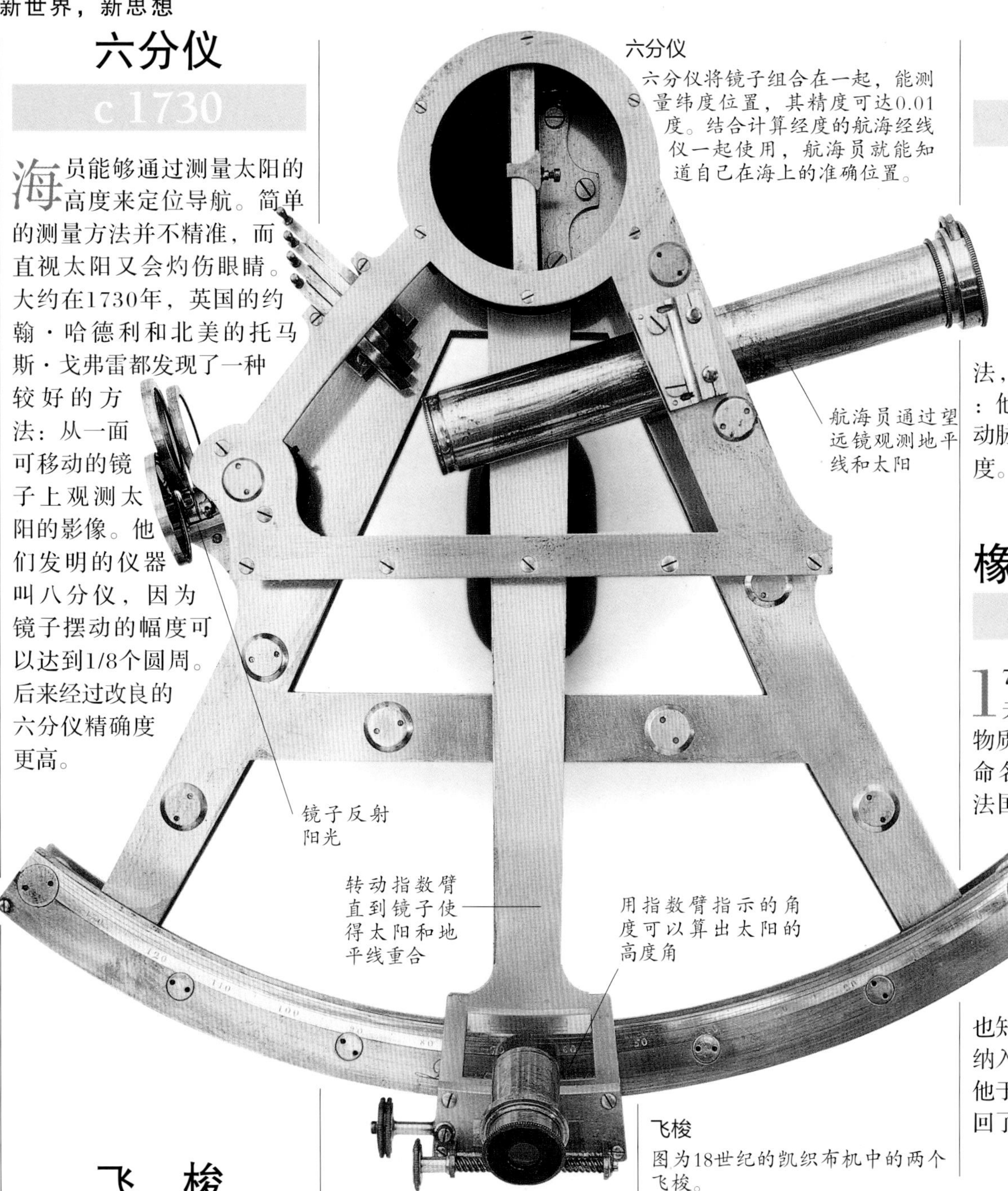

六分仪

六分仪将镜子组合在一起，能测量纬度位置，其精度可达0.01度。结合计算经度的航海经线仪一起使用，航海员就能知道自己在海上的准确位置。

血压测量

1733

斯蒂芬·黑尔斯是一位英国科学家。他擅长对各种生物进行测量分析，同时他也是最早测量出血压的人。1733年，他公布了给马测量血压的方法，但这个方法非常简单粗暴：他将一根管子直接插进马的动脉，然后测量血液升高的高度。

橡皮擦（橡胶）

1736

1770年，英国化学家约瑟夫·普里斯特利发现某种物质能擦掉铅笔字，于是将其命名为“橡皮擦”（橡胶）。法国科学家孔达米纳早在他的一次南美探险考察中就发现了分泌黏稠汁液的橡胶树。对于欧洲人来说橡胶并不算新东西，克里斯托弗·哥伦布也知道它的存在，不过把橡胶纳入科学地图的人是孔达米纳，他于1736年把该植物的标本带回了欧洲。

飞梭

图为18世纪的凯织布机中的两个飞梭。

底下的转轮可减小摩擦

飞　梭

1733

纺织时，丝线卷起来缠在梭子上，并在织机上来回穿梭。1773年，一个英国羊绒制造商的儿子约翰·凯发明了飞梭。此前，织宽幅布时，一个织工必须从织机的一边跑到另一边，拿起梭子后再往另一边抛，所以用两个织工是比较经济的做法。凯在梭子上加上滚轮，梭子就能在梭槽上移动，这样织宽幅布就可以减少一半劳动力。飞梭是英国工业革命（见第111页）的关键发明，但它并没有给凯带来名誉和财富。

1731年 最早的杂志开始在英国出版发行。当时的杂志就是一种“精选集”，如《绅士杂志》即精选了每个月其他出版物上的文章。

1737年 美国作家兼印刷商本杰明·富兰克林开始出版《穷人理查德年鉴》，该书因包含实用的格言和睿智的警句而闻名。富兰克林一直创作到1758年才停笔。

伯努利效应

1738

瑞士科学家丹尼尔·伯努利研究发现，流体（气体或液体）流动的速度增加，其压力就会减小。这种“伯努利效应”可见于一种常见的科普展示中：球会悬停在鼓风机吹出的气流中。鼓风机吹出的气流比进入鼓风机的气流要快，因而其压力要比周围的空气低，如果球偏离了中间的气流，周围较高压力的气体就会把球推回去。

富兰克林灶

1740

本杰明·富兰克林是著名的作家、科学家兼外交家，他在美国建国时期起了非常重要的作用。不仅如此，他还挤出时间发明了给全美成千上万的家庭带来温暖的器物——富兰克林灶，1740年它刚投放市场时名叫“宾州壁炉”，是今天的木柴炉具的前身。富兰克林灶由铸铁制成，它有一个铰链合页门和一个风口挡板，用以加热空气并在室内对流循环。

优质钢

c 1740

批量生产的钢铁能满足绝大部分产品的需求，但有时还需一些定制的钢铁。英国钟表匠本杰明·亨茨曼发现，普通钢做不了理想的钟表发条，于是约在1740年，他在谢菲尔德开始自己生产钢材。亨茨曼是第一个成功把钢铁加热到一定温度并使其熔化的人，这样可以炼出更加优质的合金。亨茨曼的努力使谢菲尔德成了著名的优质钢产地。

摄氏度

1742

温度标准的发明家不喜欢想当然的事。丹尼尔·华伦海特把水的冰点和沸点分别设为看似奇怪的32℉和212℉。1742年，瑞典天文学家安德斯·摄尔修斯决定用十进制来表示温度标准，范围从0到100，但他把冰点设为100°，把沸点设为0°。他去世后，人们把他的标准颠倒过来，成为现在的摄氏度。

镀银餐具

1743

人们一直希望买到看似纯银，但实际价格低廉的商品。1743年，英国餐具制造商托马斯·博尔索维尔发现，他可以把铜器做得看起来和用起来都像银器一样。他在谢菲尔德设厂，将铜夹于薄银片之间加热，然后将这种夹心合金轧制成餐具。镀银餐具很快取代纯银餐具，占据了除富人家外的所有餐桌。

注浆成型法

1745

有些陶器是用注浆成型法制成的。这种方法把浆——即用水冲灌黏土形成的悬浊液倒入模子中，脱水后脱模，再加热焙烧。这种工艺是英国制陶工匠拉尔夫·丹尼尔在1745年发明的。开始时，他用的是铁模，后来他很快发现用石膏模更好，因为粉浆中的水分能更快地被吸出，从而加快脱水速度。

莱顿瓶

1745

在18世纪时，人们常认为电是流体，因为电虽然没有特定形状，但可以随容器形状而改变。这可能就是德国物理学家艾瓦尔德·冯·克莱斯特于1745年发明莱顿瓶的思想基础。莱顿瓶里外都覆盖了一层金属薄膜，使外层接触地面，在里面输入的电就会被储藏起来，但如果两头接触就会产生火花。第二年，荷兰莱顿大学的物理学家彼得·范·米森布鲁克也独自发明了这种瓶。充了电的莱顿瓶可以给人以强烈电击的感觉。一次演示时有1000人参与，他们手拉着手，当第一个和最后一个人触摸瓶子时，所有的人都跳了起来。

金属包覆玻璃

莱顿瓶
电由瓶中央的细棒充入。

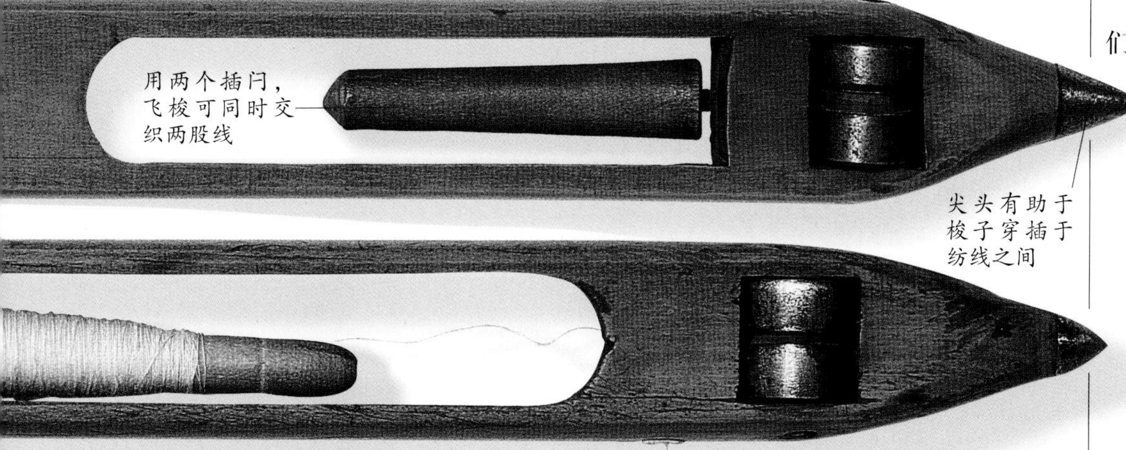
用两个插闩，飞梭可同时交织两股线

尖头有助于梭子穿插于纺线之间

1742年	4月13日，德国作曲家乔治·弗里德里希·亨德尔的清唱剧《弥赛亚》在爱尔兰首都都柏林首演，并一举成功，此后《弥赛亚》成了最受欢迎的曲目之一。
1745年	7月25日，人称“美王子查理”的查尔斯·爱德华·斯图尔特登陆苏格兰西海岸的埃里斯凯岛。之后他向德国人乔治二世的英国王位发起挑战，但没能成功。

巨大的变革

法国大革命和美国独立战争在1751年—1850年对整个世界产生了巨大的影响。同时，工业革命使西方的劳动力从农场走向工厂，而像化学这样的科学彻底与过去划清了界线。

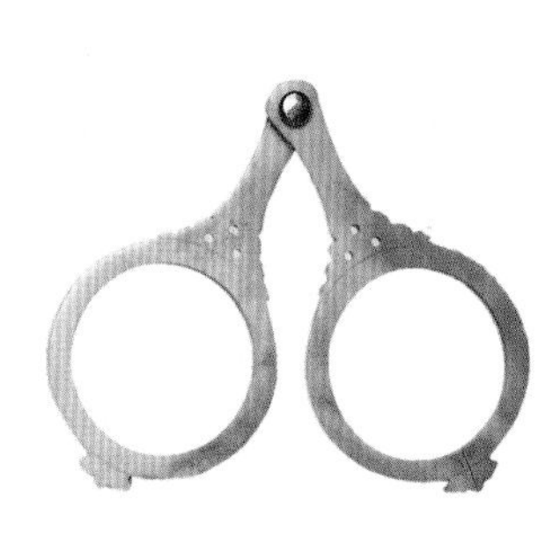

闪电的性质
富兰克林放飞风筝时雷声震耳。

闪电的性质
1752

美国科学家本杰明·富兰克林在雷电交加时放了一只风筝，虽然这很有可能会要了他的命，但是为了证实闪电是由电产生的他还是这样做了。富兰克林用莱顿瓶（见第103页）保存沿风筝线传递过来的雷雨云中的电荷。令人惊奇的是，富兰克林活下来了，还向人们表明：闪电电荷与其他电源的电荷并无二致。

植物的科学命名
1753

在瑞典生物学家卡尔·冯·林奈于1753年出版《植物种志》之前，植物学家一直使用冗长的名字来描述植物。林奈将植物划分成彼此联系密切的属类，命名时将其属类名加上植物自己特定的名字即可。例如，西洋蒲公英是蒲公英属植物。林奈的命名法沿用至今。

二氧化碳
1756

二氧化碳是化学家扬·巴普蒂斯塔·范·海尔蒙特在1648年首先辨认出来的，但第一个对二氧化碳进行系统研究，并把它与其他化学物质联系起来的是英国化学家约瑟夫·布莱克。1756年，约瑟夫·布莱克发表了自己的发现，他称碳酸盐一旦受热，便会释放出二氧化碳（他称之为“混合气体”）。布莱克的研究使化学家对空气以及燃烧有了新的理解。

坏血病的预防
1757

坏血病是人体缺乏维生素C引起的一种疾病。它会造成牙龈红肿，关节僵硬，甚至皮下出血。1757年，英国海军军医詹姆斯·林德出了一本书，书中建议给水兵配一定量的富含维生素C的柑橘类水果。当时，死于坏血病的英国水兵比战死的还多。经过40多年漫长的等待，海军终于决定尝试林德的建议。结果，坏血病奇迹般地消失了。

长寿灯塔
1759

英格兰海岸外的埃迪斯通礁石长年受到暴风雨的冲击，一直都是航海员的畏惧之地。在英国工程师约翰·斯米顿发现对抗自然的方法之前，那儿之前的两座灯塔都没能躲过暴风雨的肆虐。约翰用能在水下凝固的混凝土把灯塔和相连接的礁石紧紧凝固在一起。这座灯塔挺立了100多年，后来先被毁坏的不是灯塔，而是那块礁石。

改良版高炉
1760

亚伯拉罕·达比已经会使用焦炭炼铁（见第88页），但他需要一种效率更高的鼓风炉。最早把科学理论应用于工程实践的是英国工程师约翰·斯米顿。在1760年，斯米顿把火炉造得更大，并用由高效新型水轮驱动的风扇向炉子里送风。水流冲击新型“上射式”水轮的顶部，而不是冲击其下面。

坏血病的预防与治疗
詹姆斯·林德告诉患病的水兵，多吃酸橙可以治愈他们的疾病。

1752年	8月，后来被称为“独立钟”的大钟，从其铸造地英格兰运往美国费城。1776年7月8日，大钟首鸣，庆祝《独立宣言》首次公开宣读。
1759年	法国作家伏尔泰一贯反对那些限制别人思想自由的人，他于此年完成了哲理小说《老实人》。小说的主人公“老实人”反抗世俗的愚昧，但最终被迫放弃了反抗。

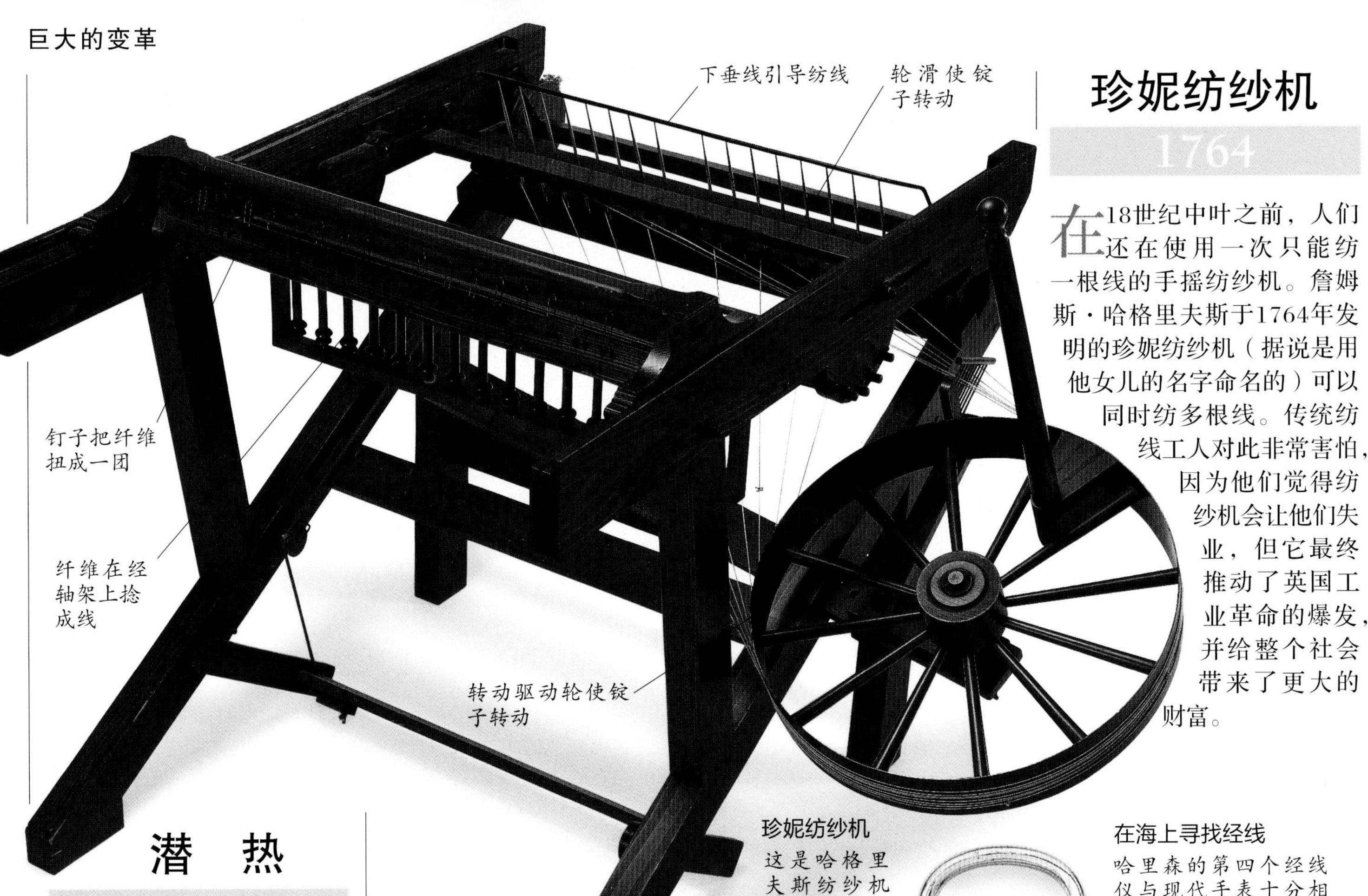

珍妮纺纱机

这是哈格里夫斯纺纱机的复制品，可以看出它在旧式纺织机上稍作改动，让数个转锭可以同时转动。

珍妮纺纱机

1764

在18世纪中叶之前，人们还在使用一次只能纺一根线的手摇纺纱机。詹姆斯·哈格里夫斯于1764年发明的珍妮纺纱机（据说是用他女儿的名字命名的）可以同时纺多根线。传统纺线工人对此非常害怕，因为他们觉得纺纱机会让他们失业，但它最终推动了英国工业革命的爆发，并给整个社会带来了更大的财富。

潜　热

1761

水加热后温度上升，直至沸腾成水蒸气，温度才不再上升。水吸收的部分热量实际上并不会提高水的温度，但会把水的形态变成气态。同样，水变成冰时也会释放热量。这是英国化学家约瑟夫·布莱克在1761年发现的。3年之后他把这个发现告诉了詹姆斯·瓦特，瓦特在研究蒸汽发动机时也注意到了这一点。

在海上寻找经线

1761

早期的航海员依靠太阳和星星进行导航，这种方法可以确定纬度（南北位置），而要测定经度（东西位置）就难了。一种测量经度的方法是，比较陆地时间（用钟表示）和他们所在海域的时间（根据太阳的位置确定）。可是当时还没有可以在海上运作且走时准确的时钟。于是英国政府给出了2万英镑的奖金鼓励人们解决经度的问题。1735年—1761年，英国钟表匠约翰·哈里森研制出了4个经线仪。第四个经线仪在去牙买加的航程上进行了测试，结果证明其误差只有5秒。虽然哈里森解决了这个问题，但英国政府不愿马上付给他所有的酬金，等他完全拿到这笔酬金时，已经是暮年了。

在海上寻找经线

哈里森的第四个经线仪与现代手表十分相似，只是稍大一些，图中所示大约为实物大小的2/3。

1762年	法国思想家让·雅克·卢梭出版的哲学著作《爱弥儿》改变了人们的教育观念。卢梭认为真正的教育只能建立在孩子的天性之上，他的观点对后来的教育家产生了极大的影响。	1765年	英国作家塞缪尔·约翰逊获爱尔兰都柏林三一学院名誉法学博士学位。他本人从未用过约翰逊博士称号，但他的传记作者詹姆斯·鲍斯韦尔在约翰逊的传记中使用了这个称号。

分度机

1766

想要精确地测量需要先制作精密的测量工具。在英国仪器制造家杰西·拉姆斯登于1766年对分度机进行改进之前，经纬仪和其他仪器上的角度均由工匠手工标出，所以或多或少会有些偏差。分度机依靠机械来为科学仪器标出刻度，与工匠相比，既快捷又精确。分度机的出现意味着地球、天文以及航海的测量绘制都将比以前更可靠。

氢　气

1766

最先证明氢气是一种独立气体，而不是空气成分的，是英国科学家亨利·卡文迪许。1766年，他把金属放入硫酸中溶解，从中释放出氢气，然后测量氢气的密度。测量结果显示，氢气比其他任何气体都轻。后来，他又确认了氢气燃烧会生成水。法国化学家拉瓦锡因此将它命名为“hydrogen”（氢气），这个词在古希腊文中的意思是“水的制造者”。

改进型蒸汽机

1769

蒸汽机最初用来从煤矿中抽水。幸运的是那时有很多煤，因为这种机器需要消耗大量燃料。1769年，詹姆斯·瓦特发现了减少浪费的方法，可以使蒸汽机与水轮驱动在向新工厂提供动力方面同台竞争。他还发明了更好的办法来操纵蒸汽机，并把它与其他机器相连。

蒸汽牵引车

1769

早期的蒸汽机非常笨重，而且动力不足，但用在法国陆军工程师尼古拉斯·居纽于1769年发明的三轮拖拉机上绰绰有余。第二年，他又造出了一台更大的拖拉机来牵引重炮。拖拉机的单前轮控制方向，由双缸高压蒸汽机驱动。尽管这台拖拉机可以拖动一门3吨重的加农炮，但却只有步行的速度。居纽也一直没有足够的资金来解决，如怎样带上足量的水来保证机器一直处于工作状态，如何防止高压蒸汽泄漏等问题。

水动纺纱机

1769

用纤维织布之前要先将其纺成线。为了跟上像飞梭（见第102页）这样的新纺织机械的要求，纺线速度也必须加快。1769年，理查德·阿克赖特发明了一种高速纺纱机，它能纺出高强度的纱线。他将这种纺纱机称为水动纺纱机，因为这种纺纱机是由水力驱动的。

蒸汽的故事

萨弗里蒸汽机的原理很简单：用冷凝蒸汽所产生的真空来吸水。托马斯·萨弗里在1698年申请了专利。1712年，托马斯·纽克曼在蒸汽机上装了活塞，这样可以控制单体机械泵，不过燃料浪费严重，因为每个冲程后汽缸都要重新加热。詹姆斯·瓦特为它增设了一个单独的冷却室，这样主要的汽缸就可以一直保持在高温状态。

萨弗里蒸汽机

蒸汽进入膛室，把水压出阀门，蒸汽随即被冷却，形成真空，把水从另一阀门吸入，然后在下一循环中被压出。

纽克曼蒸汽机

蒸汽进入汽缸，推动活塞向上，蒸汽随即被冷却，形成真空将活塞向下推，再通过摇杆来驱动机械泵。

瓦特蒸汽机

除了增设冷却室，瓦特还利用蒸汽使活塞上下运动来进一步改进纽克曼的蒸汽机。除此之外，他还装上齿轮，使蒸汽机驱动转动的机器。

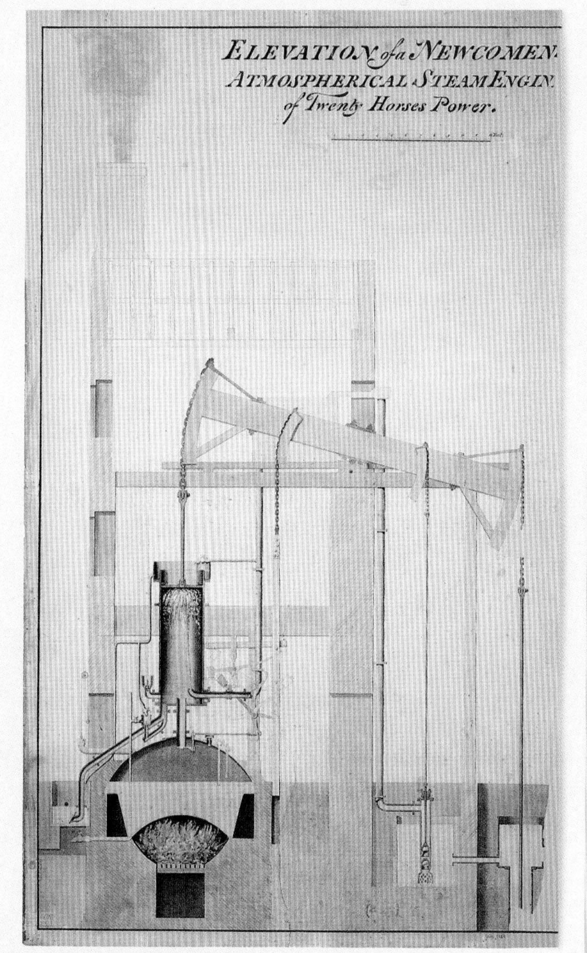

1826年，纽克曼蒸汽机的设计图。

1768年 英国画家约瑟夫·莱特对科学的质疑与日俱增。他创作的画作《空气泵》极具戏剧性。在这幅画中，人们被一项“鸟儿在真空中因缺乏空气而死”的科学实验所“戏弄”。

1769年 西班牙探险家加斯珀·波托尔拉带领一群人徒步旅行时发现了旧金山湾，这是世界上最优良的天然海港之一。他们被派去寻找蒙特雷湾，却向北走了很远，从而错过了蒙特雷湾。

工 厂

1770

理查德·阿克赖特意识到，纺纱工必须聚集到他的水动纺纱机（见第107页）所在的地方工作。1770年左右，他与两名当地的制袜商塞缪尔·尼德和杰迪代亚·斯特拉特合作，在英格兰德比郡的克罗姆福德创办了一家水力驱动工厂。这是第一家真正意义上的工厂，标志着工业时代的开始。

氧 气

1772

氧气的发现过程颇为曲折。1772年，瑞典化学家卡尔·舍勒发现了氧气，但他5年后才公布这一发现。同时，英国化学家约瑟夫·普里斯特利也发现了一种可以加快物体燃烧的气体。因为相信物体燃烧会放出“燃素”（见第97页），因此他称这种气体为“脱燃素气体”。法国化学家安托万·拉瓦锡证明，这种气体不是吸出燃烧物中的燃素，而是与燃烧物质相结合。拉瓦锡将其重新命名为“氧气”（oxygen），意思是“制酸物”。

波得定律

1772

水星到天王星之间看起来有些奇怪：它们与太阳的距离似乎存在着某种联系。德国天文学家约翰·提丢斯首先发现了这个问题。1772年，他的距离公式由他的同事、天文学家约翰·波得发表。当时，按照公式计算应该有行星的位置上还是一片空白。后来天文学家发现的小行星带和天王星就处于这些位置上，这似乎证实了波得定律。再后来，人们发现了海王星和冥王星，它们却不在波得定律推算出的轨道上。由此可见，这种联系也许只是惊人的巧合。

碳酸饮料

1772

最早的碳酸饮料（汽水）产自地下，是来自泉水之中的天然苏打水。约瑟夫·普里斯特利是最早仿制这

工厂

1790年，科利克罗夫特毛纺厂在英格兰贝德沃斯开业。这是一家典型的以水力为动力的工厂。图为该工厂的截面图。

水在工厂房下流动，带动水轮转动

1770年	伦敦的贝特莱姆皇家医院，也是一家精神病患者收容所，常被称为“疯人院”，于此年停止对付费的参观者开放，不再将住院患者的行为视为一种娱乐性节目。

1772年	伦敦弓街警察法庭的首席法官约翰·菲尔丁创办了《季度追查》，该刊详细报道了新近被盗窃的财物及受通缉的罪犯，后来该刊演变成每日出版的《警务报》。

种汽水的人，并于1772年开始大量生产“苏打水”。其实他几年前就发明了制作方法，并在制造过程中对二氧化碳有了一些重要发现。

精密钻孔机

1775

早期的蒸汽机工匠都被如何制造蒸汽机所需的大型汽缸难倒。直到1775年，英国铁器制造商约翰·威尔金森在他父亲威尔士的工厂里造出了精密钻孔机，这才大大改善了这一状况。这种钻孔机能在大铁块上钻出又深又宽的圆洞，能做出比之前更精密的汽缸。詹姆斯·瓦特后来研制改进型蒸汽机（见第107页）时就使用了这种钻孔机。

劳动分工

1776

做三明治包括抹黄油和加馅料两道工序。如果两个人要做一批三明治，是各做各的快，还是一个人抹黄油，另一个加馅料更快？答案肯定是第二种快，因为一次只做一个工序比较简单。这个原则叫作劳动分工，是苏格兰经济学家亚当·斯密于1776年提出的，他把劳动分工中蕴藏的生产力看作财富的真正源泉。

光合作用

1779

在阳光下，绿色植物吸入的二氧化碳比呼出的多，呼出的氧气比吸入的多，在黑暗中则恰好相反。1779年，荷兰医生扬·英格豪茨在《蔬菜的实验》一书中，发表了这项发现：蔬菜在阳光下有净化普通空气的强大能力，而在阴影及夜间有相反的能力。这是第一本有关光合作用基本原理的著作。

铁　桥

1779

在石料、砖头、木材还是大型建筑的主要材料时，一座全金属的桥就很有创新意义了。1779年，亚伯拉罕·达比根据托马斯·普里查德的设计，建造了世界上第一座铁桥。这座长30.5米的拱形桥，横跨英格兰什罗普郡的煤溪谷的塞文河。达比的铁桥经受住了1795年大洪水的考验，至今仍在使用。

骡式精纺机

1779

塞缪尔·克朗普顿的“骡机”能通过拉、搓、绕等方式把纤维纺成细线。与手工纺纱机不同，骡式精纺机可以同时使1000个线轴纺线。就像它的名字中的动物一样，“骡机”也是一台“杂交”机器，是珍妮纺纱机与水动纺纱机的结合（见第106～107页），而且很快取代了它们。

天王星

1781

人的肉眼可以看到天王星，但英国天文学家威廉·赫歇尔是用望远镜发现它的。他在1781年3月13日看见这颗星时，还以为它是颗彗星，但它的运行方式使他确信这是一颗行星。开始他想用国王的名字命名这颗行星，但法国的天文学家坚持要用赫歇尔的名字来命名这颗行星，最后他们决定用传说中神的名字来命名它，于是命其名为天王星。

热气球

1783年6月，蒙哥尔费热气球首次亮相。

热气球

1783

约瑟夫·蒙哥尔费和艾蒂安·蒙哥尔费这两位法国造纸匠研制出了第一个热气球。1783年9月，他们成功地把3只动物送上空中，让它们进行了3千米的气球之旅。同年11月，他们又组织了第一次人类飞离地面的活动。两名志愿者在空中停留了25分钟，爬升到了巴黎上空450米的高处，并飞行了8.5千米之远。奇怪的是，这兄弟俩从来没有亲自冒险飞行过。

1776年 7月4日，星期四，美国通过了《独立宣言》。它指出了13个英国殖民地为什么“应该成为自由、独立的国家”。这一天后来成了美国的独立纪念日，即国庆日。

1777年 英国探险家詹姆斯·库克的《南极与环球航行》出版，该书使欧洲人知道了新西兰的存在。库克用了一年的时间绘制了新西兰的岛屿图，并逐渐熟悉了当地的毛利人。

氢气球

1783

正当蒙哥尔费兄弟在巴黎上空试飞热气球（见第109页）时，法国另一位科学家雅克·查尔斯正在研究最轻的气体——氢气，准备升空氢气球。1783年，他乘坐自己制作的氢气球飞到了3千米的高空。查尔斯还以他的气体热膨胀定律而闻名。

降落伞

1783

法国人路易·塞巴斯蒂安·勒诺尔芒发明的降落伞本是用来从失火的楼房逃生的。经过几次高树跳伞试验后，1783年12月，他做了第一次正式的试验。他从法国蒙彼利埃天文台顶上一条4.3米高的滑道上纵身跳下，之后安然降落到地面。1797年，法国人安德·加纳林（André Garnerin）乘坐的热气球在巴黎上空突然爆裂，他跳伞逃生，成为第一个在空中使用降落伞的人。

钨

1783

钨是灯泡中发出白炽光的金属元素。它的熔点是在所有可以做成丝的金属中最高的，它的密度也极高，适合做鱼钩，同时它还是制作切割工具的重要原料之一。瑞典化学家卡尔·舍勒最早知道钨的存在，但直到1783年，西班牙的埃卢亚尔兄弟才首次提炼出纯钨。

双焦眼镜

1784

老年人会发现无论是近处的东西还是远处的东西都很难看清。放大镜虽然能把近处的东西变得更加清楚，却会使远处的东西变得模糊。美国科学家本杰明·富兰克林在他老年时用双焦镜片解决了这个问题。双焦眼镜将镜片一分为二，组成了新的镜片。即上部分镜片用于远视眼，下部分镜片则用于近视眼。当使用双焦眼镜阅读时，人们自动使用的就是近视镜片；而当人们向远处看时，远视镜片就起作用了。

防盗锁

1784

撬锁，即不用钥匙来打开锁。有的锁比较难撬，而最难撬的锁早在1784年就被发明出来了。英国工程师约瑟夫·布拉曾悬赏210英镑，让人来撬他的锁，但整整过了67年，才有人赢得这笔奖金。后来的美国锁匠A.C.霍布斯也花了51小时才把锁撬开，用这样长的时间撬锁对盗贼来说几乎是不可行的。

综丝上下穿过经线

齿轮带动凸轮移动不同的部件

成品布卷绕在滚筒上

动力纺纱机

19世纪中叶，动力纺纱机已发展成为高效、可靠的机器。英国哈里森父子制造的这台纺纱机，织出的布匹销往世界各地。

1784年	摩尔斯密码发明者塞缪尔·摩尔斯的父亲杰狄佳·摩尔斯出版了美国第一本地理教科书《地理学入门》，并取得了巨大成功，之后他又撰写了几本关于美国地理的书。	1786年	5月1日，沃尔夫冈·阿玛多伊斯·莫扎特的新歌剧《费加罗的婚礼》得到奥地利维也纳观众的高度评价。它用喜剧的形式对贵族阶层的愚昧和堕落进行了无情的抨击。

熟铁冶炼方法

1784

含碳太多的铁非常脆弱。在英国制铁商亨利·科特于1784年发明"搅炼"法之前，炼制韧性强的铁，或者炼制精铁的唯一方法，是用锤子趁热打铁，从而去除铁中的碳。科特在熔化的铁水里加入氧化铁，在搅拌的同时吹进灼热的气体，来将铁中的碳烧掉。这样炼成的铁比较纯，等这些纯铁聚成圆球状后，只需稍加锤打，就成了熟铁。

纺出新世界

18世纪60年代—19世纪40年代，即第一次工业革命时期，英国从一个农业国变成了世界领先的工业大国，而引导工业革命的是纺织工业。受到高报酬的吸引，农民纷纷离开农场，进入新建的工厂。水力驱动、蒸汽动力、新型机器和更新奇的挣钱方法使得这一切变化成为必然。

从这幅1834年的画中能感受到，当时兰开夏郡棉花工厂里众多的动力纺纱机发出的震耳欲聋的噪声。

纺纱速度加快

纺织业在1770年前一直是小作坊工业。商人把原料送到各个作坊，再去回收纺好的纱线。动力机器的出现改变了这种状况，它迫使纺纱工进入工厂工作，不然就要挨饿。

大规模织布

在工厂的纺纱机威胁到家庭作坊之前，织布也是在家里完成的。尽管这方面的变化没有纺纱来得快，但到1825年，英国已有一半的布是动力纺纱机织出的了。

从乡村到城市

早期的工厂既嘈杂又危险，但它提供了比农场劳作收入更高和更稳定的工作。即使是熟练的农场手工匠，收入也无法与工厂工人的工资相比，因此他们也被迫进入快速发展的工业城市。

动力纺纱机

1785

第一台动力纺纱机的设计者叫埃德蒙·卡特莱特，他是一位英国乡村牧师，用他自己的话说，他"那时从未见过别人使用纺织机，对纺织也是一窍不通"。不过，他意识到，动力纺织机纺的廉价纱线可以改变纺织行业。他在1785年设计的第一台纺纱机相当粗陋，但到1787年，他已经把纺纱机改良到可以让他在唐卡斯特办纺织厂了。后来，英国政府奖励了他1万英镑，以表彰他开创性的工作。

太阳系的稳定性

1786

尽管万有引力（见第98～99页）可以解释行星运行的方式，但牛顿也不确定它们是否会一直这样运行下去。他猜测"上帝"会不时进行干预，保证行星不偏离轨道。一个世纪后的人不再相信"上帝干预"的理论。1786年，法国数学家皮埃尔-西蒙·拉普拉斯根据准确的计算指出，太阳系的运行是绝对准确有序的，不可能出现任何危机。这个论断否定了"上帝"对太阳系进一步干预的"权力"，这在当时是有进步意义的。

离心调速器

1787

调速器是詹姆斯·瓦特对蒸汽机的又一重大改进，它能使蒸汽机在不同条件下保持速度恒定。调速器是瓦特根据风车上的一种装置改制的。如果蒸汽机速度加快，安装在轴杆上的重物就会被抛向外侧，关闭蒸汽阀门。就像1600年科内利斯·德雷贝尔的自动温度调节器一样，这种调速器也是一种早期的反馈控制装置。

离心调速器

瓦特的离心调速器以这种风车调节装置为原型。

1787年　马里波恩板球俱乐部成立于伦敦市马里波恩的洛德板球场，随后它发展为英国首屈一指的俱乐部，并在游戏规则的制定上成为权威。1811年，俱乐部场地从马里波恩迁往圣约翰伍德。

1787年　这年夏天，55位代表会聚美国费城，起草了《美利坚合众国宪法》，为美国不同的政府部门和公民的基本人权问题制定了章程。

鼓轮把谷粒从秆上打下来

升降器抬升谷粒做进一步清理

谷粒在这里进行最后一步清理和筛分

溜槽把谷粒装进麻袋中

脱粒机

这个模型展示的脱粒机大约属于19世纪60年代，由独立的蒸汽机驱动。

铁船

1787

约翰·威尔金森从灵魂深处热爱着钢铁。他20岁时就造出了一个炼铁炉。后来，他不但造出了一台精密钻孔机（见第109页），参与建造了第一座铁桥，他还用他的钻孔机制造出了钢铁加农炮。1787年，他又造出史上第一艘铁船，并用它在英国的塞文河上运送加农炮。他甚至在去世后用钢铁棺材入葬。

蒸汽船

1787

第一艘蒸汽船建于法国，但仅投入使用了15分钟就散架了。1787年，美国钟表匠约翰·菲奇造了一艘较为结实的轮船，曾实现过几次30千米的航行。英国的威廉·赛明顿于1802年造了一艘用于拖动驳船的拖船。另一位美国的发明家罗伯特·富尔顿看过这艘拖船后，于1807年造出了第一艘真正的蒸汽轮船——“克莱蒙特”号。它与它的姐妹船“凤凰”号，在哈德孙河上航行了许多年。

脱粒机

1788

传统的脱粒方法是用棍子反复敲打，使谷粒离秆脱壳，然后再用风脱糠。1788年，苏格兰的水车技工安德鲁·米克尔发明了一台用来脱粒的机器。把麦子放在转动的鼓轮上，再用盖子紧紧地盖上，谷壳就会从谷粒上脱下。由于脱粒机里没有风，因此还需要有一道工序来分离谷粒和谷壳。

现代化学

1789

化学曾充满了过时的名称和概念，直到法国的化学家安托万·拉瓦锡出现，化学才变得系统。他和他的追随者不仅推翻了错误的理论，而且重新命名了已知的元素和化合物，建立了沿用至今的基本命名系统。此后，拉瓦锡于1789年出版了《化学基本论述》，英国化学家约翰·道尔顿于1808年出版了《化学哲学新体系》，两书共同奠定了现代化学的基础。但拉瓦锡的特殊贡献没能使他躲过法国大革命——他于1794年被送上了断头台。

铂

1789

铂是一种银灰色的贵金属，早在公元前700年就已为人所知，但当时人们把它看作黄金中的杂质。可使用的铂是由法国物理学家P.F.沙巴诺（P.F.Chabaneau）在1789年首次提炼出来的，他没有用它制作灵敏的实验仪器，而是用来制作装饰精美的杯子，并献给了罗马教皇。

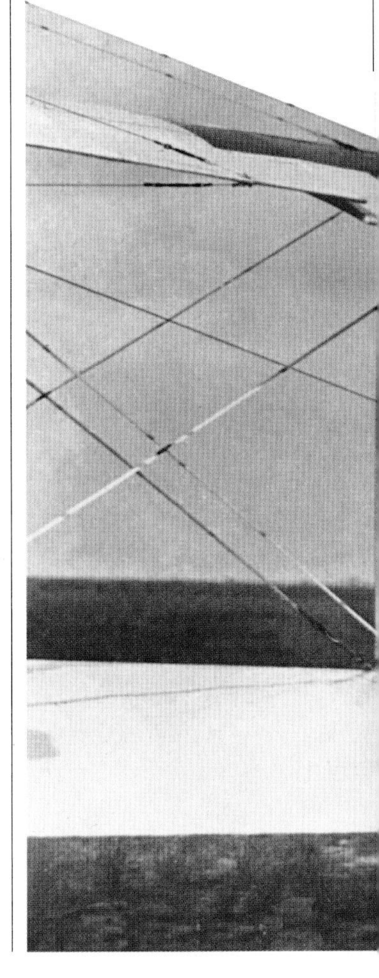

1788年 英格兰人乘坐11条船抵达澳大利亚，成为第一批殖民者。他们在博特尼湾弃船登岸，随后前往悉尼港。在这1030人中，有736人戴罪在身。

1788年 元旦这一天，约翰·沃尔特在伦敦发行了第一份《泰晤士报》，内容包括娱乐、政经等多个领域的新闻。《泰晤士报》的前身为《世鉴日报》。

铀

1789

铀作为核能中的基本元素，于1789年被德国化学家马丁·克拉普罗特发现。他用行星“天王星”（Uranus）的名字给铀（Uranium）命名。尽管他相信他已经从矿物沥青铀矿中提取了一种新的元素，但实际上，他只是提取了二氧化铀。直到1841年，法国化学家佩里哥才意识到这一点，并成了第一个制造出纯金属铀的人。

油墨辊

1790

在18世纪，油墨是用皮垫抹在字模上的，这个过程很慢，而且需要技巧才能把油墨均匀地抹在字模上。1790年，英国工程师威廉·尼科尔森想到了一个改良方法，从字面上即可看出其革新性：皮墨辊。进入19世纪，在实现机械化印刷后，墨辊上的皮被一种奇特、高效的胶与糖浆状的混合物所取代。

说话机器

1791

多亏了18世纪的一项研究，计算机现在才能说话。18世纪70年代，匈牙利工程师沃尔夫冈·冯·肯佩伦已经对说话机器的基本原理有了充分的了解，并制作了第一台说话机器。1791年，他出版了《人类语言机制及对说话机器的说明》一书。在书中，他详细描述了他的机器。他的机器能够合成句子，但需要一定的技能才能“对话”。这台原型机器还有鼻孔和嘴巴，以及代替肺部的风箱和发声的簧舌。目前，它被收藏于德国慕尼黑的德意志博物馆。

钛

1791

二氧化钛是白漆的原料。纯钛与钛合金具有很高的耐热性，所以被用于制造喷气式发动机。钛元素是英国的威廉·格雷戈尔于1791年在康沃尔的一个沙滩上首次发现的，当时称为钛铁矿。3年后，德国化学家马丁·克拉普罗特确认了格雷戈尔的发现，并将这种新元素命名为“钛”。

救护车

1792

救护车是由军队发明的。在以前，绝大多数军队用来救援伤员的都只有急救箱。直到1792年，法国军医多米尼克·拉雷组织了一支名叫“飞速救护”的流动医疗队，才改变了这一状况。流动医疗队专门服务于拿破仑的军队，不但随身携带医疗用品，还可以用轻便车辆将一些伤员送到后方医院。后来，拉雷成了法国军队的首席军医，还设计出了将伤员送往战地医院的救护车。

煤气照明

1792

煤气在19世纪到20世纪曾被用于照明。早期的实验是比利时化学家J.P.明凯勒斯（J.P.Minckelers）和苏格兰的唐纳德伯爵做的，不过煤气工业的发展更多要归功于苏格兰工程师威廉·默多克。1792年，默多克将煤放在密闭容器里加热，用管子把产生的气体输送到煤气灯上，煤气灯照亮了他在英国康尔沃的小屋。后来，他还研制出了用于制造和储存煤气的系统。

救护飞机

到了1915年，第一次世界大战期间，甚至有军用的救护飞机，但只有极少数人才能享受这种特殊待遇。

1788年 英国议会通过一项法案，要将多年精神失常、行为古怪的乔治三世从国王宝座上赶下台，让他的儿子代为统治。然而，就在法案即将生效的1789年2月，乔治三世突然恢复了健康。

1789年 在这一年的7月14日，法国大革命轰轰烈烈地开始了。人们如潮水般涌向专制王朝的象征——巴士底狱，并最终攻占了巴士底狱。攻占巴士底狱成为全国革命的信号，各个城市纷纷效仿巴黎人民。

螺纹车床

据说，这是亨利·莫兹利设计的第一台螺纹车床，这台车床还有可调整螺纹规格的装置，但这张图上已经看不到了。

铸铁尾座支撑工件的自由端

转动杆条可以调整尾座

车床的床件是三角形钢条

工件转动时，精准的导螺杆带动车刀转动

车刀夹在此处，由手或导螺杆驱动

头座夹紧并转动工件

轧棉机

1793

棉花是长在棉籽上的纤维，必须去除棉籽，才可使用。1793年，美国工程师伊莱·惠特尼发明了第一台去棉籽机：轧棉机。轧棉机的圆筒内布满了一排排钩齿，圆筒转动迫使棉花转经一排梳齿，将棉籽梳除。轧棉机一面世就大获成功，使美国迅速超过埃及、印度等国家，成为世界最大的棉花生产国。尽管如此，惠特尼却并未从中得到什么收益。

旗语通信

1794

法国与奥地利1792年到1814年战事不断，有些战事发生在法国北部的里尔地区。为加快与巴黎的联络，工程师克劳德·查普修建了一系列瞭望塔，每个瞭望塔上都有活动臂，可以发出字母和数字信号，用望远镜即可在下一个瞭望塔上看到。1794年8月，旗语通信不到一个小时，就将一次胜利的消息传送到了205千米之外。

螺纹车床

1797

车床用车刀可以把旋转的工件塑造成圆形。如果车刀同时在侧面转动，就能车出螺纹。用手动的螺旋机械也可以做到这一点。1797年，英国的亨利·莫兹利和美国的戴维·威尔金森发明了一种车床，车刀由装在车床上的螺杆驱动。有了这种车床，加工精密的螺纹变得更加容易了。

铬

1797

无论是镀在外层还是在不锈钢里，铬都能防止金属被锈蚀。1797年，法国化学家尼古拉斯·沃克兰在铅矿石的杂质中发现了这种元素。他借希腊语中的“色彩”（chromium）一词来命名这种元素，因为它的化合物都色彩鲜艳，所以也被广泛应用于颜料中。

石印术

1798

今天大多数印刷工艺，均是以德国的阿洛伊斯·塞尼费尔德在1798年发明的方法为基础的。塞尼费尔德是一位不得志的演员，他曾尝试用石灰岩制作印版，用油脂在印版上写字，然后再进一步蚀刻，不过他发现印版不用蚀刻就可以用于印刷，因为油墨会粘在油脂上，而粘不到湿印石上。如今的平版印刷用的是金属印版，图像则是以照相的方式制作的，不过印刷的基本原理并没有改变。

铍

1798

最著名的铍化合物应该是祖母绿。铜制的电接触器中也含有铍，因为铍可以在不降低导电性的前提下增加铜的弹性。法国化学家尼古拉斯·沃克兰于1798年发现了以氧化铍的形式存在的铍。氧化铍的导热性很好，但没有导电性，它被用于今天的一些电子元件制造。1828年，德国化学家弗里德里希·维勒和法国化学家安托万·比西分别提炼出纯铍。铍常被用于航天工业和核工业。

天花疫苗

1798

200年前，天花还是一种常见的有致命性的病毒感染疾病。英国外科医生爱

1794年　英国天才诗人威廉·布莱克的诗集《天真与经验之歌》出版，收录了他最受欢迎的诗《虎》，它的开头一句是：“老虎！老虎！黑夜的森林中燃烧着煌煌的火光，是怎样的神手或天眼，造出了你这样的威威堂堂。”

1795年　法国使用公制取代旧的度量衡制。公制的基本单位是“米”，是地球周长的四千万分之一。到了20世纪后期，公制几乎广泛应用于全球。

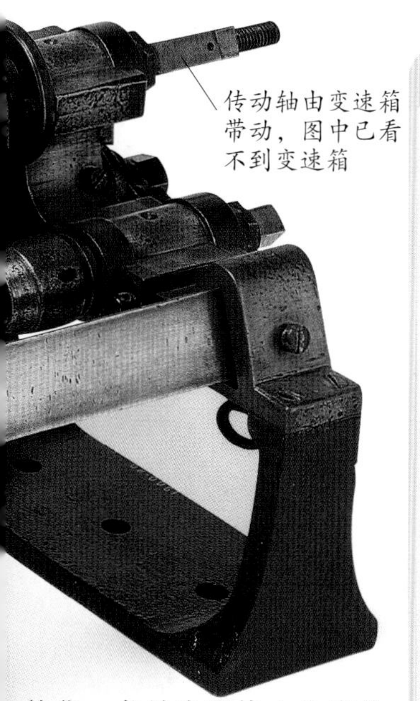

德华·詹纳发现染上牛痘的人不会患天花。牛痘与天花相似，但患者的病情轻得多。1796年，他划破一个小男孩的皮肤，在伤口上抹上了从一个患牛痘的女孩身上的脓疱中取出的液体。这就是最早的疫苗。后来这个男孩在天花感染中幸存了下来。1798年，詹纳出版了第一本有关疫苗接种的著作。

生命保护措施

爱德华·詹纳偶然发现了疫苗产生作用的原理：为消灭某种特定的病毒或入侵体，人体会产生各种不同的抗体。但产生适当的抗体需要一定的时间，所以严重的感染可能会重创人的免疫系统。比较安全可靠的办法是用与“不速之客（入侵病毒）”形态相似但对人体无害的疫苗来做预警。这样，当真正的病毒入侵时，人体已做好了充分准备。

爱德华·詹纳

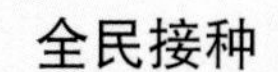

詹纳之前的天花“疫苗”

在牛痘接种法之前，对付天花的唯一措施是危险的“人痘接种法”，即从天花患者身上提取感染物质，敷在不希望患天花的人的创口上，但这种方法的结果不是使人产生免疫力，就是患上天花。

全民接种

詹纳的工作遭到了许多人的反对，但随着死于天花的人数日益减少，他的主张开始成为主流。1881年，法国生物学家路易·巴斯德研究出预防炭疽（来自动物的致命疾病）的疫苗。今天，我们可以通过接种疫苗来预防很多过去会致命的传染性疾病。

詹纳早期使用的简陋工具

火罐

疫苗针

用于疫苗接种的柳叶刀

柳叶刀和接种器

笑　气

1799

约瑟夫·普里斯特利在1772年就发现了一氧化二氮，但直到1799年，汉弗莱·戴维（后来成为汉弗莱爵士）才发现这种气体会使人发笑。他不但认为笑气可能会对外科手术有用，他还在宴会上使用了笑气，让来宾痛快地大笑一场。

笑气

在这幅1802年的漫画中，詹姆斯·吉尔雷暗示了使用笑气可能会有一点危险。

地层学

1799

地层学是英国勘测员威廉·史密斯创立的，是了解地球的关键。史密斯最先在不同的地方发现了相同的岩层。经过大范围的勘测研究后，他绘出了首批地质结构图。史密斯还发现每个岩层都有自己的化石，越接近地表岩层中的化石，其生命形式越复杂。地质学家根据岩层中所包含的化石，按年代将岩层进行了分类。

1796年	德国医生萨穆埃尔·哈内曼提出了一种全新的医疗方法——顺势疗法，即用很小剂量的、可以让健康人出现与病人类似症状的药物，期望通过“以毒攻毒”，达到“治疗”疾病的目的。
1798年	英国诗人威廉·华兹华斯与塞缪尔·泰勒·柯勒律治共同出版了诗集《抒情歌谣集》，首篇是柯勒律治的《古舟子咏》，该诗标志着浪漫主义诗歌运动的开始。

电 池

1800

1780年，意大利医生路易吉·伽伐尼注意到，当青蛙的一条腿与两块金属接触时会抽搐起来。他发现这种现象是由电引起的。他的朋友意大利物理学家亚历山德罗·伏特证实，电是来自金属片而不是动物的组织。1800年，伏特研制出了第一块电池，即用一层经过浓盐水浸泡的硬纸板夹在银片和锌片之间。他证明，他造的电池能产生与静电一样的电。

水的电解

1800

英国工程师威廉·尼科尔森与外科医师安东尼·卡莱尔（Anthony Carlisle）开始使用伏特的电池。他们发现，当他们把连接电池两极的导线放入盐水中时会产生气泡。经过进一步研究发现，其中一根导线上产生的是氢气，而另一根导线上产生的是氧气，但氧气不形成气泡，而是与导线相结合。这就是电化学的开端，它将揭示更多化合物的特征。

铁架印刷机

1800

印刷时，字模越大，越需要更大的力来使纸与字模发生接触。木制印刷机无法承受在大开纸上印刷时所用的力量。查尔斯·斯坦厄普是位有科学头脑的贵族，他造出了第一台铸铁印刷机来改善这一情况。铸铁印刷机比木制印刷机牢固，每次都可印出一张大开张的纸。

绷紧的弦连接琴颈和音盒

踏板用来调节弦的音调

半音竖琴

这款踏板式法国竖琴，大约制作于1810年。

小行星

1801

1801年，意大利天文学家朱塞普·皮亚齐发现了第一颗小行星，但很快它就消失于白昼的天空中。这颗小行星恰好位于波得定律所说的一个消失的行星的地方。法国数学家卡尔·高斯根据皮亚齐为数不多的观察发明了一种计算该行星运行轨道的方法。运用这种方法，德国天文学家弗朗茨·冯·佐奇（Franz von Zach）后来重新发现了这颗失踪的小行星。皮亚齐将它命名为“谷神星”。

半音竖琴

c 1801

简单的竖琴为一弦一音，通常只能以一种调弹奏。弦加得太多，就无法弹奏。因此，人们一直用快速调音来解决音调的问题。第一把能弹奏各种调的竖琴是法国的塞巴斯蒂安·埃拉尔（Sébastien Érard）在1801年到1810年间设计的，它的双动踏板装置可以随时对七组弦中的任何一组进行重新调音。

提花机

1801

只要按正确的顺序把纺纱机上的经线提起或放下，便能织出精美的图案。在18世纪，这项工作一般由提花工人完成。1745年，雅克·德·沃康松用打孔分类机取代了提花工，但是这项发明一直无人问津，直到1801年，约瑟夫-马里·雅卡尔才将它改进为提花机。提花机除了能在打孔卡的控制下织花布，还激发了早期计算机先锋的灵感。

紫外线

1801

无线电波、X光线，还有许多其他辐射，包括光（唯一可见的电波）都是电磁波。根据波长可以把它们排列成光谱。我们可以见到的那部分电磁波谱，即可见波谱的两端分别为红色和紫色。1800年，威廉·赫歇尔在红色端的外侧放置了一支温度计，并注意到其温度在上升，由此发现了红外辐射。这一发现促使德国物理学家约翰·里特对紫色端外侧进行研究。他发现遇光即变暗的氯化银在那里暗得更快，这是辐射造成的，从而证明了紫外线的存在。

高压蒸汽机

1802

詹姆斯·瓦特永远不会尝试把蒸汽置于高压状态，因为他认为这太危险了。而英国工程师理查德·特里维西克没有这种担心，他造了一个加

1800年 美国国会图书馆建成。跟41年前创建的大英博物馆图书馆一样，美国国会图书馆的宗旨是收藏所有在美国出版的出版物，每种出版物至少收藏一个副本，以这种方式来建立版权。

1801年 按照法国革命政府7年前的一项法令，法国皇家收藏的艺术珍品终于向公众全部开放了，它们被陈列在巴黎的卢浮宫内。

厚的汽缸，并把压力增大了10倍。1802年，他为这种体积小、功率大的蒸汽机申请了专利，这种蒸汽机扩大了蒸汽动力的用途。几乎与此同时，奥利弗·伊文思也在美国开拓了高压蒸汽机之路，其发明的产品受到了前所未有的欢迎。

批量生产

1802

批量生产将复杂的操作转化为若干简单的步骤，每一步操作分别由不同的机器完成。第一套真正意义上的批量生产系统是为帆船索具生产木塞的，这套系统是由法国工程师马克·布律内尔设计，英国工程师亨利·莫兹利建造的。这套系统的45台机器分别只完成一项操作，如只完成打孔。它把人均生产量提高了10倍以上。

云的名称

1803

云能为我们提供多样的天气信息，所以气象学家才要认识各种不同类型的云。他们使用的大部分云的名称，如卷云和积云，都是英国化学家卢克·霍华德在1803年命名的。霍华德一生热爱气象学，喜欢给人讲授气象知识，他还出版了世界上第一部气象学著作。由于这些贡献，1821年，霍华德入选了英国皇家科学学会（这是一个权威的科学学会，成立于1660年）。

铁路机车

1804

1804年，理查德·特里维西克在他的高压蒸汽机上装上轮子，并将其运用在了车轨上，制造出了第一辆蒸汽机车。他的机车拉着70个人和10吨铁，以每小时8千米的速度行驶了16千米。机车的优势在于它能把用过的蒸汽从自带的烟囱排出，以加快燃烧速度。不幸的是，机车把铸铁车轨压坏了，特里维西克不得不放弃了他的这辆车。

铁路机车
这是特里维西克于1808年制造的“无人能及”号机车的模型。

1802年 蜡像专家玛丽·杜莎夫人离婚后带着几座蜡像和两个孩子从法国来到英国。此后她在英国游历33年，最后在伦敦开了一家蜡像博物馆。

1804年 鹤屋南北四世是日本河源崎剧院的首席剧作家，他因《天竺德兵卫异国故事》一炮而红。该剧是专为当时的著名演员尾上松助一世而创作的，剧中充满了阴森、恐怖和怪诞的场面。

弧光灯

c 1807

1807年，英国化学家汉弗里·戴维在英国皇家科学研究所向人们做了一个轰动一时的展示：他将两根碳棒分别连接在一块电压为3000伏的大电池两端，然后把碳棒相碰又迅速分开，结果产生了一道10厘米长的炫目白光。不过过了70年，才有科学家发明了足够好的发电机，把这个大胆的实验变成了实用的街道照明和商店照明设备。

弧光灯

明尼阿波利斯市的第一盏弧光灯于1883年2月投入使用。

钠与钾

1807

伏特电池（见第116页）的发明带出了一连串的新发现。其中包括汉弗里·戴维在英国皇家科学研究所提取的钠与钾。由于钠与钾都极易与其他物质发生反应，所以在此之前人们都没有发现过纯的钠和钾。在分离实验中，戴维先熔化了氢氧化钠和氢氧化钾，然后给熔化的物质连上电池，用电解法从两种化合物中分别把钠和钾这两种金属元素提取出来。

原子量

1808

1808年，英国化学家约翰·道尔顿参与创立了现代化学中的公式和反应式。他在他的《化学哲学新体系》一书中写道："化学元素都是由原子构成的，每个元素的原子量不同。原子量的比率和原子结合的比例都是整数。"道尔顿的理论在此后50年内都没有引起足够的关注，但它对后世的化学发展产生了巨大影响。

花边织机

1809

花边最初是由心灵手巧的人用钩针一针一线手工制成的。只有富人才买得起花边。1809年，英国发明家约翰·希恩科特为一台能模拟手工花边的机器申请了专利。他与查尔斯·莱西合办了一家工厂，专门生产这种新产品。1816年，工厂被一个有组织的勒德分子捣毁，他们反对机器的出现，觉得这会强迫工人进入工厂工作。

罐装食品

1810

罐装食品最初是为了改善法国士兵的伙食而出现的。罐装食品这个主意是法国糖果制造商尼古拉斯·阿佩尔提出的，1809年，他将装了食品的罐子放进沸腾的开水中，然后趁热将其密封。但阿佩尔当时并不知道这么做起到了消毒杀菌和防止感染的作用。1810年，英国发明家彼得·杜兰德用镀锡的铁容器代替罐子，做出了第一罐真正意义上的罐装食品。1820年，英国海军开始食用罐装食品。

罐装食品

各种食品公司都开设工厂来制造各种罐装食品，使其逐渐变得司空见惯。

复合式蒸汽机

1811

在高压蒸汽机中，活塞在每个冲程之后释放出的蒸汽还有很大的压力，这意味着有一部分能量被浪费了。如果能将这些蒸汽送入第二个汽缸，就可以实现二次利用。

1807年 在美国马里兰州以北的各州废除蓄奴制3年后，英国反蓄奴制的改革者威廉·威尔伯福斯以及托马斯·克拉克森终于把任何向英国境内（包括殖民地）贩卖奴隶的行为定为非法行为。

1812年 研究语言和民间传说的德国兄弟雅各布·格林和威廉·格林出版了第一本民间故事，即两卷本的《儿童与家庭童话集》卷一。45年后，这本故事集以《格林童话》为书名再次出版。

1781年，英国发明家乔纳森·霍恩布洛尔为自己的这种设想申请了专利，但因为詹姆斯·瓦特认为这侵犯了他的蒸汽机专利（见第107页），所以这个设想未能深入开发。到了1804年，英国工程师亚瑟·伍尔夫重新发现了这一原理，并于1811年，在瓦特的专利过期之后，成功地生产出第一台复合式蒸汽机。

圆压式印刷机

1811

19世纪初的印刷机与1455年谷登堡的印刷机（见第76页）的工作原理基本相同。随着技术的提高，更快的印刷速度也成为可能。第一台高速印刷机是德国工程师弗里德里希·柯尼尔和安德烈亚斯·鲍尔（Andreas Bauer）于1811年共同设计的。这台印刷机工作时，纸张覆盖在圆筒上，两者与底下的字模同时转动。1814年，伦敦《泰晤士报》的一台蒸汽驱动的“柯尼尔-鲍尔”式圆压印刷机创造了每小时印刷1100张纸的历史纪录。

感觉神经与运动神经

1811

苏格兰解剖学家查尔斯·贝尔对人类神经系统做了极其重要的研究。他在伦敦工作时，研究了大脑和脊神经的结构，其中最重要的发现是人有两种神经纤维：一种是将信息传递到脊髓和大脑的感觉神经纤维，另一种是发出指令的运动神经纤维。后来，法国生理学家弗朗索瓦·马让迪证实了贝尔的研究。

万花筒

布鲁斯特的万花筒比今天的玩具精美多了。

通过管道看到鲜艳多彩的碎片

放置有颜色碎片的物盘

盒子可以锁起来

矿工安全灯

1816

见第120～121页，汉弗莱·戴维和乔治·斯蒂芬森努力拯救矿工生命的故事。

万花筒

1816

1816年，苏格兰物理学家戴维·布鲁斯特用业余时间发明了一种叫万花筒的光学玩具。筒内一对互为一定角度的小镜子经过多重反射，能使一些彩色碎片变幻成美丽的对称图案。万花筒一词的希腊语意思即为“看见美丽的图案”。

1813年 简·奥斯汀终于等到《傲慢与偏见》出版，她在1796年就开始创作该小说。奥斯汀称，在她塑造的众多女主人公中，这部作品中的伊丽莎白·班内特是她最喜爱的。

1815年 6月18日，拿破仑在比利时遭遇了人生的最后一场败仗：滑铁卢惨败。由于战术失误和兵力不足，他输给了由冯·布吕歇尔将军和威灵顿公爵率领的13.3万英普联军。战败后他便被放逐，退出历史舞台。

安全灯的发明

汉弗莱·戴维和乔治·斯蒂芬森的拯救矿工之争

1812年5月25日，星期一，对于英格兰纽卡斯尔附近的费林矿区来说，这一天是个难忘的日子：一场井下大爆炸夺去了92名矿工的生命，其中最年轻的仅10岁。这只是由矿工灯火苗引起的“沼气”（甲烷）爆炸而导致的系列灾难之一。在过去的10年中，仅英国东北地区就有108名矿工因此遇难。至1812年5月25日，死亡人数已经攀升至200名，采取相关措施刻不容缓。

政府专门成立了一个委员会来调查这个问题。委员会咨询了当地医生威廉·克兰尼、化学家汉弗莱·戴维和一位自学成才的煤矿机工乔治•斯蒂芬森，并向这3个人征求了建议。

克兰尼和斯蒂芬森同时开始研制安全性更高的矿灯。克兰尼用水把灯密封起来，但矿工必须手动泵气，故而实用性不强。斯蒂芬森尝试凿小孔让空气进去。但是这样的话甲烷也会进去，然后被引燃。不过，在小孔四周覆盖金属片能冷却火苗，防止爆炸。1815年10月，斯蒂芬森的灯通过了安全检验。

回到伦敦的戴维用从矿上带回的甲烷做实验。跟斯蒂芬森一样，他也采用小孔透气的办法，但他意识到这些孔必须非常小，于是他在灯上罩了一个铜网罩。1816年1月，他的灯通过了安全检验。矿主为此举行了庆祝晚宴，并送给戴维一些银器作为报答，这些银器的价值是一个矿工年收入的50倍。

矿工却不以为然，他们不满戴维获得奖励，因为他们自己的人也发明了同

矿工的生活

这是1808年斯塔福特郡布莱德利矿井的一部分，从中可看到岩层和工作的矿工。早期的矿工不仅要注意随时掉落的岩石和矿井进水，而且他们几乎是在全黑的环境中作业，因为任何明火都可能引发灾难性的爆炸。

竞争对手

汉弗莱·戴维和乔治·斯蒂芬森是两个完全不同的人。戴维生于英格兰西南部，是很有教养的绅士兼优秀的科学家。而斯蒂芬森来自英格兰东北部，从未上过学，是一个讲究实际的煤矿机工。

汉弗莱·戴维是一位化学家，他还涉足很多其他科学领域。

乔治·斯蒂芬森除了发明了安全矿灯，还是早期公共蒸汽铁路开发的先锋。

样的灯，他们拒绝使用戴维设计的灯，还是坚持用“乔治灯”，即斯蒂芬森设计的灯。戴维认为斯蒂芬森抄袭了他的创意，还说那种灯没有科学依据，并不安全。

最后，大部分矿灯综合了三者的创意，用玻璃罩来代替火苗四周的金属网罩，这样光线会比戴维的灯更亮。为了防止爆炸，空气还是通过网罩送进去。问题终于得到了解决。

问题真的得到解决了吗？不幸的是，新型矿灯的出现促使矿主把矿工送进原先被认为极其危险的区域。由于安全灯并不是百分之百安全的，所以矿井中的死亡事件并没有减少，也许戴维和斯蒂芬森之争只是白忙一场。

安全灯

戴维的安全灯（右）和斯蒂芬森的安全灯（左）是最早用于煤矿的安全灯，但19世纪80年代产的马尔索安全灯（中）最安全。

19世纪工业的动力是煤炭。安全灯使在有危险的区域采煤成为可能，这样，矿主就能从矿井里获取更多的煤炭。

灾难延续

这是1866年英格兰巴恩斯利发生的爆炸事件，在安全灯发明后的50年间，灾难仍在不断发生，并夺去矿工的生命。

潜水服

西贝于1830年设计的潜水服。它配置的是一个沉重的头盔，只能提供有限的视域。

斯特林发动机

1816

锅炉爆炸一直困扰着苏格兰物理学家罗伯特·斯特林，因此他发明了一种不需要蒸汽的发动机，并于1816年获得专利。这种发动机先压缩冷空气，然后将压缩后的冷空气送进加热的汽缸。冷空气在汽缸中受热膨胀，再推动活塞做功，随后气体在散热器里降温。斯特林的发动机安静、清洁、高效，但它的价格和体积限制了其大范围使用。

过磷酸钙肥料

1817

植物需要磷，骨肥料是磷的来源之一。大约在1817年，爱尔兰医生詹姆斯·默里发现用硫酸处理过的骨头易于溶解，便于植物更快地吸收其中的磷，他将这种产品叫作“过磷酸钙”。直到1843年，英国农场主约翰·劳斯开始大规模使用过磷酸钙后，它才成为一种重要的肥料。

隧道掘进保护框

1818

1818年，法国工程师马克·布律内尔发明了隧道掘进保护框，使挖掘河底隧道成为可能。这种保护框能支撑住隧道，并阻止河水渗入。随着工事推进，工人可将保护框向前移动。1843年，布律内尔成功开凿了第一条河底隧道。后来，彼得·巴罗在此基础上开发出了一种圆形掘进保护框，这种保护框可以放进预制的隧圈。19世纪60年代，南非的土木工程师詹姆斯·格雷特赫德（James Greathead）又对它进行了改进。

潜水服

1819

第一套实用潜水服是德国工程师奥古斯图斯·西贝在1819年发明的，此前水下工作者都是坐在潜水钟（见第101页）里——一种底部可开放的储气腔室。西贝的第一套潜水服配有一个密封头盔，空气从水面泵进头盔里。1830年，他又设计出了一种全密封的潜水服。

听诊器

1819

法国医师勒内·泰奥菲尔·拉埃内克（René Laënnec）希望能听测患者肺部和心脏的声音，但是他不好意思贴在患者的胸前，于是他就将纸卷成管状，将纸管一端贴在患者胸前，他在纸管的另一端听。他发现这种纸管能传递出身体的各种声音，从而让他对多种疾病情况产生联想，于是他又用竹子做了一个管状听诊器。他在1819年公布了自己的发明，后来，经其他医生的改进，他的工具最终成了现代听诊器的模样。

四则运算器

1820

世界上第一台真正能用的计算器由法国保险代理托马斯·德·科尔马于1820年

1816年	意大利作曲家焦阿基诺·罗西尼的歌剧《塞维利亚的理发师》在罗马阿根廷剧院首演。该剧改编自早前法国作家加隆·德·博马舍写的同名喜剧，是罗西尼最著名的歌剧作品之一。	1818年	科幻小说《弗兰肯斯坦》出版。该书是玛丽·雪莱两年前与诗人拜伦在瑞士逗留时写成的。玛丽·雪莱是受拜伦挑战来写恐怖故事的客人之一，最后也只有她的故事成型了。

申请获得专利。这种计算器能进行加、减、乘、除四则计算，但一开始这种计算器并没有成功，主要是因为它的发明者没有相关的科学背景。19世纪50年代，一种改进型的计算器开始引起人们的注意。1880年，已有上百台计算器投入使用，尤其是在保险行业。

电磁学

1820

在丹麦物理学家汉斯·克里斯蒂安·奥斯特于1820年做那次重要实验之前，人们一直把电学与磁学看作两门学科。奥斯特这次实验主要得益于伏特在1800年发明的电池（见第116页）。奥斯特在电线旁边放置一个罗盘指针，再把电线接到电池两端，磁针立即与电线里的电流形成直角，这证明了电流能产生磁场，这两门学科终于合为一门学科。

奎宁

1820

奎宁是树皮提取物中的活性物质，能治疗疟疾（一种由血液里的寄生虫引起的疾病）。1820年，法国化学家皮埃尔·佩尔蒂尔和约瑟夫·卡文图把奎宁单独提取了出来，这标志着疾病治疗从全部使用植物提取物开始向使用纯化学药品转变。这两位化学家还提取了其他几种常见的天然化学品，其中包括叶绿素。

傅里叶分析

1822

工程师和科学家经常要与波打交道，但波的形态千变万化。多亏了法国数学家约瑟夫·傅里叶的研究，工程师才不需要处理每种可能的波形。1822年，傅里叶在他所著的一本关于热流的书中说："任何形态的波都可以分解成简单的正弦波。"现在人们用傅里叶分析，以及一个相关的叫作傅里叶变化的数学方法，来设计电子通信系统和许多其他的东西。

非欧几何

1823

学校教的几何学中有欧几里得（见第45页）的论述：经过某定点，并与特定的直线平行的线只有一条。1823年，匈牙利数学家亚诺什·鲍耶发现他可以无视这一点，并创立能自圆其说的非欧几何。俄罗斯数学家尼古拉斯·伊万诺维奇·罗巴切夫斯基在1829年发表了相同的理论，欧几里得学描述的是我们习惯了的小空间，但并不适用于整个宇宙空间。19世纪50年代，法国数学家波恩哈德·黎曼深入发展了非欧几何，为爱因斯坦发展广义相对论奠定了基础。

防水布

1823

在阴雨连绵的苏格兰格拉斯哥工作的查尔斯·伦尼·麦金托什找到了设计防水布的方法。他发现橡胶能溶解石脑油（一种在制作煤气时产生的油状液体）。1823年，他用他的橡胶溶液把两层布粘合在一起制成了防水布。虽然早期的麦氏雨衣在缝线处会漏雨，橡胶也会软化，但它依然很快成了当时人们在雨天里的唯一选择。

四则运算器

有很多家公司生产四则运算器，这台木框黄铜运算器大概生产于1870年。

1819年	英国官员斯坦福·莱佛士爵士在新加坡岛建立了殖民地，这个介于印度洋与中国南海之间的喉舌之岛，后来发展成为一个高度发达的国家。	1822年	古埃及象形文字借罗塞塔石碑得以破解。此碑于1799年被法军发现，碑上用古埃及象形文字与古希腊文书写着相同的文书，这使法国学者让-弗朗索瓦·商博良成功地将其破译。

热机的最大功率

1824

像蒸汽机一样的热机可以将热能转化为机械能。热机的热效率即热能与转化后的机械能的百分比。热效率不可能达到百分之百。1824年，法国科学家萨迪·卡诺发现了限制发动机输出功率的原因，那就是发动机最热部位与最冷部位之间的温差：两个部位之间的温差越大，热机的输出功率就越大。

波特兰水泥

1824

波特兰水泥是一种普通的建筑水泥，它是苏格兰北部的建筑工约瑟夫·亚斯普丁于1824年发明的，亚斯普丁将泥土与石灰石混合在一起加热，直到它们成为浆体并硬化。亚斯普丁认为他制造出的水泥和产自波特兰的优质石材一样好，因此给他的水泥取了这个名字。

自修剪式烛芯

1824

烛芯的长度要适当，蜡烛才能燃烧。1824年前的蜡烛，烛芯要靠人工来剪短，因为烛芯不会随着蜡烛燃烧而一起烧掉。法国发明家康巴塞雷斯发现，如果把烛芯编成辫状而不是捻成绳状，它就会从火苗中突出来，随着火苗而烧尽，从而实现自行修剪，现在的蜡烛都是这样的自修剪式烛芯。

铝

1825

铝是地球上很常见的金属，但直到1825年，丹麦化学家汉斯·克里斯蒂安·奥斯特从氯化铝中提炼出铝之前，还没有人见过铝。不过汉弗里·戴维早就在用于染色的明矾中发现并命名了这种元素。他先是称其为alumium,后改称为aluminum（现在北美地区仍使用这个名字），最后为了与钠（sodium）等元素的化学名称相配，又改名为aluminium。不管它的名字是什么，铝都已经成了世界上用途最广的金属之一。

公共蒸汽火车

1825

在乔治·斯蒂芬森当上即将在英格兰东北部修建的从达灵顿到斯托克顿的公共马拉车轨道的项目工程师时，他就已经在修建工业用机车了。他认为蒸汽机车和铁轨比计划修建的马拉车和木轨道好得多。1825年9月27日，一辆蒸汽火车从达灵顿开往斯托克顿，这意味着世界上第一条火车铁路开通了。乘客和货物都在敞篷的车里，只有列车长能坐在一个有顶篷的车厢里。

汞合金补牙材料

c 1826

补牙并非趣事，过去更加不堪。早期的金属填补物必须先加热至沸点再灌入牙齿。大约在1826年，法国的奥古斯特·塔沃和英国的托马斯·贝尔发现，有一种汞银混合物，可在常温下注入齿缝，并且迅速变硬。他们发明的汞合金补牙材料今天还在使用。

公共蒸汽火车

图片呈现的是斯蒂芬森的“运动一号”机车模型，“运动一号”曾为第一列公共蒸汽火车提供动力。

1824年	伟大的德国作曲家路德维希·凡·贝多芬在听力尽失的情况下创作出了《d小调第九交响曲》。此交响曲既适合交响乐队演奏，也适合大型唱诗班演唱，最后一个乐章包含了席勒的《欢乐颂》谱曲。
1825年	俄罗斯大剧院在莫斯科开业，它留用了原彼得洛夫斯基剧院的芭蕾舞者，将其更名为“大剧院芭蕾舞团”，该芭蕾舞团是俄罗斯历史最久的芭蕾舞团，后来也成为世界上最出色的芭蕾舞团之一。

铁路热

铁轨的前身是专为马拉车修建的木轨。后来乔治·斯蒂芬森证明了蒸汽机车也能在轨道上行进，蒸汽机车的轨道即以迅雷不及掩耳之势覆盖了英美两国大陆。大量的公共和私人资金源源不断地投入这个新兴的技术领域。到1850年，英国已建成了1万多千米的铁路，而美国的开拓者已经在西部开发中建起了14,500千米的铁路。

带上自己的车

1803年，萨利铁路在英国开始运营，该铁路从泰晤士河畔的旺兹沃思开到伦敦南部的梅斯特姆。这是第一条公共的铁路，但乘客必须自备车厢和马匹。

马匹在轨道中间行动

大约在1730年，简单的马轨道提升了英格兰巴斯市附近的一个采石矿的产量。

铁路时代启元

在斯托克顿—达灵顿铁路的开放仪式上，大量群众都争先尝试这一新的旅行方式。当天就有600人挤进了车厢，有些人甚至将自己吊在了车厢外。

像火箭一样

1830年9月15日，第一条全蒸汽动力的铁路：利物浦—曼彻斯特铁路开始运营。该铁路拥有自己的火车，由斯蒂芬森的“火箭”号牵头，它是1829年举办的火车比赛的绝对优胜者。

特伦斯·库尼奥这幅画生动地描绘了斯托克顿—达灵顿铁路始运营当天的狂热场景。

通用部件

1826

现在的产品多是由批量生产的部件装配而成的，但在18世纪，谁也不敢保证可以制造出能精准匹配的零部件。当时的美国政府急需使用部件通用的枪支，以便迅速维修武器。1826年，美国枪炮制造商约翰·霍尔成功地制造出政府所需的东西，为此他还开发了一套新工具和新技术。在此过程中，他也完善了进行批量生产所需要的程序。

收割机

1826

没有机械的帮助，收割时就需要大量的人力。1826年，苏格兰农民帕特里克·贝尔成功设计出第一台收割机，他还鼓励当地其他农民模仿他的做法。几年后，美国的赛勒斯·麦考密克也设计出类似的机器，和贝尔的收割机一样，它也有一个旋转卷筒，可将谷物送给收割刀。1840年，麦考密克的机器上市销售，在与工厂生产的贝尔式收割机的竞争中获得了成功，麦考密克售出了数千台收割机。1902年，麦考密克的公司与另外4家公司合并，成立了国际收割机公司。

卵生哺乳动物

1827

大多数人知道鸟是卵生的，但许多人并不知道哺乳动物中也有卵生的。1827年，爱沙尼亚的博物学家卡尔·冯·贝尔发表了他的这一惊人发现。他是哥尼斯堡大学的教授，他还发现了许多动物生长发育的秘密，并创建了比较胚胎学这一新学科。

1826年 日本浮世绘画家葛饰北斋开始发表“名所绘”组画《富岳三十六景》，这组画包括日本江户时代最著名的《神奈川冲浪里》。

1827年 美国著名画家约翰·詹姆斯·奥杜邦绘制的《美洲鸟类》，由伦敦雕刻师罗伯特·哈夫尔出版了第一卷，全书包括435幅精美的手绘彩图，奥杜邦也因此一夜成名。

温室效应

1827

随着汽车和发电站向大气排放二氧化碳，新闻报纸上开始出现“温室效应”一词。天然的温室效应能使地球保持宜人的温度，但是人类排放的污染气体会锁住空气中的热量，从而使地球变暖。1827年，法国数学家约瑟夫·傅里叶第一次提出了温室效应的存在，并指出它是如何像温室一样发生作用的。然而他并不知道，一个多世纪之后的人们对温室效应会有多么担忧。

火 柴

1827

随着化学知识的增加，发明家开始尝试把这些化学知识运用到寻找更好的光源上。一些发明家甚至为此烧伤了手指，因为他们用裹有化学物质的木棒去蘸硫酸点火。1827年，英国化学家约翰·沃尔克终于研制出可用的火柴，只要在砂纸上擦一下，他的火柴就能点燃，跟我们今天用的火柴相差无几。

简易铺装道路

1827

苏格兰工程师约翰·麦克亚当发现，干泥是最好的路基。1827年，他开始铺建以压实的泥土为路基、碎石为路面的道路。有铁框的轮子会把碎石碾得更碎，进而填满路面的缝隙，使得路面有防水的功能。在小汽车问世之前，街道上到处都是这种“碎石路”，因为后来出现的小汽车的充气轮胎会把小石粒带走，从而破坏路面，所以才出现了用焦油或沥青铺设的路面。

复合火管锅炉

1827

最初的蒸汽锅炉把大罐子直接架在火上，但能够被直接加热的面积很小，这种锅炉热效率很低。1827年，法国工程师马克·塞甘发明了一种内置很多管道的锅炉，火产生的热气能通过管子对水加热，这样加热的速度更快，热能的浪费也少。乔治·斯蒂芬森在第一辆在铁路上运行的蒸汽火车“火箭”号的设计中也运用了相同的原理。

欧姆定律

1827

欧姆定律是电学和电子学的根基。欧姆定律规定，电流=电压/电阻。把电线接在电池两极，如果线长增加一倍，电阻也会跟着增加一倍，于是电流就会减少一半。1827年，格奥尔格·欧姆发表这个定律时，他的德国科学家同行都说他是胡说八道，但欧姆是笑到最后的人。1841年，英国皇家学会授予欧姆一枚勋章，并且他的名字也作为电阻的单位流传至今。

水轮机

1827

法国工程师克洛德·比尔丹根据拉丁语“陀螺”（tarbo）创造了“涡轮机”（turbine）一词。1827年，他在圣艾蒂安技术学校的学生富尔内隆·伯努瓦创造了一个实用水轮机：水从水平转轮上方落下，冲击弯曲的桨叶，带动水轮转动，这种水轮机产生的动力相当于6匹马。很快，富尔内隆就造出了转速为每分钟2000转的水轮机。这种水轮机能产生40千瓦的电，用于发电非常理想。1895年，富尔内隆·伯努瓦的这种水轮机被安装在加拿大和美国边界的尼亚加拉瀑布上，用以发电。

差动齿轮

1827

如果车子的后轮在同一轮轴上的话，拐弯时会比较麻烦，因为转弯时外侧轮子的行进距离会比内侧的长，因此外侧轮子必须比内侧轮转动得更快。如果两只轮子固定在同一个轴上的话，就不可能做到这一点。现代后轮驱动汽车的两只后轮分别安装在两只轴上，发动机通过一种叫“差动齿轮”的装置驱动后轮，从而解决了这个问题。这个装置包含几个

火柴
早期的火柴稍一摩擦就会燃烧，因此要将它存放在一个防火盒子里以防意外。现在的火柴已经非常安全了。

1828年 诺亚·韦伯斯特出版的《美国英语词典》收录了7万个条目，其中一半以上的条目在其他字典里没有出现过。该词典后来成为美国官方语言和基础教育语言标准，促进了美国语言的统一。

1829年 紧跟在由宗教改革家兰姆·莫汉·罗伊发起的宗教运动之后，英国政府在其当时统治的印度地区，把当地的一个习俗（寡妇要陪其丈夫一起火葬）定为非法行为。

齿轮，能使后轮在必要时以不同速度转动。这是法国工程师奥内西福·佩克尔在1827年发明的，那时候汽车还没出现，这种齿轮只用于蒸汽车辆。

盲　文

1829

路易·布莱叶3岁时在一场事故中失明。他10岁时来到巴黎，接触了专供士兵夜间使用的浮点传递信息法。路易·布莱叶简化并改进了这种传递信息的方法，在1829年和1837年，他先后创制并发表了供盲人使用的6浮点盲文系统。这种盲文系统学起来并不容易，不过却沿用至今。

割草机

1830

割草机问世之前，可能只有那些有花园或者有羊的人才会剪草。埃德温·巴丁在1830年为自己的圆筒式割草机申请了专利，使得更多的人能够拥有平整的绿草地。如今，虽然巴丁的割草机在小块草地上基本被其他割草机取代，但其机器原理依然体现在修剪大块草地的牵引式割草机上。

电磁感应

1831

汉斯·克里斯蒂安·奥斯特发现电流能够产生磁场（见第123页）之后，英国科学家迈克尔·法拉第猜想磁场应该也能产生电流。1831年，他证明了这个可能性。用磁铁在电线圈中来回移动可以产生电流，而这就是发电机的原理。法拉第还发现，把两个线圈缠在同一个铁环上，当其中一个线圈与电池接通或者断开时，另一个线圈上也会产生电流，这是用来改变电压的变压器原理。美国科学家约瑟夫·亨利也大约在同一时间发现了电磁感应，但是法拉第率先发表了研究成果。

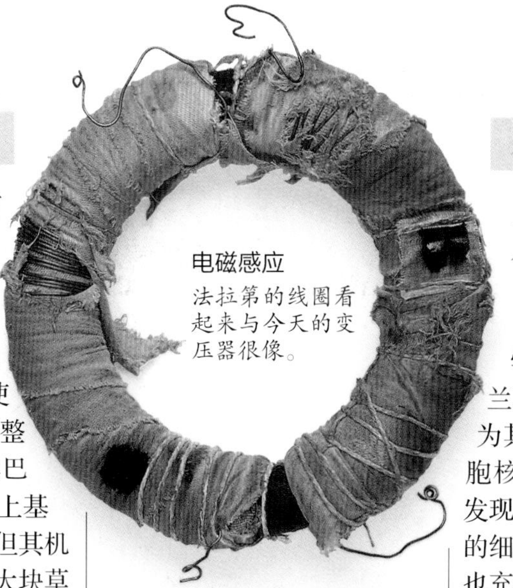

电磁感应

法拉第的线圈看起来与今天的变压器很像。

细胞核

1831

大多数活细胞的基因在细胞核里，细胞核是细胞中心一个明显的点。1831年，苏格兰植物学家罗伯特·布朗在研究兰花时，发现了这一结构并为其命名。布朗并不知道细胞核的作用是什么，但他的发现使人们逐渐认识到，植物的细胞中绝对不是空的，它们也充满了生命。

割草机

巴丁是根据纺织厂用于修剪毛织品表面毛球的旋转刀来设计割草机的。最开始的巴丁割草机是专供职业园丁使用的大型机器，图中是英格兰的伊普斯威齐的兰萨姆斯公司制造的割草机，但其原理后来被用于家用割草机。

带动剪草筒的齿轮

剪草筒

供第二个人使用的辅助手柄

调整剪刀高度的滚筒

提供动力的主滚筒

1830年 雷利旅行者俱乐部成立了伦敦地理学会，此学会专门资助到非洲、北极和其他一些地区的探险活动。1859年，伦敦地理学会升级为皇家地理学会。

1830年 对爱尔兰女演员哈丽雅特·史密森的爱慕激发了法国作曲家艾克托尔·柏辽兹的创作灵感，他因此写出了高度浪漫的《幻想交响曲》。他用音乐剧的方式处理整部交响曲，这部交响曲以男主角的去世而告终。

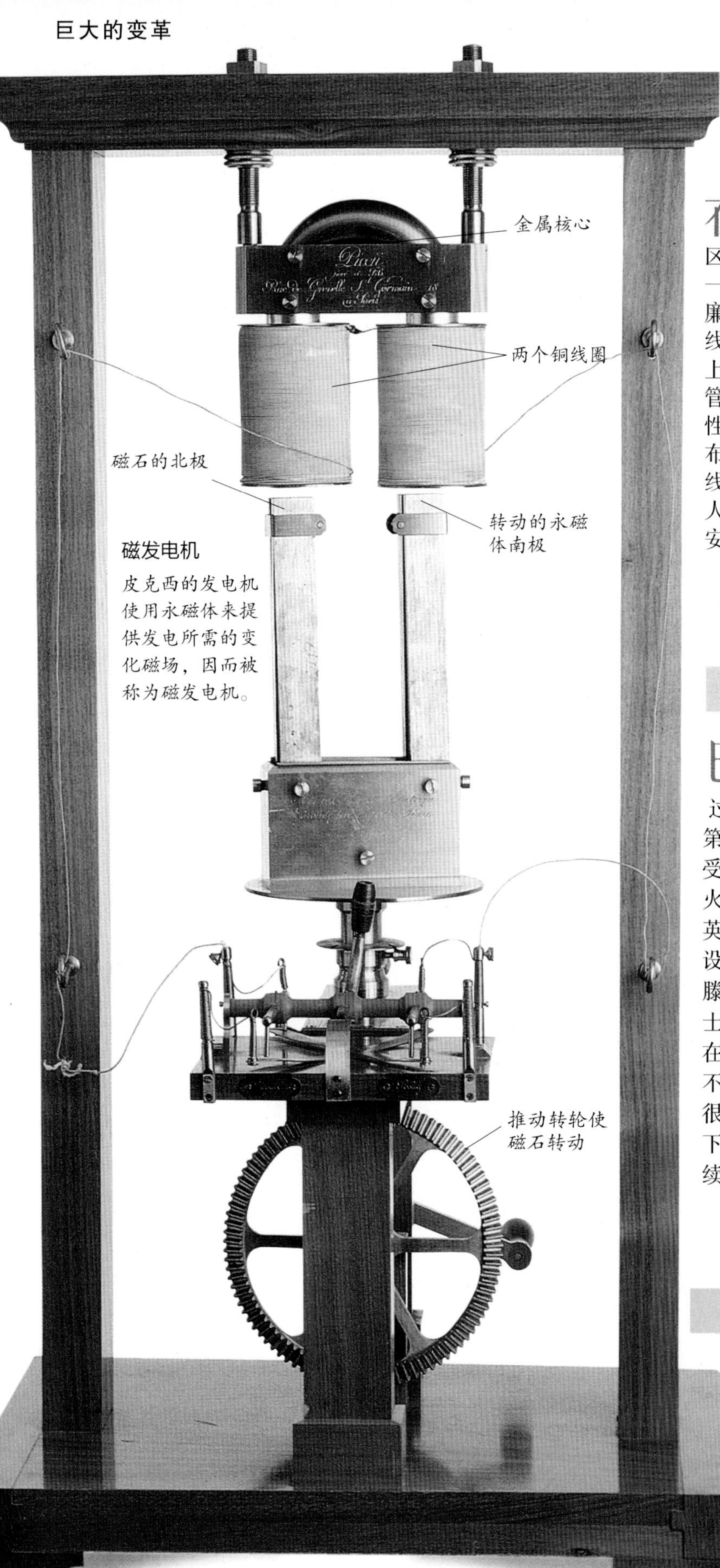

磁发电机

皮克西的发电机使用永磁体来提供发电所需的变化磁场，因而被称为磁发电机。

安全导火线

1831

在不造成人员伤亡的情况下，用火药炸开矿区和采石场的石头不失为一个好办法。在1831年威廉·比克福德发明安全导火线之前，矿工将火药放在地上，或是装进芦苇管或鹅毛管里来引爆，这些都是危险性极高的方法。比克福德用布裹住一些火药制成的导火线来预测其燃烧速度，这样人们可以在爆炸之前撤离到安全地点。

蒸汽巴士

1831

巴士（公交车）早在1831年就已存在，不过那时的巴士是靠马拉的。第一辆机械巴士出现在英国。受斯蒂芬森“火箭”号蒸汽火车（见第125页）的启发，英国发明家戈兹沃西·格尼设计制造了几辆来往于切尔滕纳姆与格洛斯特的蒸汽巴士。此后，沃尔特·汉考克在伦敦建立了蒸汽客运服务。不过，来自马车车主的抗议很快就迫使格尼从车轨上退下来了，但汉考克的服务延续了5年之久。

磁发电机

1832

迈克尔·法拉第发现电磁感应后不久，一个法国器械制造商的儿子伊波利特·皮克西就设计出了第一台实用发电机。他于1832年完成发电机的设计——发电机上的一块磁铁在线圈附近不停移动，产生交流电。后来，他采纳了物理学家安德烈·安培的建议，在发电机上增设一个转换器，使磁铁每转半圈就切断一次电路，由此产生了可用于电解实验的脉冲直流电。

电动机

1832

虽然汉斯·克里斯蒂安·奥斯特发现了电能够使磁针移动（见第123页），但要据此研制出实用的电动机并非易事。电动机的关键部分是换向器，即用来不间断地改变电流方向，使电动机保持运转的装置。英国工程师威廉·斯特金和美国铁匠托马斯·达文波特分别于1832年和1834年发明了实用的换向器。达文波特还用他的电动机驱动了不少机器，其中就包括一节车厢。

自感应

1832

1832年，美国科学家约瑟夫·亨利发现了自感应，一般称简单自感应。在自感应中，电流产生的磁场在条件变化时往往会保持电流。这种现象在把电线盘绕起来产生更强的磁场时，会更加明显。约瑟夫·亨利有一次断开电磁石时，看到电流没有中断，而是在流经空气时产生了巨大的火光，于是发现了这个感应。

立体镜

1832

立体镜将两张稍有差别的图片整合在一起，每只

1833年 奥柏林学院在美国俄亥俄州成立，是美国第一所实行男女混合教育的大学。两年后，奥柏林开始接受非洲裔美国学生入学。1841年，学校为3位女性授予了学士学位证书。

1836年 拿破仑生前最钟爱的工程之一——凯旋门，在其逝世15年后在巴黎香榭丽舍大街落成。凯旋门由让·沙尔格兰和让·雷蒙设计，目的是纪念法国1805年打败俄奥联军。

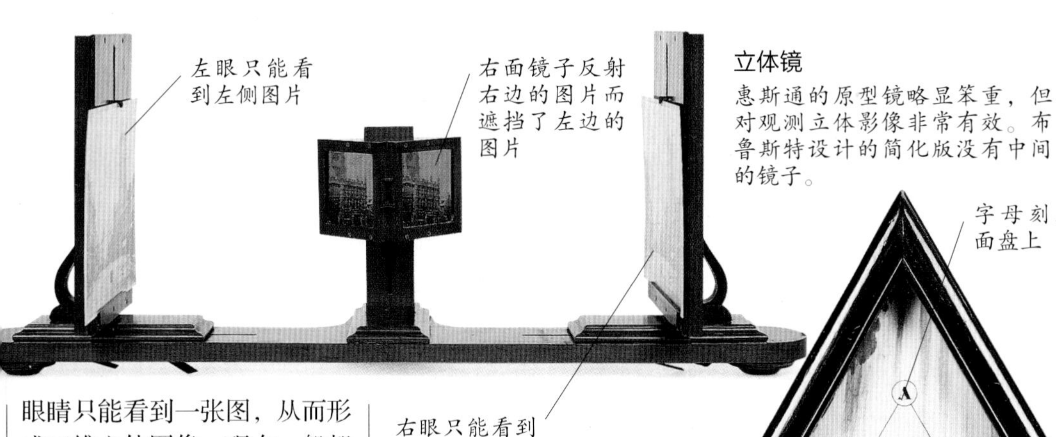

立体镜
惠斯通的原型镜略显笨重，但对观测立体影像非常有效。布鲁斯特设计的简化版没有中间的镜子。

眼睛只能看到一张图，从而形成三维立体图像。现在一般都使用照片来做三维图像，在摄影出现之前，英国物理学家查尔斯·惠斯通就发明了立体镜。但他的发明一直默默无闻，直到1851年，戴维·布鲁斯特在伦敦大博览会上向公众展示了简化的立体镜。因为当时维多利亚女王对这个发明十分着迷，所以立体镜很快就在英国风靡起来。

用马拉的轨车

1832

车轨的想法终于从矿车和铁路延伸到了城市街道。轨车最开始是由马来拉动的。美籍爱尔兰发明家约翰·斯蒂芬森可能是最早的轨车设计师。1832年，他的车开始行驶于纽约与哈莱姆的铁路上，他的公司后来也为全球生产轨车。美国企业家G.F.特雷恩把轨车推广到了许多城市。1860年，他在利物浦附近的伯肯黑德铺设了英国的第一条车轨。

反射作用

1837

手指在碰到烫手的物体时会瞬间缩回，这就是反射作用，是一种不经过大脑的快速反应。英国生理学家马歇尔·霍尔注意到，一只没有头的蝾螈对针刺仍有反应，他首先意识到，脊髓神经能够独立地接受刺激，并做出适当的反应。他的英国同行认为他的想法很荒唐，而欧洲的其他科学家发现他是对的。

字母刻在面盘上

转动的磁针

连接电线的端口

每次按两个按键来发出一个字母

电报机
这种5针电报机使用方便，但需要6根电线进行连接。指针通过左右摆动指向面盘上的字母。

电报机

1837

汉斯·克里斯蒂安·奥斯特发现磁针会对电流做出反应，这暗示了一种有效的电报方式。1837年，退役军人威廉·库克和物理学家查尔斯·惠斯通为他们的第一台能传递有效信息的电报机申请了专利。这种电报机有5根磁针，由6条电线控制，可以指认出字母表中的20个字母。1839年，英国大西铁路公司安装了这种电报机，并用它发送了第一份公用电报。

摩尔斯电码

1837

见第130～131页，摩尔斯和维尔创造通信新手段的故事。

1836年 7月29日，法国巴黎凯旋门建成。其上有许多精美雕刻，其中最著名的就是《马赛曲》浮雕。

1837年 英王威廉四世去世后没有继承王位的子嗣。6月20日，星期二，他的侄女维多利亚，年仅18岁就继位成为英国女王。后来，她成为英国历史上最重要的人物之一。

把世界连接起来

塞缪尔·摩尔斯和艾尔弗雷德·维尔创造了新的通信手段

摩尔斯的第一台电报机

摩尔斯设计的第一台电报机非常复杂。电报员不是直接发出电文，而是将放在支架上形状各异的金属片组装起来，再在一个转换装置里进行移动来控制电流的开关。

这个奇怪的装置就是莫尔斯的第一个电报接收器

杰迪代亚·摩尔斯并不指望自己的儿子塞缪尔·摩尔斯成为艺术家，但又觉得画画总比他把时间浪费在电学上好。后来，在去英国学习后，塞缪尔·摩尔斯成为一位画家，而且是全美最出色的画家之一。

1832年，在从欧洲返回美国的轮船上，摩尔斯听到有人谈起最新发明的电磁学，这重燃起他对电学的兴趣。他那艺术家特有的丰富想象力让他看到信息通过电力传播到整个世界的远景。

1835年，摩尔斯制造了一台电报机，他用的都是零碎材料，这些材料中甚至包括挂画布的美术架。可要怎样才能用一根电线来传递成千上万的单词呢？

他首先想到的是给每个词汇编号，然后用电流开关一

摩尔斯的电报只需要一根线，很容易铺设。为了让一根线传递信息，摩尔斯和维尔发明了一种以脉冲模式为基础的编码，这种编码至今还应用于各种远程通信中。

次代表1，开关两次代表2，依此类推，将号码发送出去。但即使用自动转换器和由“点”与“划”组成的简便电码，使用起来还是很麻烦。摩尔斯自制的电报机并不实用。

本来，事情也许就这么结束了。但1837年，在纽约一次不成功的电报展示上，他遇到了年轻的工程师艾尔弗雷德·维尔。维尔看了一眼摩尔斯的业余作品，就主动提出要帮助他重新设计。他用了比较强的电磁体，用简单的手工键代替了摩尔斯复杂的自动转换器。他弃用摩尔斯的词汇表，为每个字母设计了一种“点划”组合电码。就这样，现代电报机的雏形慢慢浮现了。

1843年，经过几轮成功的展示和一些政治辩论，美国政府赞助摩尔斯3万美元，让他在巴尔的摩和华盛顿特区之间架设一条电报线。因为以前从未有人架设过65千米长的线缆，在此期间，他遇到不少技术难题，但这一切在1844年5月4日终于全部解决了。

在巴尔的摩的维尔要处理一堆电池，在华盛顿的摩尔斯则要照料一群政治家，他们的新线路也传来第一封电报：“上帝之作。”不到一年，电报就向公众开通。又过了30年，电报普及全球。多亏了维尔的工程师能力，让摩尔斯艺术家想象力下的产物变为现实。

艾尔弗雷德·维尔

维尔刚大学毕业就碰上了莫尔斯，他同意协助摩尔斯，但希望摩尔斯能与他分享利益。他为摩尔斯的专利提供资助，还说服他的父亲一起资助摩尔斯。

发信息用的摩尔斯键

接收器在纸条上输出点或划的信号

最后的系统

大约在1870年，人们已经对电报机做了很多改善。电报员只需要听发报机里传来的声音，就能译出电文，而不需要把信号写下来。打孔纸带还可以将电文保存下来。摩尔斯电码已发展到可用水下电缆发送。

保密性差

这是一张1860年的歌谱上的图画，反映了当时电报的问题：电报内容必须由电报员念出来。这难免会出现图中这种令人尴尬的场面，因为电报内容可能涉及个人隐私。

轮船螺旋桨

1839

初期蒸汽船装有桨轮，但桨轮在深海中的作用不大。瑞典裔美国海军工程师约翰·埃里克森和英国工程师弗朗西斯·史密斯分别发明了水下螺旋桨。史氏螺旋桨呈螺旋形，而埃氏的更像风扇，但两个发明都没有引起英国海军的兴趣，而一艘装有埃氏螺旋桨的小型轮船被美国海军看上了。到了1839年，大型轮船上都装了这两种螺旋桨。试水作业证实了这种新式推进的螺旋桨装置的确很有效。

轮船螺旋桨

这是使用史氏螺旋桨的船模。现代的轮船把螺旋桨设置在更靠后的位置上。

摄　影

c 1839

1826年，法国发明家尼塞福尔·尼埃普斯把柏油涂在金属片上，再把金属片放在一边有透镜的盒子里，然后将它对着窗外。8个小时后，他得到了一张永久成像的照片。1839年，他的同事路易·达盖尔把照相时间缩短到20分钟。又过了一年，威廉·福克斯·塔尔博特宣布他有了可与之媲美的相机，其曝光时间更短，而且能拍出多张照片。

细　胞

1839

德国律师马蒂亚斯·施莱登把他热爱的植物学变成了自己的终身职业，他用显微镜潜心研究植物。1839年，他总结说，所有植物都是由细微的“砖块”，或者说是细胞构成，细胞分裂促成了植物的生长。一年后，他的同行特奥多尔·施万发现动物也是如此。于是，生物学的一项基本原理建立起来了。

硫化橡胶

1839

生胶遇热会变软发黏。美国的橡胶工人纳撒尼尔·海沃德发现，硫磺能降低橡胶的黏性。一直想改善橡胶性能的企业家查尔斯·古德伊尔知道后，买下了海沃德的发明权。1839年，经过一系列的实验，他发现了可以使橡胶变硬、变牢的化学反应：硫化。今天，硫化被广泛应用于汽车轮胎和其他橡胶产品的制作中。

燃料电池

1839

与普通电池不同的是，只要有燃料，燃料电池就不会没电。威尔士法官威廉·格罗夫于1839年研制出了第一个

硫化橡胶

这张广告出现在1923年，当时汽车已经非常普及，橡胶轮胎已经成为一门大生意。

1838年　美国驯兽师艾萨克·范·安伯格来到英国，他把头伸进狮子嘴巴的表演震惊了英国女王，女王让画家艾丁·兰西亚为驯兽师和狮子画了一幅肖像画。

1839年　首届大利物浦赛马障碍赛，即今天的全英赛马比赛，在利物浦的安特里举行。首届大赛的胜利者是9岁的赛马洛特里，马主人是约翰·埃尔默，骑师是杰姆·梅森。

摄影技术的先驱

19世纪初，许多画家和科学家希望能留住在暗箱（当时常见的绘画辅助工具，见第81页）中见到的栩栩如生的画面。因为银盐见光后会变黑，而且它的感光度不够。更糟的是拍摄完所需照片后，它还会继续感光，所以拍摄的图像很快就会被破坏。达盖尔和福克斯·塔尔博特用两种完全不同的方法解决了这个问题。

早期的达盖尔相机

达盖尔银版法

达盖尔的照片是借助碘化银拍摄的，是让碘在镀银铜版上反应形成的。因为其曝光时间极长，照相者必须长时间坐着。经过汞汽处理，再用盐定影之后，一张精美的银光闪闪的图像就可以用玻璃镜框裱起来了。

达盖尔式照片

这是1840年版的达盖尔相机

卡罗式摄影法

达盖尔银版法一出现，福克斯·塔尔博特就加快了他的碘化银纸照相法进度。这种方法将纸泡在银盐中。他发现银盐在变黑之前，会形成一幅隐像，只要加以显影处理，隐像就会显现，而且曝光时间缩短，用钠盐定影之后，再用纸底片便能印出照片。

1843年左右，福克斯·塔尔博特拍摄他在英格兰拉科克艾贝的家，用了卡罗式摄影法。

燃料电池。他知道电能把水分解成氢和氧，于是他尝试将此顺序颠倒从而发明了燃料电池，他发明的电池通过燃烧氢气和氧气来产生水和电。如今，燃料电池已用于航天，也许很快也将用于电动汽车的驱动。

聚苯乙烯

1839

透明的塑料CD盒是聚苯乙烯做的，聚苯乙烯还可做成其他轻便的包装材料。聚苯乙烯是由碳基化学物质苯乙烯分子经过自由基加聚反应合成的聚合物。它由德国化学家爱德华·西蒙于1839年首次提炼出来，但因纯度差且易碎而没有得到应用。1937年，美国化学家罗伯特·德雷斯巴赫研制出纯度较高的聚苯乙烯，之后不到一年，聚苯乙烯就迅速进入了市场。

巴氏合金

1839

旋转机器需要轴承，即套着金属，能承受轴的不断摩擦的孔眼。巴氏合金是用于普通轴承内壁的最佳材料之一。它是用锡和铅这两种软金属与锑和铜这两种硬金属制成的合金。巴氏合金易于上油，并且由于具有减摩性，所以即使油干了也不会卡住，使用寿命长，这是美国金匠艾萨克·巴比特在1839年发明的。

电　镀

c 1840

电镀即用电解原理在某些金属上镀一层其他金属或合金，它可以将铜做得看起来跟金一样。这项技术是英国工业家乔治·埃尔金顿和瑞士物理学家奥古斯·德·拉·里夫（Auguste de La Rive）各自独立完成的。但后来只有埃尔金顿获得了成功，他发明了电镀槽，然后买下了对手的全部技术，这样人们就只能使用他的技术了。

1840年 英国在45位毛利部族酋长签署《怀唐伊条约》后，正式接管新西兰。《怀唐伊条约》旨在给予毛利人以英国公民资格，保护他们的领地，但是由于部分条款模棱两可，在日后引发了冲突。

1840年 加拿大人塞缪尔·肯纳德开通了横越大西洋的定期轮班服务，英国“大不列颠”号开通了从利物浦到波士顿的第一班航船。肯纳德还将投资建造像“伊丽莎白”号这样的船，继续领导大西洋航运。

臭　氧

1840

平流层中的臭氧能保护我们免受辐射伤害，但复印机里的臭氧对人体有害。臭氧是一种非常活跃的氧气，每个臭氧分子中都有3个氧原子。在空气中放电（如复印机中的放电）就会产生臭氧。臭氧是德国化学家克里斯蒂安·舍恩拜恩在1840年发现并命名的。此后，人们发现臭氧有很多用途，如水净化和食品漂白。

邮　票

1840

罗兰·希尔崇尚民主，他发现传统的邮资收费对平民百姓而言过于昂贵，于是他指出按照路程远近收费和让收件人付费的做法是错误的，而固定收费和使用预付邮资的邮票可以降低75%的成本。人们采纳了他的意见。英国在1840年开始实施“一便士邮资制”，随之出现了第一枚邮票，即著名的黑便士邮票。

蒸汽锤

1840

1839年，英国工程师伊桑巴德·金德姆·布律内尔开始了“大不列颠”号的建造工作。他发现，凭人力是不可能锤打出明轮上的巨大轴杠的。英格兰工程师詹姆斯·内史密斯想到了蒸汽锤，并设计了一把大汽锤，其捶击力比很多人的力气加起来都大得多。1840年，他造出了第一把蒸汽锤，1842年即获得专利。不过，布律内尔那时已经变卦，他决定不再使用明轮，而改用现代的螺旋桨来驱动。

恐　龙

1841

人们在不同地方都发现过恐龙骨骼化石，但那时人们并不知道它是什么动物。后来，英国外科医生理查德·欧文指出，它们不是现存的任何动物的化石，而是已灭绝的古代爬行动物的化石。1841年，他把它们命名为恐龙，意思是“可怕的蜥蜴”。欧文在后来出名却是因为他反对达尔文的进化论，并把最早的鸟化石细节给弄错了。

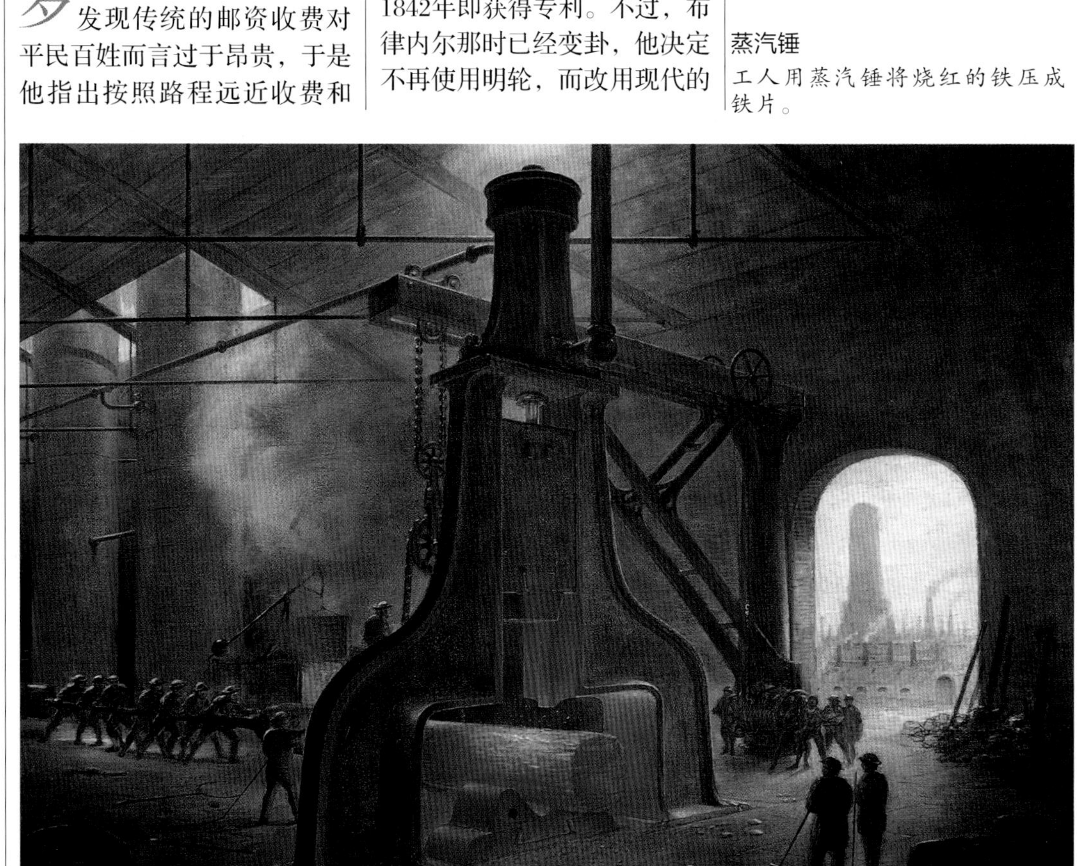

蒸汽锤

工人用蒸汽锤将烧红的铁压成铁片。

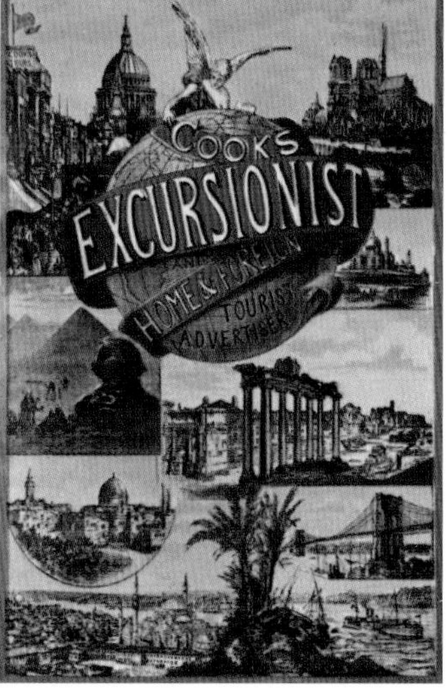

包办旅游

到了19世纪70年代，库克的旅游手册已经可以提供世界古今奇观的包办旅游项目了。

包办旅游

1841

1841年，英国旅行商托马斯·库克组织了第一次包办假期旅游。虽然那只是一次从莱斯特到拉夫伯勒的火车旅行，但却证明了包办旅游是有着广阔市场的。1855年，库克又组织了去法国的旅游，然后是去全欧洲的旅行。后来他的旅行社闻名全球。

多普勒效应

1842

高速行驶的汽车发出的声音，在其驶离时声音会变低。奥地利物理学家克里斯琴·约翰·多普勒在1842年时对此做出了解释：声源在接近我们时，到达耳朵的声波被压缩，波长变短，而频率变高，所以声音高且刺耳，当声源远离时则反之。光也一样，天文学家据此就可以知道星球接近或离开我们时的速度。警察也可以借助雷达来监控车辆的速度。

1840年　随着蒙特利尔雪鞋俱乐部的成立，滑雪在加拿大成了一种有组织的运动。在滑雪比赛中，参赛者需要在脚上绑一块板子（以防止被埋在滑雪比赛中的雪中），然后滑行1.6千米。

1841年　乔治·卡特琳出版了《北美印第安人的礼仪、风俗及生存研究笔记》一书。在游历大平原及美洲印第安部落的过程中，他画了500多幅反映风土人情的画。

圣诞贺卡

约翰·霍斯利的贺卡融合了宗教习俗画、祝福语和纯朴的装饰。

能量守恒

1842

早在1806年，英国医生托马斯·扬就使用了“能量”一词的现代含义：做功的能力。1842年，另一个德国医生尤里乌思·冯·迈尔指出，能量既不会凭空产生，也不会凭空消失。但迈尔并没有证据支持自己的观点，而且当时也没有多少人明白他的理论。但是能量守恒定律从此成了科学中一个至关重要的原理。此后至少有3个影响力较大的人物分别发现了这一原理，他们分别是威廉·格罗夫（1846年发现）、詹姆斯·焦耳和赫尔曼·冯·亥姆霍兹（1847年发现）。

圣诞贺卡

1843

第一张圣诞贺卡是英国画家约翰·霍斯利专门为亨利·科尔设计的，贺卡上画的是人们参加聚会的欢乐场面，这张贺卡于1843年在伦敦面市。亨利·科尔即后来的伦敦维多利亚和阿尔伯特博物馆的创始人之一。

传真机原理

1843

很奇怪，传真机的出现早于电话。1843年，苏格兰机械工人亚历山大·贝恩为他的“电动印刷与信号电报机”申请了专利，这比第一部电话的问世早了30多年。贝恩提出扫描打字机的字符来生成一种电报信号，利用钟摆原理来进行信息的同步发送与接收工作，但他自己并没有造出这种机器，乔万尼·卡塞利在1863年运用这一原理，在巴黎和里昂之间开通了传真业务。

河底隧道

1843

第一条河底隧道横贯伦敦泰晤士河河底，并连接了罗瑟希斯和沃平两地。这整个工程始于1825年，直到1843年才完工。虽然使用了马克·布律内尔的隧道掘进保护框（见第122页），但施工过程中还是出现了好几次渗水现象，其中一次还令布律内尔的儿子伊桑巴德受了重伤，工程也因此暂停了好几年。现在，伦敦的地铁每天都从这条隧道中呼啸而过。

太阳黑子周期

1843

天文业余爱好者做的定期观测有时会对天文学做出很大的贡献。德国的塞缪尔·施瓦贝对太阳进行了长达17年的观察，他希望找到一颗比水星离太阳还要近的行星。可是他却意外发现了太阳黑子以11年为周期增减的规律，1843年，他发表了这一发现，这非常重要，因为太阳黑子会影响无线电通信。

1842年	中英签订不平等的《南京条约》，中国被迫割让香港来结束第一次鸦片战争。1860年中国再度被迫割让九龙半岛。到了1898年，中国再被强行割让新界，租期为99年。
1843年	一种新的舞蹈——波尔卡舞轰动了整个巴黎，这是源自捷克波希米亚地区的以轻快的2/4拍为主的踢踏舞。波尔卡舞很快风靡了整个美国、拉丁美洲和斯堪的纳维亚半岛。

轮转印刷机

1845

第一台印刷机每分钟只能印两页报纸，而现代印刷机每秒就能印10整份报纸，这主要是因为现代印刷机不是上下打印，而是滚动打印的。1845年，第一台真正意义上的轮转印刷机由美国工程师理查德·霍伊研制而成。它每秒能印两张纸，但它有一个缺陷：如果旋转筒上的字模没有卡紧的话，那么正在印刷的报纸就会像子弹一样飞出去。

麻醉剂

1846

最早使用麻醉剂的是美国的两位牙医——霍勒斯·韦尔斯和威廉·莫顿。韦尔斯一开始使用笑气做麻醉剂（见第115页），但没有成功。1845年，他又尝试用乙醚做局部麻醉剂。莫顿考虑让患者试吸乙醚，1846年，他用乙醚做了一次外科麻醉手术演示并获得成功。一年后，苏格兰外科医生詹姆斯·辛普森开始用氯仿来缓解产妇分娩时的疼痛。

锁线缝纫机

1846

发明家奋斗了多年才使得缝纫机械化，他们的办法是使用两根线。导纱针将一根线穿过布料，布料下面有一个摆梭飞速地来回摆动，将另一根线绕扣在第一根线上。美国的沃尔特·亨特大约在1843年发明了这种机器。1846年，伊莱亚斯·豪以同样的思路获得专利。但我们真正要感谢的是美国发明家艾萨克·辛格，因为他在亚斯·豪的设计上加入了自己的创意，使缝纫机成为可大量生产的产品。

海王星

1846

海王星的发现证明了物理学的力量。天文学家知道天王星的运行轨道是不规则的，而对此的唯一解释是它受到了另一颗行星的吸引。法国天文学家于尔班·勒威耶计算出了这颗行星的位置。1846年9月23日，德国天文学家约翰·盖博对该区域进行观察，不到1小时就发现了这颗行星。其实一位名叫约翰·亚当斯的英国数学家在1844年就做过同样的计算，但当时英国的天文学家没有把这当回事。

锁线缝纫机

这款20世纪30年代的辛格缝纫机增设了新的工件——电动机。以前的人为了空出双手，会使用脚踏板来驱动缝纫机。图中缝纫机的盖板已被卸下，可以看清里面的装置。

1846年 以英国科学家詹姆斯·史密森捐赠的遗产为基础，美国国会建立了史密森学会，用来表彰为人类知识做出重大贡献的人。到了21世纪，该学会发展成了美国最大的综合博物馆机构。

1847年 英国约克郡文学三姐妹中的夏洛蒂·勃朗特创作了《简·爱》，这部具有浓厚浪漫主义色彩的现实主义小说，因其个性突出的女主角和对社会心理的着力描写，成为英国文学史上最著名的小说之一。

硝化甘油

1846

1846年之前，黑火药一直是唯一被广泛使用的炸药。这时，意大利化学家阿斯卡尼奥·索布雷罗发现了硝化甘油这种“高强度爆炸药”。硝化甘油的威力比黑火药大得多，但同时也非常危险，就算只是装有硝化甘油的容器掉到地上，也会引起一场毁灭性的爆炸。尽管硝化甘油很危险，但在还没找到安全的使用方法前，它就已经被用于采矿了。

蛋白照片

1858年，刘易斯·卡罗尔，也就是《爱丽丝漫游奇境记》的作者，为他的两位姑妈印刷的蛋白照片。

蛋白照片

c 1850

你可能见过那些印在蛋白相纸上的家庭照，它们看起来有点陈旧发黄。蛋白相纸在当时可是一项重大突破。在1850年之前，照片拍摄用的都是威廉·福克斯·塔尔博特原来的摄影技术（见第132页），直到法国摄影师路易·布朗卡尔-埃夫拉尔发明了这种具有光亮蛋白涂层的新型相纸，照片上的影像才更加饱满鲜明。

神经电活动

埃米尔·杜布瓦-雷蒙发明了这个“青蛙手枪”。他把蛙腿放进玻璃管里，并在使蛙腿收缩的神经末端处连接回路。

用来在蛙腿神经末梢处形成回路的按键

神经电活动

1849

有一次，德国生理学家埃米尔·杜布瓦-雷蒙被一条鱼放出的电电到了，于是他发现动物身上也带有某种性质的电。1849年，他又发现当神经受到刺激时，身体内会有电流通过。杜布瓦-雷蒙意识到，神经不是有些人所认为的“动物精神”通道，而更像电报电线，能将信息传遍全身。

热力学定律

1849

热力学第一条定律是能量守恒定律（见第135页）。第二条定律是热能只从热的地方流向冷的地方。这条定律是令人惊讶的，如一杯冷水比一茶匙沸水所含的热量还多（尽管沸水的温度高），因为一杯冷水的能量更大。但是，根据热力学第二定律，这些热量是不做功的。从1824年起，几位科学家就一直在研究这个问题。威廉·汤姆森在1849年创造了“热力学”这个术语，鲁道夫·克劳修斯在1850年撰文发表了这些定律。此后，热力学多了两条新的定律。

热功当量

1849

蒸汽机证明热是可以转化为功的。但反过来功也可以转化为热吗？1847年，英国物理学家詹姆斯·焦耳宣称，他可以单纯通过搅拌水使水温上升，但没人相信他。经过两年的研究，焦尔向英国皇家学会提交了一篇题为《论热功当量》的论文，英国皇家学会接受了他的论文。这篇论文准确论述了一定量的功会产生多少热量。现在，能量单位即是以他的姓“焦耳”命名的。

神经冲动传导速度

1850

到1849年，科学家已知道神经冲动是带电的，这样就可以测出它们的速度。德国科学家赫尔曼·冯·亥姆霍兹很快就发明了测量神经冲动传导速度的仪器。1850年，他新发明的“肌动描记器”证明了神经冲动的传导比其他任何生物的传导都快，他观测到的神经冲动传导速度高达每小时100千米！

1848年 资产阶级革命席卷了欧洲。法国、德国、意大利、波兰、捷克、斯洛伐克、匈牙利、丹麦等地的人民纷纷发动革命来要求更多的政治权利，以及更民主的政府。有些地方还要求国家民族独立。

1849年 英国作家查尔斯·狄更斯开始连载他最得意的作品《大卫·科波菲尔》。小说以第一人称视角讲述了主人公坎坷的人生故事，这本小说当时为狄更斯赚取了7000英镑的稿费。

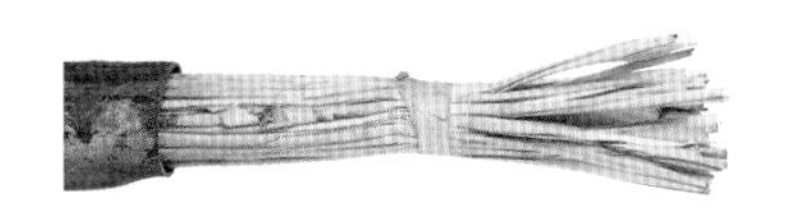

科学为王

19世纪末，人们见证了一些新产业的诞生，但是如果没有科学，这些应工业要求而发明的机器也不可能存在。塑料、合成纤维、电灯、电话、录音机、摄影、汽车和无线电改变了人类的生活，但它们还只是这个时期众多发明中的一小部分。

内耳机理

1851

螺旋器（柯蒂氏器）隐藏在耳内深处，它可以将声音转化为神经冲动。意大利植物学家阿方索·柯蒂于1851年首次描述了它：柯蒂氏器有无数细小的绒毛，轻拂位于液体中的基底膜。声波振动液体，基底膜传递给绒毛，附在绒毛上的神经细胞就会向大脑发出声音信号。

组合式预制房

1851

1851年，英国园艺师约瑟夫·帕克斯顿建造了第一座用预制材料建成的大型建筑。这座大型建筑——水晶宫是用来做伦敦博览会展厅的。这座壮观的玻璃钢铁结构建筑长563米，高33米，最宽处达124米。整个工程的建造只用了6个月，帕克斯顿的快速建筑秘诀在于重复使用像配套装置一样预先装配起来的基本建材。

傅科摆

1851

19世纪初，科学家就知道地球必然是绕地轴自转的，但他们没有直接的证据。1851年，法国物理学家让·傅科用一根长67米的绳子把一个沉重的球挂在巴黎的一座高楼内，以此形成一个大摆锤。人们观察到摆动过程中摆动平面会沿顺时针方向慢慢转动，事实上，这种现象是地球在其运动下逆时针转动的结果。现在，傅科摆是非常受欢迎的科学展览品。

冷藏箱

1851

气体受压缩时变热，膨胀时冷却。因此，将气体压缩后冷却，然后减压就会再度冷却，由此产生的冷气，可使其他物体变冷。美国医生约翰·戈里发现他可以用这种方法制造冷空气来给发烧的病人降温。1851年，他还研制了一台基于这种原理的冷藏箱并为它申请了专利。8年后，法国发明家费迪南·卡雷发明了一种与今天的冰箱更加接近的冷藏箱，他的冷藏箱使用的是一种膨胀时会从液态转为气态的物质，这样就能从冷藏箱里吸收更多的热量。

冷藏箱

美国通用电气公司于1943年制造的“顶部控制”型冷藏箱，其压缩器在顶部。

湿版摄影术

到处走动的摄影师必须随身带着这些装着化学溶液的瓶子和暗室。

湿版摄影法

1851

尽管卡罗式摄影法拍出的照片（见第133页）可以重印，但这种照片的底片图像呈颗粒状。1851年，英国雕刻家弗雷德里克·阿切尔在玻璃上涂了一层光敏纤维素溶液，做成了第一张湿版。这种湿版能印出比以前更加清晰的照片，曝光时间也更短。不过，它们必须趁湿曝光，而且要立即显影。但由于这种湿版效果非常好，摄影师对这些缺点毫不介意，湿版摄影法很快就取代了早先的技术。

飞　艇

1852

法国工程师亨利·吉法尔的飞艇是第一架成功飞行的动力飞行器。与所有飞艇一样，这架飞艇的升力来自密度最小的气体——氢气，其余3个蒸汽发动机则只需提供向前的动力。吉法尔选择了一个无风的日子，驾驶着那架44米长的雪茄状飞艇，以每小时10千米的速度在巴黎上空飞行了30千米。但飞艇要在很多年后才能应付有风的天气。

1851年 意大利作曲家吉塞皮·威尔第在威尼斯的菲尼斯大剧院观赏了自己写的第17部歌剧《弄臣》的首场演出，这部作品将音乐与叙事巧妙地结合在一起，在歌剧发展史上迈出了重要的一步。

1852年 欧洲最常见的鸟类——麻雀被引进美国，它最先来到纽约的布鲁克林区，以运粮马车撒落的谷粒为食。不到一个世纪，麻雀就遍布了整个美洲大陆。

陀螺仪

1852

轮子的旋转方向不因其轴心方向的改变而改变。让·傅科利用这一事实，证实了他早期在大摆锤（见第139页）下对地球自转的观察。1852年，他自己组装了一只可随意改变轴心方向的转轮。他把转轮转动起来，发现尽管地球在自转，转轮却保持自己的位置不变，他称这种轮盘为陀螺仪，意为“使旋转可见之物”。

布卢默女裤

c 1853

女生穿长裤在19世纪是不可容忍的，这也许正是美国女改革家阿梅莉亚·布卢默钟情于它的原因。她提倡一种长而宽松且在踝部束紧的新式女裤，希望这种服饰能解放女性。但约在1853年，当她穿着这种长裤出现时，她得到的更多是嘲笑而不是对她追求自由的精神的赞誉。不过不到35年，一项新的发明改变了人们对长裤的看法：女性穿裤子骑自行车十分合适。

布卢默女裤

这种新的时装，亦称土耳其长裤，最早是演员范妮·金博及其他一些演员在1849年开始穿的。但因为是布卢默使其公众化的，所以才冠以布卢默的名字。

滑翔机

1853

人类一直没能成功像鸟儿一样翱翔天空，直到英国贵族乔治·凯利放弃了扇动翅膀的思路，他才成功找出可以升空、平衡并控制固定翼滑翔器的方法。他知道发动机太重而无法为飞机提供动力，所以潜心于研究滑翔机。1853年，他的马车夫进行了首次滑翔试飞，成功飞行了500米。后来，一位德国青年人奥托·利林塔尔造出一系列的小型滑翔机，并成功地驾驶它们进行了规范的可控飞行。凯利和利林塔尔的研究奠定了飞行设计的基础。

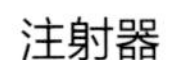

用螺纹推进的活塞针管

空心针头

注射器

普拉瓦的这款注射器制造于法国，看起来十分吓人。

注射器

1853

注射器有两个部分——针头和柱塞，是1853年由两位来自不同国家的医生分别发明的。法国外科医师夏尔·普拉瓦发明了一种小巧的装置，他在管子里装上刀片，可以把药液注射进静脉。而苏格兰内科医生亚历山大·伍德发明了一种空心针，并改良了普拉瓦的装置，发明了第一支真正意义上的注射器。

安全电梯

1853

伊莱沙·奥蒂斯是美国一家制床厂的高级技工，他发明了一个消除人们噩梦的东西。他知道人们害怕乘电梯，于是发明了有固定臂的安全升降机。一旦升降机的缆绳断裂，固定臂就会瞬间伸出，紧紧抓住电梯井四壁。1853年，他售出了第一部安全电梯。后来，他在纽约进行了一次有效性演示，他身处电梯内，然后把升降机的缆绳剪断。1857年，他在纽约一家商店里装了他的第一部安全电梯。他去世后，他的儿子查尔斯和诺顿继承了他的事业。如今人们在世界各地的电梯和自动扶梯上都能见到奥蒂斯的名字。

布尔代数

1854

今天我们能用上计算机要大大归功于乔治·布尔，而他的数学启蒙老师，即其父亲，只是一位鞋匠。乔治·布尔自学了很多的数学知识，到24岁时，他已开始向严肃的数学刊物提交论文了。他认为逻辑是数学的一部分。1854年，他出版了《思维规律的研究》，该书中阐述的便是今天所说的布尔代数。布尔代数把复杂的逻辑语句简单化，是许多数字硬件与软件的设计基础。

开罐器

1855

在英国发明家罗伯特·耶茨于1855年发明开罐器前，锤子和凿子一直是厨房的必备工具。开罐器的使用并不方便，因为它是一把锋利的刀，用的时候要用力刺穿罐头顶部，然后沿罐顶边划开。开罐器得以普及，是因为美国的一家牛肉罐头公司在开罐器上铸了铁牛头，并把它随罐头免费赠送给买到罐头的顾客。

打印电报机

1855

最初的电报机能通过一条电线传送报文（见第129页），电报内容先由一位电报员用摩尔斯电码发出；然后由另一位电报员在线路另一端将这些点与划译成文字，许多发明家尝试用“打印电报机”绕过手写这一步而直接将电文打印出来。美

1854年 一家英国陆军医院驻守在土耳其，那里的士兵常常死于疾病，而非战争中横飞的子弹。弗洛伦斯·南丁格尔抵达这座医院后便展开护理服务，南丁格尔因她出色的护理服务而闻名欧洲。

1855年 戴维·利文斯顿是一位探险家，来自苏格兰。他在非洲的赞比西河探险时发现了一处巨大的瀑布，瀑布高达108米，宽约1.6千米。利文斯顿用维多利亚女王的名字命名了它。

国音乐教师戴维·休斯于1855年成功发明了第一台打印电报机，它的键盘有点像钢琴键，其发送的信号会在接收端自动转译并打印出来。

打印电报机

休斯的“钢琴键”在还没有打字机的年代看起来还是挺自然的。每个键会向线路另一端的接收端输出一个不同时长的脉冲。熟练的电报员每分钟可以输出30个字。

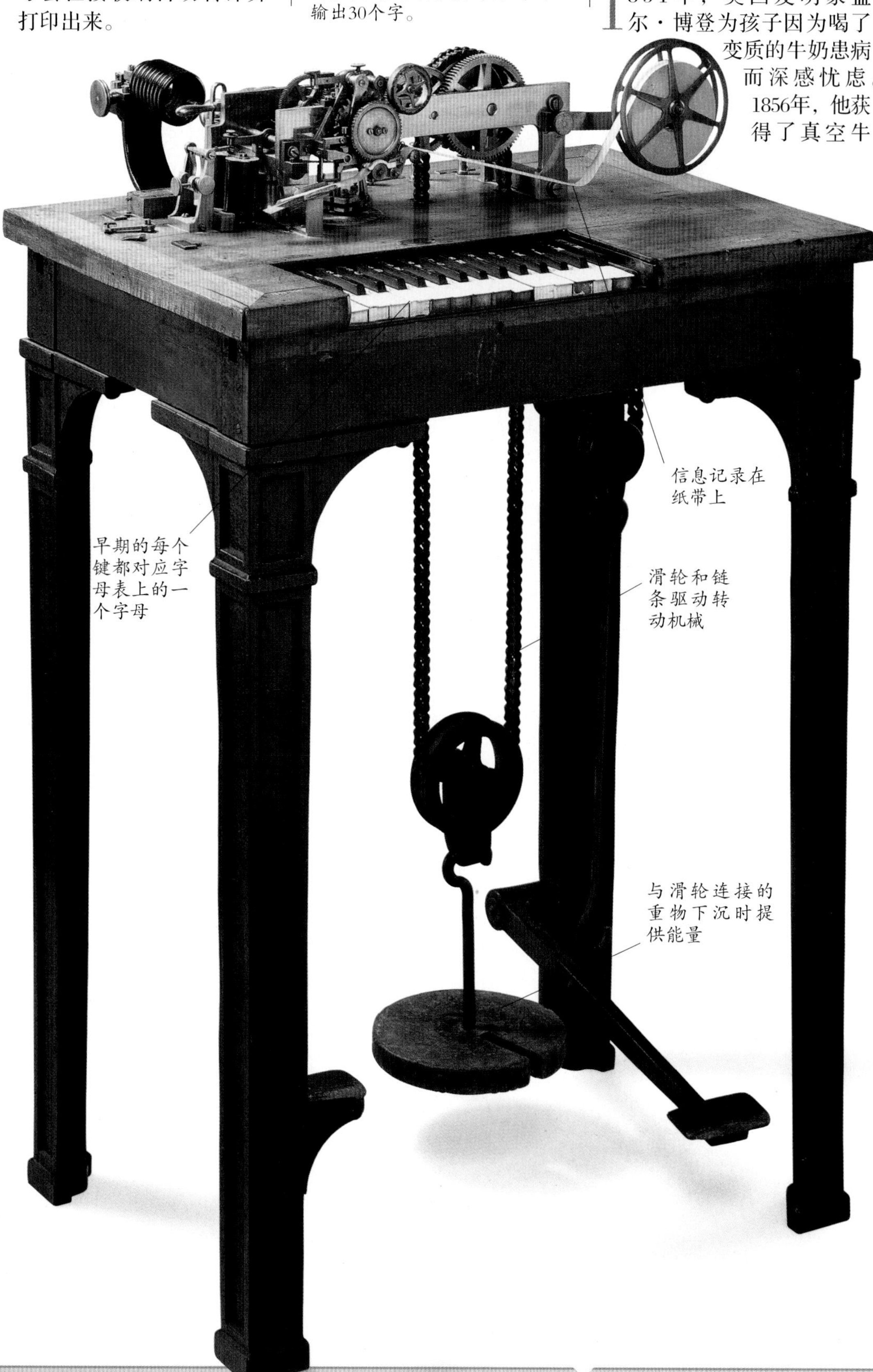

炼 乳

1856

1851年，美国发明家盖尔·博登为孩子因为喝了变质的牛奶患病而深感忧虑。1856年，他获得了真空牛奶煮沸消毒法的专利，这种方法既可以给牛奶消毒，又不会破坏其风味。他将消毒后的牛奶称为炼乳，由于还不知道细菌的存在，他以为这种牛奶可以安全地饮用是因为去除了其中的水分。

苯胺染料

1856

1856年以前，天然植物提取物统领了染料工业，直到英国化学系学生威廉·帕金在试制奎宁的时候制出了一种深紫色的染料，这种情况才得以改变。这种深紫色很快就受到追求时尚的维多利亚时代的人们的追捧。之后越来越多的苯胺染料从不同的实验室中被提取出来，而这一切要归功于帕金的一个小失误——他的一个小失误造就了一个新的产业。

越洋电报

1858

到了19世纪50年代，美国已有了几条不长的水下电报电缆。美国金融家塞勒斯·菲尔德却希望能走得更远，他想用一条跨洋电缆将美国和英国连接起来。他招募了包括查尔斯·布赖特和威廉·汤姆森在内的几位杰出工程师和科学家。经过他们的不懈努力，跨洋电缆终于在1858年铺设完工，大西洋两岸的人们都欢欣鼓舞。但是，不到几个星期，由于绝缘性能不佳等问题，电缆便不能正常使用了。但是，事实证明这种设想是可行的。到1886年，大西洋两岸终于建立起了密切的联系。

1858年 澳大利亚维多利亚和南澳大利亚的第一次匿名投票中出现了选票和投票箱。英国在1872年开始采用这种投票法，而美国也在1884年的总统大选中采用了这种投票方法。

1858年 第三次也是最后一次赛米诺尔战争结束。为了保护他们在佛罗里达州的属地，奥西奥拉酋长率领的赛米诺尔部落与美国政府抗争了多年。最终，赛米诺尔部落被强制迁往西部。

进化论

1859

1859年，查尔斯·达尔文，一位医生的儿子，出版了一本震惊世界的书——《物种起源》。书中提出充足的证据证明：动植物不是由神“造”出来的，而是从早期的物种进化而来的，而且还在不断地进化。达尔文以自然选择为理论基础，他认为同一物种的每个个体之间也存在轻微差别，那些因差别而更具竞争能力的个体更有可能生存下去，并把这些更利于生存的差别遗传给后代。

铅酸电池

1859

1859年，最新生产的汽车里依然应用着老式电池。法国物理学家加斯东·普朗特发现，把铅电极和氧化铅浸在硫酸溶液中可以形成可充电式电池，而且这种电池产生的电流比当时的其他电池都要大。1859年，普朗特将这种电池研制成一种实用的电池——商用版蓄电池，正好就被用于新一批汽车里。

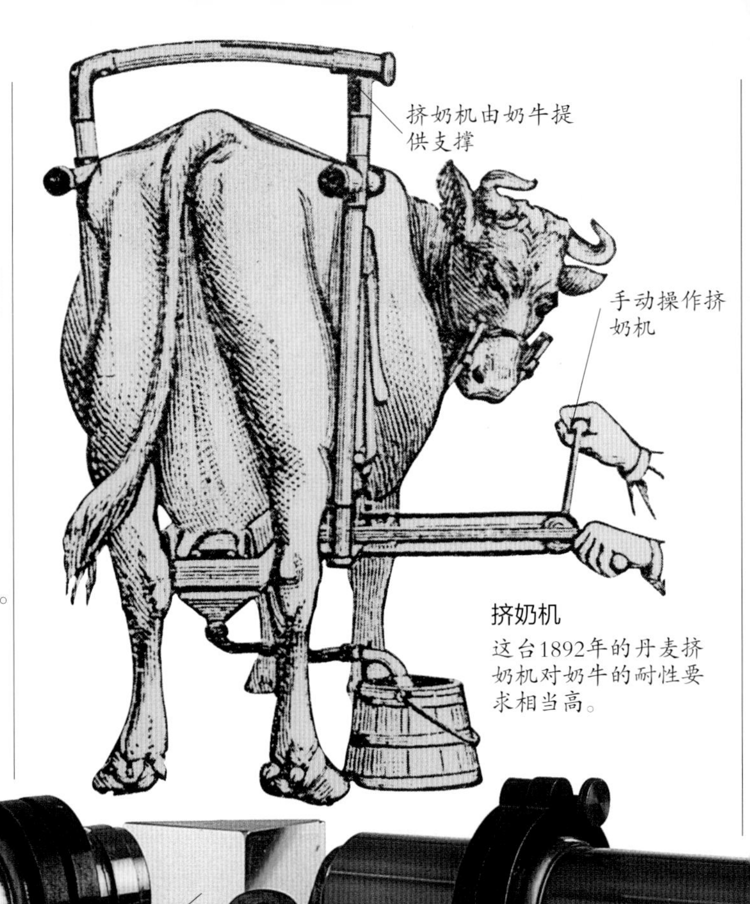

挤奶机

这台1892年的丹麦挤奶机对奶牛的耐性要求相当高。

光源从此处进入

此处产生平行光线

棱镜把光分解成光谱

通过透镜观察光谱

内燃机

1859

如果是在发动机内而不是在锅炉里燃烧燃料，那么发动机的体积就可以更小，而且效率会更高。不过，第一台这样的发动机体积并不特别小，效率也不怎么高。它是由法国工程师艾蒂安·勒努瓦于1859年制成的。它基本上由蒸汽机改造而来，其基本运作原理就是单程活塞将煤气和空气的混合物吸入汽缸，然后在汽缸内用火星点燃气体，再将活塞推出。尽管勒努瓦的发动机产生的动力并不大，但在法国和欧洲其他地区还是售出了几百台。

油　井

1859

人们把页岩中渗出的石油收集起来，最初只是出于照明和药用的目的。美国宾夕尼亚州的泰特斯维尔是石油的最佳采集地之一。1859年，埃德温·德雷克说服了那块土地的所有者乔治·比斯尔，让他能够在那里钻井采油，而不要等着油往外冒。幸运之神在比尔斯钻到21米深时就降临了：他打出了世界上第一口油井，开创了石油工业。

分光镜

1859

任何元素，只要加热至一定温度，就会发出一定波长的光。这种波长可以用来分辨元素种类，就如指纹可以用来分辨人一样。分光镜可以将这些不同波长的光分解成能够进行拍摄和测量的线。这是

分光镜

这架19世纪的分光镜，由本生和基尔霍夫设计而成，它的棱镜可以将光分成各种颜色。

1858年	一个带巨铃的钟（旧称大本钟，后改为伊丽莎白塔）被安装到伦敦英国会议大厦的圣斯蒂芬钟楼上。65年后，英国广播公司（BBC）用伊丽莎白塔的钟声向公众报时，它的声音从此传遍全球。
1859年	英国哲学家约翰·斯图亚特·穆勒在他的文章《论自由》中为言论自由权、隐私权、少数者权利等进行了辩护（这些权利被后人视为理所当然），穆勒的影响遍及全世界。

由德国化学家罗伯特·本生和物理学家古斯塔夫·基尔霍夫于1859年发明的，两位科学家用这种新的仪器，通过将来自太阳的光与来自地球元素的光进行对比，首次对太阳大气进行了分析。

挤奶机

1860

美国发明家科尔文在1860年成功获得了挤奶机的专利。但是这台机器有一个很大的缺点，即要利用持续的真空来吸奶，这可能会损伤奶牛的乳腺。1889年，苏格兰工程师亚历山大·希尔德推出了新型挤奶机，这种机器可以模拟小牛吃奶，进行间歇性地吸奶。

平炉炼钢法

1861

平炉炼钢法曾经是最重要的炼钢方法，是由德裔英国工程师威廉·西门子于1861年发明的，后经法国工程师皮埃尔·马丁加以改进。它的工作原理是：将温度极高的火焰吹向由耐火砖砌成并装有钢屑的浅池中，高炉中会流出铁水混合物，这样能使钢熔化，并燃烧掉铁中多余的碳。炉膛出来的热气用于烘热砖砌的炉腔。助燃的空气穿过炉腔得到预热，这不仅节省了燃料，还使火温高得足以熔化钢铁。

油地毡

1861

1861年左右，英国橡胶制造商弗雷德里克·沃尔顿发明了油地毡。这是一种光滑的地板覆盖物。沃尔顿先在布上涂一层内含亚麻籽油和其他成分的涂层，而后涂层慢慢与空气发生反应，形成一层厚厚的、富有弹性的外壳。这种油地毡至今还被用于日常容易磨损严重的地方。

大脑语言中枢

1861

只要我们开口说话，大脑中的某些部位（主要在左半脑）就会活跃起来。其中大脑中一个叫布洛卡区的区域可以帮助我们找到适合表达的词语。这块区域是法国外科医师、人类学家保罗·布洛卡于1861年发现的。他对某些受伤后说话变得不利索，但还能听懂别人讲话的人进行了研究，发现了这些人的大脑左前区都受到了损伤。他是第一个把大脑特定区域与人体特定功能联系起来的人。以德国神经病学家卡尔·韦尼克为代表的其他科学家，后来在布洛卡区附近又发现了与言语的其他能力有关联的区域。

关于类人猿的争论

大多数科学家接受了达尔文的进化论，但公众和教会的大部分人对这种理论很不满。因为它不仅与《圣经》冲突，还意味着生物完全受自然法则的支配。更糟的是，它似乎将人类当成类人猿进化而来的动物。达尔文是个不喜欢张扬的人，不过幸运的是，他的朋友、博物学家托马斯·赫胥黎在大争论中主动地大声为他辩护。

达尔文之前的生命观点

人们几乎都认为物种是固定不变的，或者上帝会偶尔替换。也有科学家提出过进化理论，如让·拉马克，他认为动物能够将自己生命中发生的变化传给下一代。

达尔文的观点从何而来

达尔文发现，太平洋不同岛屿上的雀类各有差异，他还对相关的化石记录进行了研究。他的自然选择论是在阅读了博物学家托马斯·马尔萨斯的文章之后开始形成的。马尔萨斯认为，动物为了生存而竞争，达尔文从中认识到竞争可以解释动物发生的改变。

1874年，这张漫画出现时，猿是人类的祖先的观点还是略显奇怪的。

新的达尔文学说

达尔文的理论与现代基因遗传学十分相似，但并不是所有的科学家都完全接受它。如美国著名的地质家学斯蒂芬·杰伊·古尔德就认为，达尔文无法解释为什么物种有时不是平稳缓慢地进化，而是出现跳跃性的突变。

1861年 在撒丁统治46年后，法国南部城市尼斯东边的摩纳哥小公国重新赢得了独立。摩纳哥唯一的城市蒙特卡洛，很快就开设了博彩业。

1861年 3月17日，在奋战多年之后，在都灵组建的议会宣布意大利王国成立，维克托·伊曼纽尔二世当选为国王。当时的罗马和威尼斯仍被外国军队占领，故而不在王国之内。

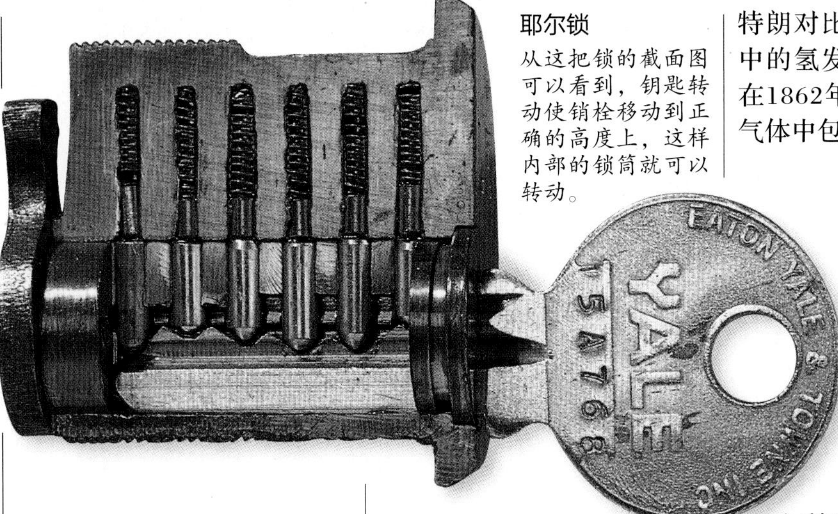

耶尔锁

从这把锁的截面图可以看到，钥匙转动使销栓移动到正确的高度上，这样内部的锁筒就可以转动。

耶尔锁

1861

耶尔锁大概是当时使用最广泛的锁。耶尔锁于1861年发明于美国，它依据的是古埃及人的制锁原理：销栓将锁锁住，只有当合适的钥匙把销栓都推到位后，锁才能被打开。1848年，莱纳斯·耶尔的父亲先用这种原理设计了一种锁，后来莱纳斯·耶尔又对它进行了完善，最后才有了今天使用的这种安全的锁和扁平的钥匙。

帕克辛塑料

1862

塑料最初是用天然纤维素制成的。英国化学家亚历山大·帕克斯发现，把纤维素用硝酸处理后，放在乙醇与乙醚中溶化，然后用颜料搅匀，会形成一种物质，这种物质可用模压成各种小物品。他将这种物质叫作“帕克辛”。1862年，他因这一发现而获得奖章。1866年，帕克辛塑料公司成立。可能是因为他太吝啬，导致无法生产出合格的塑料产品，所以他的公司不到两年就倒闭了。

太阳上的氢

1862

瑞典物理学家安德斯·埃斯特朗是光谱学的奠基者，光谱学可以通过研究物体受热时发出的光来分辨物体的组成成分。太阳是埃斯特朗研究过的最热的物体。埃斯特朗对比了太阳光与实验室中的氢发出的光之后，终于在1862年得出了太阳周围的气体中包含氢气的结论。

旱冰鞋

1863

约瑟夫·默林也许是第一个不在冰上溜冰的人。他生活在18世纪的比利时，而他的溜冰鞋看上去不像溜冰鞋，倒更像是溜冰刀。四轮溜冰鞋是美国的詹姆斯·普林顿在1863年发明的，他让溜旱冰风靡了整个美国和英国，热度至今未减。

地下铁道

1863

19世纪中叶，堵塞的交通几乎使城市窒息。1863年，伦敦为解决这个问题建造了世界上第一条地下铁道。当时的地下铁道实际上并不像现在一样建在地下很深的地方，只是在路面上向下挖一条深沟，然后加上顶盖让车辆在深沟中行驶。虽然蒸汽车还是会吐出烟雾，但是约翰·福勒设计的“大伦敦地下铁道”还是十分成功的。1906年，该铁道实现了电气化，且一直沿用至今。

帕克辛塑料

最初的塑料并不像现代的塑料一样能熔化，它们只能在其软化时模压成型，而且它们并不坚硬，所以只用于制作小的装饰用品。

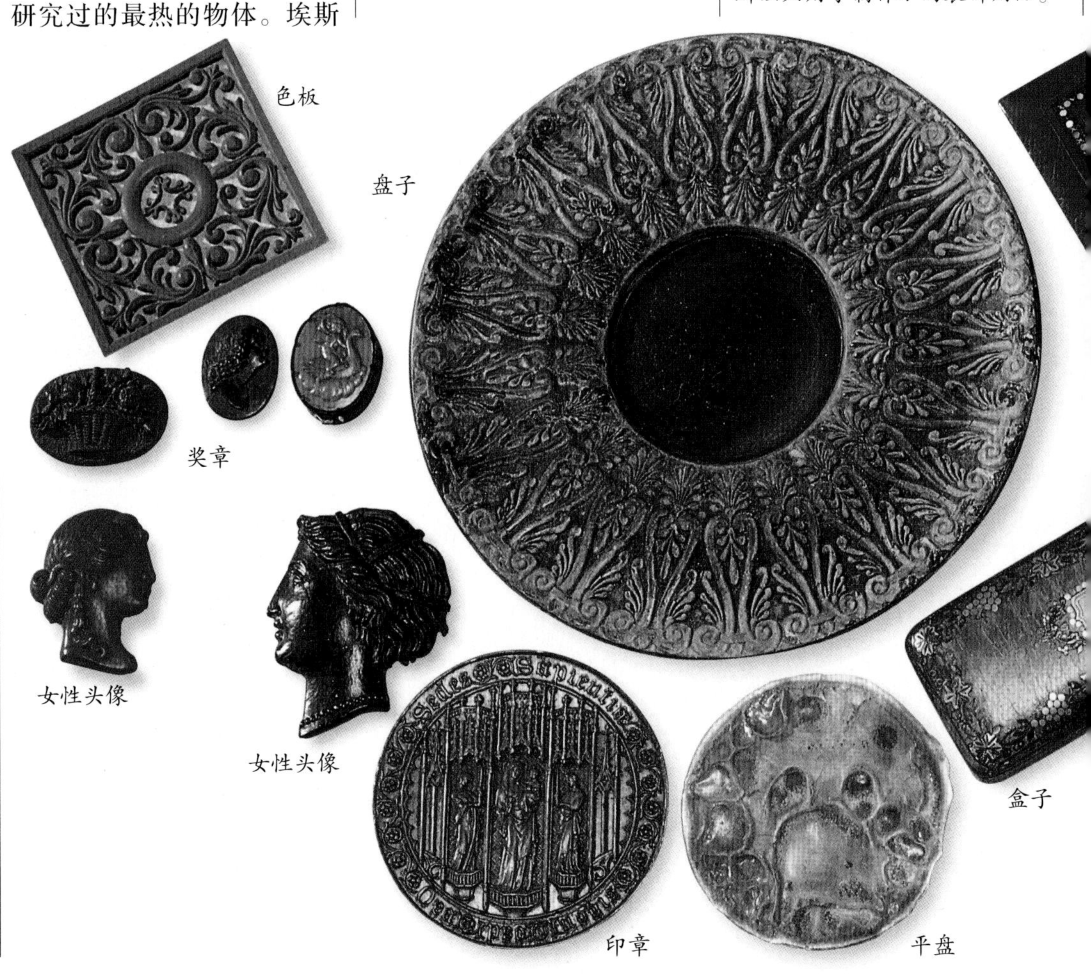

1863年	美国南北战争期间，亚伯拉罕·林肯总统做了两场最重要的演讲：奴隶解放宣言和盖兹堡演讲，两场演讲都强调了所有人的自由的重要性。	1863年	10月，世界第一个官方足球管理机构——英格兰足球总会在伦敦召开成立大会。它规范了足球比赛的规则，并在8年后组织了英国足球锦标赛，即后来的英格兰足总杯赛。

消毒剂

1865

匈牙利医师伊格纳兹·塞麦尔维斯激怒了他的老板，原因是他告诫老板妇产医院的医科学生在接生前必须对双手进行消毒。尽管他证明了这样可减少接生过程中的危险，但他还是在1849年被辞退。到了1864年，尽管法国也已经接受了路易斯·巴斯德的病菌学说，但大多数外科医师在手术前还是不会换上干净的衣服。1865年，苏格兰外科医师约瑟夫·利斯特在手术室和手术服上喷洒了杀菌力极强的苯酚后，情况才开始改变。利斯特的观念最终引导了现代的消毒外科手术的形成。

水银真空泵

1865

19世纪初的真空泵利用活塞推动空气。但是随着压力的下降，活塞和气阀开始漏气，润滑剂也对真空环境造成了污染。1855年，一个德国玻璃吹制工海因里奇·盖斯勒找到了解决方法，他利用气压计水银上方出现的真空发明了最早的水银真空泵。到了1865年，赫尔曼·施普伦格尔（Hermann Sprengel）利用下降的水银将气体分子排出，制造了一个高度真空的泵。它启发了后来的许多发明，其中就包括阴极射线管。

普尔曼式卧车

1865

航空交通出现之前，在美国的城市之间旅行也许要花上好几天时间，而且在火车上人们只能坐在自己的座位上休息。发明家乔治·普尔曼嗅到了一种更人性化的旅行方式的市场需求。1865年，他与他的朋友本·菲尔德（Ben Field）一起设计了第一节装有卧铺的“先驱者”车厢。铺位分为上下铺，白天下铺折叠成座椅。普尔曼很快就成立了一家很大的机构，还建造了普尔曼镇，以供他的员工居住。

体温计

1866

19世纪时的医生已经知道可以通过体温了解病人的健康情况了，但是在英国医生托马斯·奥尔巴特发明医用体温计之前，医生还没有可以测量病人体温的简易方法。当时唯一的一种温度计要用20分钟才能测出体温，有些温度计甚至长达30厘米。于是奥尔巴特把体温计改良成了可随身携带的袖珍医具，不仅使用方便，而且温度计反应也比以前快得多。奥尔巴特通常把体温计放在病人的腋下来测量体温。

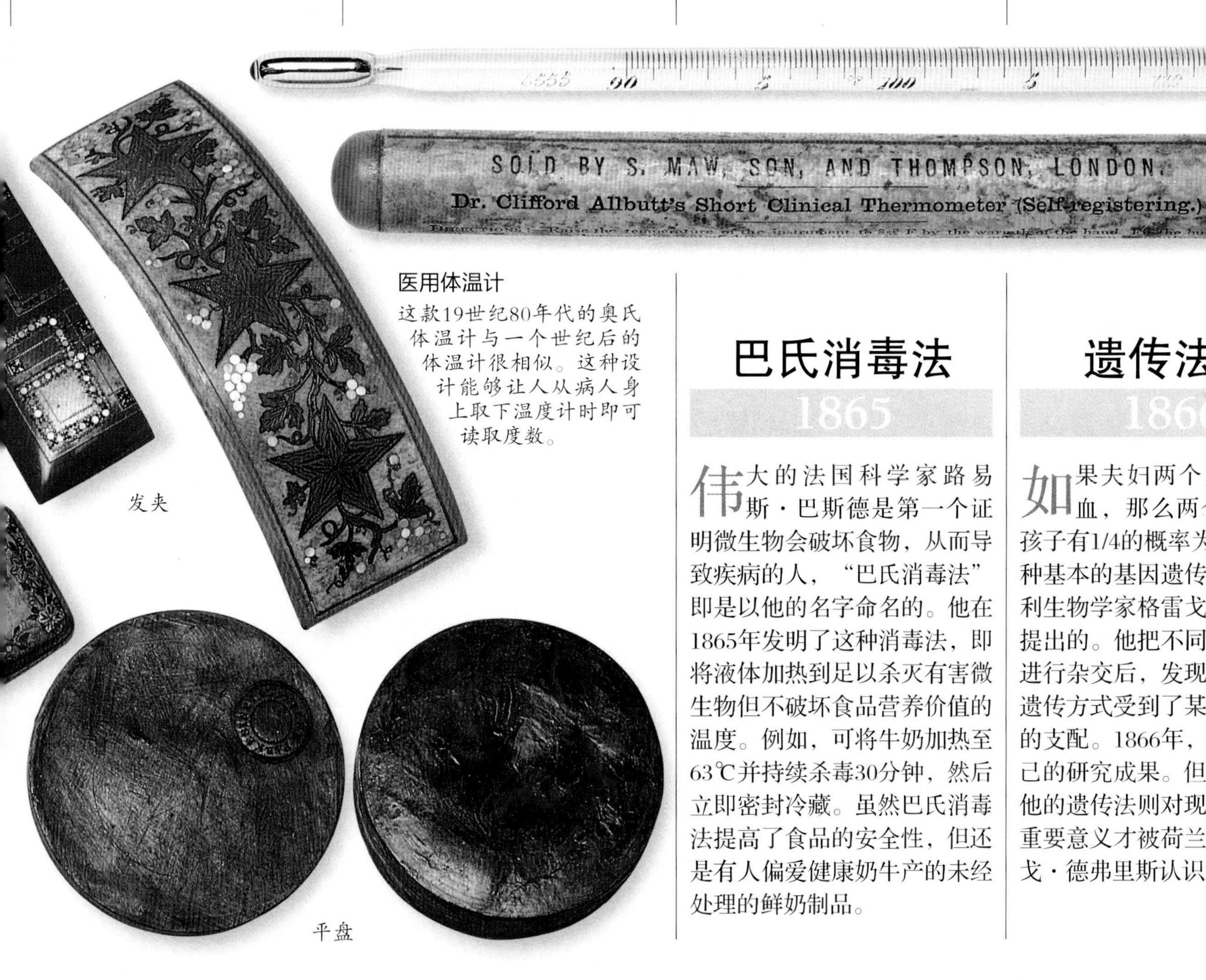

医用体温计

这款19世纪80年代的奥氏体温计与一个世纪后的体温计很相似。这种设计能够让人从病人身上取下温度计时即可读取度数。

发夹

平盘

巴氏消毒法

1865

伟大的法国科学家路易斯·巴斯德是第一个证明微生物会破坏食物，从而导致疾病的人，“巴氏消毒法”即是以他的名字命名的。他在1865年发明了这种消毒法，即将液体加热到足以杀灭有害微生物但不破坏食品营养价值的温度。例如，可将牛奶加热至63℃并持续杀毒30分钟，然后立即密封冷藏。虽然巴氏消毒法提高了食品的安全性，但还是有人偏爱健康奶牛产的未经处理的鲜奶制品。

遗传法则

1866

如果夫妇两个人都是A型血，那么两个人所生的孩子有1/4的概率为O型血。这种基本的基因遗传原理是奥地利生物学家格雷戈尔·孟德尔提出的。他把不同品种的豌豆进行杂交后，发现生物特征的遗传方式受到了某种数学定律的支配。1866年，他发表了自己的研究成果。但直到1900年，他的遗传法则对现代生物学的重要意义才被荷兰植物学家胡戈·德弗里斯认识到。

1865年 4月14日（星期五），美国南北战争刚结束几天，亚伯拉罕·林肯总统在华盛顿特区福特剧院观看《我的美国亲戚》时遭到演员约翰·威尔克斯·布斯的枪击，并于第二天逝世。

1865年 英国数学家查尔斯·道奇森以笔名刘易斯·卡罗尔发表了《爱丽丝漫游奇境记》。小说以为一位叫爱丽丝·利德尔的小女孩所写的故事为基础，由约翰·谭妮尔配图，一出版即大获成功。

勒克朗谢电池
这种充满液体的玻璃电池一直被沿用到20世纪，它是用来给门铃提供电力的理想电池。

勒克朗谢电池

1866

现代的干电池的历史是从1866年法国工程师乔治·勒克朗谢发明的勒克朗谢电池开始的。这种电池的负极是一个玻璃容器，里面有一根锌棒并装有一些氯化铵溶液。容器里还有一个装着氧化锰与一根碳棒的小罐，即电池的正极。这种电池后来逐渐发展成今天的干电池。

细　菌

1867

有些自然的变化过程到了19世纪中叶还不为人知。例如，是什么使葡萄汁变成葡萄酒的？为什么有时候它会变酸？法国化学家路易斯·巴斯德证明，这都是微生物在发生作用。他还证明疾病也是由微生物传播的，而不是由被污染的空气传播的。法国科学院在1864年正式接受了他的观点。1867年，法国的巴黎高等师范学院为巴斯德配置了专门的实验室。人们开始接受他的“细菌”理论。巴斯德证实了微生物是真实存在的，他革新了整个医疗行业和食品工业。

猎菌者

在巴斯德以前，也曾有人想到过是肉眼看不见的微生物引起了食物腐败和疾病。但他们没能证明自己的想法。因此，大多数人还是认为腐烂的东西会以“自然发生”的形式创造生命。即便是在巴斯德提出他的观点之后，许多人仍然不相信“看不见的杀手”的说法。那些接受了巴斯德观点的人，像苏格兰外科医师约瑟夫·利斯特和德国医生罗伯特·科赫都取得了可观的成就。

巴斯德之前的细菌说

公元前100年，一位罗马作家曾宣称疾病是由看不见的东西侵袭所致的。到了1684年，弗朗切斯科·雷迪则认为不可能存在自然发生，因为“只有生命才能产生生命”。到了19世纪，意大利科学家阿戈斯蒂诺·巴西证明，桑蚕的某一种病是由肉眼看不到的真菌孢子感染所引起的。

巴斯德的遗产

德国医生罗伯特·科赫证明，可以在实验室培养细菌，并在此基础上在细菌学领域取得了巨大成就。1883年，他分离出引发霍乱和肺结核的微生物。现在，科学家知道并非所有细菌都是有害的，我们的身体要依靠体内的许多微生物才能维持正常运转。

细菌
这是巴斯德实验室的部分实验用品，从中可以看到他研究细菌的工具，也可以看出巴斯德最关心的问题之一，即蚕虫的健康。

1866年 世界首场高台滑雪赛在挪威的泰勒马克举行。松雷·努尔海姆夺得冠军，这项活动是由他发明的滑雪板靴固定装置催生的。后来努尔海姆穿越322千米，从泰勒马克滑行到了奥斯陆。

1867年 由于皮毛销量下降，同时又面临英国入侵的威胁，俄罗斯选择将阿拉斯加卖给了美国。许多美国人认为720万美元的要价太高，不过在阿拉斯加发现的丰富的石油资源证明了它的价值。

炸 药

1867

瑞典化学家阿尔弗雷德·诺贝尔把硝化甘油的危险带回了家：他的炸药工厂于1864年发生爆炸，诺贝尔的弟弟在爆炸中不幸丧生。诺贝尔决心降伏这种危险但有用的爆炸性物质，他把硝化甘油与硅藻土这种吸收剂混合起来，把这种危险的液体变成了一种稳定的固体，他在1867年获得专利并将其命名为炸药。讽刺的是，他靠这种炸药成为巨富后，又出钱设立了诺贝尔和平奖。

纸划艇

1867

美国的纸箱制造商伊莱沙·沃特斯和他的儿子乔治在1867年开始用纸制造划艇。他们先把纸黏贴在木模上，待其晾干后涂上漆，划艇的龙骨和其他主要部件都是木质的，这种轻巧结实的划艇非常适用于比赛。1876年，美国赛艇队至少用沃特斯制作的划艇取得了12场重要比赛的胜利。沃特斯的技术经过改进后，被应用于现代的玻璃纤维制船工业。

太阳上的氦

1868

氦的名称取自希腊语的"helios"，意为"太阳"，因为氦是天文学家在观测太阳时被发现的。1868年，法国天文学家皮埃尔·让森在太阳光谱的黄色区域看到一条黑线，他一开始以为那是钠。但英国天文学家诺曼·洛基尔断言这是一种未知的元素，在化学家爱德华·弗兰克兰的帮助下，他把这种元素命名为氦。

莫比乌斯带

1868

德国数学家奥古斯特·费迪南德·莫比乌斯生前并未发表他最著名的发现：莫比乌斯带。直到1868年他去世后，人们才在他的文稿中找到这一发现。莫比乌斯带是将一条纸带的一端翻转180度后与另一端粘起来形成一个纸环，它具有很强的特异性。例如，它是单侧的，所以不可能给本来的两个侧面涂上不同颜色；沿着纸带的中线剪开，展开后仍然是一个环，但比原先的大了一倍，而且它有两个螺旋；两个莫比乌斯带合并在一起会形成克莱因瓶，它只有一个单面而且没有边缘。

人造黄油

1869

现在许多人更喜欢人造黄油而非天然黄油。不过最初的人造黄油并不招人喜欢，因为它是用牛油、脱脂牛奶、母牛乳房和猪肚混合而成的。1869年，法国发明家伊波利特·梅热-穆里耶配出了这种东西，拿破仑三世为此给他颁奖，奖励他制造出了黄油的替代品。人造黄油（margarine）的质量迅速提高，到了1885年，它对英国乳品业构成了很大的威胁，迫使英国政府禁止它使用其原名，即"butterine"。

口香糖

早期的竞争催生了一些广告，如在这则广告中，嚼口香糖似乎是最时尚的事。

空气制动器

1869

要将火车停下，制动闸必须刹住所有车轮，如何做到这一点呢？美国发明家乔治·威斯汀豪斯在1869年找到了答案：利用空气。与机械联动装置不同，空气可以轻易地从一节车厢被送到另一节车厢。威斯汀豪斯的系统还有一个重要的安全性能：制动器平常靠空气压力处于关闭状态，放气时才可启动制动。如果发生气体泄漏，制动器就会自动启动。

口香糖

1869

口香糖的主要成分是糖胶树胶——美洲中部一种树产出的弹性物质。19世纪，许多发明家曾尝试用它制橡胶。如美国摄影师托马斯·亚当斯他从一个墨西哥人手中买来一些树胶，虽然他没能制出橡胶，但他发现墨西哥人喜欢咀嚼这种树胶。于是在1869年，他把这种树胶加上调味品煮沸，然后放在商店出售，结果大受欢迎。

1867年 《英属北美法》确定建立加拿大自治领，其中包括新不伦瑞克、新斯科舍与后来的魁北克和安大略省等地，联邦政体以英国为基础，最高统治者为英国君主。

1869年 在澳大利亚的维多利亚州，约翰·迪森和理查德·奥茨挖出了澳大利亚最大的天然金块，重达71千克，两个人因此获得了9534英镑奖励。

合成茜素

1869

1869年，德国的海因里希·卡罗和英国的威廉·帕金以消灭一个行业的发明向人们展示了化学的威力：他们分别发现了制作茜素的方法。茜素原是一种天然红色染料的活性成分，是当时仅有的几种红色染料之一，成千上万的人都靠提取茜素来谋生，直到这两位化学家的出现。卡罗先于帕金一天得到专利权，但是帕金继续在英国生产这种染料，而且他使用的是一种更廉价的方法。

元素周期表

1869

1866年，俄罗斯化学家德米特里·门捷列夫按原子量把所有已知的元素列表排列，并从中发现了某种规律：相似的元素以有规律的周期出现。他在1869年发表了元素周期表，1871年绘制了不连续（带有空白）的周期表，他对此的解释是：空白部分代表未被发现的元素。直到20多年后，大部分化学家才明白这个元素周期表的重要性。

发电机

1870

发电机的效率一直不高，直到1870年比利时工程师泽诺布·格拉姆发明了新型发电机，这种情况才发生了改变。格拉姆的发电机使用的是发电机本身提供能量的电磁体。虽然此时已经有其他几款发电机面世，但格拉姆发明的发电机性能更好。他的设计非常高效，使用了全新的方法与发电线圈连接。他的发电机发出的电流强劲、稳定，是一种性能优良的发电机。

赛璐珞

1870

赛璐珞是第一种成功的塑料。与不太成功的前辈帕克辛一样，它是以纤维为基础的。它是由美国的约翰·海厄特发明的，这种透明而有弹性的物质使得大众摄影和电影成为可能。1870年，赛璐珞获得了专利，它还被用于制作洋娃娃和衬衣袖口等部件。不幸的是，赛璐珞是易燃物且曾引起大量事故，因此现在已经很少被使用了。

大小轮自行车

1870

前轮大，后轮小，虽然看起来很奇怪，但大小轮自行车却是自行车创始人的一项严肃的发明。英国工程师詹姆斯·斯塔利和威廉·希尔曼于1870年发明了这款轻便自行车，目的是取代早期的脚蹬双轮车，大前轮的作用相当于现代的传动齿轮，帮助骑手轻松地骑动自行车。这款车确实做到了：在一次长途旅行中，一群使用大小轮自行车的骑手平均速度达每天74千米。

赛璐珞

赛璐珞本身无色，可以制作成各种形状，从假象牙到假龟壳都可以。

“象牙”盒

“象牙”宴会袋

“龟壳”发饰

“明珠之母”香烟夹

大理石纹手袋

“象牙”手镜

“象牙”发卡盒

1869年 11月17日，经过15年艰辛的谈判和艰巨的挖掘工事，苏伊士运河终于开通了。这条运河由法国驻埃及领事费迪南·德·莱赛普设计，提供了一条从印度洋到地中海的捷径。

1870年 德国考古学家海因里希·施里曼发现了特洛伊古城遗址，在此之前人们一直以为它只存在于古希腊神话故事中。施里曼在土耳其一个叫希沙里克的高地上发现了城垛、城墙和黄金宝藏。

聚光镜

1870

显微镜上的成像镜头至关重要，不过到大约1870年，才有人想到照亮样品的光学元件——聚光镜。虽然早期显微镜专家也用聚光镜，但德国物理学家恩斯特·阿贝设计的聚光镜是最科学的，现在的显微镜大都使用阿贝聚光镜。

干版摄影法

1871

虽然湿版摄影法（见第139页）可以拍出很好的照片，但它既不安全也不方便。于是摄影师们到处找寻能制作干版的原料，最终他们在厨房的碗柜里找到了明胶。1871年，英国医生理查德·马克多斯发明了“明胶干版法”，他将明胶与溴化银混合后涂在玻璃上。等它干了后，新的涂层仍具有感光性，且易显影，曝光时间更短，现代的摄影术从此诞生。

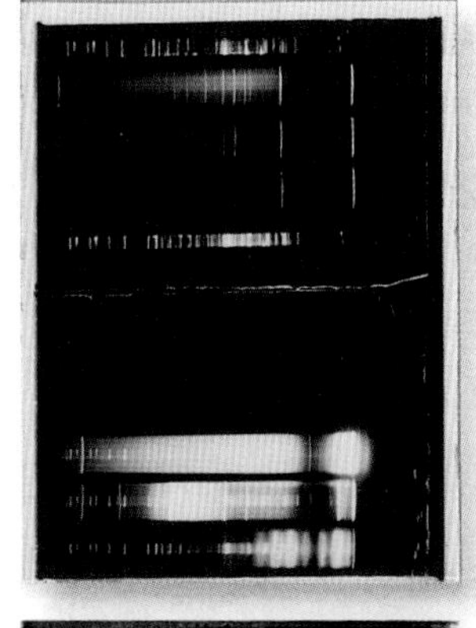

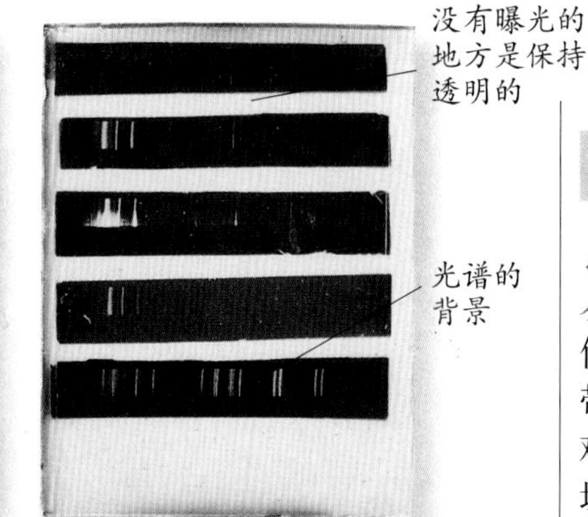

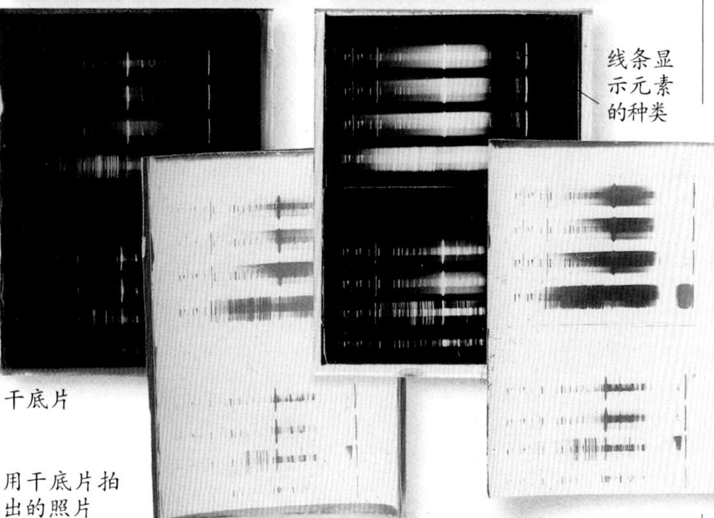

干版摄影法

干版摄影法对科学研究很有益处。上图显示的是激光的光谱。

缆　车

1873

安德鲁·哈利迪是美国的一个绳索制造商。一次，一辆马拉车掉落到旧金山的一个陡峭山谷里，五匹马被活活摔死，这件事令安德鲁十分震惊。于是他用自己制造的钢索生产出世界上第一辆缆车，并于1873年正式启用，且沿用至今。缆绳通过不间断地移动来带动缆车向前移动，缆车“抓住”缆绳就能移动，“放开”缆绳，一刹车便可停止。

牛仔裤

1873

19世纪50年代，美国淘金热吸引了来自世界各地的人。莱维·施特劳斯开设了一家专为淘金者提供工具的公司，提供的工具还包括专门的裤子。裁缝雅各布·戴维斯设计了口袋在外面的劳动工裤，他向施特劳斯提出合作的建议，并说他们能赚大钱。施特劳斯提供资金，戴维斯提供技术。1873年，他们获得了牛仔裤的专利。

带刺铁丝网

1874

发明的过程有时比发明本身更重要，带刺铁丝网便是一个很好的例子。最初的带刺铁丝网因为成本太高而难以普及。1873年，美国农场主约瑟夫·格利登见到了带刺铁丝网后，第二年，他就发明了新型的、成本低的带刺铁丝网而获得专利。很快，他的铁丝网公司就生产出很多牛栏铁丝网，把美国的大平原变成了农场王国。

牛仔裤

牛仔裤的名字是很多年后才有的。这则1910年的广告称其为工装裤。

DNA

1874

遗传与生命的关键——DNA，看起来像是最新的发现，其实它早在1874年就被发现了。当时还只是个学生的瑞士科学家约翰·米舍尔在白细胞的细胞核内发现了一种新物质，他称之为“核素”。后来他发现事实上核素是两种物质，便将含酸的部分分离出来，命名为核酸，即今天的脱氧核糖核酸，也叫DNA。

1872年 美国建立了世界上第一个国家公园。这是尤利西斯·格兰特总统签署的一项法案所规定的：位于洛基山脉中的占地8983平方千米的黄石公园，将永久保持其原始状态。

1873年 加拿大成立新的警察部门来对付走私、盗马与抢劫活动。西北骑警，即后来的加拿大皇家骑警，在之后的时间里将闻名全球，因为他们“总能抓到他们想抓的人”。

打字机
这款1875年的肖尔斯–格利登打字机只能输入大写字母。

录音机
从这张拍摄于1885年的照片上可以看出最简单的录音机。

打字机

1874

作为前报纸编辑的克里斯托弗·肖尔斯知道，用打字机打字一定比用笔写字快。许多人尝试过制造打字机，但均以失败告终。肖尔斯在美国发明家卡洛斯·格利登和塞缪尔·苏莱的协助下，终于成功了。1873年，他把自己的创意卖给了武器制造公司——雷明顿公司。1874年，全球第一台打字机进入市场，而该公司的枪支生意很快就退居次要位置。键盘上字母布局的设计，是为了避免打字太快导致卡键，这种布局沿用至今。

四冲程机

1876

大多数汽油和柴油内燃机都是四冲程循环：燃料与空气被吸入汽缸，经压缩、燃烧，再将废气排出。首先想到这个方法的是法国工程师阿尔方斯·博·罗夏，时间为1862年。1876年，罗夏的创意已经被人遗忘，德国工程师尼古拉斯·奥托再度发明了这种内燃机，今天人们仍然称这种四冲程循环为奥托循环。

电 话

1876

见第152～153页，贝尔发明电话的故事。

录音机

1877

1877年，美国发明大王托马斯·爱迪生在研究电报信号记录器时，注意到在针下拖动有电报信号凹痕的纸会发出声响。于是他制造了一种机器，把锡片裹在圆形滚筒上，用一根针连在一个薄薄的金属圆盘上，当他说话时，圆盘微微振动，针就把波纹压印在锡片上。重新转动滚筒时，就可以听到自己的声音。爱迪生由此发明了录音机。

1874年	英国作家托马斯·哈代出版了他的第四部小说《远离尘嚣》，从此名声大震。该小说描写了女主角芭丝谢芭·艾弗登与3个男人的悲剧关系。
1875年	8月25日，英国商船队长马修斯·韦伯成为第一个不借助任何辅助设备或措施而横渡英吉利海峡的人。他用时21小时45分钟，游了足足34千米。

运动抓拍

1877

埃德沃德·迈布里奇出生于英国，但在美国工作。他是第一位对运动物体进行抓拍的人。起因是一位赛马师请他帮忙弄清一个问题，即一匹飞奔的马会不会四蹄同时离地。1877年，迈布里奇沿着赛马跑道设置了一排照相机，当马飞奔而过时，按下相机的快门，每架相机就能记录马在不同瞬间的动作。后来通过研究照片，他发现飞奔的马会四蹄同时离地。

奶油分离器

1878

脱脂奶不是"脱"脂而成的，而是像洗衣机一样高速转动牛奶而成的。1878年，瑞典工程师古斯塔夫·德·拉瓦尔首先运用这种原理发明了奶油分离器。这种机器的工作原理是把牛奶倒进一个高速旋转的盘子里，离心力把含水较多的部分甩向外层，奶油则留在中间部分了。1883年，拉瓦尔又研制出了一种蒸汽动力分离器，其转速比现代的洗衣机还要快40倍。

灯　泡

1878

1878年，美国发明大王爱迪生和英国化学家约瑟夫·斯旺一起发明了电灯泡。他们都遇到了同一个困难：无法找到可持久使用的灯丝。爱迪生尝试了铂，很快又转向了碳，而斯旺早在20年前就尝试过了。1880年，两个人都发明了性能良好的灯泡，且共同在1881年的巴黎电力博览会上展示。从那时起，他们的灯泡就被广泛应用了。

话筒（麦克风）

1878

在美国发了财之后，戴维·休斯回到伦敦，专门从事发明创造。1878年，他发现松散的电回路对声音很敏感。他在桌上放置两根不相接触的碳棒，使之分别与电池及电话耳机相连，这种装置灵敏到能对苍蝇轻微的脚步声做出反应。由于对轻微的声音都有反应，休斯把他的发明称为"麦克风"（microphone，意为"微小的声音"，现译为"话筒"）。后来它成为电话机上的一个重要部件。

二冲程内燃机

1879

二冲程内燃机比同样功率的四冲程内燃机的油耗大，但它的重量更轻，原理也更简单。它的两个汽缸每个冲程都能做功，而四冲程内燃机每隔一个冲程才做一次功。苏格兰工程师杜格尔德·克拉克在1879年发明了第一台实用的二冲程内燃机，并于1881年获得专利。它使用煤气，能给车间机器提供动力。如今，二冲程发动机主要用于效率要求不高，但很轻巧的小型摩托车或割草机上面。

碳棒

连线

木质托台

话筒（麦克风）
休斯话筒（麦克风）上的两根碳棒相互接触。

20世纪初期的唱片式留声机

留声机先锋

录音产业是一步步发展起来的。锡箔片不是一种很好的录音媒介，它很快就被蜡取代了。爱迪生的留声机用的是圆筒式录音柱，但这种录音柱复制慢而且成本高。而扁平的录音盘，可以轻松复刻出成千上万张唱片。但如何使声音变大的问题一直到1920年相关电子技术的出现才得以解决。

转轴使锡箔在针下转动

锡箔纸包裹在黄铜圆筒上

留声机
爱迪生把自己的发明设计成一种精巧的家用娱乐装置，能放出音质很好的声音，他最后解决了柱式唱片的复制问题，可惜未能与当时出色的音乐家签约。

蜡唱片留声机
蜡唱片是美国发明家奇切斯特·贝尔和查尔斯·泰恩特发明的，他们的留声机在涂了蜡层的纸板圆筒上录音。虽然它主要用于听写，但其录音效果非常好。

平盘式唱片
平盘式唱片是在美国工作的德国工程师埃米尔·贝利纳于1887年发明的，这种平盘式唱片易于批量生产。当那些知名的音乐家开始用它们录制唱片时，就可以知道它的前景是一片光明了。

1876年	俄罗斯作曲家彼得·柴可夫斯基创作了芭蕾舞剧《天鹅湖》。该剧于1877年由文策尔·莱辛格尔指挥的大剧院芭蕾舞团首演，当时只获得了少数赞许，后来却声誉日隆。	1877年	3月，有关板球的首次竞赛在澳大利亚墨尔本举行。澳大利亚公开赛选手查尔斯·班纳曼获得100分，澳大利亚队以领先45分的优势获胜。英国队领袖选手格雷斯没有参加比赛。

拉近距离

亚历山大·格雷厄姆·贝尔发明电话，托马斯·沃森助其一臂之力

那是1876年的情人节，不失为一个向世界公布一项新发明的好日子，这是一项让人们能够更好地沟通的发明。亚历山大·格雷厄姆·贝尔非常幸运，因为他没有错失时机。就在他向美国专利局工作人员提交完自己的电话专利申报文件的两小时后，他的竞争对手伊莱沙·格雷也向专利局提交了申报文件。

这对格雷来说也是难言之苦：他俩的创意相似，不过贝尔有一个优势，他对说和听的知识了解得更多。他的父亲是一个语言教师，曾设计过让听力障碍者说话的方法；他的祖父也讲授过语言课。所以在苏格兰爱丁堡长大的贝尔，一直处于有关语言与听力的知识熏陶之下。他甚至让他的狗通过咆哮来“讲话”，然后又用手掰动狗的嘴巴。

1870年，贝尔的家人移居加拿大，而贝尔去了美国波士顿。他在那儿开办了一所培养听力障碍者教师的学校。他还进行谐波电报实验，用跟音符相似的点和划发出信息。贝尔注意到，靠近电磁体的一块铁片所发生的振动，与用电线与电磁体相连的一块类似的铁片的振动相似。他想，也许可以利用这点来传送人的语音。

他与机械工托马斯·沃森一起，想了很多方法用电流来模拟声波。他们最初的装置灵敏度不够，于是贝尔改用将一根针的针尖蘸上酸性溶液的方法。他把这根针固定在一张绷在木框上的羊皮纸上，然后用一个号角将声音集中到羊皮纸上。声音使羊皮纸振动，使针与酸性溶液接触处的阻力发生变

贝尔的电话箱由较大的磁石构成，这样可以提高敏感度

贝尔向维多利亚女王演示的电话

宣传机器

贝尔是个宣传好手。在向维多利亚女王这样的重要人物进行演示的时候，他立马就把实验室里那些简陋的设备换成用锃亮的黄铜、华贵的木头与象牙制作的。1878年，贝尔在与维多利亚女王见面时给女王留下了很好的印象——除了他当时未经许可便碰了女王的手臂，因为他想引起女王的注意，告诉她马上就有电话来了。

早期的电话线缆

传声电线

随着电话的普及，城市上空的电线一下子多了起来，所以一些电线便被铺设在地下。早期的电话线缆里包着许多用纸来绝缘的电线，最外层还裹着铅制保护层。

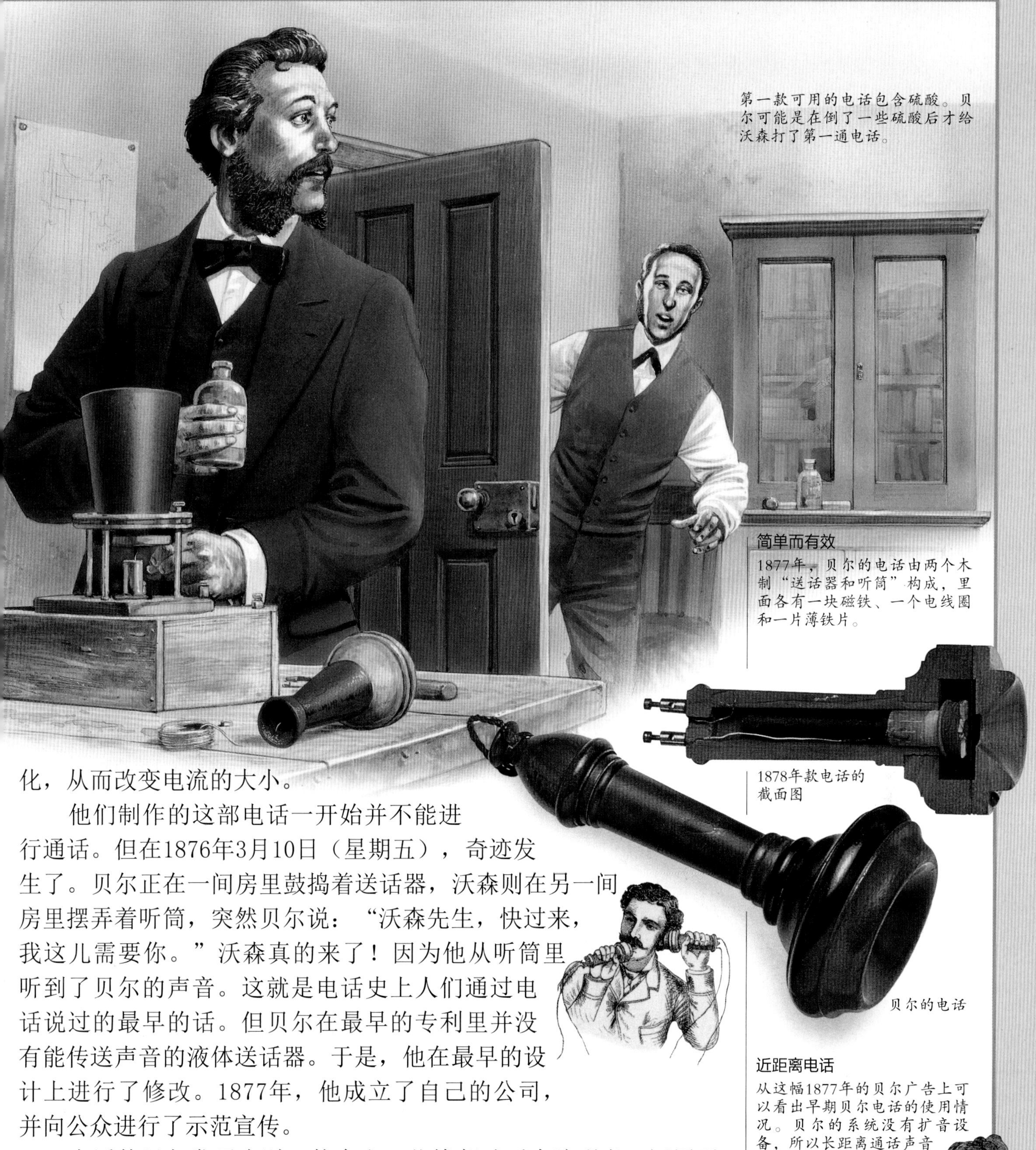

第一款可用的电话包含硫酸。贝尔可能是在倒了一些硫酸后才给沃森打了第一通电话。

简单而有效

1877年，贝尔的电话由两个木制“送话器和听筒”构成，里面各有一块磁铁、一个电线圈和一片薄铁片。

1878年款电话的截面图

贝尔的电话

化，从而改变电流的大小。

他们制作的这部电话一开始并不能进行通话。但在1876年3月10日（星期五），奇迹发生了。贝尔正在一间房里鼓捣着送话器，沃森则在另一间房里摆弄着听筒，突然贝尔说：“沃森先生，快过来，我这儿需要你。”沃森真的来了！因为他从听筒里听到了贝尔的声音。这就是电话史上人们通过电话说过的最早的话。但贝尔在最早的专利里并没有能传送声音的液体送话器。于是，他在最早的设计上进行了修改。1877年，他成立了自己的公司，并向公众进行了示范宣传。

电话使贝尔发了大财。他拿出一些钱帮助听力障碍者，还用了一些钱在加拿大建了一间房子。后来，他又有了几项发明，并当选了全国地理学会的会长，《国家地理》杂志就是该学会的杂志。不过，人们会永远记住贝尔，主要还是因为他拉近了两个需要沟通的人的距离。

近距离电话

从这幅1877年的贝尔广告上可以看出早期贝尔电话的使用情况。贝尔的系统没有扩音设备，所以长距离通话声音会比较模糊。这种情况直到碳粒传声器发明后才得到改善。

收款机

1879

收款机能记录每一笔账，以防收银员把钱放入自己的口袋。第一台收款机是美国一家小酒店的店主詹姆斯·里蒂在1879年发明的。它要在一个拨号盘上打出所付的款额，然后在纸卷上打孔做记录。因为使用不便，所以收款机的流行，是煤炭商约翰·帕特森向里蒂买下这种设计并对其做了修改之后的事了，他还建立了世界上第一支专业销售队伍来专门销售收款机。

收款机

和这台1935年的收款机一样，早期的收款机使用的是拨号盘而不是键盘。

电动火车

1879

性能良好的电动机一出现，就被应用到火车上了。1879年，第一列电动火车在德国柏林展出，它是德国工程师维尔纳·冯·西门子发明的。展示时，火车绕圈行驶，只有30个乘客，行驶速度也不超过每小时6千米。但在不到5年的时间里，电动火车和有轨电车就开始在德国、美国和英国等国家行驶了。

糖精

1879

糖精比食用糖甜得多，而且不会导致肥胖。虽然它的口味不佳，但仍广泛用于甜食和饮料制作。糖精是美国化学家艾拉·雷姆森和他的学生康斯坦丁·法尔贝里在1879年偶然发现的。一次实验课后，他们注意到，凡是他们碰过的东西都带有甜味，他们很快便追踪到了造成这种结果的“元凶”，并把它制作成了一种商品。

维恩图

1880

维恩图对逻辑学非常有益，它是由剑桥大学讲师约翰·维恩在1880年首创的。维恩图使用圆来代表不同的东西。例如，假设一个圆代表猫，另一个圆代表黑色物体，还有一个圆表示绿色物体。代表猫的圆与代表黑色物体的圆相交，与代表绿的圆没有相交，这表示有些猫是黑色的，但没有猫是绿色的。这一概念，后来被应用到更复杂的命题中。

公用电力供应

1882

没有电，电灯泡就没有用。作为电灯泡的发明者之一，托马斯·爱迪生很清楚这一点，于是他投建了第一个公用电力供应系统。1882年9月，这个一年前就在伦敦介绍过的想法，正式在纽约启用。爱迪生的电力系统能提供比煤气更亮、更安全的照明。但当时用的直流电是不能长距离传输的，因此后来逐渐被交流电代替了。

无轨电车

1882

无轨电车使用电动机，其电力则来自电车上方的高架电线。1882年，德国工程师维尔纳·冯·西门子向人们展示了第一辆由马车改装的无轨电车。几年后，美国工程师利奥·达夫特命名了这种车，还建立了首个真正的无轨电车系统。大部分无轨电车在20世纪60年代已经停止营运。但是，电车是无污染的绿色环保交通工具，未来可能会在一些城市再度流行起来。

甲状腺的功能

1883

甲状腺位于颈部，紧贴着喉咙。1883年，维克托·霍斯利（即后来的维克托伯爵）切除了猴子的甲状腺后观察发现，甲状腺能调节消耗食物的速度，即新陈代谢率。我们现在知道，甲状腺能分泌加速人体细胞代谢的甲状腺素。

有轨电车

1883

有轨电车是在公路轨道上行驶的电动公交车。19世纪80年代曾有不少发明家发明了有轨电车。1884年，德国的西门子-哈尔斯克公司在法兰克福与奥芬巴赫之间开通了有轨电车线，但第一条真正

有轨电车

这是1915年伦敦双层有轨电车的模型，有轨电车在1900年是很多大城市的标志性设备。后来有些城市抛弃了它们，有些城市还保留着。现在有些城市正打算重新将其纳入交通系统。

1879年 现代心理学建立。德国学者冯特在莱比锡大学建立了世界上第一个心理实验室，自此心理学成了一门独立的学科。

1879年 10月，托马斯·爱迪生制成了以碳化纤维作为灯丝的“碳化棉丝白炽灯”，这种灯炮是爱迪生在汉弗里·戴维发明的电灯的基础上改进的。

投入客运的电车轨道应该是英国工程师马格努斯·沃尔克于1883年建造的位于英格兰布莱顿滨海区的窄轨电车线路，这条线路至今仍在行车。

电杆从上空的电缆中收集所需的电力

感应电动机

1883

感应电动机的转轴并不直接与电相连，由于电动机内没有滑动接头，因而更可靠。它是1883年由美籍塞尔维亚工程师尼古拉·特斯拉发明的。他研究出了利用固定的线圈感应来产生旋转磁场的方法。感应转子放进他的旋转磁场时，会快速旋转起来。这是因为磁场使转子里的电流产生了感应，使转子变成了磁体，并随着磁场的旋转而旋转。感应电动机为当今世界的大部分电动机械提供动力。

感应电动机

虽然特斯拉的原型机与今天的电动机一点儿也不像，但其原理是一样的。

三相供电

1883

三相供电需要使用3根电线，而不是两根。这组电线可以提供两种不同的电压，还能产生感应电动机所需的旋转磁场。1883年，这个想法出现在尼古拉·特斯拉的脑海里。美国工程师乔治·威斯汀豪斯一直寻找比爱迪生的供电系统更好的系统。1888年，他买下了特斯拉的设计。现在，几乎所有的电是通过三相供电系统提供的。

电车两头均可控制，列车便无须掉头

金属车轮行驶在铁轨上

1882年	嘉纳治五郎在学习了一种叫柔术的武术后，成立了讲道馆，现代柔道因此在日本诞生。在这种徒手格斗中，竞技双方都试图借对方的力来制服对方。
1883年	印度尼西亚的喀拉喀托火山岛发生了世界上最大的火山爆发事件之一，此次爆发不但毁灭了火山岛，同时还导致成百上千的人丧命。其喷发瞬间发出的响声在5000千米之外还可听见，大气受烟尘污染达数年之久。

人造丝

1884

人造丝是第一种人工合成纤维。大约在1880年，法国的伊莱尔·夏尔多内和英国的约瑟夫·斯旺用喷嘴喷射硝酸盐纤维溶液造出了一种“人造丝”，这种产品极易燃烧，但两位发明家都找到了使它变得更安全的方法。1884年，夏尔多内获得了这项工艺的专利。1891年，他在贝桑松开设工厂，开始大量生产商用人造丝。

摩托车

1884

第一辆摩托车有3个轮子，由英国工程师爱德华·巴特勒在1884年设计，但直到1887年他才真正制造出摩托车。他的摩托车发动机在后边，只驱动一个后轮。1885年，德国工程师戈特利布·戴姆勒设计出第一辆二轮摩托车，他发明这种摩托车纯粹是为了测试自己原先设计的一种新型高速的汽油发动机（见第157页）。二轮摩托车在1886年11月10日首次上路。

多级汽轮机

1884

汽轮机就像一只逆向的风扇：蒸汽喷向叶片使其转动起来。但如果只有一套叶片，大部分蒸汽就会被浪费。因此在1884年，英国工程师查尔斯·帕森斯发明了在一根轴杆上安装多套叶片的轮机，轴杆上的叶片按大小顺序排列，能最大限度地利用蒸汽的能量。如今，这种轮机被广泛应用于轮船与发电机上。

加法器

1885

第一台能将计算结果打印出来的加法器是由美国发明家威廉·巴勒斯在1885年设计的。巴勒斯15岁时就辍学了，这台加法器耗费了他4年的心血。加法器上有80多个键，排成9列，还有一个控制打印器的手柄。巴勒斯第二年就成立了美国四则计算器公司，他一直在对计算器进行改良，直到1892年这种产品才得以上市出售。

加法器

这台巴勒斯加法器的原理十分复杂。

自行车

1885

19世纪70年代至80年代，很多发明家致力于自行车的研发。第一辆外观与现代自行车相似的自行车是英国工程师约翰·斯塔利在1885年设计的。当时已有人制造出了由链条驱动的“安全型自行车”。不过斯塔利最先造出前后轮大小相同的自行车，他将轮子安装在菱形骨架上，前叉杆倾斜成一定的角度，以保证轮子能以直线向前行驶。他把这款车命名为“路虎”，发展到今天，它已经成为一个知名的汽车品牌。

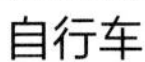

自行车

1888年广告上的这辆“路虎”，已经具备了现代自行车的所有特征。

自行车轮毂齿轮

1885

骑车上坡时换到低一挡，可以省力。英国工程师W.T.肖是第一个想到这一点的，他在1885年发明了“隐形”传动装置——齿轮。1902年，英国工程师亨利·斯特利和詹姆斯·阿彻也发明了类似的齿轮。自行车制造商弗兰克·鲍登汲取两者之长。与过去的设计一样，斯麦特-阿彻齿轮也是安装在自行车后轮毂内。

摩托车

这辆霍尔顿摩托车于1897年获得专利，它有4个汽缸，直接驱动后轮。

1884年	第一届女子网球单打锦标赛在温布尔登的全英棒球与草地网球俱乐部（成立于1887年）举行，莫德·沃森以6:8、6:3、6:3的成绩击败莉莲·沃森夺得冠军。
1884年	美国作家马克·吐温出版《哈克贝利·费恩历险记》，这部儿童长篇小说以生动、幽默的语言讽刺了当时的暴力和种族偏见，是他的另一力作《汤姆·索亚历险记》的姊妹篇。

煤气灯罩

1885

19世纪后半叶，许多人使用的还是煤气灯。虽然我们知道电灯最后全面取代了煤气灯，但1885年，奥地利化学家卡尔·奥尔·冯·韦尔斯巴赫还是探索出使煤气灯更亮的方法。他发现，把钍盐和铈盐加入石棉纤维加热时会发出强光。19世纪90年代，煤气灯的火苗上就加盖了一层编织的灯罩。灯点着后，罩子里的金属发出的光与电灯泡一样明亮。

汽　车

1885

第一辆汽车，即奔驰1号，是德国工程师卡尔·本茨在1885年设计制造的，是一辆单缸三轮汽车。不久，卡尔·本茨和其他人就开始研制四轮汽车。1889年，戈特利布·戴姆勒制造出第一辆有四挡的汽车。第一辆发动机在前面的汽车是法国工程师埃米尔·勒瓦索尔制造的，后轮则由发动机通过离合器和齿轮箱驱动。他在1891年制造的就是我们今天驾驶的汽车的前身。

莫诺铸排机

1885

传统印刷中最慢的操作之一是排字。19世纪80年代，许多发明家纷纷尝试将这项操作机械化，首先获得成功的是美国发明家托尔伯特·兰斯顿。他在1885年推出的莫诺铸排机由键盘和金属铸字机组成。铸字机按照键盘发出的指令，能迅速铸出要印的铅字。莫诺铸排机在印刷业独领风骚70多年。

汽油发动机

1885

汽油发动机由燃气机发展而来，不过它也不能直接燃烧液体燃料，所以在燃烧前会将汽油汽化并与空气混合到汽油发动机中的关键部件——汽化器。1885年，德国工程师戈特利布·戴姆勒和威廉·迈巴赫合作设计了一款效率很高的汽化器。他们把它装在一个新型的高速发动机里，这就是第一台真正的汽油发动机，也是现代大部分汽车发动机的鼻祖。

狂犬病疫苗

1885

狂犬病是神经系统被病毒感染而导致的一种疾病，人被动物咬伤后很容易受到感染，若不及时发现和治疗，往往还会丧命。法国生物学家路易斯·巴斯德率先研制出了预防狂犬病的疫苗，他从受感染的动物身上取下一些组织并进行加热，由此得到一种弱化的病毒。1885年7月6日，他将疫苗接种到一个被受感染的狗咬伤的男孩身上，结果这个男孩活了下来。

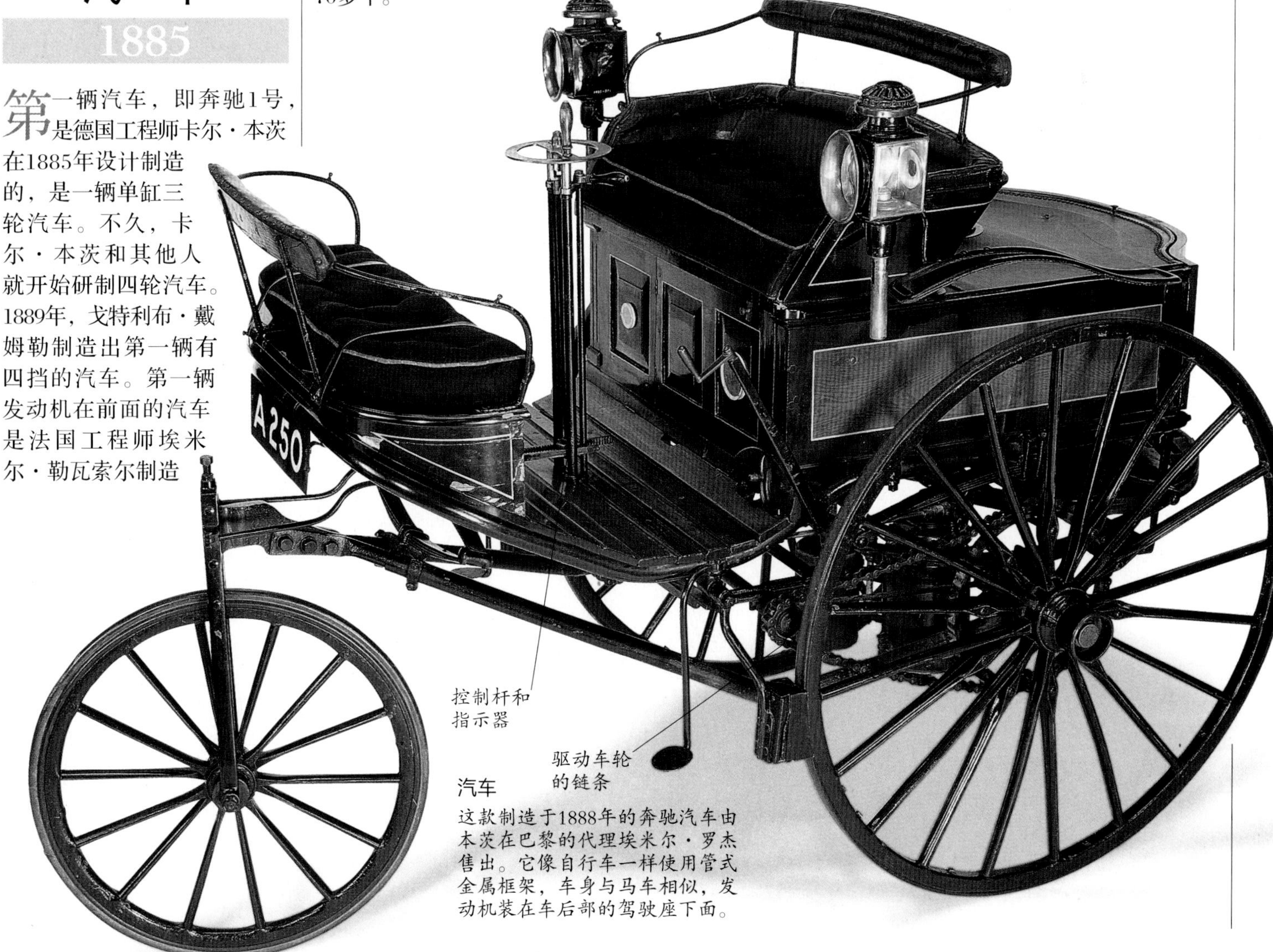

汽车

这款制造于1888年的奔驰汽车由本茨在巴黎的代理埃米尔·罗杰售出。它像自行车一样使用管式金属框架，车身与马车相似，发动机装在车后部的驾驶座下面。

1884年 英国通过《反虐待法》后，伦敦成立了防止虐待儿童协会。后来，该协会与其他协会联合，成立了英国防止虐待儿童协会（NSPCC）。

1884年 全球标准时区系统建立，来自41个国家的代表齐聚华盛顿，讨论并通过了加拿大铁路设计师兼工程师桑福德·弗莱明爵士在19世纪70年代提出的有关时区的建议。

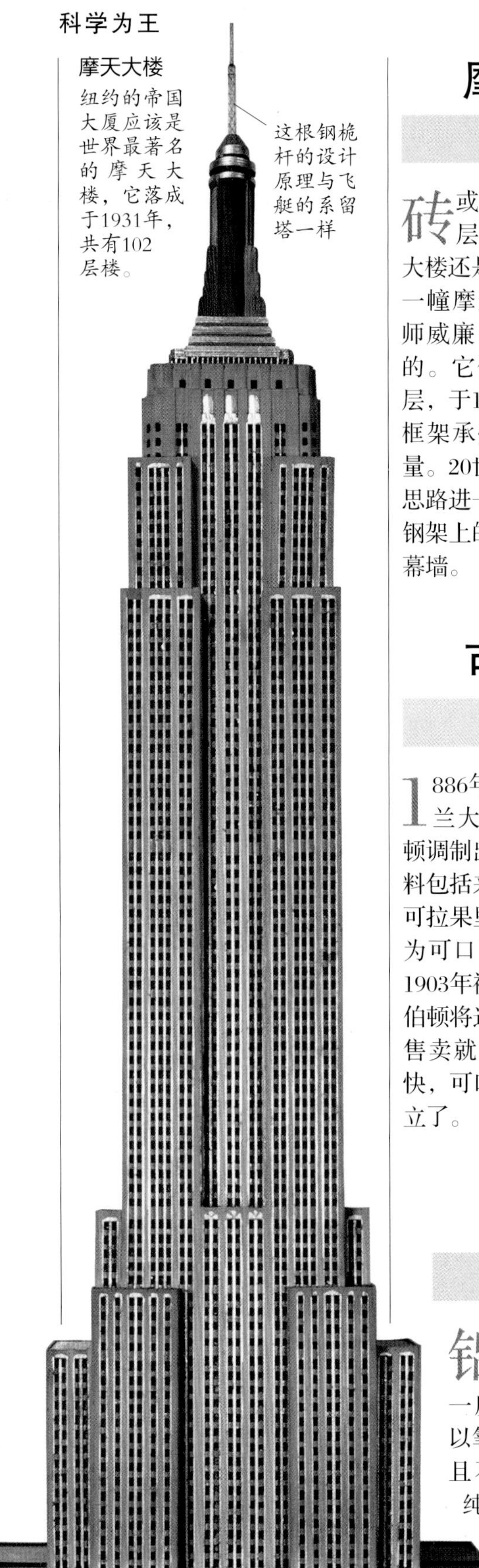

摩天大楼
纽约的帝国大厦应该是世界最著名的摩天大楼，它落成于1931年，共有102层楼。

摩天大楼

1885

砖或石头可以用来建造高层建筑，但真正的摩天大楼还是需要钢筋结构的。第一幢摩天大楼是由美国工程师威廉·詹尼在1884年设计的。它位于芝加哥，总共10层，于1885年竣工。它的钢铁框架承受了石墙的大部分重量。20世纪30年代，这种设计思路进一步发展并产生了挂在钢架上的墙体，这种墙被称为幕墙。

可口可乐

1886

1886年，美国乔治亚州亚特兰大的药剂师约翰·彭伯顿调制出了一种新饮料，其原料包括来自古柯树的可卡因和可拉果里的咖啡因，因此定名为可口可乐（可卡因成分在1903年被除去了）。约翰·彭伯顿将这种饮料放到当地商店售卖就立马流行了起来。很快，可口可乐公司在1892年成立了。

廉价铝

1886

铝是地球上最常见的金属之一，但它曾一度价比黄金。铝一般以氧化铝的形式出现，而且不易用化学方法提出纯铝。1886年，美国的查尔斯·霍尔和法国的保罗·埃鲁同时发现，将氧化铝溶于冰晶石溶液（氟铝酸钠）中，再用电解法将铝和氧分离出来，就能得到纯金属铝。这种霍尔-埃鲁提铝法使本是稀有之物的铝变成了用来制造大型喷气客机和易拉罐的普通金属。

蜡唱片留声机

1886

最早的“录音带”是用裹在有槽纹的圆筒上的锡片做成的。一根随声音而振动的针在锡片上振动，划出与声波变化相吻合的“峰与谷”。这种录音很易失真，且锡片也易损坏。1886年，美国发明家奇切斯特·贝尔和查尔斯·泰恩特申请了蜡唱片留声机的专利，这种留声机在涂了蜡的圆筒上录音，刻针在蜡上留下“V”形槽纹。这样录音的效果比较好，因此当时的唱片录制很快都开始采用这种技术了。

内耳半规管的功用

1886

内耳中的半规管由3根充满液体的、以正确的角度连在一起的管子构成。1824年，法国生物学家皮埃尔·弗卢朗发现，失去一根半规管的鸽子走起路来非常奇怪。到了1886年，另一位法国生物学家伊夫·德拉热才发现其中的奥秘：头部转动时会带动半规管转动，但半规管中的液体会稍有滞后，这样管中的绒毛就能感觉出这种相对运动，并告诉大脑我们的头转向了哪边。

莱诺整行铸排机

1886

19世纪70年代以前，大部分报纸一直是使用美籍德国工程师奥特马尔·麦根泰勒于1886年发明的机器来排字的。与莫诺铸排机一样，莱诺整行铸排机也使用了熔化金属，但它不铸单字，而是整行整行地铸字。报纸商更喜欢用这种铸排机，因为它速度快，且只需一人操作。

手术器械的蒸汽消毒

1886

一旦外科医师意识到感染是由细菌（见第146页）引起的，就必须采取相应的措施。那么，是用消毒剂，还是从一开始就杜绝细菌进入手术室呢？现在，医师常用的是第二种方法。1886年，德国外科医师恩斯特·冯·贝格曼率先使用了这种方法，他是第一个对手术器械和手术服进行蒸汽消毒的人。后来，他还尽量确保手术中使用到的所有物品都保持无菌状态。

康普托计算器

1887

康普托计算器是19世纪末至20世纪中期，会计事务所中最常见的两款计算器之一。虽然其竞争对手巴勒斯加法器（见第156页）能打印计算结果，但康普托计算器的运算速度更快。它是美国工程师

1886年 法国雕塑家奥古斯特·罗丹完成了他最经典的作品《吻》的创作。该雕塑原本放置在一个叫地狱之门的装置中，是根据但丁《神曲》中的场景而设计的。

1886年 美国总统格罗弗·克利夫兰接受的法国人民赠送的自由女神像正式完成。该雕像高93.5米，为纪念美国独立100周年和美、法人民友谊而铸，是全世界极具象征意义的雕像之一。

多尔 ·费尔特发明的，并于1887年投入使用。与巴勒斯的计算器一样，康普托计算器也是用多列键来进行数学输入—— 一列代表个位数，一列代表十位数，依此类推。计算结果出现在一排窗口上，需要计算人员手抄记录。

世界语

1887

国际合作因为各地语言不通而受到了限制。人们希望能够设计出一种通用语言来解决这个问题，而唯一在这方面有所成就的是犹太裔波兰眼科医师路德维克·柴门霍夫。他于1887年发明了世界语。世界语以欧洲语言为依据，语法简明、规范，不过以英语为母语的人也许会觉得有些语法非常奇怪，如复数名词要求用复数形容词来修饰，但不管怎么说，全世界至少有10万人会说世界语。

分形曲线

1887

分形曲线是一种波浪形的，无论放大多少倍，视觉上都没有变化的曲线。以海岸线为例，无论在多大比例尺的地图上，它的曲线形状跟沙滩与大海相接处的真正的海岸线看上去都是一模一样的。1887年，意大利数学家朱塞佩·皮亚诺首次对分形曲线进行了描述。但分形曲线一直只被当成逸闻趣事，直到20世纪70年代，波兰数学家贝努瓦·曼德尔布罗特才对它进行了更为详尽的研究，并用它绘制了一些惊人的计算机图形。

留声机

1887

最早的录音机的“录音带”是圆柱形的。1887年，在美国工作的德国工程师埃米尔·贝利纳想到了一个不错的替代方法，他发明了平盘式唱片。贝利纳先在金属表面涂一层蜡，将声音刻录在蜡上，然后再对金属进行蚀刻，制成永久性唱片。刻录头不像原先那样上下移动，而是沿着唱片边缘平移。播放唱片时，唱针稳定地随着“横向录制”的纹路而动，播放效果也比以前更好。更重要的是，平盘式唱片可以批量复刻，这一点使其成为音乐爱好者的最佳选择。

喇叭把唱片上的声音放大

转动手柄带动转盘旋转

驱动带

唱片被放置在转盘上

钢针放在唱片上

留声机

早期的贝利纳留声机没有电动机，因此必须人工转动手柄才能播放音乐。唱片和现在的CD盘大小差不多，但播放时间只有一分钟左右。

1886年 英国作家罗伯特·路易斯·史蒂文森出版了小说《化身博士》，小说讲述了一个能变成恶魔的医生的故事。书中的人物杰基尔和海德后来成为心理学中“双重人格”的代称。

1887年 英国推理小说家阿瑟·柯南道尔发表侦探小说《血字的研究》，小说史上又诞生了两个经典角色：大侦探夏洛克·福尔摩斯与他的医生朋友华生。他后来又写出了更多福尔摩斯的故事。

邮购

西尔斯-罗巴克公司的邮购目录已经成了美国人生活的一部分，它使生活在偏僻乡村的人们也能享受到国家繁荣的成果。

邮　购

1887

邮购是理查德·西尔斯在一家美国铁路公司工作时想出来的。他弄到了一些自己用不上的手表，然后通过邮政将手表卖给在铁路上工作的工人。他用这些利润创办了一家公司，并且在1887年出版了第一本邮购目录。后来，他又与修理工阿尔瓦·罗巴克合伙开办了一家新的邮购公司。1849年，西尔斯-罗巴克公司的邮购目录已厚达507页。

高压电输送

1887

19世纪80年代，到处都是小型电力公司。英国工程师塞巴斯蒂安·德·费兰蒂看到了更远的未来。未来的发电厂都将是建在城外的大型电站，而不是城里的小发电厂，并且电力将以高压方式输送。1887年，他在伦敦近郊德福德设计了一座巨型发电站，还有1万伏的输电线路。但1891年他就被电站董事会解雇了，电站也没按照他的设计建造。现在，到处都是高压输电设备。

蒸汽三轮摩托车

1887

蒸汽曾一度被认为是机动车的最佳动力。19世纪80年代，就有几位发明家设计了蒸汽三轮摩托车。1887年，法国工程师莱昂·塞波莱研制了一种即时蒸汽锅，解决了当时的主要难题。他在三轮车里装上了这种蒸汽机，然后从巴黎开了451千米到达里昂，向人们展示自己的汽车。他后来又研制出蒸汽汽车。1903年，他的轿车时速已经能达到130千米。

充气轮胎

1888

早在1845年，英国发明家罗伯特·汤姆森就为自己的充气轮胎申请过专利。不过他的轮胎一直没有实胶轮胎受欢迎。第一种被广泛使用的充气轮胎诞生于1888年，是苏格兰兽医约翰·邓洛普发明的，他一开始把充气橡胶管装在儿子的三轮车车轮上。后来他还在轮胎外面加了一层帆布层。邓洛普的轮胎适用于自行车，后来也成了汽车的关键部件。

柯达相机

1888

1888年之前，照相一直都是一件难事。相机本身就很复杂，使用者还必须自己冲洗照片。美国的乔治·伊斯曼用他的柯达相机改变了这一状况。这种相机上手即可用，而且已经装好胶卷。拍完之后，只需将相机交给他，他会装上新胶卷，并把照片冲洗好交给顾客。他的口号是“你只需按动快门，其余的由我们来做”。伊斯曼也因此成了一个富翁。

无线电波

1888

1864年，苏格兰物理学家詹姆斯·克拉克·麦克斯韦预言了一种以光速运行的电磁波。德国物理学家海因里希·赫兹希望能用电来生成这种电磁波，看它是否具有光的特性，从而确定光是否具有电磁特性。他发现，电火花能产生一种波，并能被远处的线圈

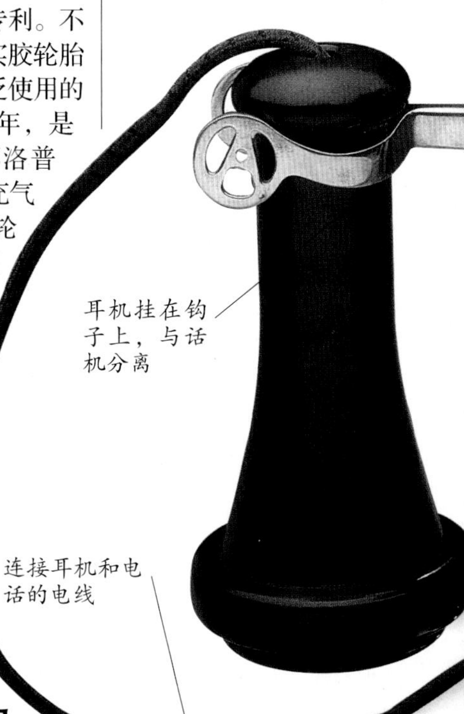

自动电话交换机

1905年的这款电话使用斯特罗格交换机。自动拨号只限于本地通话。

1888年	俄罗斯作曲家柴可夫斯基创作了《e小调第五交响曲》，曲中融入了他对莫扎特音乐的思慕。
1889年	第一届国际计量大会召开，大会批准用铂铱合金制作的国际千克原器作为质量的标准。

接收，在那里产生更多的电火花。其实他在1888年就已经发现了无线电波，他进一步的实验表明，无线电波确实具有光的特性。但因为满足于这些发现，赫兹并没有将无线电波应用起来。

自动电话交换机

1889

电话之间的连接需要电话交换机，打电话时需要接线员插上电话线才能接通电话。1889年，接线员常常把给堪萨斯城的殡仪馆老板阿尔蒙·斯特罗格的电话错接给竞争对手，斯特罗格因此很恼火，于是他设计了第一台自动电话交换机并申请了专利。使用自助交换服务时，用户只要发送几组脉冲信号就能控制自己的电话。第一个自动交换服务是1892年在印第安纳州的拉波特开通的。用户一开始要反复按按钮才能产生控制脉冲。后来，转盘拨号装置使这个过程变得更加自动化。

制表机

1889

随着美国人口的增长，进行人口分类就需要更长的时间。工程师赫尔曼·赫勒里特决定用机械化的手段进行1890年的年度人口普查。他用穿孔卡片记录公民的资料，然后他的制表机能高速地对卡片进行分类统计。

LONG DISTANCE
1 2 3 4 5 6 7 8 9 0

接通电话

没有交换机，电话就无法使用。你的话机必须与世界上所有电话机连接在一起，这样才能给任何一个人打电话。但事实上，两部电话只有需要时才会被接通。每次接通都要通过若干次转接，先将你的电话转接到你要接通的那部话机所在的交换区，再由那里的交换机转接到你要与之通话的话机上。

坐在电话交换机控制台前的操作员正在接通通话者要打的线路。

呼叫接线员

自动交换机问世之前，所有的电话都要由接线员转接。打电话时，你得先拿起话筒，转动手柄接通接线员，报出要接通的号码，由接线员在交换台上插入你的线路，然后你才能接通电话。

斯特罗格系统

斯特罗格的基本理念是连接任何两部电话的遥控交换机。它受从用户线路传来的电子脉冲信号控制，电磁体和棘轮将电话连接器推至10排接触器中的某一排，然后再找到那一排上的所需位置，接通电话。

1889年 法国工程师古斯塔夫·埃菲尔为巴黎世博会建造了雄伟壮观的埃菲尔铁塔。他的设计从100份设计中脱颖而出，将建筑技术推向了极致。虽然不是所有人都喜欢这座铁塔，但它依旧成了巴黎的标志。

1889年 11月，美国记者内利·布莱挑战儒勒·凡尔纳小说中的主人公菲莱亚斯·福格，她成功环游世界，并且只用了72天6小时11分14秒。

网屏

1890

黑白照片是用网目凸版冲印的，所以色调全是灰色的。这种方法用点来表现照片——深色区为大点，浅色区为小点。在最早的程序里，这些点是由胶片前装有十字网屏的相机对着物体拍摄获得的。第一种真正可用的网屏是美国发明家马克斯·利维和路易斯·利维在1890年研制的，即把两块带有直线的玻璃薄片胶合起来，这种网屏一直被用到20世纪70年代才被淘汰。

破伤风免疫接种

1890

破伤风是一种由土壤里常见的细菌引发的感染。细菌在伤口快速繁殖，会产生病毒使肌肉强烈痉挛，严重的甚至会导致死亡。1890年，德国细菌学家埃米尔·贝林和日本细菌学家北里柴三郎发现，在被感染的动物身上提取免疫血清，再注射到其他动物体内，能使受种体对这种细菌感染产生免疫能力。如今，大多数人会接受常规的破伤风免疫接种。万一他们受了伤，而且伤口又深又脏，只需补加注射剂量，就能保证免疫能力持续有效。

'WELLCOME' Tetanus Toxoid For Active Immunisation 50 c.c. Dose 1 c.c. Should not be used after 1 OCT 1948 Series P 1300B Prepared and Tested at The Wellcome Physiological Research Laboratories Langley Court, Beckenham, England 0·5% Phenol preservative

破伤风疫苗

破伤风疫苗又叫破伤风类毒素，内含破伤风细菌产生的毒素，经高温或化学处理，相对安全且副作用少。

蒸汽动力飞机

1890

法国工程师克拉·阿代尔差一点儿就成为第一个驾驶飞机的人。他的蒸汽动力飞机“风神”号比后来莱特兄弟的飞机（见第175页）飞得更远，但却完全被人们忽略了。1890年10月9日，阿代尔在巴黎附近成功“飞行”了50米，但因为飞行器上没有人控制，所以这不能算严格意义上的飞行。这次试验也证明：蒸汽机太重，不适合飞行。

手术手套

1890

19世纪80年代，许多外科医生相信细菌威胁着病人的健康。消毒和抗菌剂是有用的，但外科医生的手该怎么消毒呢？即使洗干净了，手也还是一个感染源，但又无法用器械代替手。1890年，美国外科医师威廉·霍尔斯特德找到了解决办法：他发明了橡胶手套。今天的外科医生手术时仍然戴着这种手套。

煤气灯照相纸

1891

在19世纪80年代，摄影师一般在日光下晒印照片，这限制了他们工作的时间。1891年，比利时裔美国化学家亨里克斯·亚瑟·贝克兰发明了第一张可在人工光源（通常是煤气灯）下晒印的照相纸。1898年，他把这种照相纸卖给了乔治·伊斯曼，从而使摄影成为大众活动。

长途电话线

1892

早期的长途电话会有声音模糊、失真的问题，这种情况同样发生在电报电缆上。这就使得人们在通电话时无法听清电话里的人在说什么，科学家对此也束手无策。后来英国电报工程师奥利弗·亥维赛发明了一种全新的数学方法，并借此发现了问题所在。1892年，他公布了自己的研究成果。1900年，美国物理学家迈克尔·浦平运用亥维赛的研究成果改进了长途电话线，他的方法是：每隔一定的距离就加上一个特殊的加感线圈。

真空瓶

1892

苏格兰物理学家詹姆斯·杜瓦是最早用冷却法获得液态氧的人之一。但他遇到了贮藏问题，因为液态氧在-183℃就会变回气体。于是他发明了一种特殊的瓶子，即杜瓦瓶。这种瓶由两层玻璃构成，然后像镜子一样镀上银膜，并将两层玻璃间抽成真空。红外辐射或热辐射被镀银层反射回来，而真空层避免了热量通过空气传递。

双层瓶壁设计能有效阻止热量通过空气传递

真空瓶

真空瓶可以用玻璃或金属制成。图示为金属真空瓶的剖面图，可看到双层胆壁。金属真空瓶制作困难，但比玻璃瓶坚固耐用，也更安全。

粘胶纤维

1892

早期制造人造丝（见第156页）的方法缓慢而又

1890年 挪威剧作家亨利克·易卜生用现实主义剧作《海达·高布乐》向传统的女性价值观提出挑战。他摒弃了19世纪的戏剧传统，开创了具有深远影响的新的戏剧形式。

1891年 在美国钢铁大王兼慈善家安德鲁·卡内基的资助下，在纽约开设了一座新的音乐厅。在它开张的第一周，俄国著名作曲家柴可夫斯基曾在此担任客座指挥。卡内基音乐厅到21世纪依旧坐落于纽约。

粘胶纤维

这种材料色泽鲜艳、亮丽。到了1903年，图中的产品已可与天然丝一争高低。

危险，因而价格高昂。1892年，3位英国化学家查尔斯·克罗斯、爱德华·贝文和克莱顿·比德尔共同发明了粘胶法。他们先将纤维素转化为不易燃的黄原酸纤维素，然后在氢氧化钠溶液中溶解，形成一种黄色胶状液体。再用喷嘴喷挤，最后与其他化学品反应，即可得到一种叫作粘胶纤维的丝质柔滑的人造纤维。

病　毒

1892

病毒是只能在活细胞内繁殖的传染性微粒，这种微粒是躲在保护壳内的一组基因。它可以入侵动植物的细胞，并迫使细胞复制它们。俄国微生物学家德米特里·伊凡诺夫斯基是第一位意识到细菌并非唯一传染源的科学家。荷兰植物学家马丁努斯·拜耶林克在1898年也做了类似的研究。他们都发现，病毒比细菌小得多，用普通显微镜都难以发现其踪影。

电　影

1893

人们对谁是电影的发明者这个问题，一直众说纷纭，发明者很有可能是曾为托马斯·爱迪生工作的美国年轻工程师威廉·迪克森。爱迪生认为人们听留声机时可能会希望看到一些影像，于是便让迪克森改进一下。迪克森设计了一种机器——电影摄影机，它每秒能在一长条胶片上连续拍下40张图片。然后将胶片的内容在另一台机器——电影放映机上放出来供人观看，一次只能供一个人看，里面的胶片只有15米长，所以影片也只能放20秒。

电影

看当时的电影放映机，与去电影院看电影是完全不同的。从目镜中看到的影片长度只相当于现在一个电视广告的长度。

胶片穿过一个连续转动的环

1892年	美国宾夕法尼亚州一个钢铁厂的老板削减工人工资，引发了一场由大工会支持的长达5个月的斗争。
1893年	挪威画家爱德华·蒙克创作了《呐喊》，该画作表现了人类精神的极度焦虑与苦闷，它后来成为表现主义画派最著名的作品之一。

拉　链

1893

芝加哥工程师惠特科姆·贾德森受够了系鞋带之苦，便发明了只要一拉便能扣好鞋子的扣件。他在1893年获得了专利，不过，这种扣件常常会脱钩。瑞典工程师吉迪思·松德贝克意识到问题出在钩子上。于是在1914年，他研制出现代拉链，这种拉链用的不是钩，而是互相咬合的凹凸齿。1923年，齐普（Zipper）牌的靴子使用了这种拉链，所以拉链的英文名便成了“Zipper”。

黑死病病原体

1894

黑死病是借由鼠蚤传播的致命疾病。它曾反复流行，造成数百万人死亡。因为日本细菌学专家北里柴三郎和瑞士细菌学家亚历山大·耶尔森在1894年的研究成果，人们才从这种疾病的恐慌中解脱出来。我们现在知道，这种病是由鼠疫杆菌引发的。为纪念耶尔森的贡献，人们把这种杆菌称为鼠疫耶氏菌。

照相排字

1894

照相术提供了金属印版之外的印刷术：把字母投影到胶片上。第一台照相排字机是由匈牙利工程师尤金·波佐尔特于1894年设计的。从20世纪60年代起，印刷由计算机控制后，照相排字才成了最常用的方式。如今，电脑用数字方式将字体存储起来，因此，照相排字也和金属排字一样过时了。

无线电通信

1894

1894年，年仅19岁的意大利发明家古列尔莫·马可尼就已经开始做无线电波实验了。当时，其他国家的物理学家，如英国的奥利弗·洛奇和俄国的亚历山大·波波夫等人也在做同样的实验。真正让无线电获得普遍使用的是马可尼，他在不到1年的时间里就将信号发送到2千米远的地方。1896年，他在英国获得了世界上第一个无线电方面的专利，此后他又做了大量的开发研究工作。1912年，“泰坦尼克”号用来发出遇险信号的，正是马可尼发明的“无线电报”。

氩

1894

氩的性质并不活跃，被称为惰性气体。它常被用于灯泡中，能延长灯丝的寿命。氩是英国物理学家瑞利勋爵发现的，他注意到空气中的氮气的密度大于用化学方法制出的氮气的密度。他和英国化学家威廉·拉姆齐都认为大气中的氮受到了一种未知的、密度较大的气体的“污染”。他们在1894年发现了氩，其希腊语意即“不活泼的”。

电　影

1895

在法国的奥古斯塔·卢米埃尔和路易·卢米埃尔兄弟发明电影摄影放映机之后，电影才逐渐成为剧院活动。第一部放映机能为观众放映几分钟长的电影。它既是电影摄影机，又是放映机。1895年12月28日，卢米埃尔兄弟在巴黎举行了第一次公开放映，并引起了轰动。在放映中，展示了卢米埃尔工厂工人下班的场景。

地球上的氦

1895

晚会气球里的气体——氦，是威廉·拉姆齐在1895年发现的。他在加热含铀的钇铀矿石时，发现矿石中会释放出一种气体。这种气体的光谱上有一道与太阳中的氦匹配的黄色线条，证明这种气体就是氦。瑞典化学家尼尔斯·朗勒特和佩尔·克莱夫也几乎在同时发现了氦。后来，拉姆齐和英国化学家弗雷德里克·索迪进一步发现，放射性元素在发生衰变时都会释放氦。

1893年 12月23日，德国作曲家恩格尔贝特·洪佩尔丁克的歌剧《汉泽尔与格雷泰尔》首演，由理查德·施特劳斯担任指挥。该剧曲调优美，剧情是作曲家的妹妹阿德尔海德根据民间传说创作而成的。

1894年 从1886年开始动工的伦敦塔桥终于落成开通，这座塔桥由霍勒斯·琼斯爵士和约翰·沃尔夫爵士共同建造，它以蒸汽为动力，是伦敦唯一的活动桥，塔桥两边的双塔很快就成了伦敦的标志性建筑。

液态空气

1895

空气冷却到一定程度就会变成液体。压缩空气可以造成温度下降，先让空气冷却，再让它膨胀，这样空气的温度就可以降得更低。第一个大规模进行此项目的是德国工程师卡尔·冯·林德，他在1895年发明的一套系统，可以源源不断地制造出液态空气。后来，他从空气中提取出了液态氮，并把它用作冷却剂，他还提取出液态氧，用于炼钢。

X射线

1895

1895年，德国物理学家威廉·康拉德·伦琴在研究阴极射线时发现了X射线。他发现，当完全用遮光材料遮住的阴极射线管处于打开状态时，管子旁边的荧光板也在发光，但此时管子处于封闭状态，不可能有光线泄漏出来。他经过研究后发现，阴极射线在撞击玻璃管壁时产生了其他射线，正是这些射线使荧光板表面涂抹的铂氯化钡发光。他又做了一些实验，结果表明，这种射线可以穿透固体物质，并使摄影底片感光，由此他拍出了有史以来第一张X光照片。伦琴一开始对发表自己的发现尚有疑虑，他担心别的科学家不会相信他，但很快所有人都开始谈论这种能使不可见之物显像的新光线了。

转轮把底片导入放映机

旋转快门有红、绿、蓝3种光圈，可以赋予底片颜色

用于红、绿、蓝3种影像的透镜

转动手柄来进行放映

底片在卷轴上重新卷起

电影

早期的电影摄影机（左）装有手动曲柄，放映机（右）可放出彩色影片。

X射线

老鼠为早期的X射线实验者提供了理想的实验材料。这是有史以来第一次不需要解剖就能看清老鼠的骨架。

铀的辐射

1896

法国物理学家亨利·贝克勒尔想知道，那些由于暴露在太阳底下而发光的晶体是不是也在释放X射线。1896年，他发现在阳光下将铀盐置于一块包裹起来的感光片上时，铀盐能使感光片感光。贝克勒尔猜测，可能是阳光让这种晶体产生了具有穿透性的X射线。接着他发现，这种显像情况同样存在于黑暗的环境中，所以这种晶体本身就能发出穿透性射线。

1895年 中日甲午战争结束，4月17日，中日双方签订了不平等的《马关条约》。中国被迫割让了辽东半岛（后因三国干涉未割出）、台湾及其附属岛屿、澎湖列岛给日本，并被日本勒索两亿两白银。

1896年 在法国男爵皮埃尔·德·顾拜旦的倡导下，古希腊的奥林匹克运动会在雅典恢复举行，14个国家参加了这次的全男子运动会，其中包含一个新项目——现代马拉松。

医用口罩

1896

随着医疗器械消毒的普及和手术手套的普遍使用，手术室里还可能存在的感染源，就只有医生的呼吸了。1896年，在德国工作的波兰杰出外科医师约翰内斯·冯·米库利奇-拉蒂齐（Johannes von Mikulicz-Radecki）弥补了这个漏洞，他往嘴上蒙上了纱布——这便是最早的医用口罩。

管装牙膏

1896

牙膏在19世纪就已出现了，不过那个时候它是装在盒子里的。美国牙医华盛顿·谢菲尔德是第一个把牙膏装进管子里的人。他在1892年推出的“洁齿乳”牌牙膏并不畅销，而且之后的4年里，他的牙膏随着纽约的肥皂与蜡烛制造商威廉·科尔盖特的“高露洁”牌牙膏的上市而销声匿迹。威廉·科尔盖特改变了牙膏管嘴的形状，正如其广告所描述的：“挤出一根丝带，正好落在牙刷上。”

血压计

1896

用来测量血压的仪器——血压计，是意大利儿科医生希皮奥内·里瓦-罗奇在1896年发明的。血压计的用法是在手臂上缠一块橡皮臂环，然后对其充气，直到手臂上的血液停止流动，然后慢慢减少空气压力，直到血液再次开始流动，这样就能看到最大血压值。现在的医生还借助听诊器听血液的流动声，这是俄罗医师N.S.科罗特科夫在1905年时对血压计的改进，这样还能测出最低的血压值。

血压计

1905年的这款血压计与今天所用的相似。橡胶囊是用来给臂环充气的。

从此处读取血压值

阴极射线示波器

1897

电波是不可视的，因此，能将电波信号展示在屏幕上的阴极射线示波器便具有重要意义。示波器是德国物理学家费迪南德·布劳恩在1897年发明的。他在一个实验用的阴极射线管（一根接近真空的玻璃管，阴极在其内发射出带电粒子）上加入磁线圈，使电子随着信号的变化而水平或垂直移动。布劳恩用这种方法成功地让带电粒子从管子内部把图形投射在了管子里的屏幕上。

排气管接收废气

柴油机

1897

1892年，德国工程师鲁道夫·狄塞尔设计的用较少燃料产生更多动力的发动机获得了专利。这种发动机对燃料和空气的压缩程度远远大于汽油发动机，它使燃料温度高到无须火花就能点火。1897年，他做了一台高度完善的发动机，这种发动机的一个汽缸就能产生25匹马力（1马力约等于735瓦）。柴油机比较昂贵、笨重

管装牙膏

习惯使用罐装牙膏的人，刚开始时似乎并不习惯使用这种从管子里挤出来的牙膏，不过，高露洁管装牙膏却表现不凡。

1896年	报业巨头艾尔弗雷德·哈姆斯沃思创办了在英国广受欢迎的《每日邮报》，该报包括女性专栏、体育赛事、故事等特色版面，它的出现很快就改变了报纸的发行方式。
1897年	世界首次大规模马拉松比赛在美国马萨诸塞州的霍普金顿与波士顿之间举行，全长约42千米，该赛事每年4月举行一次。但女性在75年后才获得了参加该比赛的资格。

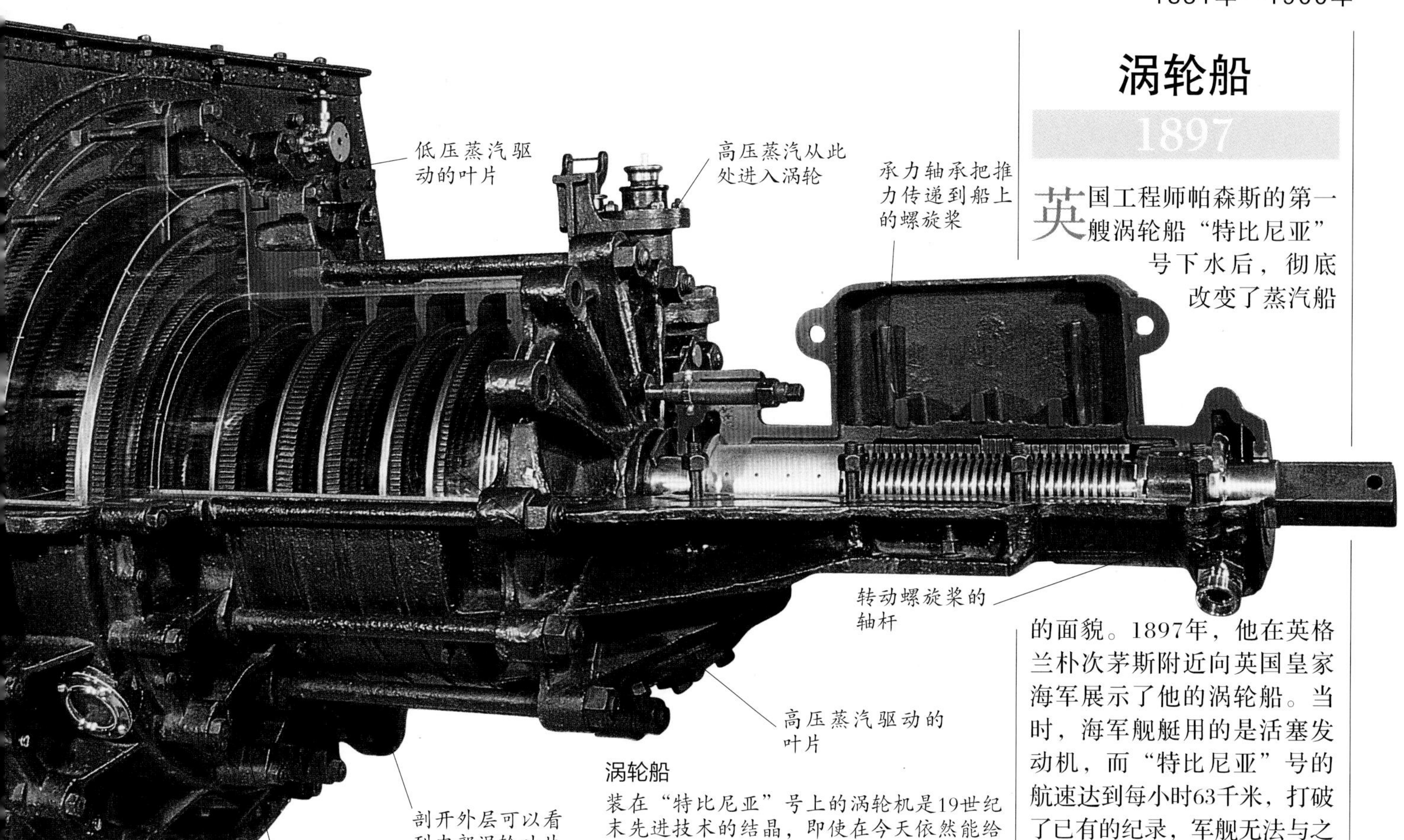

涡轮船

装在"特比尼亚"号上的涡轮机是19世纪末先进技术的结晶，即使在今天依然能给人留下深刻的印象。与老式的活塞发动机相比，帕森斯的发动机更加紧凑、高效而且马力巨大。

涡轮船

1897

英国工程师帕森斯的第一艘涡轮船"特比尼亚"号下水后，彻底改变了蒸汽船的面貌。1897年，他在英格兰朴次茅斯附近向英国皇家海军展示了他的涡轮船。当时，海军舰艇用的是活塞发动机，而"特比尼亚"号的航速达到每小时63千米，打破了已有的纪录，军舰无法与之相比，在其他船只上的试验也证实了这种涡轮机的卓越性能。

而且噪声大，但在燃料紧缺的情况下，它具有不可替代的优越性。

电　子

1897

英国物理学家J.J.汤姆逊最先发现原子内含有更小的粒子。1897年，他将阴极射线置于电场与磁场中进行研究时，证明了阴极射线是由带负电荷的粒子组成的。汤姆逊还发现，不管用什么材料，结果都一样。因此他得出结论：他发现了一种全新的粒子，这种粒子存在于所有物质中，而且比所有原子都轻，并且比任何原子都运动得快。这种粒子就是我们今天所熟知的"电子"。

电气火车多元控制系统

1897

许多电气火车并不是只在车头有发动机，而是在火车车身的不同部位装有几个小型电动机，这能提高火车的加速性能，留给乘客的空间也更大。但必须保证这些电动机都能同步工作才能使所有车厢在加速或减速时步调一致。1897年，美国工程师弗兰克·斯普雷格成功同步控制了不同车厢的电动机，并首次将之用于电气火车上。1898年，这种系统被芝加哥南线高架铁路采用，后来又被用于纽约曼哈顿的高架铁路。

蚊子传播疟疾

1897

疟疾是由血液中的微小寄生虫引起的疾病，患者会反复出现恶寒、发热等症状。没有人知道这些寄生虫是如何进入血液里的，直到英国细菌学家罗纳德·罗斯在印度研究了受疟疾感染的鸟之后，才解开了这个谜。1897年，罗斯证实，这种寄生虫是蚊子在叮人的时候进入血液的。一年后，3位意大利科学家发现，只有疟蚊才传播疟疾。

条件反射

1898

反射是一种自动的反应，如手碰到烫的物体会自动缩回。1898年，俄国科学家伊万·巴甫洛夫开始了一系列实验，并发现了一种更为复杂的反射。在研究狗的消化问题时，他发现食物准备好时发出的声音会使狗流口水。他后来又发现，通过训练，可以让狗一听到铃声就流口水，因为这种反射是在后天习得的基础上形成的，巴甫洛夫将这个发现称为有条件的反射，即条件反射。

1898年 皮埃尔·居里和玛丽·居里在处理铀矿时发现新的放射性元素，并命名为钋（Polonium，Po），以纪念居里夫人的祖国波兰。

1898年 加拿大冒险家乔舒亚·斯洛克姆抵达美国东北沿岸的纽波特，成为世界首位单人环球航行者。3年多前，他驾驶一条95年前建造的船从波士顿开始航行。

磁性录音机

1898

丹麦电话工程师瓦尔德马尔·鲍尔森一直想解决电话机的一个缺陷。与电报不同，如果电话的另一端没人接听，电话就等于没用。于是在1898年，他发明了第一台电话答录机。为此，他必须发明一项全新的技术——磁性录音。他发明的机器将电话留言录在一卷细细的钢丝上，这种录音机也可用于记录口授内容。（见第169页“磁性录制”。）

钋

1898

钋是一种十分稀有的元素，其极强的放射性可用来消除多余的静电。沥青铀矿是最好的钋矿源，但1000吨这样的矿石只能提取10毫克的钋。钋是研究放射性元素的先驱——玛丽·居里及其丈夫皮埃尔·居里于1898年发现的。钋也是第一种被发现的放射性元素，居里夫妇二人以玛丽的出生地波兰（Poland）来命名这种元素：钋（Polonium）。

镭

1898

见第170～171页，玛丽·居里和皮埃尔·居里发现了镭，这一发现使放射疗法成为可能。

回形针

1899

常见的回形针似乎不知从何而来，但最早的回形针可能是英国的杰姆公司生产的。一个与其发明有关的美国工程师威廉·米德尔布鲁克，在1899年获得了回形针制作机的专利，其申请材料上的图纸表明它生产的是杰姆牌回形针。

阿司匹林

1899

现在阿司匹林的镇痛作用在一定程度上已被其他药物取代，但它仍被用于治疗中风和心脏病。阿司匹林的成分与一种植物萃取物——水杨酸有关。它是由德国化学家费利克斯·霍夫曼首先研制出来的，最初是为了治疗其父亲的风湿。合成的阿司匹林由德国拜耳公司于1899年首次投入市场。

阿司匹林

这是拜耳公司早期制作的可溶性阿司匹林。

硬式飞艇

英国皇家空军在第一次世界大战期间使用了这种飞艇。

船舵摆动控制飞艇方向

乘客乘坐的地方叫“贡多拉”

自动扶梯

1900

第一部自动扶梯是美国工程师杰西·雷诺发明的，开始它只是一条倾斜的移动走道，踏面上有防滑槽防止乘客滑倒。当时它并不叫自动扶梯。自动扶梯这个名字是美国工程师查尔斯·泽贝格尔用来描述由乔治·惠勒发明的一种扶梯的，这种扶梯首创了折叠踏板。泽贝格尔加入了奥蒂斯电梯公司，并在1900年的巴黎博览会上展示了这种自动扶梯。后来，奥蒂斯公司在其上加入雷诺的防滑槽踏面，才形成了我们现在的自动扶梯。

指　纹

1900

指纹在追踪罪犯时非常有用，但是只有在有了识别指纹的方法后，指纹才能显效，否则新取的指纹就无法与已记录在案的指纹进行对比。英国科学家弗朗西斯·高尔顿证实世界上不存在完全相同的两个指纹，并由此设计出了一种基本指纹分类法。警长爱德华·亨利后来改良了这种方法。1900年，指纹识别公布于众。两年后，指纹首次作为证据出现在法庭上。

1899年	《枫叶拉格》是史上被演奏次数最多的钢琴曲之一，由美国非裔作曲家兼钢琴家斯科特·乔普林在密苏里州发表。乔普林后来曾试图将该曲改编成歌剧，但一直未获成功。	1899年	以保罗·克留格尔为首的布尔人（原荷兰移民后裔）开始了历时3年的反英斗争，原因是英国人大量涌入南非淘金，引起了布尔人极大的怨恨。

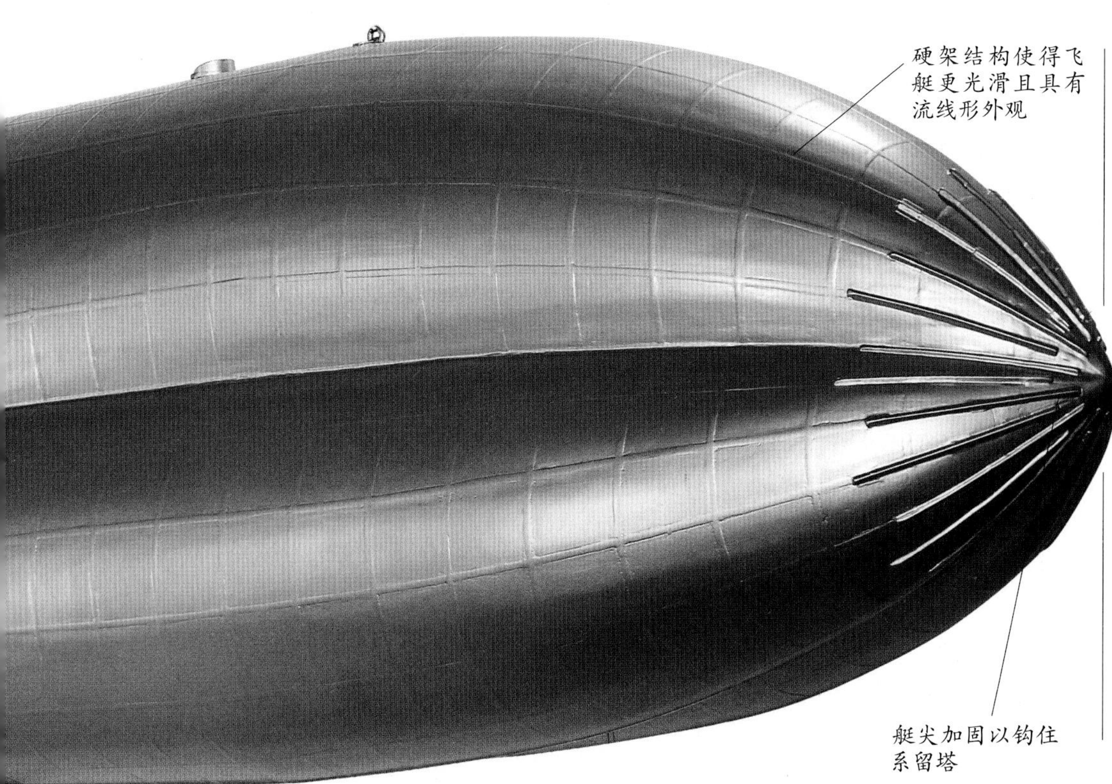

硬式飞艇

1900

起初的飞艇只有发动机和狭小的长形气球客舱。1900年，德国将军康特·费迪南德·冯·齐柏林伯爵建造了第一架硬架结构的飞艇。升空气体被装在结构内的不同气袋中，这样其外形就更加流畅。这种飞行器在第一次世界大战中曾被用作轰炸机，战后才开始用于客运。但1937年，“兴登堡”号飞艇在一场突发事故中起火，35位乘客遇难，公众对它的信任也彻底崩溃了。

磁性录制

蜡制录音媒介非常脆弱，而且磨损很快。虽然磁性录音的方式有噪声、失真等缺陷，但这两个缺陷最终被克服了。磁性录制被证明是计算机数据和电视图像存储的理想方法。它在计算机方面的运用已发展成为数码磁记录，可录制出几近完美的、用于制作CD的磁带。

瓦尔德马尔·鲍尔森，磁性录制的创始人。

从金属到塑料

早期的磁性录制使用的是钢丝或钢带。第二次世界大战期间，第一台现代录音机——磁带录音机由德国通用电气公司（AEG）和巴斯夫公司（BASF）研制而成，它与后来的录音机一样，使用的是塑料磁带。

磁带录像

视频信号的频率非常高，一台普通的记录装置必须飞速运转才能记录这些信号。磁带录像机到1956年才被发明出来，其上装有一个录像头，能以很快的速度扫描磁带，并将这些高频信号记录下来。

安佩斯VR1000录像机，1956年制。

数码录制

大约从1950年起，计算机开始运用磁性记录法来存储数据，与声音不同的是，数据可以没有偏差地被记录。若声音在录制前会被转化成数字信号形式，其高保真的效果是先驱们想象不到的。

量子论

1900

1900年，物理学家遇到了一些问题。其中之一便是炽热物体发出的光的颜色与预想的不同。德国物理学家马克斯·普朗克发现，假定能量以一定的倍数辐射，便能够正确预言光的颜色。这也解释了为什么以光的形式从金属上射出的电子能量不是取决于光的亮度，而是取决于光的颜色。此后30年间，量子论使尼尔斯·玻尔、埃尔温·薛定谔、沃纳·海森堡及其他物理学家对这个世界产生了新的理解：物质与能量既可以是波，也可以是粒子（见第190页）。物理学自此发生了彻底改变。

1900年 这一年，西方列强掀起瓜分中国的狂潮。由中国民间组织的义和团发起了反抗运动，并积极抵抗外来侵略者。

1900年 美国网球运动员德怀特·F.戴维斯捐出了一个奖杯，用来奖励一年一度的国际草地网球公开赛的男子冠军，该赛事后来被称为戴维斯杯，起初这项比赛是业余的，后来逐渐发展成为职业性比赛。

科学伴侣

玛丽·居里和皮埃尔·居里发现镭，使放射疗法成为可能

幸福的一家

玛丽·居里和皮埃尔·居里把自己的一生献给了对方、他们的孩子以及科学。这张照片摄于1904年，即皮埃尔去世前两年，与他们在一起的是当时才7岁的女儿伊伦。

1891年，年仅23岁的玛丽·斯克沃多夫斯卡来到巴黎。她在波兰上学时就成绩优异，在当了8年家庭教师后，她攒够了上大学的钱，并在巴黎大学注册入学，攻读物理学和数学。

1894年，玛丽获得了学位。同年，还发生了一件很重要的事：她遇到了皮埃尔·居里教授。两人很快在1895年成婚，组建了科学界最有成就的家庭之一。

玛丽决定把研究方向定在亨利·贝克勒尔刚刚发现的铀射线上。她对一种含铀的矿物——沥青铀矿进行研究，发现它产生的射线强度大于铀产生的射线强度，她猜测，这种矿物中可能含有比铀更具放射性的元素。于是玛丽与丈夫皮埃尔一起，将沥青铀矿放在化学物质中进行分解，制成他们能进行分离的化合物。1897年，他们的研究工作暂时停顿下来，因为他们的长女降临这个世界。

1898年夏天，居里夫妇终于发现了一种新的放射性元素——钋，但是他们觉得这还不能解释铀矿放射如此强大的问题，它一定来自放射性更强的元素。尽管还没有分离出这种元素，但他们已经把它命名为“镭”了，并在12月宣布发现了镭。

又经过4年的努力，玛丽提炼出了0.1克的纯氯化镭，她也因此获得了物理学博士学位，成为第一个获此学位的欧洲女性。1903年，玛丽还与皮埃尔以及贝克勒尔共同荣膺诺贝尔物理学奖。作为第一位获得诺贝尔奖的女性，玛丽声名鹊起，她和皮埃尔双双得到了最好的工作机会。

1904年，居里

居里夫妇设计的象限静电计

电离箱

居里夫妇使用的玻璃烧杯

居里夫妇设计的电离箱

辐射的测试

居里夫妇的大部分科研设备都得自己制作。辐射会使空气导电，皮埃尔因此研制了不少灵敏度很高的测量仪器。

夫妇再添一女。但悲剧在1906年猛然发生：皮埃尔被一辆疾驰的马车撞倒而离开了人世。玛丽不得不承担起皮埃尔在巴黎大学的教授职位，成为第一位担任教授职务的欧洲女性，并独自继续他们的研究。在一位同事的帮助下，她终于在1910年提炼出纯镭。第二年，她再次获得诺贝尔化学奖，但这次再也没人与她分享诺贝尔奖了。

玛丽的研究工作在第一次世界大战期间受到了影响。战后，她周游世界，借助自己的名声，争取人们支持她把自己的发现用于新的领域。医生发现，当时所知的放射性最强的镭能用来治疗癌症。居里夫妇的研究使放射疗法成为可能。虽然现在镭已不太被用于治疗癌症，但它依旧会令我们想起这样一位卓越的女性。

经久不衰的名声

1927年拍摄这张照片时，玛丽·居里已经在索尔维国际物理学大会上赢得一席之地。这个大会是在比利时布鲁塞尔举行的国际顶尖物理学家的聚会。前排左起的第三人即玛丽·居里，照片上的其他著名学者包括玻尔、布拉格、爱因斯坦、海森堡、洛伦兹、泡利、普朗克和薛定谔。

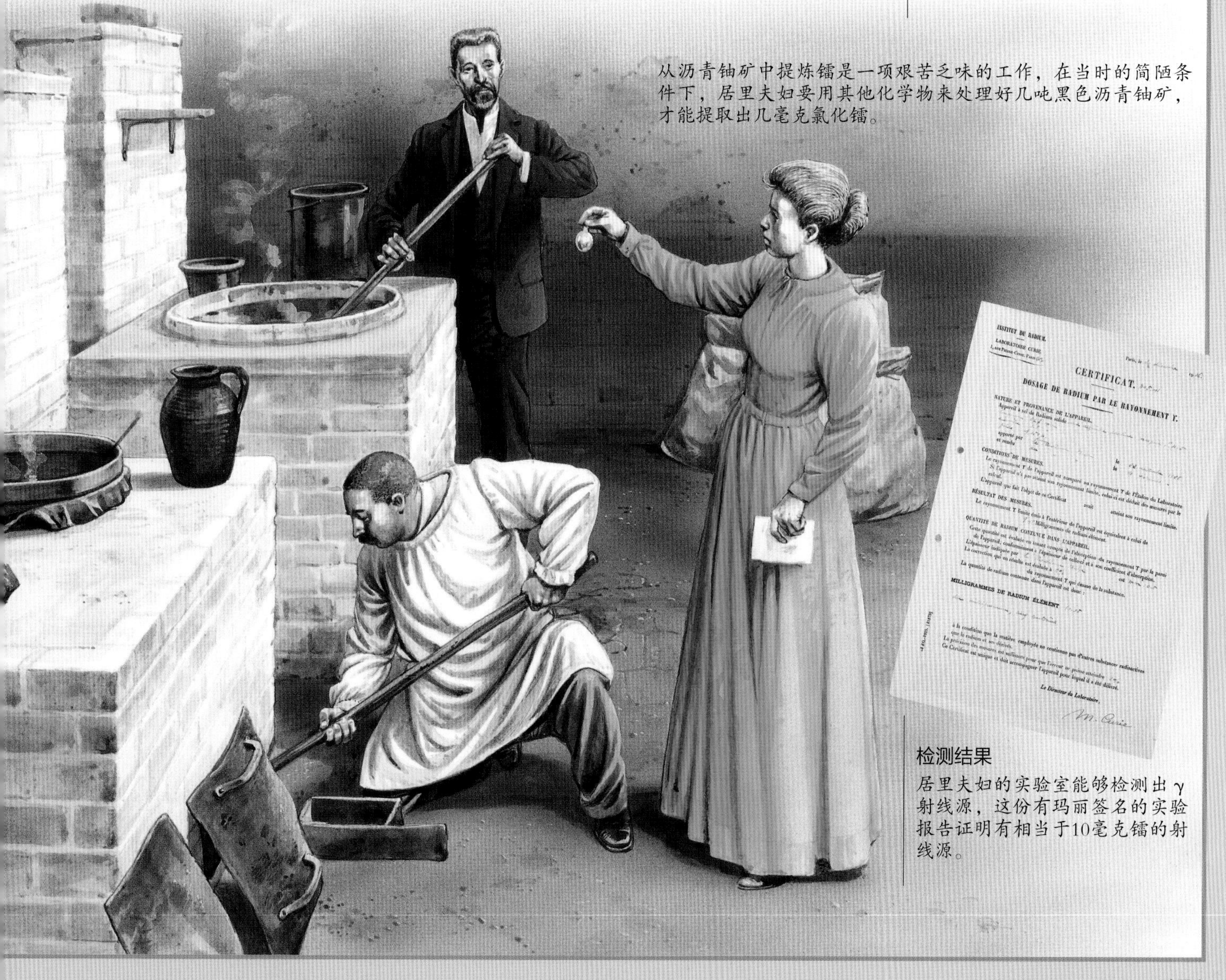

从沥青铀矿中提炼镭是一项艰苦乏味的工作，在当时的简陋条件下，居里夫妇要用其他化学物来处理好几吨黑色沥青铀矿，才能提取出几毫克氯化镭。

检测结果

居里夫妇的实验室能够检测出γ射线源，这份有玛丽签名的实验报告证明有相当于10毫克镭的射线源。

大众发明时代

20世纪的上半叶，新的发明和发现不仅改变了人们的日常生活，也改变了整个科学界。普通人接触了收音机、抗生素和汽车等新鲜事物，而科学家则创立了崭新的物理学理论，它为我们揭开了蕴藏于物质中巨大能量的面纱。现代社会已悄然而至。

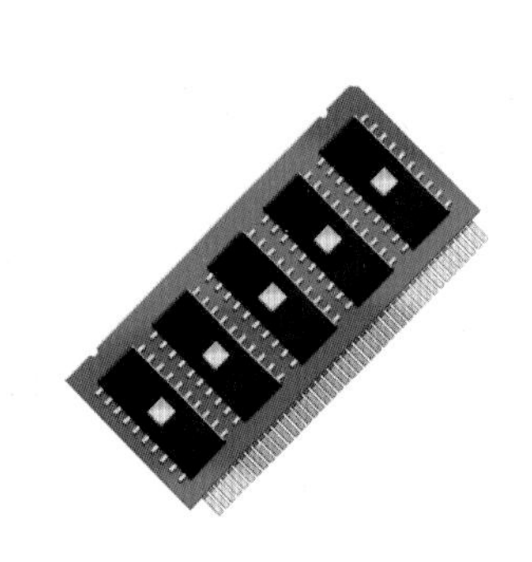

血 型

1901

早期的输血常常会导致病人死亡。1901年，奥地利病理学家（即研究疾病对身体组织影响的人）卡尔·兰德斯坦纳找到了原因：除非经过仔细配对，否则一个人血液中的血红细胞会破坏另一个人血液中的血红细胞。他发现人类的血型有3种，并将它们分别命名为A型、B型和O型。只有相同血型的人之间才能安全输血。后来，他又发现了第4种血型，即AB型，此后，其他血型也相继被发现。血型分类不仅保证了输血的安全，而且有些时候还能帮助警方甄别犯罪嫌疑人。

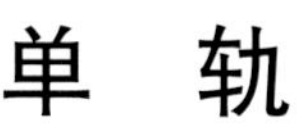

单 轨

1901

所谓单轨是指只有一条轨的铁路。最早的单轨铁路建于1880年，轨道设在车厢下面。一些更为有趣的悬轨（可以在一些主题公园里见到）也已经用于正式运输。现存最早的一条成功的单轨铁路线，是现在依然运营在德国西北部伍珀塔尔市伍珀尔河上的单轨铁路线。这条单轨铁路是尤金·兰根于1901年设计的，他是德国工程师，也是内燃机专家。

盘式制动器

这是1970年洛克希德·马丁公司制造的盘式制动器。

盘式制动器以及较厚的垫片

保险刀片

1901

金·坎普·吉列听取了同事的建议，发明了一种“用完即扔的东西”，从而改变了全世界男人的生活，这就是安装在保险剃须刀上的、用完即扔的刀片，男士们也许并不喜欢总去买新刀片。截至1904年，吉列已售出了1200多万片刀片。可见，人们的确更喜欢这种安全、便捷的刀片，毕竟它比老式的直刃“割喉式”剃刀强多了。

保险刀片

从这款1930年的包装可以看到，金·C.吉列留了两撇细心剃出的胡子。

盘式制动器

1902

现代汽车大都装有盘式制动器。刹车时，垫片会紧紧咬合钢制碟片。盘式制动器是英国汽车先驱弗雷德里克·兰彻斯特在1902年获得专利的发明。他在1896年制造了全英首辆四轮汽车。早期的盘式制动器刹车发出的声音非常响，因为它的垫片是铜制的。1907年，英国工程师赫伯特·弗鲁德用石棉垫片取代了铜垫片，使用这种垫片，刹车时发出的声音较小。

空 调

1902

高温加潮湿是最让人难受的。因为，当空气中的水蒸气饱和时，汗液就不能挥发。1902年，美国工程师威利斯·卡里尔意识到，制冷既可以降温又可以除湿，于是他设计了一个“空气处理装置”，空气在这个装置中会被冷却，使其中的水蒸气凝结成水，然后再把水排出，这样就产生了清凉怡人的干燥空气。

1901年 这年元旦，6个分治的澳大利亚殖民区正式组成新的联邦，即澳大利亚联邦，该联邦拥有独立的政府，但依然受英国维多利亚女王的统治。

1902年 英国最独特的俱乐部随着爱德华七世设立英国功绩勋章而成立，该勋章授予在科学和艺术方面做出了杰出贡献的人，一次只能授予24人。第一个获此勋章的女性是弗洛伦斯·南丁格尔。

激 素

1902

激素是控制身体的化学物质，比如人在紧张时会分泌肾上腺素引起心跳加速。第一种激素是英国生理学家威廉·贝利斯和欧内斯特·斯塔林在1902年发现的。他们发现，食物进入肠道时，肠道会向血液中释放一种化学物质，以促使胰腺分泌出消化液，他们把这种化学物质称为促胰液素。后来，斯塔林依据希腊语造出了“激素”这个词，意为“奋起运动”。

沏茶闹钟

1902

虽然英国人爱喝早茶，但却很少有人能像弗兰克·克拉克一样大胆创新，克拉克在1902年制造出了一台自动沏茶机，这个技术在当时是有些超前的。在你打瞌睡之际，时钟装置擦燃一根火柴，点燃水壶下的酒精炉，水开之后，蒸汽驱动一个机械装置，使水壶倾斜，向茶壶注入开水，随后发出一声响铃，就像是提醒你可以喝茶了！

火花塞

1902

早期内燃机的一个普遍问题是如何点着燃料，一个办法是利用电流通过在汽缸内运动的接触器，使其产生火花。1902年，为电气工程师罗伯特·博世工作的德国工程师霍诺尔德发明了更好的点火方法。他将较高电压加在有固定缝隙的接触器——火花塞上，这样就可以用电来控制点火。在适当的时候，高压电会产生火花并穿过缝隙，从而点燃燃料。

泰迪熊

1902

1902年，受人爱戴的美国总统西奥多·罗斯福因在一次狩猎中拒绝射杀一头无助的小熊崽，而更受人们尊敬。受此启发，纽约零售商莫里斯·米奇汤姆开始售卖毛绒玩具熊。因为罗斯福的昵称是泰迪，所以这种用靴扣做眼睛、四肢能活动的熊叫“泰迪家的熊”。这种玩具熊为莫里斯带来了巨额的利润，很快其名字就简化为“泰迪熊”。几乎与此同时，德国设计师玛格丽特·史泰福也制造出类似的玩具熊，她的玩具熊没有“泰迪”的名字，却也很快成了畅销品。

沏茶闹钟

克拉克的沏茶闹钟是靠机械完成的，因为1902年时电力还未完全普及。

真空吸尘器

1902

早期用来除尘的小装置是把灰尘吹掉。一次，英国工程师休伯特·布思在嘴

1902年	法国作曲家克劳德·德彪西唯一的歌剧《佩利亚斯与梅丽桑德》4月30日在巴黎喜歌剧院首演。苏格兰女高音玛丽·嘉顿饰演剧中的女主角梅丽桑德，玛丽·嘉顿在剧中的出色表演让她一时声名大噪。
1902年	英国矿业大亨西塞尔·罗德逝世。依照他的遗嘱，在牛津大学创立了一个新的奖学金（只颁发给男性），旨在促进英语国家的团结。罗德奖学金后来也向女性颁发了。

发动机放在非中心位置来平衡驾驶员的重量

起飞与着陆的滑翔架

上蒙了一块手帕，然后对着椅子上的布猛吸，灰尘竟全沾在手帕上了。他由此确认，真空吸尘效果更好。于是，他在1902年创办了一家公司并开始生产吸尘器，但这种吸尘器的体积太大，只能放在屋子外边。

飞机
莱特兄弟于1903年设计的飞机由背后的螺旋桨推进，没有驾驶座。飞机由拉住两翼的绳索来控制。

心电图

1903

医生一般通过记录病人的心电活动来检查其心脏的情况，这种心电检查被称为心电图检查或ECG检查。荷兰生理学家威廉·埃因托芬是第一个测量出心电信号的人。1903年，他自制了一台敏感的测量仪，用来研究心脏正常工作时的情况。1913年，他已经明确提出了心脏检查时应该重点关注的指标。

飞　机

1903

虽然人们自1783年以来已实现乘气球升空的愿望，但人们并未满足，人们希望能像鸟儿一样自由飞翔，而不只是随风飘荡。1903年12月17日，在美国的北卡罗来纳州，人类实现了首次真正的飞行。美国自行车技工奥维尔·莱特的哥哥看着他乘坐自制的脆弱飞行架飞行了12秒，而且莱特兄弟还解决了两大飞行难题：升空飞行器问题以及空中控制问题。

多级火箭

1903

早在1895年，俄国科学家康斯坦丁·齐奥尔科夫斯基就在思考星际飞行的问题了。他在1903年提出了一个方案：用多级火箭将庞大的物体送入太空。燃料用完的那级火箭随即解体分离。现今主要的火箭都是依据这个原理制造的。

升空与飞离

人类花了一个世纪来思考以及实验，才终于飞上了天空。飞行的两大难题是升空和控制，而鸟类显然是这方面的大师。通过对鸟类的观察，人们有了一项突破性发现：鸟类尾巴的重要性其实不亚于其翅膀。最早的飞行专家由此认识到，鸟类扇动翅膀的动作对于飞行来说并非必要条件，这一认识引导他们造出了由螺旋桨推动的实用型飞机。

乔治·凯利
1799年，出身贵族的凯利确定了飞机的基本形状：中间是机身，两边各有一个固定机翼，还有机尾。1853年，经过反复研究，他终于发射了第一架载人滑翔机。

奥托·利林塔尔
德国工程师利林塔尔先是对鸟类如何飞行进行了长期研究，然后才开始着手研发固定翼滑翔机。1896年，在经历数千次实验飞行后，他不幸坠机身亡。

奥克塔夫·沙努特
法裔美国工程师沙努特到了60岁才对飞行产生兴趣。19世纪90年代，他进行了数千次的滑翔机飞行，并把积累下来的大量飞行数据留给了莱特兄弟。

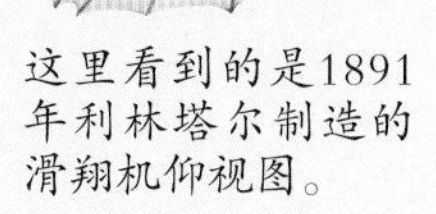

这里看到的是1891年利林塔尔制造的滑翔机仰视图。

1903年 埃米琳·潘克赫斯特创立了“妇女社会和政治联盟”，旨在为英国妇女争取平等的选举权。起初，这些“妇女参政权论者”被主流社会所忽视，于是她们不得不采取暴力手段，如焚烧空房子等。

1903年 为了给自己的报纸提供令人兴奋的故事素材，法国记者亨利·德格朗日发起了“环法自行车赛”。参赛的60位选手中只有21位骑完全程。毛瑞斯·盖利最终赢得了比赛，他骑了整整95个小时。

测谎仪

1904

1904年，捷克心理学家马克斯·韦特海默发明了第一台测谎仪，当时他还只是个学生。1921年，美国加利福尼亚州的一名医学院学生约翰·拉森协助警方制造出了一台更好的测谎仪。这种“多种波动描写器”能监测人的血压、脉搏和呼吸，因为人在撒谎时，这三者都可能会发生变化。当然，有时人在说真话时，血压、脉搏和呼吸也会变化。所以，并非所有法庭都会采纳测谎仪的检测结果。

保温瓶

1904

詹姆斯·杜瓦的真空瓶（见第162页）太易碎，不便于野餐时携带。杜瓦的学生赖因霍尔德·伯格想到了如何使它更实用的方法。他在瓶外加了一层金属保护套和一些保护性质的橡胶，以及旋纽盖帽。伯格把这个创意卖给了一家公司，经过一轮关于命名的讨论后，这种产品终于在1904年被投放市场，其名字被定为保温瓶。

相对论

1905

见第178～179页所讲的，爱因斯坦的相对论如何照亮牛顿眼中的宇宙。

染色体的作用

1905

美国生物学家内蒂·史蒂文斯是第一个把细胞结构与遗传学结合起来的人。1905年，在用甲壳虫做实验时，她发现动物性别是由两个细胞结构（即X染色体和Y染色体）决定的。另一位美国人埃德蒙·威尔逊也得出了相同的结果。他认为染色体是遗传机制中最重要的部分，他的想法也是正确的。

夹层安全玻璃

1905

早期汽车使用的都是普通的挡风玻璃，一旦发生碰撞，玻璃破裂就会伤人。1905年，法国艺术家爱德华·贝内迪克图斯提出了一个解决办法：在两块玻璃中间夹一层透明塑料。如果玻璃破裂，塑料就会把玻璃碎片粘住而不至于伤到人。今天我们还在使用夹层安全玻璃，不过里面用的是更好的夹层材料。

猫须接收器

矿石收音机在20世纪20年代非常流行。只要用一根金属细线搭在像方铅（硫化铅）这样的晶体上，就能将无线电波转为有声信号。不过，只有金属细线碰到晶体的敏感点上，才能实现上述功能。

耳机将杂乱的电流信号转化为声波信号

耳机线连接耳机和矿石收音机

“猫须”

晶体

三极真空管

1907年，德·福斯特根据灯泡制造了这个三极管。螺纹帽与加热的阴极相连，电线则与其他电极相连。

猫须接收器

1906

20世纪20年代，听收音机时常常要拨弄“猫须接收器”。猫须接收器是一种短金属线，用它轻触晶体表面，可使无线电波转换为能在耳机里听见的声音。德国物理学家卡尔·布劳恩早在1900年就发现了这一功能，不过美国工程师格林利夫·皮卡德在1906年申请了这种配件的专利。皮卡德的小设备引出了20世纪一项最重要的发明——晶体管。

三极真空管

1906

1904年，英国科学家约翰·弗莱明发现，当一个真空管里只有两个电极时，加热其中一个电极，那么真空管只能单向导电，电子学由此正式建立。1906年，美国发明家李·德弗

1904年	伦敦第一辆黑色出租车上路了。出租车迅速取代了老式马车。	1905年	美国芝加哥律师保罗·哈里斯成立了扶轮国际——一个由工商业者和专职人员组成的，致力于提高工作中的道德标准的国际性社团。由于会议在各个成员间轮流举行，故名扶轮国际。

雷斯特在其中增加了一个电极，通过调整其中一极的电压，可以控制另两极的电流。他把这种装置叫作三极真空管，我们现在称其为三极管。他开始用三极管来检测无线电波，很快也用它来放大和产生无线电波。

无线电广播

1906

马可尼于1896年就获得了第一个无线电专利（见第164页），但10年后才实现了无线电广播。早期的无线电台只能间歇地发出电波，但要传播声音，就必须连续地发出电波信号。1906年，加拿大裔美国工程师雷金纳德·费森登发明了一台发电机，其输出频率是普通发电机的1000倍，这样就可以产生能携带声音信号的连续的无线电波。1906年圣诞夜，他首次广播了一篇讲话和一个音乐节目。

彩色摄影

1907

在法国发明家卢米埃尔兄弟于1907年推出他们的彩色照相制版法之前，摄影师必须拍3张照片才能得到一张彩色照片。卢米埃尔兄弟在玻璃片上涂上红、绿、蓝三层淀粉末，用黑色填充其空隙，然后再刷一层对所有色彩都感光的涂层。淀粉充当滤色镜，这样一次拍摄即可形成3个影像，把它们合成一下，就可以得到一张不错的彩色照片。

彩色摄影

微粒彩色屏干版需要较长的曝光时间，所以大多用于拍摄静态场面。

维生素

1907

碳水化合物、蛋白质、矿物质和脂肪都是人体必需的物质，但有这些还不够。英国生化学家弗雷德里克·霍普金斯发现，用只含上述成分的人造牛奶喂老鼠，老鼠会死去，但加一些真牛奶老鼠可以存活。1907年，他得出结论：老鼠需要“辅助营养素”。1912年，波兰生化学家卡西米尔·冯克在大米中找到一种这样的营养素。他发现的是一种胺类化学物质，他将其命名为“维生素”。今天我们知道，并非所有的维生素都属于胺类。

1907年　爱尔兰剧作家约翰·米林顿·辛格的《西方世界的花花公子》讲述了爱尔兰农民的生活，是辛格最成功的喜剧，也被认为是20世纪最优秀的爱尔兰剧作。

1907年　在意大利罗马，教育家玛利亚·蒙特梭利开始用她的教育体系教导小孩子，后来这套体系就是用她的名字命名的。蒙特梭利教学法倡导基于孩子的能力指导孩子进行自主学习。

时空之谜

阿尔伯特·爱因斯坦发表相对论，照亮了牛顿的宇宙

以接近光速的速度运行的火车

光从到达镜子再折返的时间代表时钟上的“1秒”

火车上的男人看到的“1秒”短

火车的初始位置

站台上的女人看到的“1秒”长

光到达镜子时火车已经向前运动一段距离

光到达观测者处时火车已经走得更远

运动得慢了

因为相对运动不能改变光速，所以它必须使时钟的运行速度变慢，才会出现上图中的视觉效果。

爱因斯坦第一次见到袖珍罗盘是在德国，当时他还只是个小孩子。这个罗盘给他留下了非常深刻的印象，因为无论他怎样转动罗盘，它的指针方向都始终不变。他猜想，肯定存在某种外力在控制它。正是这件小事，把他引向了探索宇宙真理之路。

有一段时间，爱因斯坦因为得罪了重要人物而找不到工作。1902年，他终于在瑞士的伯尔尼找到了一份工作——在专利局做职员。不过，他在自己的业余时间里，创立了一个革命性的理论。

1887年，美国科学家阿尔伯特·迈克耳孙和爱德华·莫雷想用光来测定地球在以太（一种理论上的弥漫于所有空间的媒介）中的轨道运行速度。根据艾萨克·牛顿的理论，与地球同向运行的光的速度会变慢，就好像从后面一辆车上观察前面的汽车，会觉得它的速度比较慢一样。但是，光速是不变的，因此似乎是牛顿的宇宙理论出了问题。

德裔美国物理学家阿尔伯特·迈克耳孙

1905年，爱因斯坦发表的狭义相对论把物理学带出了这一尴尬境地。借助荷兰物理学家亨德里克·洛仑兹的理论，爱因斯坦修正了牛顿的理论并预言光速是恒定不变的。在他的理论下，牛顿的物理定律被定义为物体在一般速度下几乎保持不变，但当物体的速度接近光速时，就会发生奇怪的事情：在以另一种速度运动的人看来，这些物体在其运动方向上的长度缩短，质量增加，他们的时间也变慢了。

美国物理学家爱德华·莫雷

不成功的实验

迈克耳孙和莫雷用两束光穿过一张可转动的桌子，反光镜使这两束光合成一个图案。这个图案会显示来自两个方向的光在速度上的差异，但是无论他们如何转动转台，都没有发现光速有什么变化。

简单地说，狭义相对论认为，物体的质量取决于它的速

度。如果一个力作用于一个物体，这个物体会产生加速度。但随着物体的加速，大部分能量会转化为该物体的质量，小部分能量则用于增加该物体的速度，这就阻止了该物体接近光速。爱因斯坦由此得出了$E=mc^2$的公式，它说明质量与能量是可以相互转换的。

虽然狭义相对论具有划时代的意义，但是它还不完美，因为它没有涉及引力问题。1915年，爱因斯坦提出广义相对论并对此予以了修正。广义相对论以统一的时空代替了牛顿的时间与空间，它指出，引力是一种空间属性，而非物体之间的力。这个理论引出了诸多惊人的预言并在之后得到了证实，譬如，由于引力和黑洞的存在，光会发生弯曲。

创新天才

阿尔伯特·爱因斯坦是一位极具创新精神的物理学家，他的发现使我们对世界有了新的认识。他不仅创立了狭义相对论和广义相对论，而且对量子理论也做出了巨大贡献。

黑洞

引力是时空的变形，它影响着一切事物，甚至连光也不例外。黑洞能产生连光也无法逃脱的巨大引力，可根据其影响测出黑洞。在这张图上，物质正从一个巨大星体上被吸走。

小爱因斯坦卧病在床，爸爸给了他一个罗盘，希望他开心一点儿。爱因斯坦后来回忆起这件让他茅塞顿开的事时说：“事物的背后一定隐藏着巨大的玄机。”

电动洗衣机
早期的洗衣机是在手动洗衣桶上加一个电动机。直到1920年，洗衣机的探索者，加拿大的比提兄弟制造的依然是这种木桶洗衣机，一台电动机就这样令人担忧地裸露在木桶洗衣机外面。

电动洗衣机

1907

多少年来，发明家一直在想办法减少蒸汽洗衣盆的洗衣时间，不过，只有电力才能真正实现省力的目的。1907年，第一台电动洗衣机——“托尔”洗衣机由美国工程师阿尔瓦·费西尔设计完成。它有一个来回转动的圆桶，能翻动衣物，但是它的电动机暴露在外面，而且木桶中常有水渗出，所以并不安全。

纸　杯

1908

今天谁也不愿意与陌生人共用一只未洗的杯子，但是在火车站这样的公共场所，饮用水的水龙头上就曾经挂着公用的锡杯。1908年，美国发明家休·摩尔设计了一台用独立纸杯盛水的售水机。他很快就意识到卖纸杯比卖水更有赚头。于是，他成立了一个纸杯生产公司。1919年，他选用“迪克西”作为纸杯的商标。到20世纪20年代，迪克西纸杯不仅能用来盛饮料，还能用来装冰淇淋。

茶　包

c1908

茶包的发明很偶然，可能是1908年的事。纽约茶商托马斯·沙利文用布袋把样品茶封起来派发给顾客。收到样品茶的人都没有打开袋子，而是直接用开水冲泡。沙利文很快就收到了更多的订单。到1920年，各种规格的茶包开始在美国销售，主

1909年	美国全国有色人种协进会在纽约州成立，协会旨在废除种族歧视以及为美国的非裔争取平等的权利。该协会的影响力一直延续到21世纪。
1910年	法国电影巨头查尔·百代和哥哥爱米尔·百代共同成立的百代兄弟公司发行了首部一周新闻剪辑短片《百代新闻》，这部短片标志着新闻纪录片的诞生。片头那只高唱的雄鸡是其明显标志。

要是饮食服务业用的大茶包。1953年，茶包由约瑟夫·泰特利公司引入英国。

霓虹灯广告牌

1910

19世纪，有几位发明家用含气体的低压管进行了实验，他们发现，电可以使里面的气体亮起来。1910年，法国物理学家乔治·克劳德用氖气进行试验，发现它能发出强烈的橙红色光。虽然这种光对照明的意义不大，但这种新的发光管在巴黎汽车大展上出现后，立马就有一家广告公司提出可以用它来制作广告牌。到1912年，蒙特马特勒理发店出现了第一块霓虹灯广告牌。

霓虹灯广告牌

新技术被发明出来之后，霓虹灯才被广泛应用在广告牌上。

电点火器

1912

早期的汽车要摇动车前的把手才能发动，可是这种把手会有反冲的危险。凯迪拉克汽车公司的总裁亨利·利兰认为这是不合理的，他请了美国工程师查尔斯·凯特林来设计一个自动点火器。凯特林成功做到了前人没有做成的事情。1912年，凯迪拉克公司推出了第一辆能从驾驶座上发动的汽车。

不锈钢

1913

英国冶金师亨利·布雷尔利在研制耐高热的枪膛铁料时，偶然制造出了不锈钢。当时他在英国重要的钢铁制造中心——谢菲尔德的布朗弗思研究工作实验室主持工作。1913年，在经过一系列实验后，他研制出了一种含铬量为13%的合金钢。他发现，这种合金对造枪没什么用，但却具有很好的抗锈蚀性。与曾经研制出类似合金钢的科学家不同，布雷尔利看到了这种不锈钢在刀具制造上的潜在价值。一位名为谢菲尔德的刀具商建议称之为不锈钢，这个名字一直沿用至今。

谢菲尔德不锈钢制造商巴特勒的商标

骨质刀柄

不锈钢

这把茶刀生产于1905年，是首批使用后无须用砂纸打磨的刀具之一。

空气中的肥料

1909

植物需要氮。虽然氮气约占空气总量的4/5，但空气中的氮并不能直接被植物吸收。解决这个问题的办法之一是使用富含氮的肥料。但是，到1900年，像鸟粪这样的天然肥料已经不够用了。1909年，德国化学家弗里茨·哈伯成功地从空气中获取出了氮，他把氮和氢放在高温和高压下发生反应，从而得到氨，氨可用于制造肥料和其他产品。1914年，德国化学家卡尔·博施找到了一种增加氨产量的办法，并推广了哈伯的办法。直到现在，哈伯-博施氨生产工艺在农业等领域依然十分重要。

大陆漂移

1912

看一下世界地图，你会发现，南美洲和非洲的部分海岸线像拼图一样，可以拼合起来。1912年，德国气象学家阿尔弗雷德·魏格纳提出，这绝非巧合。他认为，各大洲曾经是连在一起的完整大陆，他称之为“泛古陆”。他认为大约在数百万年前，这个泛古陆才开始四散漂移。但当时并没有多少人重视他的理论，直到20世纪60年代，科学家们才意识到魏格纳大陆漂移学说的重要意义。

宇宙射线

1913

早期研究射线的科学家检测到了来自实验室外的射线，它们来自何方一直是个谜团。直到后来，美国物理学家维克托·赫斯把载有检测仪器的探测气球升到高空做实验，这个问题才得以解答。1913年，他发现气球升得越高，检测到的射线就越强，这表明这些射线来自外太空。美国物理学家罗伯特·密立根证实了这一现象，并于1925年创造了“宇宙射线”这个术语，用来特指来自宇宙深处的“射线”。

流水装配线

1913

见第182～183页，了解亨利·福特如何用流水装配线生产全球最成功的汽车。

1911年 12月14日，挪威探险家罗尔德·阿蒙森带领他的探险队到达南极，他也成为到达南极的第一人。他们靠狗拉雪橇，击败了由罗伯特·斯科特率领的机械化考察队。不幸的是，后者再也没有回来。

1912年 4月14日晚上，号称永不沉没的“泰坦尼克号”在首次航行中撞上冰山。第二天凌晨，它沉入大西洋底。船上1500余人罹难，约700人获救。

为大众生产的汽车

亨利·福特采用流水装配线，大规模生产全球最成功的汽车

有远见的人

亨利·福特对未来的展望是让高效的生产方式为所有人带来财富。他的工厂最终形成了一头进入原材料，另一头输出成品汽车的生产方式。

1891年，首辆现代汽车问世的时候，亨利·福特还是一名在底特律工作的年轻工程师，这儿离他出生的农场不远。当时大多数人还在农场辛勤劳作。而福特改变了这一现状，带领美国走上了工业化道路。

福特在1896年就造出了他的第一辆车。1903年，他成立了福特汽车公司。当时的汽车都是一辆辆单独制造的，而且十分昂贵，只有富人才消费得起。福特意识到，如果只生产同款车，成本就可以降下来。1908年，他成功地推出了“为普通大众生产的汽车”，即T型汽车。

福特T型车

在1908年到1927年这19年中，世界上每两辆汽车中就有一辆是T型汽车。这种车坚固耐用，价格低廉，对当时还没城市化的美国来说是非常理想的。

T型汽车（1916年）

这款名为“福特T型车”的汽车很快就供不应求。福特将公司搬迁到底特律郊外的海兰公园新厂区进行生产。即使在这里，工人也要走到每一辆车旁边，才能进行工作——走路的时候是不能干活的。

福特想要一种更快捷、成本更低的生产方法。在美国肉制品加工业中，工人们站在原地，肉类则慢慢从他们身边流过让他们进行加工。受此启发，福特在1913年萌生了应用“流水线”来制造T型汽车零件的想法，而且实际的零件产出率的确提高了300%。因此，他决定整车也要在“流水线”上生产。

更多类型的汽车

福特汽车的故事当然不是到T型车就结束了。后来，福特还设计了造型优美的爱泽尔汽车、运动类的野马汽车，以及在英国设计和制造、供正式比赛用的GT40跑车。

福特爱泽尔（1958年）

福特野马（1964年）

福特GT40（1964年）

福特成功实现了汽车的大规模生产，他还因此改变了美国人的生活方式。除了让人们更方便去野餐之外，低成本的运输工具还提高了所有行业的工作效率。

现在，工厂里的工人无须到处走动，只需把全部时间用于将零部件装到从流水线上过来的汽车上。每个工人只需要负责一项操作，他们的工作节奏完全取决于流动的装配线。1914年4月，福特已经把生产一辆汽车的时间从12个工时成功地缩减到1.5个工时。不久之后，工厂每24秒就能生产出一辆汽车。T型汽车成为全球最成功的汽车，销量超过了1500万辆。

但是，流水线也有它的弊端。这种工作环境使人精神高度紧张，所以经常有工人离职。福特为此给工人发双倍工资并缩减他们的劳动时间，从而解决了这一难题。这样做看似疯狂，但实际上却非常恰当。福特明白，他的雇员不只制造汽车，他们还有自己的私人生活。得益于这种新方法，很快工人也开始买汽车了。

现代汽车制造工艺

早期的汽车是将车身装在底盘上的，而现代的车身是一个自承的钢架。一直以来，这个钢架都是由熟练的工人以手工方式焊接的，但现在这种繁重而重复性的工作已由机器人来做了，比如这家在加拿大渥太华的福特汽车厂。

原子的结构

1913

英国物理学家欧内斯特·卢瑟福认为氢原子是由一个原子核和一个围绕它旋转的电子构成的。但经典物理学否认这一点，并认为电子会释放能量且停止运转。1913年，丹麦物理学家尼尔斯·玻尔终止了这场争论，他证明电子只有从高位轨道向低位轨道跃迁时才会释放能量，能量释放以发射一定量的光子的方式来实现，其频率取决于跃迁幅度。

胸　罩

1914

1893年就已经有人申请了“胸托”的专利，但是这种衣服却没有流行起来。直到有一次，纽约社交名媛玛丽·雅各布觉得，鲸须紧身胸衣和她那件新的紧身上衣不搭。于是她决定不穿鲸须紧身胸衣，而是戴上她自己用两条手帕和几根绒丝带做成的胸罩。1914年，她改名卡雷斯·克罗斯比，并申请了胸罩的专利，还开始出售胸罩。虽然她的产品的销路并不好，但她成功地把这个点子卖给了一家大的紧身衣公司。到20世纪20年代，绝大多数女人都穿起了胸罩。

口　红

1915

口红已经伴随了我们几个世纪，但早期口红的包装并不小巧，无法随身携带。1915年，美国发明家莫里斯·利维把一块固体口红放入一个带有盖子、可滑动的金属管里。这样口红可以滑出来使用，用完后又可以缩回金属管，不会弄脏手提包或口袋。这种口红一出现就迅速流行了起来。

口红

这是早期的宣传画，方便携带的固体口红一面世就流行了起来。

黑　洞

1916

德国天文学家卡尔·史瓦西在学生时代就发表了自己的第一篇论文。1916年，即他去世的那年，他发表了他人生中更重要的一篇论文。他运用爱因斯坦的广义相对论（见第178～179页），阐明了一颗已坍塌成为奇点的巨大恒星附近会发生的情况：那里的引力非常大，在一定距离内（现称史瓦西半径），连光都无法逃脱。这就是现在我们所说的黑洞。黑洞不发光，但是可以通过它对附近恒星的引力作用来探测到它。

智力测验

1916

虽然谁也说不清人的智力是否真的可以被测量出来，但智力测验依旧流行，测验的结果用智商表示，智商100表示智力正常。1916年，美国心理学家、斯坦福大学教授刘易斯·特曼发表了第一个智力测验，即著名的斯坦福·比奈智力测验，这个测验是以先前法国心理学家阿尔弗雷德·比奈和西奥多·西蒙的测验为基础的。

家用搅拌机

1919

家庭厨房里的搅拌机，是在面包师用的电动揉面机问世多年之后才出现的。早期的家用搅拌机不过是装了电动机的打蛋器而已。1919年问世的特洛伊H-5，即后来的

家用搅拌机

20世纪30年代，电力普及到更多家庭，搅拌机这样的家用电器也开始流行起来。

1914年	6月28日，奥匈帝国王位继承人弗朗茨·斐迪南大公遇刺身亡，由此引发的冲突逐步升级，并最终引发了第一次世界大战。这场战争于1918年结束，有32个国家卷入其中，有4700万人丧命。

1916年	英国作曲家古斯塔夫·霍尔斯特发表作品《行星组曲》，《行星组曲》后来成了音乐会常客和科幻电影制片人最喜爱的音乐作品之一。这部管弦乐组曲描绘出了行星的神秘特征。

“厨房帮手”搅拌机，是依据美国工程师赫伯特·约翰逊设计的一款专业搅拌器改造而来的。这款搅拌机的搅拌器与内置容器以相反的方向旋转，这种旋转式设计现在广泛应用在各种搅拌机里。

墙体紧固件

1919

英国建筑工人约翰·罗林斯不喜欢同行在墙上挂东西的方法。他们只会在墙上凿一个大洞，往洞里楔进一块木头，然后在木头上拧一颗螺丝。这种方法很不牢固，而且会破坏墙壁的美感。罗林斯认为，钻孔要小，再放入膨胀材料，然后拧入螺钉，稳定性才好。他先试用了黄铜，后来设计了纤维螺钉衬套。他让人们相信这个方法更好，于是他的罗氏固定螺钉衬套就流行起来了。

公共广播服务

1920

1906年，美国工程师雷金纳德·费森登开始播送无线电广播和音乐。到了1915年，美国广播公司高管大卫·沙诺夫提议开通公共无线电音乐节目，但公共广播服务直到20世纪20年代才真正开始。因为这个时候，电子产业已取得长足发展，使得大功率发射站成为可能。第一个常规广播服务站是1920年2月由马可尼创立的。同年11月，美国KDKA广播电台在费城开播。不久，两国政府都介入了这一新的传媒方式的发展，并对其加以管理。

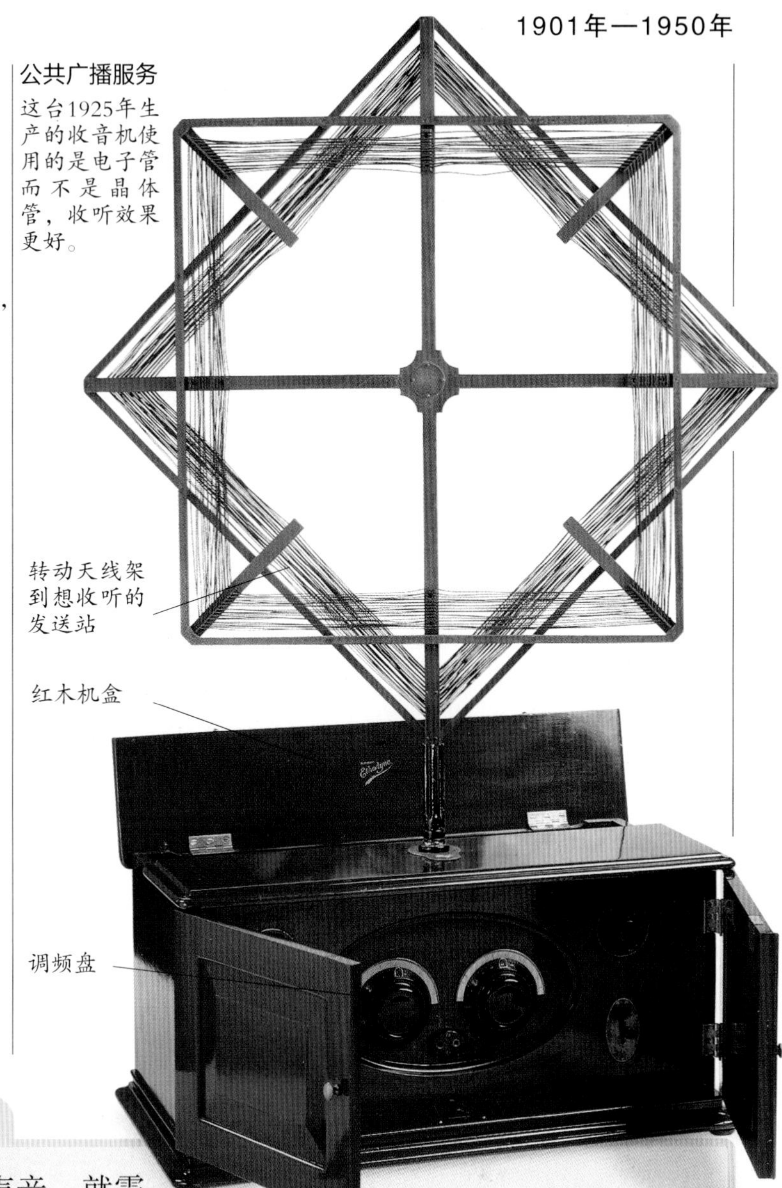

公共广播服务

这台1925年生产的收音机使用的是电子管而不是晶体管，收听效果更好。

无线电广播的诞生

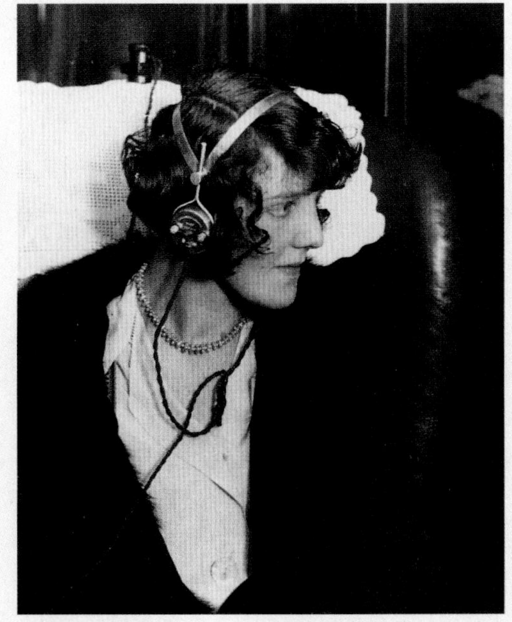
1930年，乘客在火车上收听无线电广播。

要传播声音，就需要有能发射强大的连续高频无线电波的无线电发射机。雷金纳德·费森登使用高速发电机开创了这一领域的先河。不过，使无线电广播真正成为可能的是第一次世界大战期间的大功率电子管的开发。最早的收听者不得不自己制作收音机，因为没有固定的广播节目就意味着没有收音机的市场。

英国的无线电广播

马可尼早期的无线电广播遭政府查禁。但是在公众的压力下，1922年2月，政府做出让步，允许他每周在切姆斯福德附近的一间小屋中的广播电台向公众播15分钟的节目。同年5月，他的电台搬到了伦敦。10月，他成立了英国广播公司，即BBC。1927年，该公司转为公营。

美国的无线电广播

美国无线电广播没有受到政府的干涉，而且在具有远见卓识的大卫·沙诺夫等人的带领下，该行业的业务发展迅猛。到1922年，美国已拥有600家广播电台，它们主要靠广告营利，而英国当时仅有一家。但是竞争始终会带来混乱，所以在1927年，美国的广播业还是被收归政府管理了。

1917年 11月7日，震动世界的俄国十月革命爆发。

1920年 美国宪法第19条修正案通过并生效，美国女性终于获得投票权。随着田纳西州最终以刚过半数的选票通过修正案，批准这条修正案的州数达36个（超过3/4）。

创可贴

1920

在创可贴发明以前，伤口要用纱布和胶布来包扎。1920年，美国外科药敷制造商、强生公司的厄尔·狄克森改变了这一状况。有一次在厨房干活时，狄克森在一条胶布上面铺上药、盖上纱布，然后卷起来备用。他的发明很快就以“邦迪”为名上市发售了。1928年，施乐辉公司在英国生产了类似的产品。

胰岛素

1921

胰岛素是一种激素，它能加快肝脏消化血液中的葡萄糖的速度。如果身体产生不了足够的胰岛素，人就会患糖尿病，患者的血糖会高到影响健康的程度。胰岛素是胰腺产生的，但是，人们从没成功地从动物胰腺中提取过胰岛素。胰腺分泌的胰消化液在提取之前就会消化掉胰岛素。1922年，加拿大医生弗雷德里克·班廷在他的学生查尔斯·贝斯特的帮助下，找到了一种能阻止胰腺消化液破坏胰岛素的办法。得益于他们的研究，现在我们可以用胰岛素来控制糖尿病了。

含铅汽油

1921

汽油和空气在正常的汽车发动机中会稳定燃烧，而不会爆炸。但如果工程师加大发动机内的压力，以增大其功率，就会产生破坏性的爆炸或者“爆震声”问题。1921年，美国工程师托马斯·米奇利发现，在汽油中添加铅化物可使加压后的发动机内燃恢复正常。20世纪80年代以前，大多数汽车使用含铅汽油，直到人们开始重视环境污染问题，才重新开始使用无铅汽油。

冰　棍

1923

美国销售员弗兰克·埃珀森在1924年为清凉可口的冰棍申请了专利。不过，它在美国的商标名Popsicle在前一年就被登记注册了。据说在1905年，还是小孩子的埃珀森，在一个寒冷的夜晚，把一杯插着搅拌棒的饮料放到了室外，他就这样发明了冰棍。他的专利书上描述的就是用普通试管做成的圆筒状冰棍。

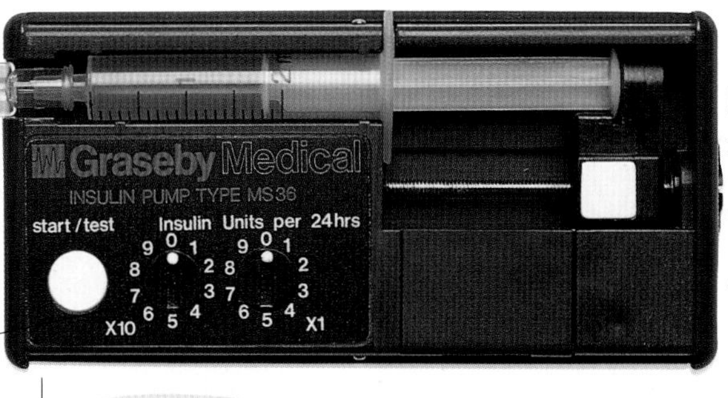

连接针头和针筒的胶管

转盘可用来设置注射量

胰岛素

这个现代的电子针筒可以让糖尿病患者自己缓慢地注射胰岛素。

交通信号装置

1923

早在1868年伦敦就安装了交通信号装置。但是用途更加广泛的信号装置是非洲裔美国发明家加勒特·摩根在1923年申请并获得专利的。这种装置有3个装在直杆

特雷门琴

1920

第一种成功的电子乐器就是特雷门琴。现在还有人弹奏它，科幻电影中常常能听到它发出阴森怪异的声音。这种乐器是俄国科学家莱昂·特雷门在1920年发明的，特雷门一开始称它为电子乐器，这是几种为数不多的，不需要直接接触就能演奏的乐器之一。手指与它的距离能影响它的声音，也能控制它那神秘的音调。

取景器

35毫米照相机

莱卡相机并不是单镜头反光相机，它和现代的大多数35毫米相机一样，只是照片的效果比较好。

1922年	12月30日，苏维埃社会主义国家联盟（苏联）成立。
1922年	英国考古学家霍华德·卡特在国王谷发现了藏满宝藏的埃及法老图坦卡蒙古墓。与大多数古墓不同，这个古墓没有被盗痕迹，因此对古埃及研究十分重要。

上的活动臂，上面标有“停”和“行”。升起、放下或旋转这3个活动臂可以显示或隐藏“停”和“行”，从而实现信号提示的目的。这种装置还有能发出让所有车辆都停下的信号，可以有序地改变车流方向。

冷冻食品

1924

1912年，美国博物学家克拉伦斯·伯宰在他的加拿大纽芬兰之旅中，萌发了冷冻食品的想法。因为那里的气候非常寒冷，他看到当地的人把刚刚捕到的鱼直接放在屋外冷冻起来。于是他发明了一台冷藏机器，能把鱼冷冻起来。1924年，他成立了海产食品总公司。很快，他不仅销售冷冻鱼，而且还销售速冻的水果和蔬菜，他的名字与以他的姓氏命名的商标“Birds Eye”一直流传至今。

35毫米照相机

1924

莱卡是第一款精密的小型相机，它是由德国机械师奥斯卡·巴纳克设计，并于1924年投入生产的。其实巴纳克早就着手研制这种相机了，却因第一次世界大战被耽搁。为了制造莱卡，他改造了一台用来检测35毫米电影胶片的仪器，这台仪器是他工作的恩斯特·莱兹公司生产的。他创造的24毫米×36毫米的标准画面，其实只是把原来的电影画面扩大了一倍。

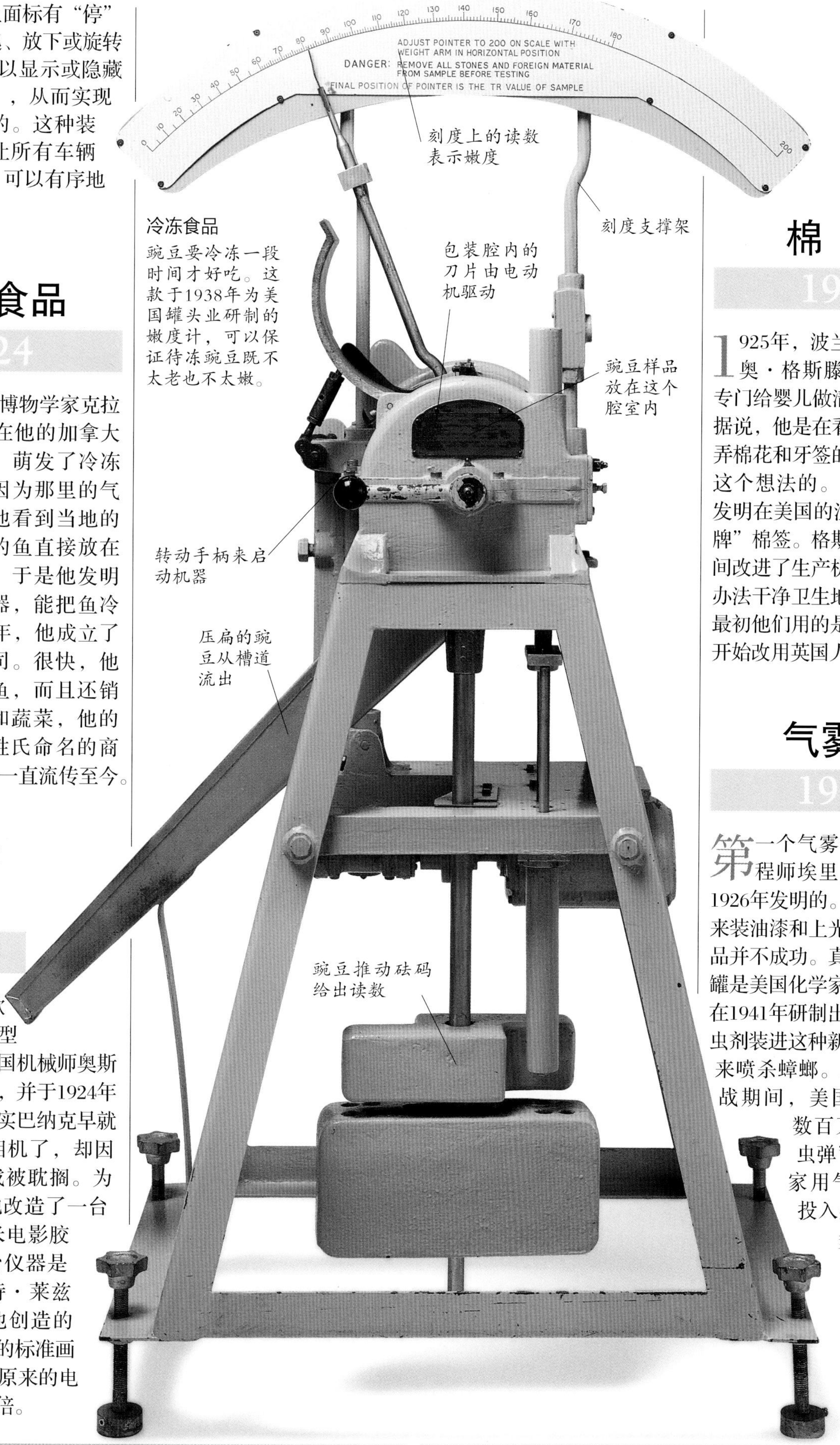

冷冻食品

豌豆要冷冻一段时间才好吃。这款于1938年为美国罐头业研制的嫩度计，可以保证待冻豌豆既不太老也不太嫩。

ADJUST POINTER TO 200 ON SCALE WITH WEIGHT ARM IN HORIZONTAL POSITION
DANGER: REMOVE ALL STONES AND FOREIGN MATERIAL FROM SAMPLE BEFORE TESTING
FINAL POSITION OF POINTER IS THE TR VALUE OF SAMPLE
刻度上的读数表示嫩度
刻度支撑架
包装腔内的刀片由电动机驱动
豌豆样品放在这个腔室内
转动手柄来启动机器
压扁的豌豆从槽道流出
豌豆推动砝码给出读数

棉　签

1925

1925年，波兰裔美国商人列奥·格斯滕藏发明了一种专门给婴儿做清洁时用的棉签。据说，他是在看到妻子辛苦摆弄棉花和牙签的时候，才萌生这个想法的。1926年，这个发明在美国的注册商标为“Q牌”棉签。格斯滕藏用几年时间改进了生产机器，然后又想办法干净卫生地包装他的产品。最初他们用的是木签，1958年开始改用英国人发明的纸签。

气雾罐

1926

第一个气雾罐是由挪威工程师埃里克·罗塞姆在1926年发明的。他用这种罐子来装油漆和上光剂，但这个产品并不成功。真正大卖的气雾罐是美国化学家莱尔·古德休在1941年研制出来的。他把杀虫剂装进这种新气雾罐中，用来喷杀蟑螂。第二次世界大战期间，美国军队配备了数百万只这种“杀虫弹”。到1946年，家用气雾罐才开始投入生产。短短50多年后，其全球生产总量就已达数十亿只。

1925年 苏联导演谢尔盖·爱森斯坦拍摄了第一部使用“蒙太奇”（即通过快速镜头切换来讲述故事）手法的电影，他的《战舰波将金号》成了电影史上的经典之作。

1926年 美国奥林匹克运动员格特鲁·埃德勒是第一位独立横渡英吉利海峡的女性。她从法国北部格林内角游到了英国肯特郡的金斯登，耗时14小时31分，比当时的纪录提前了两小时。

电影声道

1926

早期电影的声音是由乐师在现场演奏的。当时唯一的声源就是唱片，但是，要实现唱片录音与电影同步是很难的。显然，最好的办法是把唱片录音和电影录音同步到电影胶片上。美国发明家李·德弗雷斯特是第一个把声音配在电影胶片上的人。1926年，他发明的有声电影系统制作出了最初的电影声道——电影胶片边缘的一条音轨，将声波记录成深浅不同的灰色阴影。这正是后来更先进的有声电影系统的前身。

液体燃料火箭

1926

最初的火箭使用固体燃料，实质上就是一些大型烟火。现代火箭使用液体燃料，这样提供了更多制造可控发动机的可能性。1926年3月16日，在马萨诸塞州奥本农场上，美国物理学家罗伯特·戈达德发射了第一枚以汽油和液态氧为燃料的液体燃料火箭，但它只实现了短暂的升空。又过了15年，也就是第二次世界大战期间，阿道夫·希特勒下令用同样的原理制造出了杀人武器——V-2导弹。

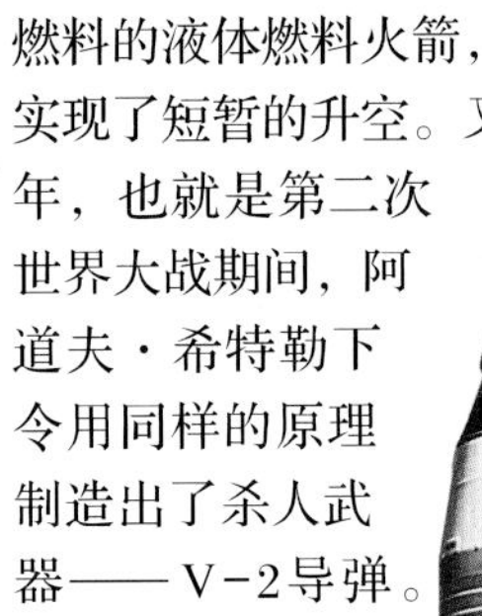

液体燃料火箭

1965年1月，泰坦2号火箭携带双子座无人太空舱升空。这枚30米长的火箭由液氢驱动。

燃料和氧化剂在燃烧箱内混合燃烧

植物生长激素

1926

我们知道，植物的生长由许多不同的激素控制。其中，人类首先发现的激素叫作植物生长素。它们是在1926年由荷兰乌得勒支大学教授、植物学家弗雷德里克·温特发现的。他当时正在研究植物如何生长。他发现植物生长素不仅刺激植物生长，而且还能使植物朝向太阳生长。

弹出式烤面包机

1926

早期的烤面包机常常会把面包烤煳，因为如果没人关掉电源的话，它们会一直烤。第一台自动停止并弹出面包的烤面包机是发明家查尔斯·斯特里特在1919年发明并获得专利的，当时他是专为餐饮业设计的。直到1926年，斯特里特发明的这种烤面包机才出现在人们的早餐桌上。第一批弹出式烤面包机是沃特中心公司发售的。

膨胀的宇宙

1927

20世纪20年代，在美国天文学家爱德温·哈勃开始研究太空之前，谁也没有想过，我们的银河系以外还有无数个星系。哈勃不但证明了这些星系的存在，他还在1927年发现这些星系正在加速离我们而去。宇宙不是没有变化的，而是在不断膨胀。现在，宇宙学家把这个现象当作宇宙起源于大爆

1926年 英国女王伊丽莎白二世出生。

1927年 印度律师比姆拉奥·拉姆吉·安贝德卡尔发起了一项旨在提高“贱民”社会地位的“坚持真理运动”。他劝说这些过去只能从事最低贱工作的“贱民”信奉佛教。

弹出式烤面包机

20世纪60年代的烤面包机更有个性，但是它的工作原理——在预设的时间弹出面包还是一样的。

炸的有力证据。

生物钟

1927

经历过时差的人都知道，我们体内有一个“钟”，它告诉我们何时该活动、何时该休息。最早研究这一现象的是美国生物学家库尔特·里克特，他是约翰·霍普金斯大学精神门诊部主任。1927年，他发表了关于控制动物行为的生物节律（或内循环）的研究报告。现在我们知道，生物节律也适用于人。

链 锯

1927

1927年，世界上第一台汽油发动链锯在德国德尔玛问世。跟现代链锯一样，德国工程师埃米尔·勒普发明的这款新型“便携式”链锯，也有一个可转动的链条，不过它实在太重，一个人根本搬不动。1950年，勒普的竞争对手安德烈亚斯·斯蒂尔的公司发明了可以单人操作的轻型链锯。

大爆炸理论

1927

1927年，哈勃发现了宇宙在膨胀的事实。同年，比利时天文学家乔治·爱德华·勒梅特提出了一个简单而大胆的观点：一切物质在最开始时都被挤在一个极度浓缩的“原始原子”中，然后它发生爆炸，并产生了我们所认识的这个宇宙。1948年，苏联物理学家乔治·伽莫夫重新提起勒梅特的观点，他试图用这个观点来解释化学元素的形成过程。英国天文学家弗雷德·霍伊尔则嘲笑这个理论为“大爆炸理论”，其名也由此而来。

大爆炸理论

我们无法知道大爆炸是怎样的，但是可以拥有充满艺术色彩的想象。

大爆炸起源说

阿尔伯特·爱因斯坦在听到乔治·爱德华·勒梅特的大爆炸理论时惊叹道：“这是我听到过的最完美、最令人满意的造物解释。”虽然这个理论没有解释“原始原子”的由来，但那场发生于150亿年前的大爆炸的确可以解释我们今天所见到的宇宙。越来越多的新证据证明，大爆炸的确是宇宙起源的最好解释。

大爆炸的证据

哈勃发现的宇宙膨胀是大爆炸理论最强有力的证据。这个理论还预言，宇宙中应该充满低能级的微波辐射，这一点在1965年得到了证实。此外，约有1/4的宇宙（以质量计算）是由氦构成的，恒星不可能产生这么多氦气，但大爆炸的火球却可能。

稳恒态理论

就在乔治·伽莫夫重提大爆炸理论的那一年，英国天文学家赫尔曼·邦迪、托马斯·戈尔德和弗雷德·霍伊尔提出，宇宙一直以一种“稳定状态”存在。他们认为，随着宇宙的膨胀，会有新的物质充填到空隙中，使一切看上去没有变化。然而最新的发现证明，这个理论是不成立的。

乔治·伽莫夫（右）和沃尔夫冈·泡利（左）

1927年 澳大利亚联邦政府由墨尔本迁往堪培拉，这是美国建筑师沃夫·格里芬设计的一座新城。该城从1913年开始建设，其名称在澳大利亚土著语中的意思是“汇集地”。

1927年 美国飞行员查尔斯·奥古斯都·林德伯格从美国起飞，驾驶着他的“圣路易斯精神”号单发动机飞机独自飞越大西洋，最后安全降落在巴黎，用时33小时30分。他一举成名，获得了奥特洛奖。

泡泡糖

这张20世纪40年代的“泡泡糖”广告显然是针对孩子的。人们认为，泡泡糖与口香糖不同，是为儿童和年轻人生产的。

不确定性原理

1927

像电子这样的基本粒子是由物理学的分支——量子力学（见第169页）来描述的。量子力学认为，一个粒子不仅是粒子，同时也是波。所以，粒子的动量（动量=质量×速度）和位置是不可能被同时测算出来的。动量源于扩散波，而位置源于集中波，两者不能同时出现，所以，你不可能同时知道一个粒子的位置和它的速度。德国物理学家沃纳·海森堡于1927年发表了这个原理，即“不确定性原理”。

氟利昂

1928

早期的冰箱使用氨作制冷剂，但氨有毒且气味很难闻。1928年，托马斯·米奇利和艾伯特·亨纳仅花了两天时间，就找到了一种更好的替代品——氯氟烃，也就是氟利昂。这种含氯、氟和碳的化合物，早在19世纪90年代就已经被比利时化学家弗雷德里克·斯瓦茨合成出来了，但米奇利和亨纳找到了更好的制取方法。但是，这种化合物会破坏地球的臭氧层。

泡泡糖

1928

沃尔特·迪默是美国费城弗莱尔口香糖公司的年轻会计，他觉得公司的产品可以进行改进。1928年，他终于制作出一种弹性好、可以吹出泡泡的口香糖，也就是泡泡糖。他成立了自己的公司，并开始销售这种泡泡糖。迪默还教他的销售人员如何吹出漂亮的泡泡，很快这种新型口香糖便风靡全球了。

青霉素

1928

见第192～193页，关于恩斯特和霍华德如何在亚历山大的意外发现中创造奇迹的故事。

电动剃须刀

1928

1908年甚至更早之前，人们就一直在想不用弄湿胡子就能将它们刮掉的办法。第一位成功解决这一难题的是美国陆军中校雅各布·希克。1928年，他用他早先发明的可以把刀片藏在手柄中的剃须刀的利润投入研发新的电动剃须刀。

1927年 英国影星斯坦·劳莱和美国影星奥列佛·哈台，纷纷来到在哈尔·罗奇的好莱坞电影公司，合作了他们的首部电影《给菲利普穿上裤子》。这对喜剧搭档后来又联袂演出了很多其他电影。

1928年 经过10年的不懈努力，英国妇女最终获得了平等的选举权。她们原本的选举权是有条件的：自己拥有房子，或嫁给一位有房子的男人，或拥有学士学位且年满30岁。

尽管次年美国遭受了经济大萧条的打击，但这种新型剃须刀仍然十分畅销。

宽银幕电影

1928

宽银幕电影镜头使用特殊的镜头把宽影像变形后压缩到普通的电影胶片上，然后在放映机上设置同样的特殊镜头，这样就可以使影像还原，从而产生宽银幕画面。20世纪20年代后期，法国物理学家亨利·克雷蒂安发明了这种特殊镜头。1928年，法国电影导演克劳特·乌当-拉哈用这种镜头拍摄了一些实验电影。不过，宽银幕电影到20世纪50年代才流行起来，因为当时电影院力图拉回被电视吸引过去的观众。

切片面包

1928

设计一台面包切片机并不难，但是美国发明家奥托·罗维德却为此花了16年的时间。一个原因是，1917年的一场大火烧毁了他所有的数据。而更重要的原因是，他需要解决切片面包存放时间短的问题。到1928年，罗维德终于完善了他的机器。它不仅能切片，还能将面包放在便携、可久放的小包装里。不到5年的时间，美国的大多数面包成了切片面包。

预应力混凝土

1928

普通混凝土在拉力的作用下往往会开裂。法国的土木工程师欧仁·弗雷西内在1928年想出了一个完美的解决办法：他把绷紧的钢绞线放在湿混凝土中，等混凝土干涸后，再松开绞线，这样绞线就会把混凝土向中心挤合，从而抵消拉力。现在，各种轻型、牢固的建筑都会用到预应力混凝土。

脑电图仪

1929

放在人头上的电极能测出其脑电波的活动情况，这有助于医生诊断癫痫症之类的疾病。脑电图仪，即EEG，会以波形曲线形式记录脑电波的活动情况。1929年，德国医生汉斯·贝格尔在对人和狗进行了长达5年的研究后，做出了第一台脑电图仪。起初，没有人对他的研究感兴趣。后来，当地一家叫卡尔·蔡司的眼镜公司看中了他的这台设备，并帮助他制造了一台更完善的仪器。

脑电图仪
这是美国神经医疗制造商制造的现代EEG头套。

人造偏光片

1929

人造偏光片可以使光发生偏振。也就是说，它可以挡住与某个特定方向不一致的所有光波。偏光太阳眼镜仅吸收垂直偏振光，所以能减少来自水面或道路等水平面上令人讨厌的反光。1929年，美国物理学家埃德温·兰德改善了这种镜片，并扩大了它的用途。早期使用的厚玻璃偏光镜很快就被用旋光晶体处理过的薄塑料片代替了。

电动剃须刀
这款1934年的“舒适牌”电动剃须刀，只要有电就能工作。

1928年 经过詹姆斯·默里和其他人的多年努力，一本奠基性的英语新词典《新历史原则英语大词典》（*A New English Dictionary on Historical Principles*）125部全部出版完成，这就是后来有名的《牛津英语词典》。

1929年 10月，纽约证券交易所的股市崩盘，无数股民的希望化为泡影。这次崩盘引发了持续数年的经济大萧条，并波及整个资本主义世界，使数百万人失业。

抗生素奇迹

霍华德·弗洛里和厄恩斯特·钱恩在亚历山大·弗莱明的研究的基础上，研制出了救生药物

1928年11月，英国细胞学家亚历山大·弗莱明正向一位朋友展示几个细菌培养皿，突然，他停了下来，因为他发现，虽然手上的那个培养皿长满了细菌，但是有一块霉菌的周围却没有任何细菌。

亚历山大·弗莱明正在伦敦帕丁顿圣玛丽医院的实验室里工作。

培养皿里显示了青霉素对细菌的作用

弗莱明在伦敦圣玛丽医院阿尔姆罗思·赖特爵士的牛痘苗实验室工作。他在那里培养了更多的霉菌，并从中提取出了一种被他称为青霉素的物质。他对青霉素进行了实验，并用它治愈了一例眼部感染，并做了记录，但却没有对此做进一步的研究，因为他对牛痘苗更感兴趣。他想，青霉素在实验室里用就好。

10年后，在英国牛津大学威廉·邓恩爵士病理学院工作的德国生化学家厄恩斯特·钱恩向他的导师、澳大利亚病理学家霍华德·弗洛里提出研究青霉素的建议，弗洛里决定要弄清楚青霉素是否会影响动物体内的细菌，这是弗莱明未曾试验过的，钱恩的工作就是从霉菌里分离出这些活性物质。

1940年5月，弗洛里给8只老鼠注射了致命病菌，然后，他给其中4只注射了青霉素。第二天，未注射青霉素的4只老鼠死了，而另外4只则安然无恙。弗洛里给一位同事打了电话，并告诉她“这真是个奇迹”。

弗洛里想在病人身上试验青霉素的效果，但是想要生产出足够的青霉素，他得把他的实验室变成工厂才行。

不久，实验室里就布满了管道，还散发出各种化学气味。1941年2月，他已制取了足够多的青霉素来做人体试验。当时，阿尔伯特·亚历山大警官因严重感染而生命垂危。1941年2月12日，他开始接受青霉素注射，药效非常显著。阿尔

令人欣喜的意外发现

用充满营养液的培养皿可以培养出细菌。弗莱明的周围堆满了这些培养皿，这使他得到了意外发现。

动物魔力

弗莱明认为，青霉素可以用来清除实验室里不需要的细菌，但弗洛里和钱恩看到了青霉素治病的潜能，并首次在老鼠身上进行试验。

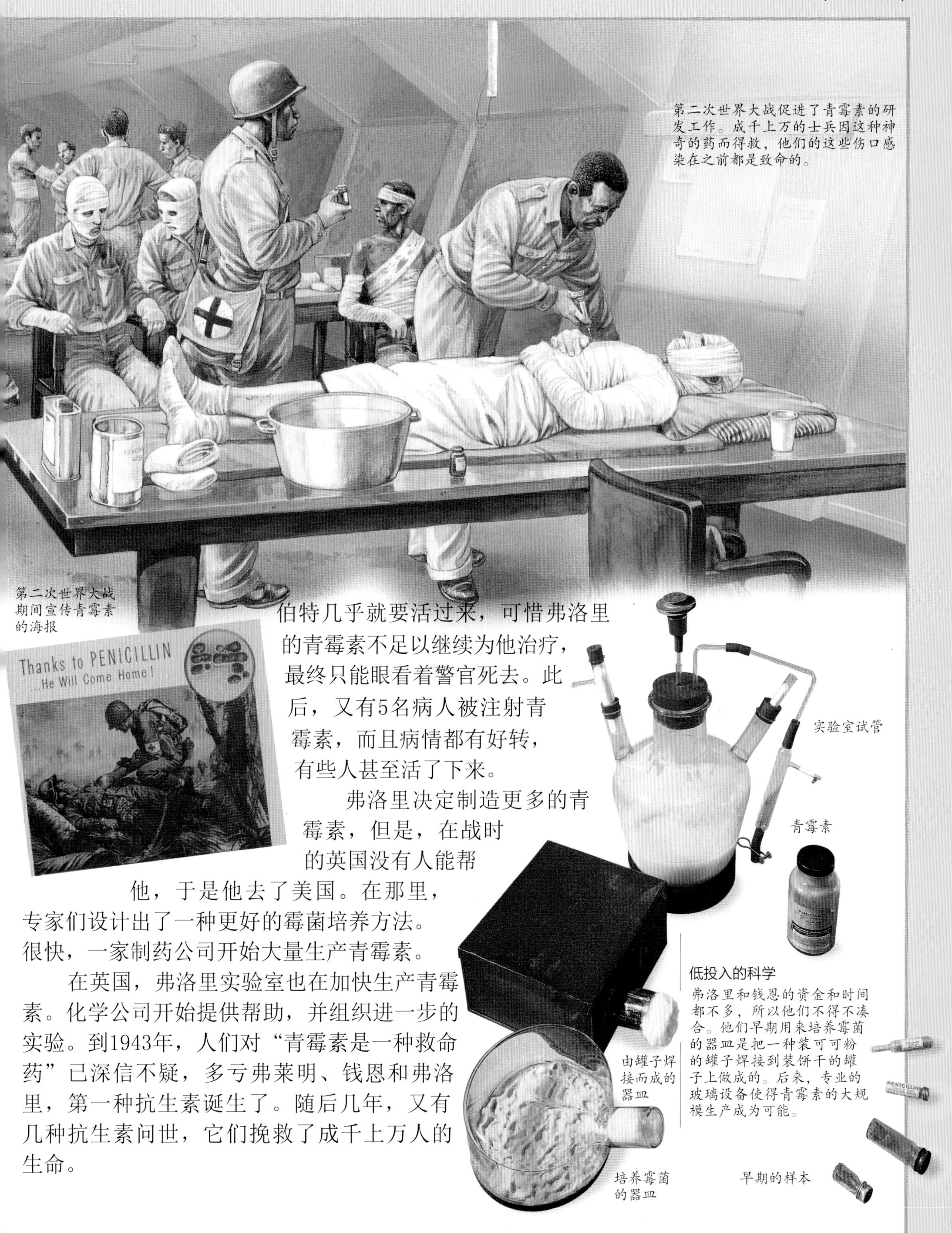

第二次世界大战促进了青霉素的研发工作。成千上万的士兵因这种神奇的药而得救，他们的这些伤口感染在之前都是致命的。

第二次世界大战期间宣传青霉素的海报

实验室试管

青霉素

由罐子焊接而成的器皿

培养霉菌的器皿

早期的样本

伯特几乎就要活过来，可惜弗洛里的青霉素不足以继续为他治疗，最终只能眼看着警官死去。此后，又有5名病人被注射青霉素，而且病情都有好转，有些人甚至活了下来。

弗洛里决定制造更多的青霉素，但是，在战时的英国没有人能帮他，于是他去了美国。在那里，专家们设计出了一种更好的霉菌培养方法。很快，一家制药公司开始大量生产青霉素。

在英国，弗洛里实验室也在加快生产青霉素。化学公司开始提供帮助，并组织进一步的实验。到1943年，人们对“青霉素是一种救命药”已深信不疑，多亏弗莱明、钱恩和弗洛里，第一种抗生素诞生了。随后几年，又有几种抗生素问世，它们挽救了成千上万人的生命。

低投入的科学

弗洛里和钱恩的资金和时间都不多，所以他们不得不凑合。他们早期用来培养霉菌的器皿是把一种装可可粉的罐子焊接到装饼干的罐子上做成的。后来，专业的玻璃设备使得青霉素的大规模生产成为可能。

合成橡胶轮胎

1929

到19世纪80年代，科学家已大体掌握了橡胶的化学成分，可是多次人工合成的尝试都未获成功。后来，他们从模仿化学成分转向模仿化学特性，才获得较大的成功。1929年，德国化学家沃尔特·博克和爱德华·琼克尔制成了适用于制造轮胎的合成橡胶，这对第二次世界大战中的德国具有重要意义，因为当时德国的天然橡胶来源已被切断。

超　市

1930

自助取货是超市的第一要素，美国食品商克拉伦斯·桑德斯于1916年使用了自助取货模式。他在田纳西州孟菲斯市开设的皮格利-威格利商店，就是让顾客直接到货架上拿取商品，从而降低了人工成本，这在之前是闻所未闻的。1930年，美国食品商迈克尔·卡伦又增加了超市的另外两个关键要素：大批量销售和快速的资金流动。他在纽约长岛的一个旧车库开了一家叫“卡伦王”的超市，消费者蜂拥而至，这才是第一家真正意义上的超市。

喷气发动机

1930

1930年，年轻的英国皇家空军飞行员弗兰克·惠特尔申请了喷气发动机的专利，但没有任何人愿意投资他的发动机。而德国的情形却截然不同，汉斯·冯·奥海因也设计了一台类似的发动机，然后就立即被一家大飞机公司收购。第一架喷气式飞机——海因克尔的HE-178试验机，于1939年从德国起飞，比英国首架喷气式飞机飞上天空早了足足两年。

透明胶带

1930

玻璃纸于20世纪20年代问世，其主要用途是包装鲜花和水果之类的东西，使其更加吸引人，这就产生了透明胶带的需求。美国明尼苏达州采矿和制造公司（现称3M公司）的工程师理查德·德鲁首先解决了这个问题。1925年，他发明了遮蔽胶带——一种纸制胶片。1930年，他开始在玻璃纸上涂类似胶的东西来生产透明胶带。7年后，柯达·基宁蒙思和乔治·格雷开始在英国生产透明胶带。

射电天文学

1931

射电天文学起源于美国的贝尔电话实验室。当时，工程师卡尔·央斯基正在追踪无线电干扰，有一个干扰源一直在跟他捉迷藏。经过数月的摸索，1931年，他把天线对准了天空，这才发现，这个神秘的干扰来自一些恒星。1937年，美国无线电工程师格罗特·雷伯制造了首台射电望远镜。这是一台有着9.5米宽的抛物面的接收器。1942年，他绘制出了首幅射电天图。

电子闪光灯

1931

如今多数照相机所使用的闪光灯，是经过不断改进才形成的。最初，它是一个巨大的装置，被用来拍摄如子弹这样高速运动的物体的照片。其实早在1926年，美国工程师哈罗德·埃杰顿就发现，向充

喷气发动机

格罗斯特E28/29型飞机是弗兰克·惠特尔设计的首款喷气发动机飞机。1941年4月，也就是惠特尔发明首台喷气发动机的四年之后，该喷气发动机飞机成功升空，比德国首架喷气式飞机晚了两年。

1930年 英国女飞行员埃米·约翰逊从英国驾驶改装的德·哈维兰公司的“蛾”式飞机，经过19天的独自飞行，到达了澳大利亚的达尔文市。在此之前，她只有50小时的飞行经验。

1930年 自国际足联1904年成立以来，首届世界杯足球赛在乌拉圭的蒙得维的亚开赛，但只有13支代表队参加比赛。英国没有派队参加，当年的冠军由乌拉圭获得。

了氩气的玻璃管内输入高电压，就会产生瞬间的、强烈的脉冲光。到1931年，他设计出了更实用的闪光灯。

纵横拼字游戏

1931

1931年，纽约的失业建筑师阿尔弗雷德·巴茨发明了世界上著名的拼字游戏，他称之为“横竖填字”。没有人愿意生产这种游戏产品，所以他只能与退休的政府官员詹姆斯·布鲁诺特合伙，并在詹姆斯的车库中开始制作这种游戏产品。1946年，他们将这个游戏重新命名为“词盘戏”，并把它推向市场。不到两年，游戏生产商塞尔乔和赖特公司也加紧生产，以“纵横拼字”为名开始销售这种游戏产品。每个字母的分值是根据其在《纽约时报》某个版面上的出现频率来确定的。

拼字游戏

拼字游戏板上有225个方格，其中有81个是可以得分的方格，用于增加游戏人的分值。

副翼控制转弯

发动机喷出高速的热气推动飞机前进

重 水

1932

重水与普通水的化学属性相同，但是比后者重了11%。这是因为它含有一种被称为氘的重氢。1931年，美国化学家哈罗德·尤里发现了氘，随后，他意识到，用电解法分解水时释放出的氢要比氘多，这样剩下的水就会富含氘。他运用这个方法，与化学家爱德华·沃什伯恩一起制造出了首批重水。他们在1932年公布了这个发现。

对襟全扣衬衫

1932

1929年，英国裁缝塞西尔·吉在伦敦有一家自己的成衣店。他的顾客不愿意穿套头衬衫，也不喜欢穿用扣子固定领子的那种领衫分离的衬衫。于是吉在1932年设计了一款衬衫，衬衫上有一排从上到下的纽扣，可以迅速地将衣服穿上身，而且衣领和衬衫也连在一起。吉的设计受到了保守人士的抵制，但最终还是成了标准的男式衬衫。

全彩色电影

1932

20世纪初，人们发明了好几种彩色电影工艺，但大多数工艺只有两种颜色，而且效果不太真实。其中一种叫彩色印片法，是美国工程师赫伯特·卡尔马斯发明的。1932年，经过重新设计，这种工艺可以处理3种颜色，于是第一部全彩色电影问世了。虽然这种摄影机笨重而且使用不便，每次还要装进三盘胶片，但是包括《绿野仙踪》等的许多经典影片，都是用这种彩色印片法摄制的。

全彩色电影

彩色印片摄影机其实是集三台摄影机于一体，三盘胶片经过处理后，会印到一盘胶片上，然后供电影放映机使用。

1931年 世界上最高的摩天大楼帝国大厦终于在纽约落成。虽然之后会出现更多比它还高的建筑，但是它的103层设计以及在电影《金刚》中起到的重要作用，使它成了经典的旅游胜地。

1932年 5月，美国女飞行员阿梅莉亚·埃尔哈特成为首位不经停地飞越大西洋的女性，这个壮举为她赢得了“伟大飞行员”的声誉。她创造了用14小时56分钟飞越大西洋的纪录。

马尔斯巧克力棒

福利斯特·马尔斯抓住了人们认为吃糖不好的心理，把巧克力棒作为食品来销售，指出它含有多种营养成分，如鸡蛋、牛奶和奶油等。

马尔斯巧克力棒

1932

马尔斯巧克力棒的创意来自用麦乳精做糖果的想法。福利斯特·马尔斯的父亲是一位糖果制造商，曾首创银河牌巧克力牛轧饴糖。1922年，马尔斯向父亲提出了制作巧克力棒的想法。1932年，福利斯特因与父亲不和，只身来到英国。他在伦敦附近的斯劳成立了自己的糖果公司，并将他父亲生产的产品改进成了马尔斯巧克力棒，而且口味更适合英国人。

粒子加速器

1932

核物理学家能用质子或阿尔法粒子（氘核）之类的亚原子粒子轰击其他原子，使之产生裂变，进而研究物质的结构。起初，物理学家只能利用像镭这样的天然放射性物质释放的粒子。今天，他们大都采用由粒子加速器产生的能量粒子。第一台粒子加速器是英国物理学家约翰·科克罗夫特和欧内斯特·沃尔顿制造的，并于1932年成功投入使用。这台庞然大物能赋予质子足够的能量去分裂锂原子核，使之产生氘核，即我们所称的阿尔法粒子。

磺胺类药物

1932

抗生素问世之前，磺胺类药物是唯一能杀灭多种细菌的药物。第一种磺胺类药物叫百浪多息，最开始被用作红色染料。1932年，德国细菌学家格哈德·多马克发现了百浪多息的抗菌功效。科学家后来知道，这种物质会在体内分解，产生一种更有效的药物，即磺胺。从1936年起，经过英国医生伦纳德·科尔布鲁克的临床试验，这种药和其他相关的磺胺类药物投入使用，挽救了成千上万人的生命。现在，当抗生素不起作用时，依然使用磺胺类药物。

电子显微镜

1933

图像不可能展现比组成图像的最小的波更细微的细节。正因如此，普通的光学显微镜不能显示出真正微小的物体。1933年，德国工程师恩斯特·鲁斯卡发明了一台波长极短的显微镜。这种波就是一种电子。虽然电子一度被认为是一种粒子，但根据量子物理学的解释（见第169页），电子也是波。借助这样的波，现在的电子显微镜可以看到细如分子的物质。

立体声

1933

大西洋两岸都有人独立研制出了立体声系统。在英国，工程师艾伦·布吕姆莱因在探寻大屏幕电影的逼真声音效果时，于1933年获得了一项涵盖立体声基本原理的专利。他还开发了用于立体声录音的话筒技术，并研发了用于制作立体声唱片的基础系统。在美国，1934年，贝尔电话实验室的物理学家哈维·弗莱彻在纽约首次向公众展示了立体声系统。

调频收音机

1934

无线电广播所使用的FM（frequency modulation），代表“频率调制”，这就是说无线广播所发射的频率会随着它所载声波频率的起伏而起伏。频率调制比早期的振幅调制（即AM）复杂得多，但是它的抗干扰能力更强。1934年，美国工程师埃德温·阿姆斯特朗完善了调频系统，并在帝国大厦楼顶用一台发射机进行了演示。

1932年	美国总统富兰克林·罗斯福开始直接通过广播与美国群众对话。这些“炉边谈话”增加了公众对国家领导人的信心。
1933年	阿道夫·希特勒出任德国总理，他利用其地位，在全社会灌输纳粹思想，此后发动了第二次世界大战。

前轮驱动汽车

1934

许多现代汽车的发动机都与前轮相连，以避免传输系统过长，也更利于驾驶员对汽车进行操纵控制。很多发明家在20世纪初就做过这样的尝试，但第一个获得重大成功的，当属法国汽车制造商安德烈·雪铁龙和他的首席工程师安德烈·勒菲弗尔。1934年，他们的“牵引先锋”系统问世，从此，雪铁龙公司制造的汽车都是前轮驱动的。

有机玻璃

1934

第一块厚的、透明的可制作成大块玻璃的材料被称为树脂玻璃，由德国化学家奥托·勒姆研制。1931年，树脂玻璃由罗门哈斯公司在德国和美国相继推出。次年，英国化学家罗兰·希尔和约翰·克劳福德找到了一种材料，并用它生产出了更像玻璃的产品。这种材料叫聚甲基丙烯酸甲酯，由英国化学工业公司（ICI）生产，它用了一个较具亲和力的名字——“有机玻璃”，有机玻璃1934年被投放市场。

哈蒙德风琴

1934

哈蒙德风琴的声音是由多个旋转磁轮发出的，每个磁轮发一个音。磁轮上的轮齿在线圈中产生脉冲电流，继而这种电流被混合、放大而产生声音。1934年，美国工程师劳伦斯·哈蒙德用自己先前发明的匀速电动机制造了第一台这样的风琴。由于每个磁轮上的轮齿的个数都是整数，所以他得到的音阶稍微有些不协调。于是他在每个音上增加一些颤动来解决这个问题。这样不但掩盖了错音，而且产生了独特的哈蒙德琴声。

“猫眼”反光路锥

1935

英国工程师珀西·肖1934年发明了“猫眼”反光路锥，它是一种小反射镜，可设在路上，使夜间行车更加安全。“猫眼”很可能是受到猫的眼睛在夜间视力很好的启发而发明的，它在次年就被投入使用。这种反光镜的秘密在放置反光镜的橡皮里，每当汽车从“猫眼”上碾过，一个活动的“眼睑”就会把反光镜擦干净，并准备迎接下一辆汽车。肖因此成了百万富翁，他一生都未曾离开他的家乡约克郡。

聚乙烯

1935

化学家埃里克·福西特和雷金纳德·吉布森是英国化学公司ICI研究小组的研究人员，他们研究乙烯在高压下的反应。1935年，他们在一个反应器中发现了白色蜡状固体物。这是一种新塑料，即聚乙烯，它的绝缘性与可塑性俱佳。1939年，ICI公司把这种新材料投入了市场。

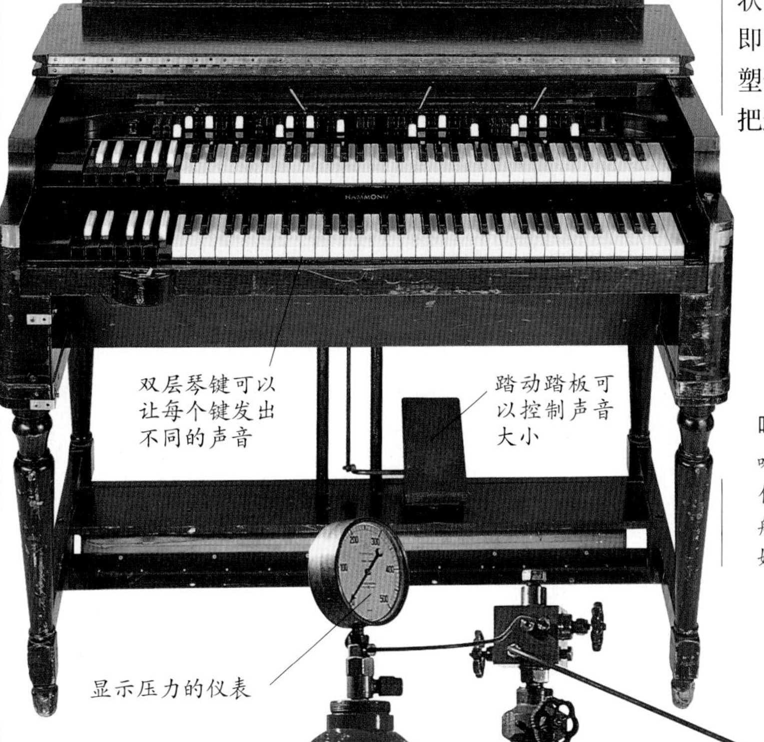

哈蒙德风琴

哈蒙德风琴的最大优势是它比传统的管风琴小得多，对于一般家庭来说，它是可以与钢琴媲美的乐器。

聚乙烯

化学家福西特和吉布森发现聚乙烯时所使用的设备。

1934年	孟买最主要的电影公司孟买之音成立，标志着印度“宝莱坞”问世。该公司是根据印度制片商西曼苏·拉伊和侨居伦敦的剧作家尼兰詹·帕尔的构想而成立的。
1934年	10月，在国民党的“围剿”下，中国工农红军被迫离开苏区，开始了二万五千里长征，最后胜利抵达陕北吴起镇，在陕北建立了新的革命根据地。

强手棋

英国版的大富翁，约于1936年上市，棋盘上有伦敦街道的名字。这则广告利用了大富翁在美国的成功。

大富翁

1935

这种广受欢迎的棋盘游戏是美国暖气工程师查尔斯·达罗发明的，是根据伊丽莎白·菲利普斯在1924年发明的一款游戏改进而成的。他在第一个棋盘上画的都是度假胜地大西洋城的街道。而其中的狗、帽子等标记，是依照他妻子手镯上的小饰物画下来的。游戏商起初都拒绝了这款游戏，但“大富翁”终于在1935年圣诞节前问世了。

雷　达

1935

1935年，英国政府因担心爆发战争，向苏格兰工程师罗伯特·沃森-瓦特发出请求，问他能否造出一种无线电“死亡射线”。沃森-瓦特知道无线电不可能击落敌方飞机，但他想这或许可以用来侦测敌机位置。2月26日，他利用英国广播公司发射机发出的无线电信号，发现了一架远距离的轰炸机。在这之后，他负责了沿英国海岸的雷达站建设工程。1939年，英、德开战，而这些雷达站也都已启用，它们帮助英国皇家空军打赢了“不列颠之战”。

雷达

两种监测系统互相协助，用雷达来引导探照灯。

彩色胶片

1935

彩色胶片是美国古典音乐家利奥波德·曼内斯和利奥波德·戈尔夫斯基发明的。这种胶片有3个单独的基本色彩感光层，每一层都会生成一种基本色影像。尽管它的洗印工艺较复杂，但成像效果非常好。1930年，柯达公司邀请他们到柯达的实验室工作。1935年4月15日，柯达彩色胶卷被正式投放市场。

1935年	美国作曲家乔治·格什温创作了民谣歌剧《波吉和贝丝》并在波士顿首演，这部民谣歌剧手法独特，融爵士乐、流行乐和歌剧为一体，被认为是他最杰出的作品，其中歌词是他的长兄艾拉创作的。
1936年	12月11日，英国国王爱德华八世向全国发表公告，说他要为他所爱的女人华里丝·辛普森夫人辞去王位，因为他被王室阻止与其结婚。之后他移居法国，并于次年娶了华里丝·辛普森。

用无线电来探测

在英文中，“雷达”（radar）由“无线电探测与定位”（radio detection and ranging）的英文单词首字母组合而成。它通过发射短脉冲无线电波，检测是否有波从某个物体上反射回来，并借此来探测目标的距离和位置。根据波从被发出到接收的回波之间的时间差，可以判定反射物体的距离，物体的方位是由可旋转天线的方向来确定的。

早期雷达

无线电波的发现者海因里希·赫兹证明，金属表面能反射无线电波。一些早期的无线电实验者认为，无线电波或许可以用来探测某些物体的存在。1904年，德国工程师克里斯蒂安·哈斯梅尔申请了一项探测系统专利，并于1925年制作出了一个简陋的无线电脉冲定位装置。

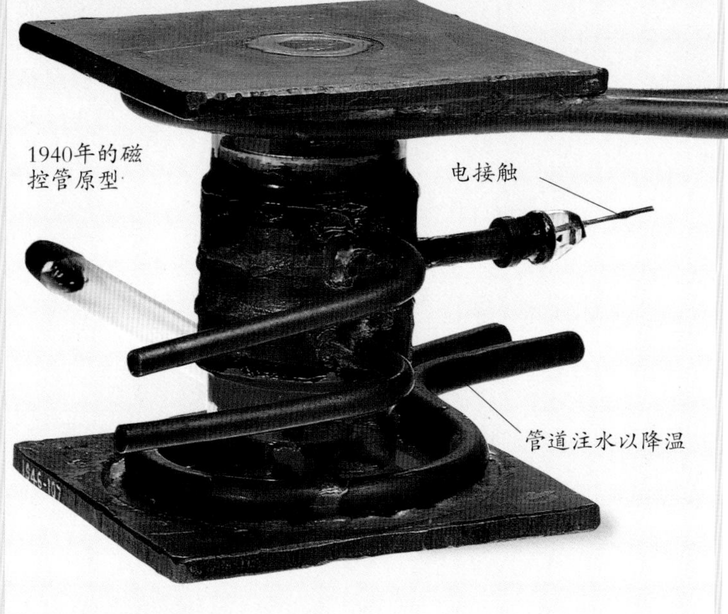

1940年的磁控管原型

后来的发展

第一批雷达站使用的是无线电长波，这样的侦测结果很不准确，而且雷达站要建得很大。1940年，磁控管（可以产生更短的波，即微波）的发明使得人们能够在飞机上安装小巧而精确的雷达。现在，雷达是航空业必不可少的。

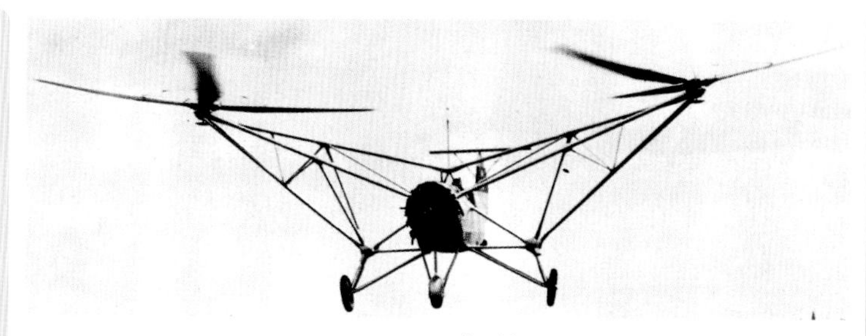

直升机

Fw61型直升机看起来更像一架无翼飞机而不像直升机。它两边的旋翼朝相反的方向转动使其向前飞行。

里氏震级

1935

新闻常使用“里氏震级”来报道地震强度。1935年，美国地震学家查尔斯·里克特和本诺·古登堡设计出了这个地震强度表。它反映的是地震中心释放能量的等级，每个能量级是前一级的十倍，即一场里氏八级大地震释放的能量，是几乎感觉不到的里氏二级地震的100万倍。

直升机

1936

第一架真正可用的旋翼飞机花了很长时间才研制出来。早期的直升机升力很小，而且人们对旋翼的工作原理还不甚了解，直升机往往会发生侧向翻转的情况。1935年，法国布雷盖-多朗公司制造的旋翼机解决了直升机存在的大多数问题。但是第一架能实际投产的直升机是福克-沃尔夫Fw61型直升机。这种直升机是德国工程师海因里希·福克设计的，它有两个旋翼，并在1936年实现首飞。

水下呼吸管

1936

潜泳者可使用水下呼吸管在水下呼吸。这种管最初是用在潜艇上的，供下潜时的发动机使用。第一根现代水下通气管装在潜艇上部的塔状物上，能吸进新鲜空气，再排出废气，是荷兰皇家海军上尉扬·威克斯于1936年发明的。1940年，德国入侵荷兰，把水下通气管广泛应用于自己的潜艇。到1944年，这种潜艇已能在水下巡游数小时而不被雷达发现。

防晒油

1936

1936年，防晒油第一次大规模生产上市。此时，巴黎设计师可可·香奈儿已经在法国南部买了一栋房子，晒黑皮肤也成为当时的时尚。这种有助于防止皮肤晒伤的金黄色香油，是法国化学家欧仁·舒莱尔创立的一家小公司制造的。今天，他的欧莱雅公司已成为一家国际化的大公司，其生产的琥珀防晒油也早已驰名全球。

停车收费器

1935

1935年，停车收费器首次亮相美国俄克拉荷马城，它是美国商人卡尔顿·马吉发明的，他不愿看到人们随意把车辆停在街道上造成交通堵塞。他还想，收费也许能给他的城市赚点钱。马吉的停车表与我们今天使用的收费器外观非常相像，他的想法惹火了那些乱停车的人，但却受到了各地城市管理部门的欢迎。

1936年　在精心安排的柏林奥运会上，美国非裔运动员杰西·欧文斯获得了4枚金牌，打破了希特勒的白种人优势论。

1936年　西班牙在该年7月17日凌晨爆发内战。许多来自其他国家的人都加入了这场内战。1万人在这场持续3年的战争中丧生，纳粹党人佛朗哥将军最终控制了西班牙。

电　视

1936

见第202页~203页，弗拉基米尔·兹沃尔金和艾萨克·休恩伯格完善全电子电视机的故事。

脉冲电码调制

1937

1937年，英国工程师亚历克·里夫斯想出了一种减少电话干扰的方法：把电话信号像电报一样转为电码，电码抗干扰能力强，接收时再把电码还原成语音即可。里夫斯将其称为脉冲电码调制，虽然对于他所处时代的电子技术而言，这样的电话因太昂贵而无法普及，但它对今天的数码通信革命而言是极为重要的。

蹦　床

1937

美国商人乔治·尼森从小就喜欢看飞人在安全网上的弹跳表演，他后来为自己设计了更好用的弹跳装置。1937年，他用西班牙语中意为“蹦床”的词“Trampoline”来作为他的新产品商标名。孩子都喜欢蹦床。第二次世界大战爆发后，尼森卖给了美国空军很多蹦床，以帮助飞行员进行体能训练。全球首次蹦床锦标赛于1946年举行。

环氧树脂

1937

环氧树脂是用两管黏胶混合而成的。其中一管是树脂，另一管是固化剂。因为固化剂中含有连接树脂分子的化学基，故而二者混合之后会凝固。1937年，英国化学家亨利·莫斯制出了最早的环氧树脂。1946年，这两种分装的黏胶开始上市销售。瑞士制造商西巴公司（今西巴-盖吉公司）将其命名为环氧树脂。

超流动性

1937

通常，液体流动时会受到流动阻力，但是在低温情况下则不同。1937年，苏联物理学家彼得·卡皮查发现，在低于大约-271℃的情况下，液态氦就没有流动阻力，并且还显现出一些奇怪的特性。比如，它会“爬”上容器四壁并形成薄膜。1938年，卡皮查发表了他的研究结果。加拿大物理学家约翰·艾伦也发表了独立完成的、相同的研究结果。

超市手推车

1937

美国零售商西尔文·戈德曼注意到，来他的超市购物的人从不多买自己拿不了的东西。他推想，如果他们拿得了，就一定会多买。1937年，他在当地雇了一位零工，让他把轮子和购物篮焊接在金属折叠椅上。起初顾客们都不喜欢这种新发明，于是戈德曼就雇人推着这种早期的简陋手推车在超市里走，后来所有逛超市的人就都接受推这种车了。

增压飞机舱

1937

飞机在高空飞行时比较平稳、耗油也少。但是旅客通常难以适应高空的低气压环境，所以客舱必须增压。美国洛克希德公司制造了第一架全增压飞机：XC-35型实验机。这架增压飞机是以洛克希德公司的“伊莱克特拉”机为样机设计的。它制成于1937年，加固后，机身上的舷窗也减少了，所以飞行员称它为“看不见的XC-35”。

咖啡速冲器

1938

意大利工程师阿希尔·加吉亚希望当他想喝咖啡时就能马上喝到，所以他发明了一台泵，这台泵能将快要煮开的水直接注入碾细的咖啡中，这样就可以迅速冲出咖啡，而且不会冲出咖啡的苦味来。制作一杯咖啡只需要拉一下控制杆，所以这种机器很快就受到了咖啡馆老板的青睐。1938年，加吉亚申请了这个发明的专利。今天，在喜欢喝咖啡的人聚集的地方，也许还能听到加吉亚这个名字。

热水被压进这个腔室

放咖啡粉的容器

杯子放在这里接咖啡

咖啡速冲器

这台小巧的咖啡速冲器大概属于20世纪50年代，它利用蒸汽压力将水注入咖啡中。

1937年 经过工程师约瑟夫·施特劳斯与岩石和激流的艰苦奋战，美国旧金山金门大桥终于落成通车。此后的27年里，这座最长跨距为1280米的大桥一直是世界第一长桥。

1937年 7月7日，日军在中国北平卢沟桥以北进行军事演习时故意制造事端，这次事件被称为“七七事变”。这次事件标志着日本全面侵华的开始，也标志着中国全民族全面抗战的开始。

尼 龙

1938

尼龙是美国杜邦化学公司于1938年研制出来的。其发明者是美国化学家华莱士·卡罗瑟斯。卡罗瑟斯专门研究聚合物，即许多相同分子汇集而成的多分子物质。他当时想仿制丝绸，所以就尝试利用蛋白质中发现的一种化学键（酰胺键）来连接多个分子。1934年他终于成功了，从实验室的烧杯中，他研制出一种可以直接拉出的一根连续不断的聚酰胺（即尼龙）。1939年，第一双尼龙袜展出，并引起了极大的轰动。

尼龙

尼龙袜织好后，要套在假脚模型上进行定型处理，以保证无折痕，这个过程叫成型处理。图中系1946年一家工厂对尼龙袜进行成型处理的情景。

定型处理时，工人检查尼龙袜是否有折痕

金属假脚模型

圆珠笔

1938

匈牙利艺术家拉迪斯洛·比罗和他的兄弟——化学家格奥尔格·比罗认为他们当时正在制造一种全新的书写工具。实际上，美国发明家约翰·劳德早在1888年就发明过类似的东西。但是拉迪斯洛的圆珠笔尖能转动自如，格奥尔格发明的防污油墨能确保书写流畅。1938年，比罗为自己的圆珠笔申请了专利。后来，他们兄弟俩遇到了英国企业家亨利·马丁。马丁注意到，圆珠笔在高空也不漏油墨，于是就把它推销了给英国皇家空军。1945年圣诞节前，圆珠笔终于进入了英国的商店。

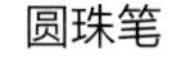

圆珠笔

左图是20世纪40年代迈尔斯·马丁钢笔公司生产的比罗圆珠笔。它价格昂贵，远高于普通的钢笔。

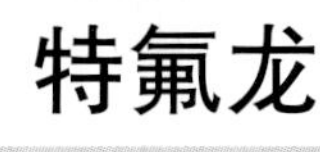

特氟龙

1938

平底锅上涂的不粘、阻热的塑料是意外发现所得。1938年4月6日，美国杜邦化学公司的化学家罗伊·普伦基特正在测试制冷气体四氟乙烯。他的圆筒里有一些四氟乙烯，但怎么也倒不出来，他仔细一看，发现这东西已经变成了白色粉末状：圆筒里气体分子已经结合成聚四氟乙烯。1945年，罗伊获得了聚四氟乙烯的专利权，其注册商标名使用的是更广为人知的特氟龙。到了20世纪60年代，研究人员终于研制出能够涂在金属上的不粘锅塑料。

1938年	世界第一家大型海洋水族馆——“海洋世界”在美国佛罗里达州的圣奥古斯丁落成并公开营业。游客对能看到通常在海里才会出现的鲨鱼、鳐鱼等鱼类而兴奋不已。之后，海豚的表演也深受人们喜爱。
1938年	美国的贝特和德国的魏扎克研究发现，太阳在高温和高速运动时，内部进行着热核反应。

美梦成真

弗拉基米尔·兹沃尔金和艾萨克·休恩柏格潜心钻研，制造出全电子电视机

1937年1月30日，星期六，对英国电视先驱约翰·洛吉·贝尔德来说，是一个沮丧的日子。这一天，英国广播公司（BBC）最终决定放弃使用他的机械电视系统，也就是他那套带转轮和复杂化学成分的电视系统。自1923年首次进行电视试验以来，他已经使这套系统改进了不少，但还远远不够。他的理想结束了，因为未来将是电子时代。

1936年11月2日，BBC开播了全球首个固定高清晰公共电视节目。在几个星期的时间里，它交替使用两套设备，旨在检验这两套系统的性能。其中一套是贝尔德开发的，另一套则是俄裔英国工程师艾萨克·休恩柏格领导的电气和音乐行业（EMI）研究组开发的。后者开发的全电子EMI系统轻松获胜，他们的系统能清晰显示图像，方便移动，性能可靠，更重要的是价格低廉。除了一些细小之处，该系统与我们今天所用的电视系统几乎完全一样。

休恩伯领导的研究小组早在1931年就成立了。他们的工作效率非常高，但他们并不是最早研究全电子电视机的人。在大西洋彼岸，电视机发展先驱弗洛·T.法恩斯沃恩恩早在1926年就已经开始独立研究电子“图像解剖”工作了。1934年，他首次展示了他的全电子电视机，但遗憾的是，他的摄像机对光的要求太高，以至于他的研究工作最终走进了“死胡同”。

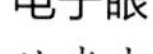

电子眼

从光电摄像机的怪异外形就能看出其内部摄像管的形状，下垂的突出部分是摄像管的电子枪，它的上方有两个镜头，其中一个是取景镜。

约翰·洛基·贝尔德

来自旋转盘的图像

为了使电视机比较有趣，贝尔德下了很多功夫。他用一个转盘把聚光灯的光束投射到待摄物体上，并在接收器上也配一个转盘。但这种机械系统无法产生与电子系统媲美的优质图像。

贝尔德开发的电视机，1926年

发明现代电视机的主要功劳也要归于另一位俄裔美国工程师弗拉基米尔·兹沃尔金。他是第一个采纳苏格兰工程师艾伦·坎贝尔·斯温顿在1908年提出的想法的人——斯温顿认为阴极射线管既能成像，又能显像。1929年，兹沃尔金主持

艾萨克·休恩伯格

弗拉基米尔·兹沃尔金

电视先驱

全电子电视的两位主要先驱都出生在俄国。休恩伯格生于1880年，1914年移居英国。兹沃尔金生于1889年，1919年移居美国。兹沃尔金是第一个研制出光电摄像管的人，这种摄像管可以用一束电子来扫描影像，其灵敏度极高，能显示出物体的细微处。

英国的第一个电视接收器非常昂贵，只在伦敦运行，而且只提供一个频道，却是某些重要事件的开端。

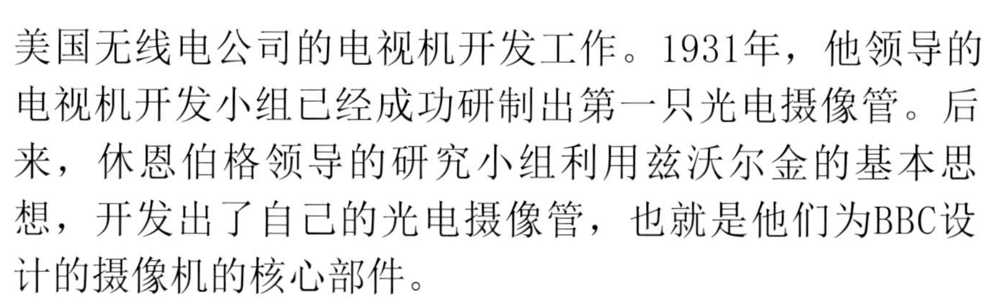

美国无线电公司的电视机开发工作。1931年，他领导的电视机开发小组已经成功研制出第一只光电摄像管。后来，休恩伯格领导的研究小组利用兹沃尔金的基本思想，开发出了自己的光电摄像管，也就是他们为BBC设计的摄像机的核心部件。

1939年，美国的国家广播公司（NBC）以纽约国际商品交易会的开幕盛况为第一个广播电视节目，开始了其电视广播服务。感谢兹沃尔金、休恩伯格以及大批工程师和专家的不懈努力，电视机的出现终于从梦想变为现实。

美国的电视

虽然美国固定电视广播开播的时间比英国晚，但它发展得更快。图中是1939年的NBC演播室，其设备由美国无线电公司提供。

干印术

切斯特·卡尔森的很多关于复印机的研究工作是在厨房进行的。

复印机

1938

美国物理学家切斯特·卡尔森想使办公室工作更轻松，于是他研究了很多种方法来复制文件。1938年，他用涂有硫黄的锌板，制作出了第一份复印文件。原件放在显微镜的载物玻璃片上，然后复印内容即复制到蜡纸上。

DDT

1939

DDT是一种氯基化学品，已为人知多年，但直到1939年，瑞士化学家保罗·米勒才发现，DDT也是一种很好的杀虫剂。它能杀灭昆虫，但对温血动物无太大作用。在第二次世界大战期间，DDT被用来保护部队免受昆虫传播疾病的侵害。后来，它被用于农业杀虫。但DDT会残留在环境中，并进入农作物中，所以现在已很少使用了。

复印

复印时一个镜头把要复印的影像投射到硒鼓上，硒鼓曝光后表面会导电。硒鼓上图像越亮的地方，导电性就越强，电会漏出来，撒在硒鼓上的松香粉末被吸到依然带电的部分后被加热熔化，从而形成永久性的复印件。

早期的复印机很大，复印速度慢。这是1960年版复印机的部分构造。

没有复印机的生活

复印文件曾经是件很困难的事情。虽然可以用照相机把文件拍摄下来，但这对办公来说既昂贵又麻烦。或者也可用1939年发明的扩散转印法，这种方法虽然可用于办公室文件的复制，但它用的是潮湿的化学品，而且速度很慢。

静电印刷术

卡尔森的复印方法改变了办公室的工作方式。现在，每分钟能复印60页的复印机已经很普遍了。后来，静电印刷术也被用在激光打印机上，这种打印机可以直接打印数码资料，而无须用其他文件来复印。彩色复印机基本上也是三机合一，而且现在的彩色复印机的复印质量更好。

核裂变

1939

当中子轰击铀原子时，其原子核会产生裂变，释放出大量的能量。这个现象是德国化学家奥托·哈恩和弗里茨·斯特拉斯曼在1938年发现的。但是，对这种现象进行解释并将其命名为"核裂变"的，则是奥地利物理学家莉泽·迈特纳和她的侄子奥托·弗里施。当他们意识到可以利用这种反应来制造炸弹时，他们马上提醒了其他物理学家，并通过他们将其传达给了美国总统。

单旋翼直升机

1940

1936年制造的第一架直升机有两个旋翼，它们朝相反的方向旋转，这使直升机出现了原地打转的问题。1940年，俄裔美国工程师叶戈尔·希科尔

1939年　8月27日，装有德国科学家冯·奥亨研制的Hes-3B涡轮喷气发动机的He-178飞机首次试飞成功。世界上第一架喷气式飞机诞生。

1940年　美国作家欧内斯特·海明威依据他在西班牙内战中的经历，写出了小说《丧钟为谁而鸣》，小说的主题是：人们的命运息息相关，每个人都应关心发生在任何地方的压迫。

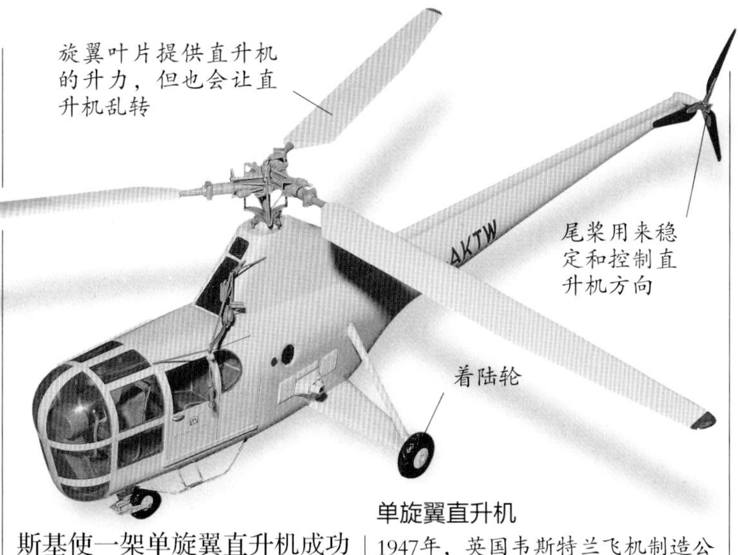

单旋翼直升机

1947年，英国韦斯特兰飞机制造公司与美国西科斯基飞机制造公司联合开发的第一架S-51民用直升机。

斯基使一架单旋翼直升机成功升空。他用一个侧转式小型尾桨解决了直升机原地打转的问题，不仅如此，这种尾桨还可以用来帮助直升机进行左右转向的飞行。

数字逻辑设计

1940

数字逻辑电路可以控制从计算机到洗碗机等各种机器。但如果没有美国工程师克劳德·艾尔伍德·香农在1940年发表的那篇论文，这几乎是不可能的。香农解释说，利用英国数学家乔治·布尔（见第140页）的研究成果可以简化控制机器运作的电路设计。为了证明这一点，他造出了一只能走出迷宫的机器老鼠。

钚

1940

钚是少数几种质量比铀大的元素之一，这些元素在自然界几乎不存在或者极为稀有，但是可以通过人工核反应制造出来。从1940年到1955年，美国化学家格伦·西博格和他的同事发现了10种这样的稀有元素，钚是其中最重要的一种，因为钚的同位素钚-239具有某种特殊属性。这种剧毒物质是在某些核反应堆中产生的，可以用来制造核武器。

二进制电子计算

1940

早期的计算机用十进制来表示数字，这种进制并不适用于电子线路。早在1940年，美国数学家约翰·阿塔纳索夫和他的学生克利福德·贝里就意识到了这个问题。他们尝试在一台计算机（ABC机）上运用二进制，即以2代替10作为运行基数，但是没有成功。二进制效率较高，因为逻辑电路在只处于两种电压控制下时运行效果最好。虽然ABC计算机在当时并不出名，但它很可能影响了EDVAC，即第一台现代计算机的设计（见第208页）。

抗重力飞行服

1941

战斗机急转弯时，其动作很像旋转式脱水机。地球引力会使驾驶员的大脑缺血，还很可能使人暂时失去知觉。由弗雷德里克·班廷领导的研究小组发现这一现象后，将其告知了美国科学家威尔伯·弗兰克斯，于是弗兰克斯开始着手研制抗重力飞行服。他的研究小组的设计方案是：在双层橡胶中夹水制成飞行服。当飞行服贴紧飞行员时，飞行员的血液正常流动，并能操控战斗机做急转弯动作。1941年，弗兰克斯的MkⅡ型飞行服已经准备就绪，不幸的是，在前往英国展示这种飞行服的途中，飞行员因意外坠机身亡。

抗重力飞行服

到了20世纪50年代，这种飞行服已经使用空气而不是水作填充物了。

1941年　3月28日，英国女作家艾德琳·弗吉尼亚·伍尔芙逝世，终年59岁。她是意识流文学的代表人物，被誉为20世纪现代主义与女性主义的先锋。

1941年　美国雕塑家格曾·鲍格勒朗在南达科他州拉什莫尔山的花岗岩石上完成了他的总统群雕，包括了乔治·华盛顿、托马斯·杰斐逊、亚伯拉罕·林肯和西奥多·罗斯福四位总统的巨大头像。

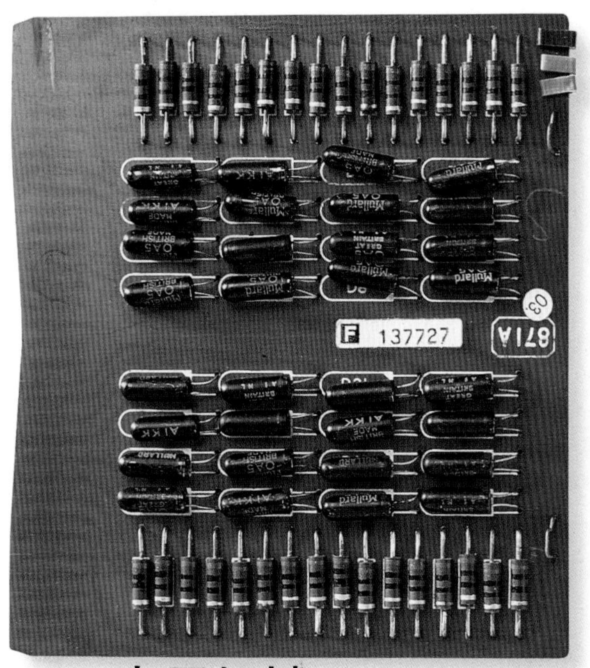
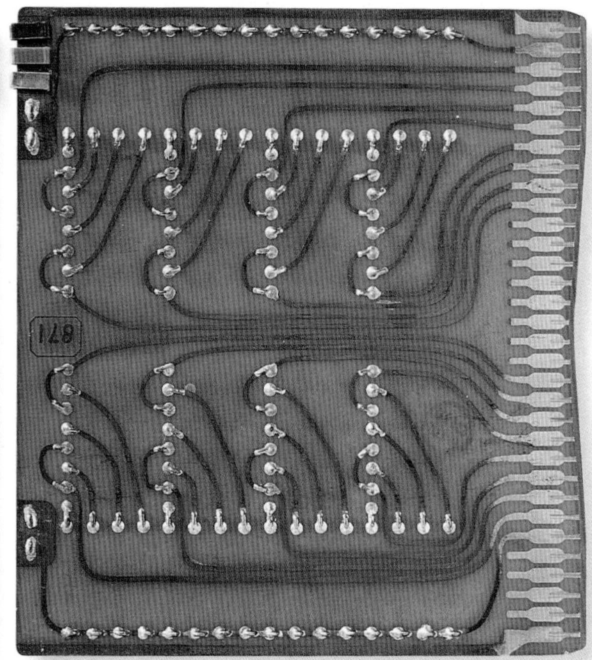

印制电路板

这是1959年的费兰蒂·奥赖恩电子计算机电路板的正反两面，可以看出其简单、手绘的设计特点。

电子机械计算机

1941

第一台真正意义上的计算机是德国工程师康拉德·楚泽于1941年制造的。它由程序控制并用二进制表示数字，但它并不是电子的。这台计算机使用的是继电器，即有电磁操作的开关。因为这些开关有动触头，故而与电子开关相比，速度非常慢。所以楚泽的Z3计算机实际上属于机械计算机，而不是我们后来使用的一代电子计算机。

印制电路板

1941

在奥地利工程师保罗·爱斯勒发明印制电路板之前，所有的电子设备线路都是手工连接的。1941年，爱斯勒在铜箔上印出电路图，然后把铜箔贴到塑料底板上，之后把这块塑料板放进酸蚀槽，蚀去未被印刷的铜箔，清洗干净后在底板上打出接线孔，这样就可以在电路板上安装元器件了。首批印制电路板被安装在防空炮弹里。

涤　纶

1941

衣服、羽绒填料、瓶子和摄影胶片等都可以用涤纶来制作。1941年，英国化学家雷克斯·温菲尔德和詹姆斯·迪克森发明了涤纶。当时英国正在打仗，所以这种名叫涤纶的新材料直到1954年才投入生产。这时候，美国杜邦公司也开发出了这种材料，并称之为“的确良”。20世纪70年代，这种材质的衣服在中国风靡一时。

硅太阳能电池

1941

太阳能电池能将光能转化为电能。现代的太阳能电池的转化率大概为1/3，而1890年左右制造的早期太阳能电池装置的光电转化率还不到1%。重大突破发生在1941年，美国科学家拉塞尔·奥尔舍弃了纯硅和金属，改用两种不纯的硅为材料，因为他发现这两种硅靠在一起放在阳光下时，它们中间竟然产生了电流。

弹道导弹

1942

弹道导弹就是有弹头的火箭炮。发射时先把它射向高空，然后再向下击中目标。现在这种技术已被用来开发维护和平的大功率火箭了。最早用于实战的弹道导弹是V-2导弹，是德国工程师韦恩赫尔·冯·布劳恩为希特勒设计的，这种导弹于1942年10月首次发射成功，其携带了725千克炸药，并从80千米的高空飞落到了伦敦，是第二次世界大战中最可怕的武器之一。

扫描电子显微镜

1942

扫描电子显微镜（SEMs）集高倍率与深焦距于一体，能生成微小三维物体的逼真图像。其用极狭窄的电子束对物体进行扫描。第一台扫描电子显微镜是俄裔美国物理学家弗拉基米尔·兹沃尔金和他的同事于1942年制造的，它当时被认为还不如电子显微镜好用，所以就被放弃了。后来，英国工程师查尔斯·奥特莱让他的学生丹尼斯·麦克马伦再次对扫描电子显微镜进行试验。到1951年，麦克马伦已经制成了一台实用的扫描电子显微镜。第一架商用扫描电子显微镜于1965年问世，它显示的图像已经与今天的扫描电子显微镜一样清晰。

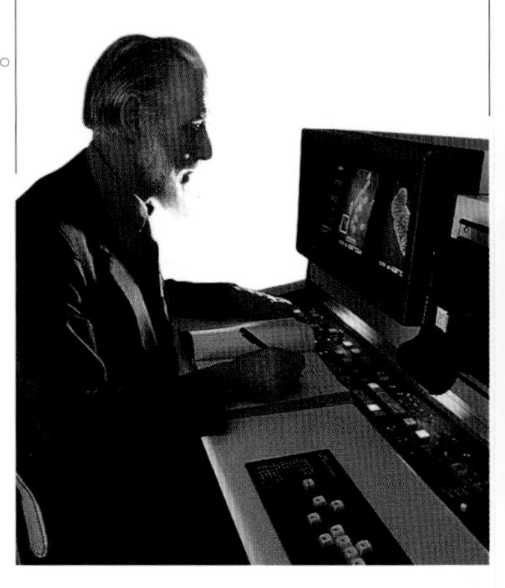

扫描电子显微镜

SEMs扫描的图片是从在屏幕上看的，而不是从目镜里看的。

1942年　法国巨型豪华邮轮诺曼底号在纽约港失火被毁。它曾以3天22小时零7分钟的时间横渡大西洋，夺得了“蓝丝带”奖，是客轮横渡大西洋的最快纪录保持者。

1942年　“牛津赈济饥荒委员会”在英国牛津成立，委员会为当时正处在战火中饱受煎熬的希腊儿童募捐。希腊战役结束后，该组织继续为世界上的其他难民和穷人提供帮助。

核反应堆

1942

铀-235被中子轰击后发生裂变，这个过程中它会释放出中子，这些中子又会促使其他铀核发生裂变，从而释放更多的中子。这个连续不断的“链式反应”由意大利裔美国物理学家恩利克·费米领导的研究小组首次以可控的方式进行。他们在芝加哥大学的壁球室建了核反应堆，并用它来进行第一颗原子弹的研究工作。这个核反应堆一直运行到1942年12月。

水中呼吸器

1943

在法国探险家雅克·库斯托和工程师埃米尔·伽南于1943年发明水中呼吸器之前，潜水员只能用管子或专用水下呼吸管吸气，或者只能靠憋气，因此水下活动极不方便。水中呼吸器由潜水员背后的压缩储气筒和连接在自动调压阀上的呼吸管组成。这个装置开拓了人类观察海洋的视野，并催生了广受欢迎的轻便潜水运动。

硅　酮

1943

硅酮是一种油性或弹性化合物，常被用作润滑剂、防水密封剂或用于外科移植手术。硅酮分子是由一个硅核和吸附了碳基群的氧原子形成的单位链组成的。英国化学家弗雷德里克·基平大约在1900年就开始研究硅酮了，可是直到1943年，美国化学家尤金·罗乔才开发出经济的硅酮生产工艺。

DNA的作用

1944

向解开基因遗传机理的秘密迈出第一步的是加拿大裔美国细菌学家奥斯瓦尔德·埃弗里。1942年，他解释了英国研究员弗雷德·格里菲斯于1928年所做的一个观测。格里菲斯发现，肺炎细菌的表面有的粗糙有的光滑，而这种光滑的细菌提取物可以使部分粗糙的细菌转化为光滑的细菌。更重要的是，所有这些细菌的后代也会承袭这一特征。经过一系列漫长的实验，埃弗里终于发现，与遗传特征相关的不是蛋白质，而是一种核酸，即DNA（见第149页）。

水中呼吸器

这个潜水员在探索红海珊瑚礁，他背上的氧气罐让他能在水下轻松呼吸，进而自由活动。

1943年 罗杰斯与哈默斯坦的音乐剧《俄克拉荷马》在纽约百老汇首演，并引起强烈反响。剧中的著名歌曲很多，其中包括《头戴流苏的萨里》。此剧还获得了“普利策奖”，并连续演出了2248场。

1944年 这一年，基莉·特·卡娜娃生于新西兰的吉斯伯恩市。她的母亲是爱尔兰人，父亲则是毛利贵族。她以女高音歌手的身份在新西兰出道，后来去了伦敦，被誉为“世界第一抒情女高音”。

人工肾

家用透析机出现于20世纪60年代。这台装饰得像家具一样的透析机，是首批患者使用的。

人工肾

1944

当人的肾脏衰竭后，可由一台机器来代替它工作。人工肾通过特殊的人造膜来透析血液，去除人体不需要的化学成分，留下对人体有用的物质。1944年，荷兰医生威廉·克尔夫发明了第一台实用的人工肾设备。血液通过有许多微孔的人造肠衣，肠衣则蒙在一个浸泡在特殊溶液里的圆筒鼓状物上。后来，克尔夫又开拓性地研制出了更先进的肾透析仪器，使肾透析成为医生对肾脏衰竭患者的常规治疗方法。

电子计算机

1945

机械计算机一直到20世纪30年代还在被使用，但是电子学的诞生开拓了更好的计算机前景。第一台通用电子计算机ENIAC由宾夕法尼亚大学摩尔电气工程学院的美国工程师约翰·莫奇利和约翰·普雷斯珀·埃克特设计开发。ENIAC是一台包含了18,000根电子管的大型机器。它通过插入导线进行编程，每秒能执行5000次操作。ENIAC于1945年被投入使用，但很快被设计上完全不同的机器取代。

现代计算机的结构

1945

现代计算机能把程序和程序运行的数据存储在同一个存储器上，这使计算机更加灵活实用。这个创意由谁最先提出的无从查证，很有可能是匈牙利裔美国数学家约翰·冯·诺依曼。他全程参与了EDVAC计算机“存储程序”的设计工作，这个方案于1945年问世，但这个概念直到1948年才在英国曼彻斯特的一台实验计算机上得以验证。

原子弹

1945

大多数人希望人类不曾发明过原子弹。但在1940年，德国使地球变成战场的同时还可能正在加紧研发自己的原子弹。在这种情况下，原子弹的研发就显得尤为重要了。美国物理学家罗伯特·奥本海默主持了“曼哈顿计划”，该计划的目的就是开发提炼铀或钚的技术并用铀或钚来制造原子弹。

1871年，查尔斯·巴贝奇去世，但他的分析机器只完成了一部分，这是他的机器的“工作中心”（或者叫作处理器）及其印刷部件。

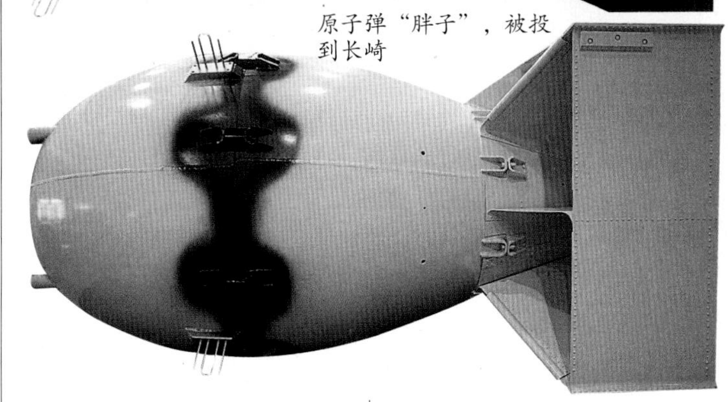

原子弹“小男孩”，被投到广岛

原子弹“胖子”，被投到长崎

原子弹

“曼哈顿计划”研制了两种原子弹，“小男孩”是一枚钚原子弹，“胖子”是一枚铀原子弹。

比基尼

1946

暴露的“两件套泳装”得名于南太平洋的比基尼环状珊瑚岛。法国时装设计师路易斯·雷亚尔选择“比基尼”这个名字，是为了抢其竞争对手雅克·海姆的风头，后者于1946年也开始销售一种名叫“原子弹”牌的两件套泳装。7月5日，也就是美国在比基尼岛试验了一枚原子弹后的第四天，雷亚尔为他设计的泳装取了“比基尼”这个后来家喻户晓的名字。

1944年 俄裔美国作曲家阿隆·科普兰为美国芭蕾舞蹈家玛莎·葛兰姆创作了舞剧《阿巴拉契亚之春》。这个作品后来成了音乐会的经典节目。

1945年 5月8日，德军在法国宣布投降，欧洲战事正式宣告结束。8月15日，日本宣布向反法西斯同盟国投降，第二次世界大战结束。

计算机先驱

从根本上来说，约翰·冯·诺依曼设计的计算机原理非常简单，即用一个存储器存储来自外界和进行计算的计算单元的数据。通过一个可以编序和解读指令的控制器，对来自同一个存储器中的各种指令和数据进行检索找回，然后通过显示屏之类的设备进行输出。早期的计算机运用了几种不同的结构，还经常会用到效率较低的十进制。

早期电子计算机

第一台通用电子计算机ENIAC体积庞大，运行速度较慢。后来，它使用了更好的结构和二进制，这使计算机得到了改善。1949年，第一台实用的程序存储计算机EDSAC在英国剑桥开始运行。

电子技术出现以前的情况

可编程计算机的创意可以追溯到英国数学家查尔斯·巴贝奇的分析机，他在1834年提出了这种机器的构想，但最终没能使构想变为现实。1941年，德国工程师康拉德·楚泽制造了第一台实用的非电子计算机。

现代计算机

20世纪60年代初期，集成电路的出现改变了计算机的面貌。晶体管缩小了计算机的体积，而集成电路又使它们变得更小巧，并且可以制造出结构紧凑的高速存储器。

微波炉

1946

1945年，美国工程师珀西·斯宾塞正在为雷西昂公司研制雷达，他发现，他口袋里的糖果被强微波融化了。他后来用玉米和鸡蛋试验，终于制成了首台简陋的微波炉。1946年，雷西昂公司申请了微波炉的专利。1947年，最早的微波炉“雷达炉”正式发售，每台单价为5000美元。

特百惠

c 1946

大约在1946年，美国塑料制造商厄尔·塔珀发明了可在冰箱里使用的塑料盒。他找到了一种合适的塑料，并设计了一种密封方式，但是当时的人们似乎并不需要这种塑料盒。1948年，塔珀与优秀的女销售员布朗尼·怀斯会面，他随即萌发了一个点子：由家庭主妇邀请她们的朋友过来玩，然后再向朋友们展示并推销这些特百惠塑料盒，后来，这种方法还真的管用了。

小型摩托车

1946

1946年，意大利工程师科拉迪诺·达斯卡尼奥设计出了现代小型摩托车。因为当时他的老板恩里科·比亚乔希望能有一辆方便他骑着在其飞机发动机厂巡视的车。达斯卡尼奥很快就设计好了基本方案：U形车身，二冲程发动机置于座位下，两只小巧易换的车轮。这种小型摩托车价格低廉，实用性强。“黄蜂”这个名字取自其发动机的声响，这版摩托车已成为经典。

拧动手柄控制速度

小型摩托车

这辆黄蜂摩托车是1951年产的第一版摩托车，由比亚乔公司在1948年推出。

发动机和变速箱直接连接后轮

车轮更换起来很方便

1945年 美国儿科医生本杰明·斯波克撰写的《婴幼儿保健常识》出版发行，它后来成为史上最畅销的育儿书之一。

1946年 1932年，塔塔航空公司在印度成立。1948年，该公司开设飞往欧洲的航线。1953年，塔塔航空公司被国有化，到1962年，它更名为印度航空公司。

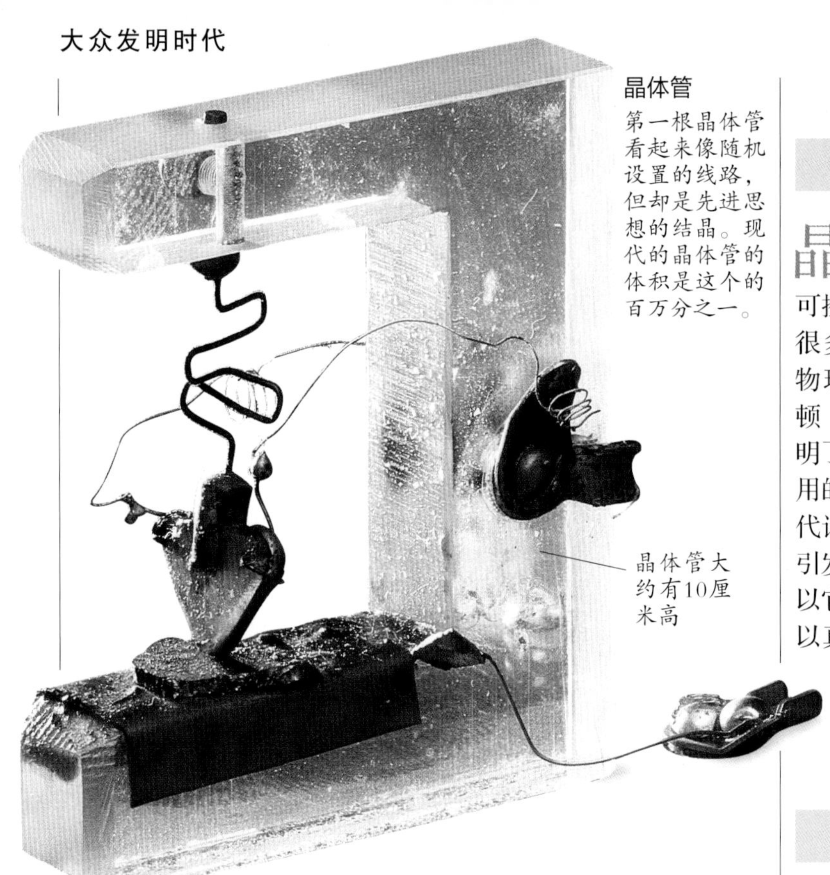

晶体管

第一根晶体管看起来像随机设置的线路，但却是先进思想的结晶。现代的晶体管的体积是这个的百万分之一。

晶体管大约有10厘米高

晶体管

1947

晶体管是现代电子工业的基础，其实质是一小块可控制电流的硅片。晶体管有很多种类型，1947年，美国物理学家约翰·巴丁、沃尔顿·布拉顿和威廉·肖克莱发明了第一根晶体管，虽然他们用的是锗而不是硅，原理与现代计算机芯片也不同，但还是引发了一场革命。大约25年后，以它为基础的电子业就取代了以真空三极管（见第176页）为基础的电子业。

全息摄影

1948

与普通拍照不同，全息摄影能捕捉到物体反射回来的光波的每个细节，进而十分逼真地还原物像。无论从哪个角度去看全息照片上的物体，都像是从你的角度去正面观看它的实物一样。1948年，匈牙利裔英国工程师丹尼斯·加博尔发明了这项技术。记录从物体上反射回来的光与未反射回来的光所形成的光干涉图，就能产生全息照片。激光是全息照片的最佳光源。但是，由于当时激光尚未被发明，所以加博尔使用的是从一个小孔中透射过来的普通光。

密纹唱片

1948

1948年以前，一张30厘米宽的唱片单面只能播放4分钟，而且音质不佳，还容易开裂。所以，当由柔韧的聚乙烯材料制成、单面即能播放25分钟纯声音的唱片出现时，立马就引起了轰动。这是匈牙利裔美国工程师彼得·戈德马克为哥伦比亚唱片公司研制的。他的竞争对手胜利唱片公司很快也推出了一种与“30厘米唱片”播放时长一样的唱片，但它的直径仅18厘米。两家公司都获得了极大的成功。

碳年代测定法

1947

考古学家可以用碳年代测定法计算出有机物的年龄。这种方法是美国化学家威拉德·弗兰克·利比于1947年研究出来的。他指出，地球大气中含有微量的放射性碳，即碳-14，活的生物体会吸收一般的碳和碳-14。生物体死后，它体内的碳-14开始衰变，所以碳-14含量越少的生物样本就越古老。

燕隼足球

1947

燕隼足球是一种流行的桌面足球游戏，模型球员站在弯曲的底盘上（保证球员运动而不摔倒）进行比赛。玩家选定球员后转动它们去踢球。这是英国观鸟学家彼得·阿道夫在1947年发明的，他用猛禽“燕隼”的拉丁名给这个游戏命名。

假睫毛

1947

早期的假睫毛是因电影业而生的。1947年，英国电影化妆师戴维·艾洛特造出了第一副假睫毛，除了使用方便，其在特写镜头上也不露破绽。后来，艾洛特兄弟用“眼睫美”的名字推出销售可供日常使用的假睫毛。到20世纪60年代，“眼睫美”每年销量达800万副。

1947年	杰基·罗宾森成为20世纪第一个在联盟棒球担任主力的非洲裔美国球员。他效力于布鲁克林·道奇队，在盗垒的位置上领导全队，并赢得了当年的“最佳新秀奖”。	1948年	这一年的12月10日，联合国大会在巴黎召开并通过了《世界人权宣言》。虽有国家选择弃权，但是没有一个国家反对。

宝丽来一次成像照相机

1948

美国发明家埃德温·赫伯特·兰德经营着一家成功的宝丽来照相材料公司。有一次他女儿要求看看他刚刚为其拍的照片，于是他萌生了制作一次成像的照相机的想法。1948年，经过几年的努力，他终于首创了宝丽来一次成像照相机。这种相机的秘诀在于它的胶片自带显影材料，拍摄后只用等待60秒，就可以得到一张棕白色的照片。

跑 鞋

1949

跑鞋的历史可以追溯到1949年，当时德国运动鞋商阿道夫·达斯勒正为他设计的一款鞋申请专利。一年前，他与哥哥鲁道夫分道扬镳，并成立了阿迪达斯公司。一些著名运动员，包括在1936年奥运会上荣获4枚金牌的美国田径运动员杰西·欧文斯，穿的都是达斯勒设计的运动鞋。阿迪达斯的新型跑鞋每边有三根鞋带，使鞋子更贴合脚掌，这种鞋带很可能就是今天跑鞋上花样繁多设计的鞋带“鼻祖”。

塑料薄膜

1949

传统的塑料薄膜是用聚二氯乙烯（PVDC）制成的，与做窗框和绝缘材料的聚氯乙烯（PVC）关系密切。据说塑料薄膜是在1933年无意中被发现的，当时还被以为是实验室玻璃器皿上残留的黏性残渣。1949年，陶氏化学品公司首次在市场上销售这种塑料薄膜，早期用户都是餐饮业的人。到1953年，才出现家用塑料薄膜。

纠错码

1950

今天许多信息都是以数码的形式出现的，比如移动电话和激光唱片（CD）。但在20世纪50年代以前，传输和存储这些数码数据的工具都还不是很完善，时常会出错。如果不纠正这些错误，许多系统就会停止工作。美国数学家理查德·哈明在1950年解决了这个问题，他设计出了既能显错又能纠错的代码。

宝丽来一次成像照相机

第一台宝丽来一次成像照相机外观很像当时许多摄影师使用的胶片式相机。

1949年	10月1日，毛泽东主席在开国大典上正式宣告中华人民共和国成立。	1950年	美国科学家和科幻作家艾萨克·阿西莫夫出版了短篇小说集《我，机器人》。在书中，他首次提出了“机器人三定律”，建立了防止机器人伤害人类的道德系统。

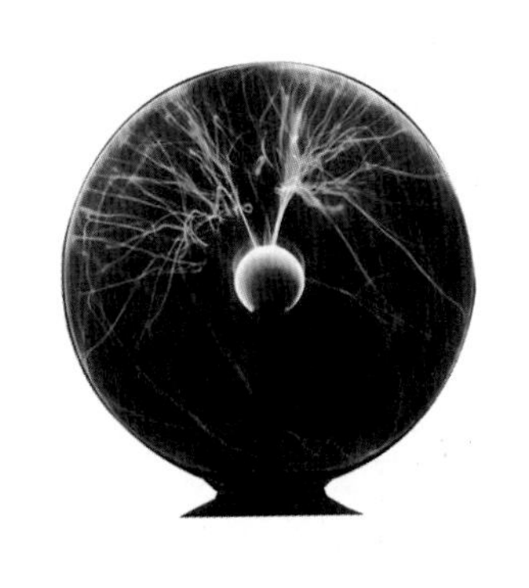

信息与未知

从1950年开始，信息技术的进步和对生命机制的全新认识占据了主导地位。这些进步是相互联系的，科学家借助计算机来绘制人类的基因图，他们还借助计算机发现了许多其他东西。突然之间，我们知道的似乎太多了，但我们要怎样利用这些信息呢？

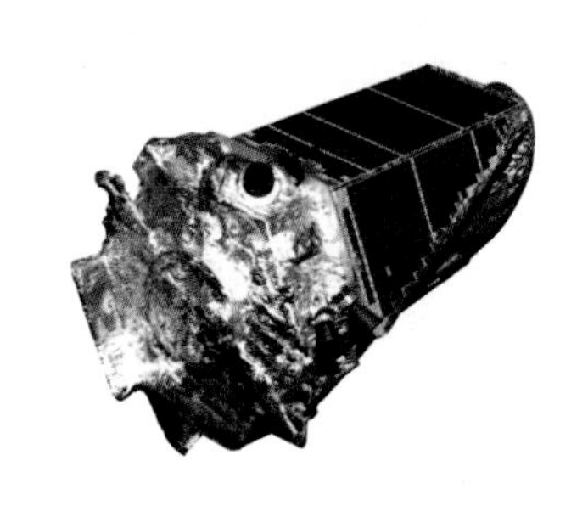
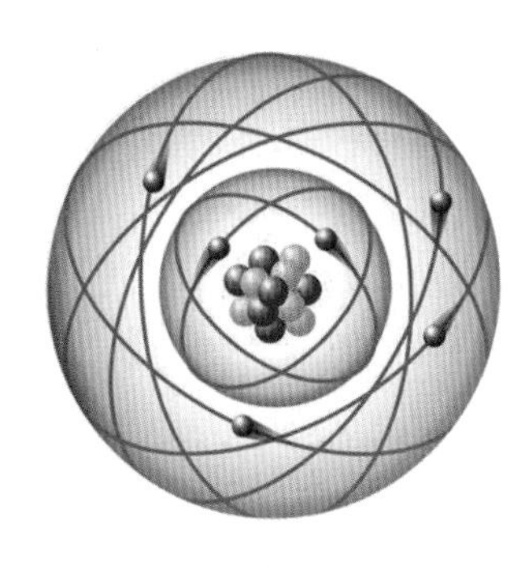

安全气囊

1952

1952年，美国发明家约翰·赫特里克申请了安全气囊的专利。但直到1973年，美国交通事故中的死亡人数不断增加时，它才引起人们的注意。美国通用汽车公司推出了一种实用安全气囊供人们选用。尽管消费者因担心早期安全气囊造成的死亡事故会重演而抵制它，但到了1988年，美国大部分汽车还是安装了安全气囊，欧洲的汽车制造商也纷纷开始效仿。

宽银幕立体电影

1952

宽银幕立体电影的效果非常让人震撼。1952年，美国摄影师弗雷德·沃勒创造了宽银幕立体电影。他把三部摄影机固定在一起，再把拍摄的影片投放在一块宽银幕上，除了影片的结合部位出现模糊以外，整体效果令人惊讶，特别是像坐过山车这样的场面，视觉效果非常好。但这种方法并不适合表现严肃题材的戏剧，所以1963年后就不再使用了。

小儿麻痹症疫苗

1952

脊髓灰质炎（或称小儿麻痹症）是一种能导致瘫痪的病毒感染造成的急性传染病。这种病毒曾引起过大规模恐慌，直到1952年，美国医生乔纳斯·索尔克发明了针对这种病毒的疫苗才平息下来。疫苗包含一些非活性病毒，同年在临床上首次试用成功。经过多次试验后，终于在1955年获准在临床上使用。后来，美籍波兰医生艾伯特·萨宾研制出了今天使用更多的口服疫苗，它含有经过弱化处理的病毒，可以提高人体的免疫力，但不会对人体造成伤害。

彩色电视机

1953

除非淘汰黑白电视机，否则彩色电视机很难普及。1953年，美国国家电视系统委员会（NTSC）给出了解决方案，他们的系统把图像分为亮度变化和色彩信息两部分，前者可以在普通黑白电视机上显示出来，后者则供彩色电视接收机增加色彩。后来NTSC推出了更多的制式变体，可以传输更加精确的色彩信号，并沿用至今。

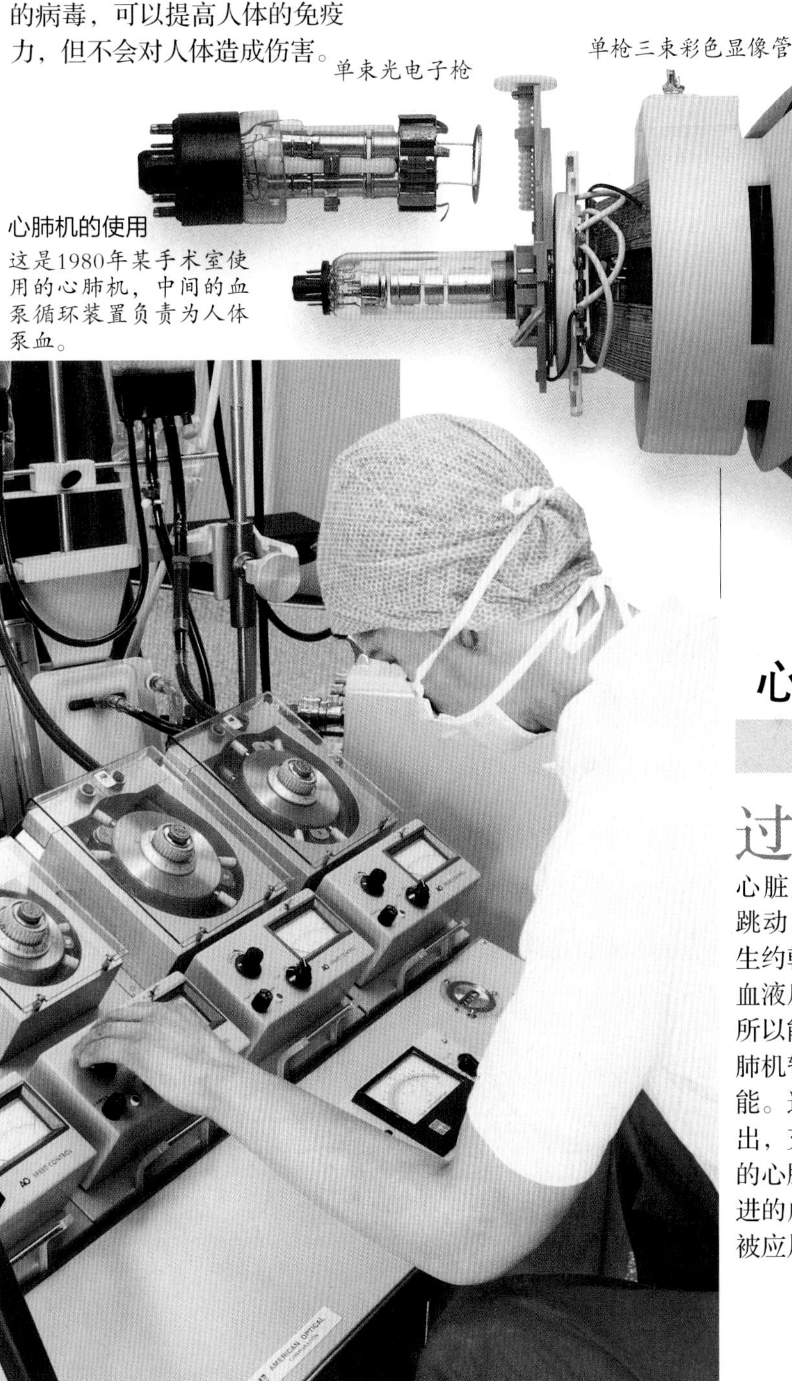

彩色电视机

索尼公司在1968年推出的单枪三束彩色显像管，是NTSC一代制式彩管的后续产品。两者原理相同，但前者设计更简单，亮度更高，图像更稳定。

心肺机的使用

这是1980年某手术室使用的心肺机，中间的血泵循环装置负责为人体泵血。

心肺机的使用

1953

过去，心脏外科手术是几乎不可能实现的，因为心脏充满血液，而且在不断跳动。1953年，美国外科医生约翰·吉本首创了抽干心脏血液后进行手术的方法。他之所以能这样做，是因为他用心肺机暂时代替了病人的心脏功能。这台机器把人体的血液泵出，充氧后再泵回体内。现代的心肺机是几十年来研究和改进的成果，现在它们已经普遍被应用于心脏手术了。

1952年　3月26日，一种预防脊髓灰质炎的疫苗已经在90个成年人和儿童身上试验成功。疫苗的培育者是美国匹兹堡大学的乔纳斯·索尔克博士。

1953年　5月29日，尼泊尔探险家丹增·诺尔盖和新西兰登山家埃德蒙·希拉里登上了珠穆朗玛峰。他们是最早证明自己到达珠穆朗玛峰峰顶的人，埃德蒙·希拉里后来被英国女王伊丽莎白二世授予了爵士爵位。

DNA的结构

1953

见第216～217页，弗朗西斯·克里克和詹姆斯·杜威·沃森奋力发现DNA化学结构的故事。

呼吸分析器

1954

因为很难鉴定驾车者是否饮酒，美国警察罗伯特·伯肯斯坦发明了呼吸分析器。血液中的酒精会进入呼出的气中，所以驾车者血液中的酒精含量越高，呼出气体中的酒精成分也越高。呼吸器玻璃试管中的化学试剂与酒精发生反应后，会发生从橙色到绿色的颜色变化。驾车者只需向袋内吹进一定量的气，如果试管里的绿色超过一定界限，就表明驾车者体内酒精过量。

呼吸分析器

在要求驾车者向袋内吹气前，交警要把一支新的采样试管放在这个呼吸分析器上。

用膨胀的袋子来检测呼吸量

涡轮螺旋桨客机

1953

涡轮螺旋桨客机开创了今天的大规模空中旅行。与活塞发动机相比，它用喷气发动机来驱动螺旋桨，能使飞机飞得更快更平稳。第一架涡轮螺旋桨客机是英国维克斯公司生产的“子爵”号。它于1953年投入商业运营。飞机的制造商甚至声称，它的飞行平稳到一枚硬币竖放在座位扶手上都不会倒的程度。

大脑快感中心

1954

实验室的老鼠经过训练，可以扳动操纵杆来获取食物。1954年，美国心理学家詹姆斯·奥尔兹和彼得·米尔纳发现，用电流刺激老鼠大脑的某一部分，可以产生比食物更大的奖励刺激。于是，他们把这个“快感中心”与操纵杆连接起来，结果发现老鼠每小时去接触操纵杆的次数达千次以上。人们相信，这个“快感中心”与人类吸毒成瘾是有关的。

肾脏移植

1954

所有早期的器官移植都失败了。科学家后来才意识到，人体免疫系统会引起异体排斥现象。美国外科医生约瑟夫·默雷在为伤员植皮时确认了这一点。他注意到，唯一成功的移植是一对双胞胎兄弟之间进行的异体肾脏移植。1954年，他和同事尝试了给一对双胞胎进行肾脏移植手术，接受肾脏移植者成功存活了许多年。到了20世纪60年代，抑制排异反应的药物出现后，默雷成功地在没有血缘关系的人之间进行了肾脏移植手术。

核电站

1954

1954年，世界上第一座核电站正式在莫斯科附近的奥布宁斯克建成并投入使用。核电站由苏联物理与动力工程研究院于1951年开始设计投建。整座核电站规模不大，输出功率只有5兆瓦，无法与现代功率达1000兆瓦的核电站相比，但它却是苏联的胜利尝试。

聚丙烯

1954

1953年，印度化学家卡尔·齐格勒发现了一种催化剂（加速化学反应的物质），能加快用乙烯基制造聚乙烯的过程。1954年，意大利化学家居利奥·纳塔发现这种催化剂对丙烯同样有效，于是就生产了聚丙烯，这是一种结实且富有弹性的塑料，现在被广泛用于垃圾筒和地毯等物品上。1957年，它开始被商业化生产。

铯原子钟

1955

1955年，英国物理学家路易斯·埃森和杰克·帕里在实验室制成了一台300年的时间内误差不到1秒的原子钟。它是通过电传感铯原子的振动来工作的，后来，埃森又把其准确率提高了一百倍。1967年，人们根据铯原子振动重新定义了时间单位。

1954年 英国一家医学院的学生罗杰·班尼斯特用不到4分钟的时间打破了一英里跑的纪录和心理学障碍。7个星期后，他的纪录又被澳大利亚的田径运动员约翰·兰迪打破了。

1954年 日本电影导演黑泽明在《七武士》中成功地把日本传统文化与西方技术相结合，是影史上最优秀的日本武士电影，这部影片获得了威尼斯国际电影节“银狮奖”。

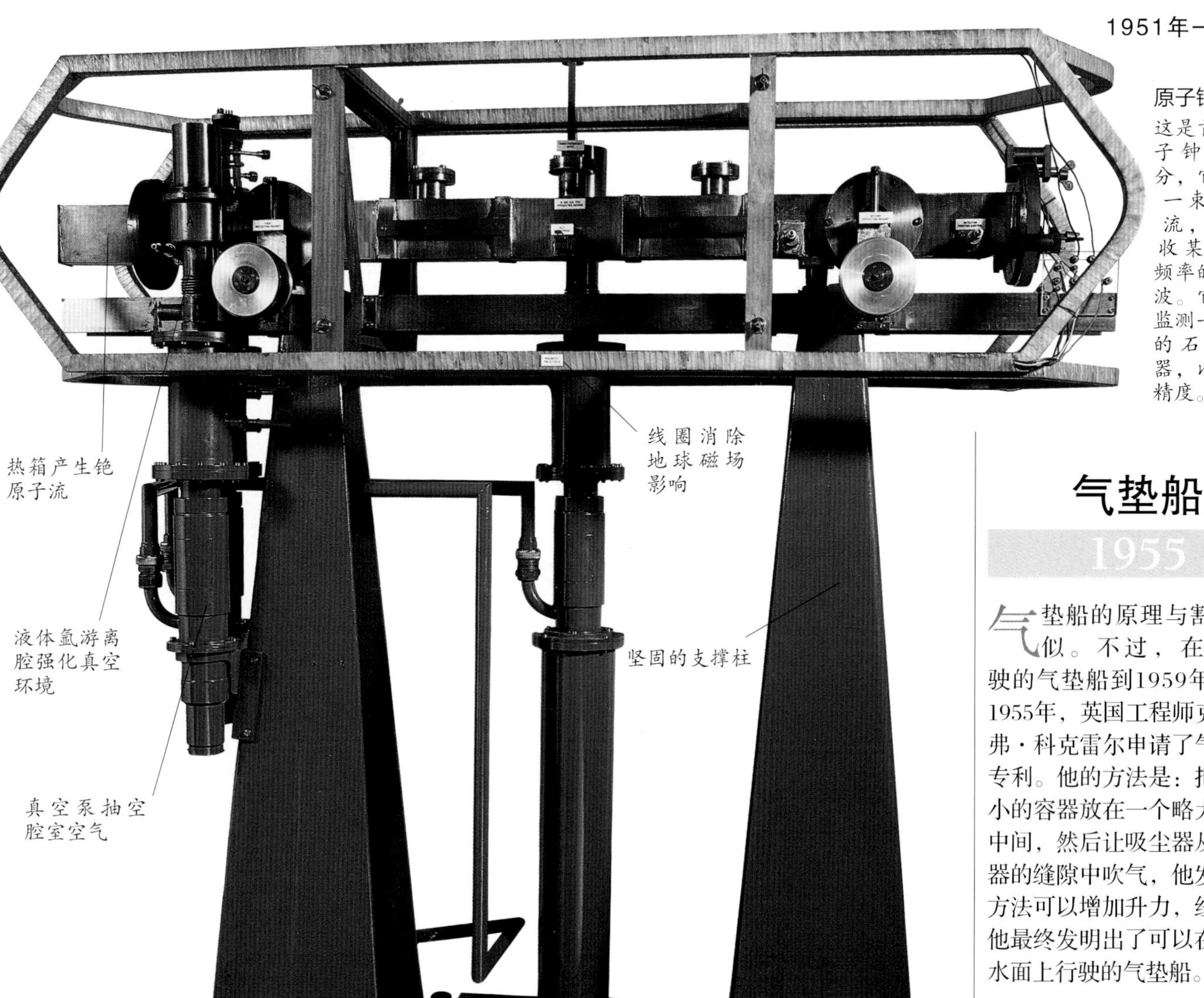

原子钟

这是首台铯原子钟的一部分，它能产生一束铯原子流，用以吸收某一准确频率的无线电波。它被用来监测一只独立的石英振荡器，以确保其精度。

气垫船

1955

气垫船的原理与割草机相似。不过，在海面行驶的气垫船到1959年才出现。1955年，英国工程师克里斯托弗·科克雷尔申请了气垫船的专利。他的方法是：把一只略小的容器放在一个略大的容器中间，然后让吸尘器从两个容器的缝隙中吹气，他发现这种方法可以增加升力，经过改造，他最终发明出了可以在陆地和水面上行驶的气垫船。

气垫船

1955年，克里斯托弗制造的第一台气垫船模型机，约1米长。它的表现很不错，但需要很大的功率。

发动机废气排出口

平滑的材料可以减小阻力

人造金刚石

1955

美国物理学家珀西·布里奇曼虽然没有造过金刚石，但他研究出了将材料置于令人难以置信的高压中的方法：高压是碳合成金刚石的基本条件。1955年，美国通用电气公司的科学家利用布里奇曼的技术制造出了第一颗人造金刚石。1960年以来，人们已经用这种方法制造出了大量的工业用金刚石，这些形似沙粒的金刚石被用在锯条、钻头等工具上，大大提高了工作效率。

1954年	英国作家威廉·戈尔丁发表了他第一部也是最著名的长篇小说——《蝇王》。小说描写一群被困于海岛的学生，为求生而堕落为野蛮人的故事，小说于1963年和1990年两度被改编为电影。
1955年	美国彗星乐队以单曲《昼夜摇滚》登上音乐排行榜之首，摇滚乐从此声名大噪，这种以布鲁斯为基调的和声以及强烈的节奏迷倒了当时的年青一代。

生命的奥秘

弗朗西斯·克里克和詹姆斯·杜威·沃森致力于发现DNA的化学结构

弗朗西斯·克里克

詹姆斯·杜威·沃森

克里克和沃森

克里克的学业因第二次世界大战而中断了，所以当生物学家詹姆斯·杜威·沃森来到凯文迪什实验室时，他还只是个学生。克里克在参加DNA发现竞赛后不久，就放弃了自己的正式工作。

1953年2月，两位男士匆匆走进英国剑桥的雄鹰酒吧，其中那位叫弗朗西斯·克里克的英国人大声宣布他们发现了生命的秘密，而另一个叫詹姆斯·杜威·沃森的美国人则表示还不敢相信他们的伟大发现。

DNA结构的发现竞赛始于1944年。当时，美国免疫学家奥斯瓦德·艾弗里证明细菌是通过DNA来承袭其自身特征的。DNA含有4种组合键，分别以字母A、T、G、C来表示。1949年，奥地利生物化学家欧文·查尔加弗发现，DNA中A键总数与T键总数总是相等，而G键总数总是与C键总数相等。

以上是1951年美国分子生物学家詹姆斯·杜威·沃森来到剑桥大学的凯文迪什实验室时，人们对DNA的全部了解。凯文迪什实验室专门用X射线分析研究分子结构，物理学家弗朗西斯·克里克是这里的专

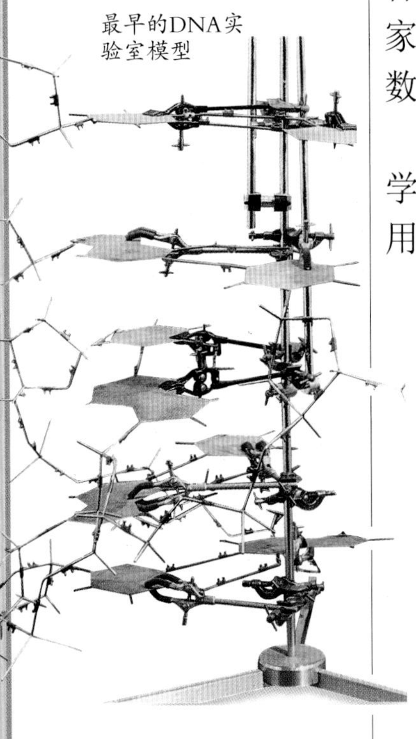

最早的DNA实验室模型

让化学结构更具有直观性

原子之间的位置是符合一定规律的。在计算机诞生以前，如果不建造一个实际的物理模型，是很难看出这些规律的。根据自己对DNA化学结构的理解，詹姆斯·杜威·沃森利用一定形状的金属片组装出了DNA的双螺旋结构模型。

家。沃森坚信，已经初见端倪的DNA必将成为当时的重大科学突破。沃森需要克里克的帮忙，因为在美国，著名化学家来纳斯·波林早就开始了这项研究。

在伦敦的国王学院，物理学家莫里斯·威尔金斯和他的助手罗莎琳德·富兰克林也已经在用X射线研究DNA。克里克和沃森决定另辟蹊径，他们利用富兰克林的X射线法建造模型。最初的模型看上去像三架螺旋式楼梯，而威尔金斯和富兰克林建议克里克和沃森再深思熟虑。波林也一直在密切关注着他们。克里克和沃森后来看到了波林提出的结构草图，但他们知道他是错的。

沃森再次研究了富兰克林最新的X射线照片，他认定DNA分子的结构是螺旋形或近似螺旋形的。他还想到，这个分子会不会是双螺旋形的，而不是他们曾经考虑的三螺旋形，因为重要的生命体都是成对出现的。这时候，富兰克林又提出DNA的主干在外层的想法，而沃森突然发现T键与A键是相配的，C键与G键也是相配的，它们就像被扭曲的梯子上的横板。这就能解释清楚查尔加弗的观察了，而更重要的是，也解释了DNA是如何复制的。于是他匆匆走进那家酒吧，把这个发现告诉了克里克。

沃森和克里克也担心万一自己错了怎么办，于是就快速建造了一个精确的模型，他们没有发现任何错误，DNA的结构肯定是这样的。后来，就连波林也非常高兴地承认，克里克和沃森确实发现了生命的奥秘。

罗莎琳德·富兰克林

虽然富兰克林利用X射线没有发现DNA的结构，但她的工作对克里克和沃森的发现起了至关重要的作用。她于1958年逝世，4年后，克里克、沃森和威尔金斯一起获得了诺贝尔奖。

复制机器

千万年来生命依靠DNA不断延续。DNA能在几种酶的帮助下进行自我复制。DNA分子发生反向扭曲并从中间断开，新的T键与新的A键组合，新的C键与新的G键组合，形成两个完全一样的DNA分子。

胸腺嘧啶　腺嘌呤

胞嘧啶　鸟嘌呤

配对组合

在DNA分子中，形成某种糖的原子是由含磷的原子组合进行连接的。在这些原子间，氢原子把胸腺嘧啶和腺嘌呤连接起来，把胞嘧啶与鸟嘌呤连接起来。上面的模型仅仅是概略图。

录像机

20世纪80年代初的摄像机需要通过这样一台沉重的机盒才能把图像录制到一卷宽录像带上。

场离子显微镜

1956

第一架能观察单个原子的场离子显微镜是在1956年问世的。离子是失去或得到一个或多个电子而显示出带电属性的原子或原子群。在美国工作的德国物理学家埃尔文·米勒把一根极尖的金属针放进一根充了低压氦气的阴极射线管（见第166页），并使其处于电场中。金属针尖端附近的氦被原子之间产生的强电场离子化，这些离子射向阴极射线管内的屏幕，散开后形成比金属针尖端大1000万倍的图像，从而显示出它的原子结构。

录像机

1956

电视信号的频率比磁性录音机信号的频率（见第169页）高得多，即使是高速转动磁带也不能捕捉住这些频率。这个问题终于在1956年被美国工程师查尔斯·金斯伯格与雷·多尔比解决了。他们利用一只垂直高速运动的旋转磁头来扫描一条水平低速运行的宽幅磁带，从而把高速运行的长磁带有效地"折叠"成慢速运行的短磁带。家用录像系统（VHS）运用的就是这个原理。

魔术贴

1956

魔术贴实际上包含两种材料：一种表面上有许多小钩，另一种表面上有许多小环，把这两种材料对合起来，小钩钩住小环，两个表面也就紧紧地钩合在一起了，可用来扣紧衣服和许多其他东西。1941年，瑞典发明家乔治·德梅斯塔尔看到他的狗身上钩满了苍耳，并由此得到启发。经过15年的研究，他终于把苍耳上的钩状面运用到了织物的表面。

人造卫星

1957

第一颗人造地球卫星斯普特尼克1号（Sputnik 1），于1957年10月4日由苏联发射升空。它只有84千克重，而且只到达距离地球942千米的外太空，但是，它证明了苏联在当时的空间技术方面已经遥遥领先。负责这一项目的工程师瓦连金·格鲁什柯和谢尔盖·科罗廖夫也因此获得了很多荣誉。1958年，美国成立国家航空航天局（NASA），正式开始了太空探索。

神经的工作机制

1957

19世纪的科学家都知道神经是带电工作的。到了1957年，澳大利亚生理学家约翰·埃克尔斯、英国生理学家艾伦·霍奇金和英国物理学家安德鲁·菲尔丁·赫克斯利才揭开了神经的具体工作机制的面纱。他们发现，受刺激的神经会释放出一种可以使相邻神经细胞打开细胞微孔的物质，这时钠离子便会进入细胞，使该细胞带上正电，并使更多邻近细胞的微孔打开，这一过程持续不断，使电流能沿神经传递。

旋转式内燃机

1957

汽车发动机是旋转运动的，但活塞是上下运动的。德国工程师费利克斯·汪克尔认为这并不合理。1957年，他制造并测试了一台没有活塞的发动机。汪克尔制造的发动机内有一个固定燃烧室，由里面的一个内旋转子来完成燃烧的各个阶段。虽然它已经被应用在汽车上，却很难保持转子与燃烧室之间的气密性。所以，尽管活塞式发动机所需的部件比汪克尔发动机多，但它仍被使用在全世界大多数的汽车上。

FORTRAN语言

1957

早期的计算机程序员要编写数以千计的一般人无

发动机安装在后舱

车身上有着博通风格的运动纹饰

旋转式内燃机

1963年，德国NSU汽车公司推出了第一辆安装了汪克尔发动机的NSU蜘蛛赛车。1966年，NSU蜘蛛赛车在德国汽车大赛中夺魁，1967年又夺得了德国山地汽车大赛中所有级别的冠军。

1956年 1956年7月19日，中国第一架国产喷气式歼击机——歼-5在沈阳首飞成功。这标志着中国航空工业的重大进步。

1957年 1957年1月23日，世界上第一台醉酒呼吸分析仪首次在瑞典投入使用，警察在街头用醉酒呼吸分析仪检查酒驾。

法阅读的代码，才能使计算机运行起来。1954年，美国研究者约翰·巴克斯使用高级程序语言成功改变了这种情况，这种高级程序语言可以把英语类语言翻译成机器代码语言。1957年，IBM公司正式公布了运用这种语言的编辑器。这种语言即FORTRAN语言，它与手工编制的代码有同样的效果，却大大缩短了编写时间。

彭罗斯三角形

1958

荷兰艺术家埃舍尔用视觉差透视法画了许多“不可能”的画。1958年，英国遗传学家莱昂内尔·彭罗斯和他的儿子物理学家罗杰·彭罗斯受到这种画法的启发，发明了彭罗斯三角形。它看上去像个三角形，但当你认真观察时会发现它有三个直角，因此它是“不可能”的。埃舍尔也受到彭罗斯父子的启发，又画了很多不可能存在的东西。

可穿戴心脏起搏器

1958

起搏器可以使有问题的心脏随着电脉冲而跳动。美国心脏病学专家保罗·佐尔在1952年发明了第一个起搏器，可是体积太大，无法随身佩戴。美国外科医生沃尔顿·利勒海希望能设计一个可穿戴的起搏器，使戴着它的儿童能自由运动，而且保证它在停电时仍能工作。1957年，美国工程师厄尔·巴克发明了用电池驱动的起搏器，这款起搏器小巧可戴，第二年，他把自己的发明推向了市场。

超级胶水

1958

超级胶水可以把任何含水分的表面黏合在一起，水分使液态胶水发生化学反应，变成牢固的塑料。1942年，这种胶水的主要化学物质——氰基丙酸盐就被发现了，可是它的潜在用途等到1951年，才被美国研究人员哈里·韦斯利·库弗和弗雷德·乔伊纳意识到。1958年，超级胶水上市销售。库弗在电视上如此做广告：只用一滴超级胶水，他就能把主持人从地上提起来。

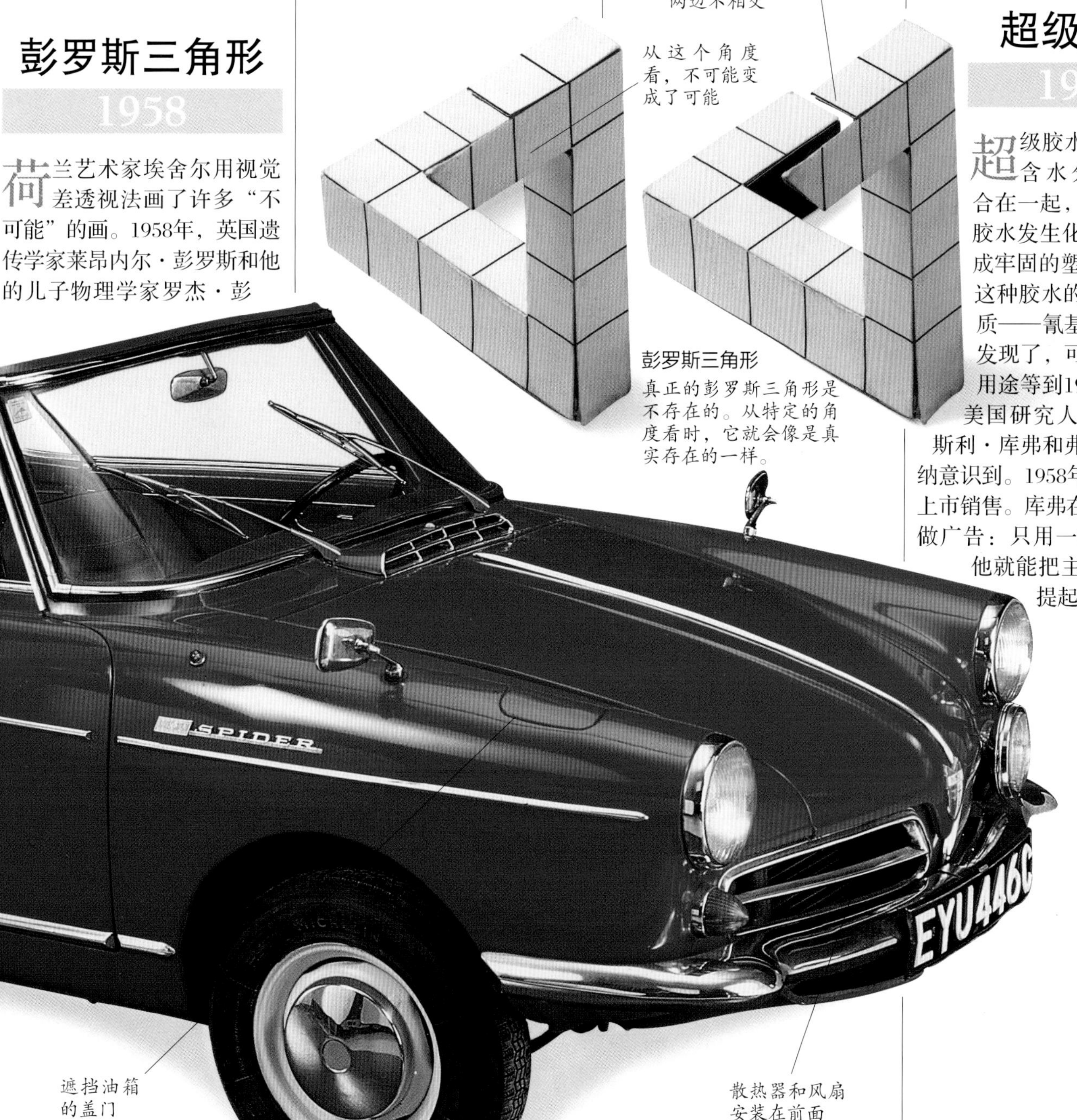

彭罗斯三角形
真正的彭罗斯三角形是不存在的。从特定的角度看时，它就会像是真实存在的一样。

1957年 3月25日，法国、意大利、联邦德国、荷兰、比利时、卢森堡6个国家在罗马签订《罗马条约》，建立欧洲经济共同体和欧洲原子能共同体，这两个共同体与之前建立的欧洲煤钢共同体一起组成了欧洲共同体。

1958年 美国负责宇宙探索的独立政府部门——美国国家航空航天局（NASA）成立，同年选定了首批7个宇航员。

半导体集成电路

去掉正常保护外壳后的早期集成电路块。

硅晶片

激光器

1958

激光器（laser）始于1953年，当时是一种微波放大器（maser），后来发展为微波激射器（微波激射器是利用辐射场的受激发射原理制成的微波放大装置）。美国物理学家查尔斯·汤斯（激光器的发明者之一）和亚瑟·肖洛后来证明，同样的原理也适用于光，于是把单词“maser”的首字母“m”换成“l”，就生成了一个新词“laser”，即“激光”。不过，大多数激光器不用作光的放大器，而是用作具有特殊属性的光源。

半导体集成电路

1958

像笔记本电脑这样的现代电子设备都是在很小的其空间里安装了大量元器件。这要归功于集成电路，它是由成千上万、甚至上百万根半导体晶体管和其他元器件组合成的复杂电路的硅芯片。1958年，美国工程师杰克·基尔比制作了第一个集成电路装置，虽然只有几个元器件，却展示了集成电路的工作原理。第二年，美国工程师罗伯特·诺伊斯发明了一种更好的集成电路制作方法。他用金属膜来连接硅片表层的半导体晶体管。虽然之后多有改进，但这种方法一直沿用至今。

范艾伦辐射带

1958

地球被太阳发出的带电粒子所包围，这些粒子被地球的磁场所截获，并在赤道上空形成了两条像洋葱圈一样的辐射带。其中，偏里面的那一条内侧离地球大约1000千米，偏外面的那一条的外侧离地球大约25,000千米。这两个危险的地带被称为“范艾伦辐射带”，它们是美国物理学家詹姆斯·范·艾伦于1958年在研究由探险者1号卫星表面设备收集的宇宙射线数据时发现的，因此就用他的名字来命名了。

乐　高

1958

乐高在1949年就出现了，但它的现代形式是戈特弗雷德·克里斯蒂安森于1958年重新设计的。他的父亲奥利·克里斯蒂安森是丹麦的木匠，在1932年创立了一家木制品公司，公司的产品包括木制玩具。到1934年，玩具成了公司的主要产品，于是公司改名为“乐高”。12岁就开始在自家公司工作的戈特弗雷德·克里斯蒂安森，也是“乐高乐园”的主创之一。

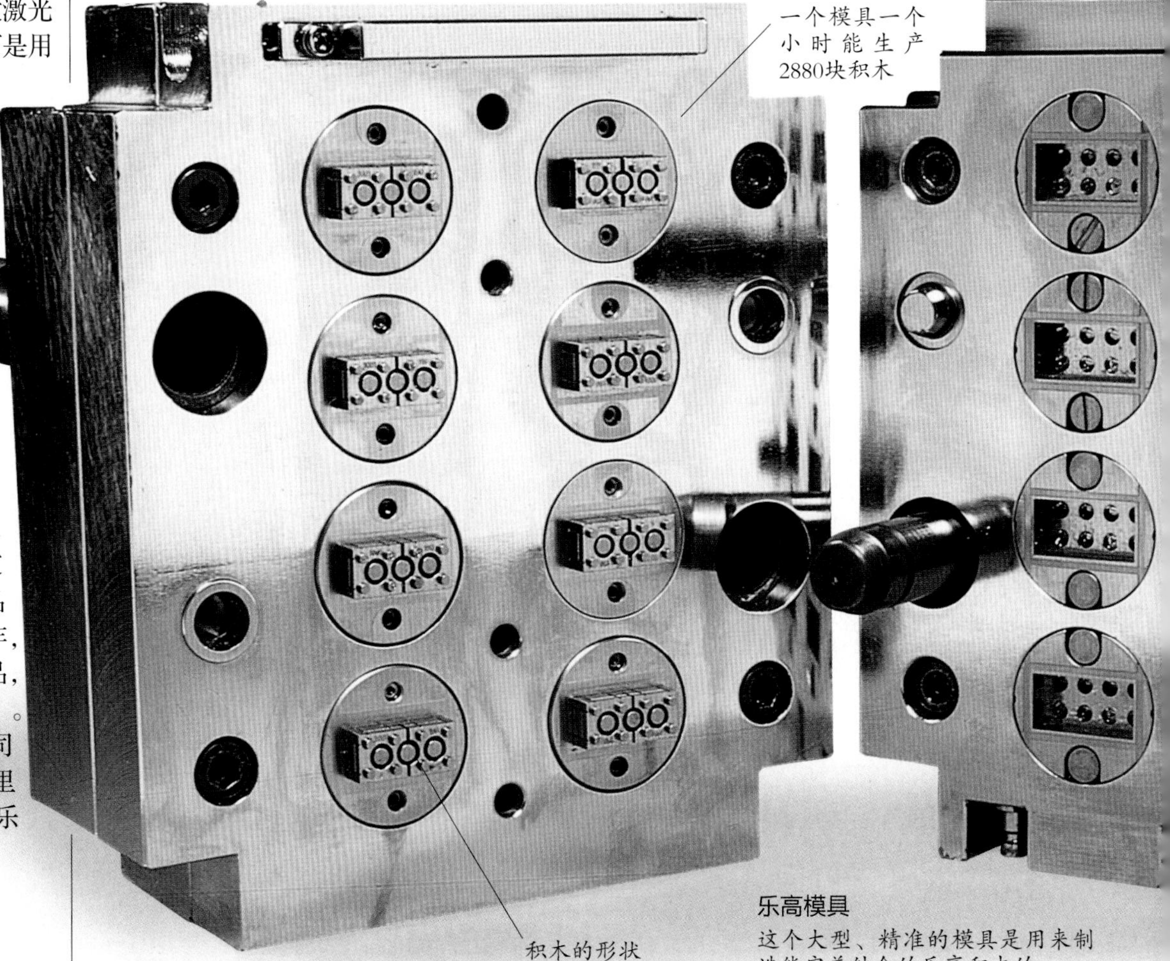

乐高模具

这个大型、精准的模具是用来制造能完美结合的乐高积木的。

1959年	为了保护世界上最后一块大陆免受军事行动破坏，12个国家签订了《南极条约》，使南极洲成为在国际合作精神指引下让科学繁荣发展的地方。	1959年	9月26日，中国石油勘测队在东北松辽盆地陆相沉积中发现了工业性油流。该油田位于中国黑龙江省大庆市，是世界级的特大砂岩油田。

脉冲器与激光器

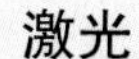

原子和分子吸收能量后会处于“受激态”。如果它们这时受到特定频率的光的照射，就会以波的形式释放出与所接受的光同频率的能量。早在1917年，爱因斯坦就预言了这种“受激发射”。激光器发出的激光照射在其他受激的原子上，使它们发光，这种连锁反应会产生波长相同的高强度辐射。

激光

激光是很纯的光，也就是说它的频率和波长高度统一。这样它就具有一般灯泡发出的由多种频率的波组成的光所不具备的作用。激光可以达到极高的强度，工业激光器可用来切割金属，也可以形成比普通光束细得多的光束。

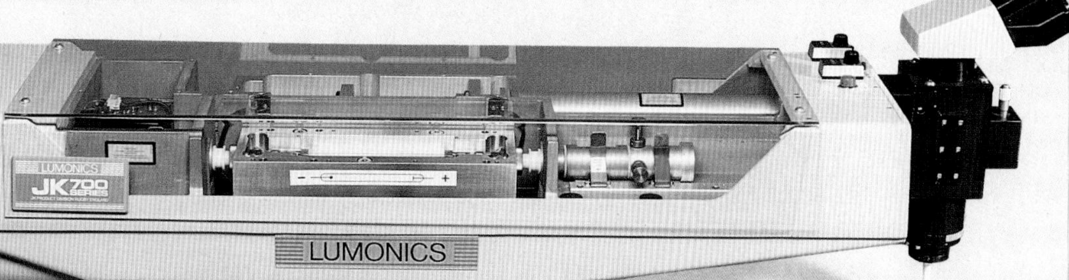

这种机器里的激光可以无损地进行金属切割

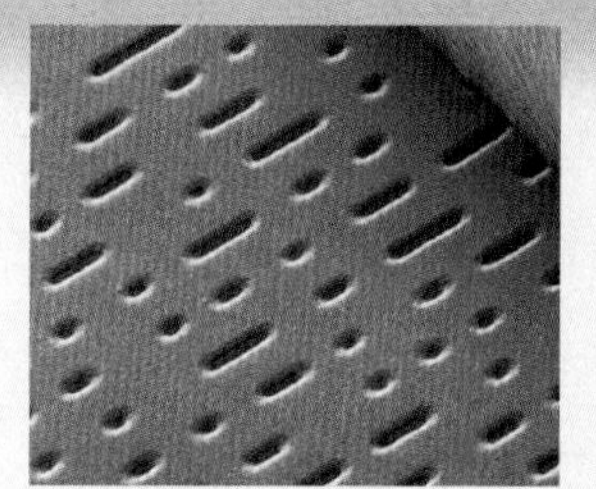

这是CD光盘的放大图，可以用激光读取其上的声音信息

激光的应用

激光器是理想的测距工具，在测量中，极细的激光束能从远处的被测物体上反射回来，从而进行精确定位。小型低功率红外激光器可以阅读刻录在CD盘上的微观信息。激光器对全息照片（见第210页）的制作而言至关重要，用来进行灯光表演也很合适。

浮法玻璃

1959

绝大多数玻璃窗是用浮法玻璃加工制成的。将熔化的玻璃倒在镜面一样平整的铅溶液上，下面的铅和上面的火能使玻璃的两面都变得非常平滑。这个方法是英国皮尔金顿玻璃公司的阿拉斯泰尔·皮尔金顿于1952年想出来的。经过7年的开发，这种玻璃才正式被公开使用。

安全带

1959

根据牛顿第一定律（见第96页），汽车突然停下时，车内人员会以原先的速度继续向前运动。这意味着人会撞在已经停下的汽车的内壁上，而且可能会受伤。防止这种撞伤的办法就是把驾乘人员固定在车上，这样他们就会和汽车同时停下。在瑞典工程师尼尔斯·布林设计了今天使用的安全带之前，人们试用过各种安全带。最开始使用这种安全带的是沃尔沃汽车公司。

唐氏综合征的病因

1959

人类细胞中通常有46条染色体来记录基因信息。1959年，法国遗传学家热罗姆·勒热纳发现，唐氏综合征患者的细胞中多了一条染色体（21号染色体），所以患者一共有47条染色体。随着医学的进步，现在婴儿在出生前就会进行基因问题检查，其中就包括对唐氏综合征的筛查。

气泡包装纸

1960

气泡包装纸由两层薄软塑料和中间所夹的一排排小气囊构成，用它来包装精致易碎的物品，比用碎纸条之类的材料更加干净和安全。1960年，这样多孔泡沫衬垫的初始形态出现，它的发明者是美国的阿尔弗雷德·菲尔丁和马克·沙瓦纳，他们原先是想用它制造有纹路的墙面材料，可是很快就意识到把它用作包装材料的市场更大一些。

1960年 8月25日至9月11日，第17届夏季奥林匹克运动会在意大利罗马举行，罗马燃起了象征“和平与友谊”的奥利匹克火焰。

1960年 4月1日，美国发射了世界第一颗试验性气象卫星——泰罗斯1号。卫星上装有电视摄像机、遥控磁带记录器及照片资料传输装置，它从太空传回了地球的第一张清晰照片。

通信卫星

1960

通信卫星实际上是太空无线电的中继站，它可以把信号传送到离发送者很远的地方。1960年，美国工程师约翰·皮尔斯想用“回声一号”实验卫星向人们证明这种想法的可行性。这个巨大的铝外壳飞行器是一个很好的无线电波反射器，皮尔斯也向世人证明了通信卫星的确可以进行长距离信号传输。1962年，得益于他的贡献，第一颗电视中继卫星“电信之星”发射升空。

人造神经网络

1960

人造神经网络由许多电子“神经细胞”组成，它能像人脑一样处理信息。20世纪40年代，美国科学家沃伦·麦卡洛克和沃尔特·皮茨为了弄清楚大脑是如何工作的，开发了自然神经细胞的电子模型。美国科学家弗兰克·罗森布拉特把这些神经细胞组合在一起，创造了第一个名为“感知器”的图像识别神经网络，并于1960年展示了它。现在，人造神经网络可以用真实世界的数据来训练，也就是进行深度学习，进而完成语音识别等任务。

国际单位制

1960

科学和技术都需要用固定的单位来计量长度、质量、力和电流等。国际单位制就提供了这样的单位。1960年召开的第11届国际度量衡大会，把原有的米、千克、秒体制加以清理整合，确定了6个基本单位（1971年又增加了1个），并由此派生出所有其他单位。

人造红宝石棒

闭合元件后，发光管紧靠在宝石棒旁边

人造红宝石棒

闭式激光装置

镜面内层确保红宝石能最多地吸收光源

红宝石激光器

闪光灯将能量注入这个激光器的红宝石棒中。外壳内部镀银以防止能量浪费，杆的端部精确平行以获得激光作用。

类星体

1960

类星体是形似星体的物质。它们也能发出强烈的无线电波，人们在太空中的一些地方发现了它们的存在。1960年，美国天文学家艾伦·桑德奇发现了第一个类星体，它的光谱令人十分不解。1963年，生于荷兰的美国天文学家马尔腾·施密特提出，这只是发生了大幅度偏移的正常光谱。根据天文学理论，这表明类星体在距离地球数十亿光年以外，因此其亮度一定高得离奇。进一步的观察又表明，类星体非常小，说明它们可能是由黑洞（见第184页）生成的。

红宝石激光器

1960

激光器（见第220页）的可行性得到证明后的第二年，美国物理学家西奥多·梅曼就制造出了一台激光器。他在一根人造红宝石棒的两端镀上铝，并在周围放上闪光管，管内发出的光使红宝石棒中的一部分原子受激发射。由于两个反射端的阻挡，更多的原子受激，于是就产生了激光脉冲。

一次性尿布

1961

从20世纪40年代中期起，许多人就想要发明一次性尿布了，但一直都没有成功。美国工程师维克·米尔斯厌烦了清洗他孙女使用的布尿片，于是请来美国宝洁公司解决这个问题。1961年，经过几年试

1961年　新西兰的马斯特顿市举办了首届“金剪刀”比赛。比赛中，“剪刀手”们必须在规定的时间内剪下羊毛。这是一项国际性赛事，来自世界各地的“羊毛剪刀手”都可以参与。

1961年　作为世界上第一个成功进入太空的人，苏联宇航员尤里·加加林在成功返回地球后受到了国家领导人的接见，并被授予了列宁勋章。

用之后，“帮宝适”一次性尿布终于上市。

记忆金属

1961

记忆金属经高温加热后再冷却，能“记忆”其在加热状态下的形状。在冷却状态下，无论怎样弯曲，在加热达到记忆温度之后，它们都能恢复原来的形状。它们可以用来制造金属管的接头套筒、控制液体流动的阀门等许多东西。第一种记忆金属是美国科学家威廉·比勒研制的镍钛合金。美国科学家戴维·马齐在1961年也发现了记忆金属的特性，据说他是在加热一块弯曲金属片时发现的。

工业机器人

1961

工业机器人是由计算机控制的组合机械臂。它们可以独立完成许多复杂的工作，如汽车的焊接和喷漆；还可以做单调乏味的工作，如把加工好的部件从机器上卸下来。第一台工业机器人做的就是这样的工作。1961年，美国工程师乔治·德沃尔制造了第一台工业机器人。后来，他和企业家约瑟夫·恩格尔伯格合伙创立了第一家工业机器人公司。

心甘情愿的“奴隶”

“机器人”一词源于捷克语，有“强迫劳动”的意思，这个词首次出现在1920年卡雷尔·恰贝克创作的戏剧《R.U.R》中。几百年来，人们一直在制造仿生机器人。18世纪，日本就出现了上了发条会献茶的玩偶；法国发明家雅克·德沃康松制造出了一只栩栩如生的机器鸭。但有自我意识的智能机器人依然是科幻小说里才有的东西。

一条机械臂正在为悬浮在空中的机车部件做点焊。面对这种危险、重复性的操作，机器人无疑是最佳的选择。

按操作规程办事

当时的大多数机器人不太智能，对周围环境也没有多少自主感应，它们需要有非常详细的程序，来告诉它们该做什么。有些机械臂能够记录操作人员的动作，然后模仿并重复这些动作。

摆脱依赖

比较先进的机器人对人的依赖性要低一些。它们有传感器来探测障碍物，可以灵活地绕过障碍物。计算机也可以给它们足够的智能，使它们能独立完成比较复杂的任务，如打扫卫生、与其他机器人合作，甚至探测火星等。

1961年 美国作家约瑟夫·海勒的长篇小说《第二十二条军规》出版，这部小说描写了一个关于飞行员的荒诞故事。故事揭示了一个非理性、无秩序、梦魇似的世界，该作品也被视为黑色幽默的经典名著。

1961年 5月5日，艾伦·谢泼德成为美国第一位进入太空的宇航员。水星-红石3号的第一个任务就是研究太空飞行中宇航员的身体变化。谢泼德在亚轨道空间中飞行了15分钟。

太空飞行

1961

苏联空军上尉尤里·加加林世界上是第一个进入太空的人。1961年4月12日，他乘坐“东方一号”宇宙飞船进入环绕地球的轨道，他飞行了1小时48分钟，飞行速度为27,400千米/小时，距地距离为327千米。回到地球以后，他成了世界英雄。但不幸的是，他在7年后的一次新型飞机试飞中遇难。

人造髋关节

1962

随着年龄的增长，人的髋关节也会慢慢磨损。第一个成功的人造髋关节主要是由英国外科医生约翰·查利于1962年制造的，他用一种新型水泥把一只金属球固定在患者的腿骨上，然后把金属球嵌入一个与骨盆相连的硬聚乙烯罩。经过几次改进之后，这种方法每年都为数百万患者解除了病痛。

太空飞行
这张1973年的海报，是用来纪念苏联宇航员加加林的太空壮举的。上面写着：苏联宇航员纪念日，1961年4月12日。

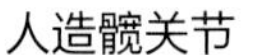

人造髋关节
很多人在约翰·查利于20世纪60年代制造的髋骨基础上，又试制了许多替代品。图中的这个是1985年制造的“埃克塞特”关节，其金属部分用的是不锈钢。

拉链式塑料袋

1962

无齿拉链式塑料袋的想法是丹麦发明家博尔达·马森在20世纪40年代提出的。但直到大约10年之后，在美国工作的罗马尼亚工程师史蒂文·奥斯尼特才制造出第一批这样的塑料袋。他使用的拉链是单独生产的，可以与塑料袋连起来。1962年，日本发明家内藤角二创造出一种更好的拉链式塑料袋，它的拉链与塑料袋是用同一张塑料制作出来的。

碳纤维

1963

碳纤维是把合成纤维拉伸后再烤黑制成的强度相当于同等重量钢材两倍的纤维。用碳纤维强化的塑料又轻又坚韧，是制造现代飞机重要部件和高性能体育运动器材的理想材料。1963年，英国工程师莱斯利·菲利普斯在英国皇家航空研究院首先研究出碳纤维技术。现在它已经被广泛应用在飞机制造业中。

按键式电话

1963

1963年，美国电话电报公司推出了电话按键系统，按键式电话开始取代拨盘式电话。拨盘式电话在拨数字“1”时会使线路中断一次，拨数字“2”时则会使线路中断两次，依此类推。按键式电话则是在线路上传送不同的音调。4个横排按键每排都有一个固定音调，3个纵列也是如此，每按一个键都会发出与该键所在位置相对应的两个音调。

宝丽来彩色照片

1963

1963年推出的宝丽来胶卷共有3个涂层，每层只对红光、绿光、蓝光中的一种感光，每个涂层只吸收该层光的感光染料。例如，蓝色感光层上只有黄色染料，只吸收蓝色光。胶卷从相机中取出后就处于活动状态，并与白色相纸紧紧地压在一起。在冲印过程中，各层上面的染料会根据感光程度而留下一部分（曝光越多残留的染料越少），其余部分则被印到相纸上。例如，对于吸收蓝光的物体，胶卷的蓝色感光层的曝光就不多，那么较多的黄

1962年　7月10日，美国国家航空航天局（NASA）发射了世界上第一颗有源通信卫星——电星1号。

1962年　在越来越多四肢短小的畸形儿诞生之后，1958年推出的镇静剂沙利度胺（反应停）最终被禁用。医生研究发现，造成这些儿童畸形的原因是其母亲在孕期服用了这种药。

色染料就会渗进相纸，使得相纸也吸收蓝光。这个过程只需要60秒。

迷你裙

迷你裙和超短裙反映了20世纪60年代社会的剧烈变化和不安。在英国，它们甚至给征税人造成了困扰，因为这种长度的服装属于免税的儿童服装。

宝丽来彩色照片

1975年，宝丽来公司推出一款新型相机——“摇摆色彩”相机。这是为了鼓励人们使用同年推出的新型“宝丽彩”胶卷。

电子音乐合成器

1964

在美国发明家罗格特·穆格于1964年发明电子音乐合成器之前，就已经有好几个人试过制作电子音乐了。与早期绝大多数不太成功的竞争者相比，穆格的合成器可以用普通键盘来演奏。它可以演奏音乐丰富和谐的音节（基本频率的复音）中各种不同的音，然后用过滤器使每个音节都产生不同程度的衰减，这就是所谓的“减法合成”。除此之外，它还可以改变音符开始、延续和停止的方式，产生从弦乐器到风琴等各种不同的声音效果。

迷你裙

1964

迷你裙比当时的女性以前穿过的所有裙子都短，它最早出现在法国时装设计大师安德烈·库雷热于1964年在巴黎展示的作品中，不过他的模特们穿迷你裙时都穿着靴子。1965年12月，这一时尚传到了英国，伦敦服装设计师玛丽·匡特设计出了在膝盖15厘米以上的超短裙。

夸克

1964

20世纪60年代初期，核物理学家观察到越来越多的新亚原子粒子。似乎质子和中子也是由粒子组成的，而这些粒子可能是以前所未见的方式组合在一起的。1964年，美国物理学家默里·盖尔曼根据他与以色列物理学家内曼早先的研究成果，提出了一套可以解释所观察到的这些新现象的基本粒子，他把这些粒子叫作“夸克”。后来，他又和其他科学家一起提出了可以详细解释夸克的运行方式的理论，现在这一理论已被普遍接受。

电子电话交换机

1965

老式的自动电话交换机（见第161页）是用准确性较差的机电开关做的，其机械触点由电磁铁控制。20世纪60年代，电子式交换机取代了老式交换机。但实际上，电子电话交换机也是通过一种新型机电开关来进行转换的，因为纯电子开关很难与现存的电话网络结合。第一台电子电话交换机叫ESS-1号，由美国电话电报公司开发，并于1965年被投入使用。

1963年 6月16日，苏联宇航员瓦莲金娜·捷列什科娃驾驶东方6号飞船升空，成为第一位进入太空的女性。她此次一共飞行了70小时40分钟49秒，绕地球飞行了48圈。

1963年 美国艺术家罗伊·利希滕斯坦创作了宽4米的放大连环画《哇唔！》，使漫画艺术与严肃艺术结合起来，他对印刷粗糙的原作进行了放大逼真的模仿，这种行为推动了流行艺术的兴起。

计算机鼠标

1965

美国发明家道格拉斯·恩格尔巴特是斯坦福研究所人类因素研究中心的主任。计算机鼠标是他的研究小组在20世纪60年代尝试的几个装置之一。而在这些装置中，鼠标显然是最成功的。虽然简便易用而且名字可爱，但直到20年后的1984年，它才随同当时的苹果“麦金托什”计算机出现在公众的眼前。

鼠标线

半透明塑料与现代的苹果笔记本电脑相得益彰

对称造型适合“左撇子”和“右撇子”用户

计算机鼠标

苹果公司在2001年推出的Apple Pro鼠标，使用光电跟踪技术，而不是常规鼠标的滚球跟踪。用户点击时可按动整个鼠标体，而不需要再使用分开式鼠标按钮。

小型计算机

1965

20世纪60年代，计算机体积很大，且每台售价至少要100万美元。美国工程师肯尼思·阿尔森希望它的体积能小一些。于是他在1965年发明了PDB-8小型计算机——首批运用半导体集成电路（见第220页）的计算机之一。相比于之前的计算机，它体积小（相当于两个抽屉的大小），功能强大，价格合理（仅18,000美元）。阿尔森主要是为实验室使用而设计的，对于世界各地的科学家和工程师来说，这可算是个突如其来的福音。

超级文本

1965

应用在机械上的即时交叉访问的想法可以追溯到1945年。借助超级文本，计算机用户在点击一个词的时候会立即跳转到相关文件上。当时，美国工程师万尼瓦尔·布什描述了一种有此种功能的想象中的装置Memex。美国计算机大师泰德·纳尔逊认为计算机应当方便使用，于是他借鉴了布什的想法，在1965年，他创造了“超级文本”这个词。到了20世纪80年代，英国计算机专家蒂姆·伯纳斯-李以超级文本作为他的程序Enquire的基础，这个程序后来发展成为“万维网”（见第240页）。

易拉罐

1966

最早的罐装饮料要用开罐器才能打开。如果外出野炊的时候忘了带开罐器，大家就只能忍受干渴了。因此，美国工程师艾马尔·克林安·弗雷兹在1965年申请了一个新型罐子的专利。只要一拉罐子上面的拉环，就可以把罐子打开。但易拉片边缘锋利，留在道路或海滩上会有安全隐患。1976年，美国工程师丹尼尔·卡德齐克发明了我们今天所用的连体式易拉片。

杜比降噪系统

1966

在美国工程师雷伊·杜比发明降噪系统之前，录音机的背景噪声总是无法消除。降噪系统的工作原理是在录音时加入温和的高频音。在回放时，再把这些声音降到它们原来的音量。由于这些“嘶嘶”声是高频的，所以也被减弱了。1966年，杜比把他的第一个降噪部件寄给了德卡录音器材公司。

驾驶舱只能乘坐一个驾驶员

发动机所需空气从此处进入

1965年　美国艺术家安迪·沃霍尔因他的画作《坎贝尔汤罐头》而声名鹊起。他选择了一个日常生活中的主题，意在表明画家没有把自己的作品称为艺术的特权。

1966年　在情人节那天，澳大利亚把货币改为十进制。它拒绝了英镑以及由英国提出的替代货币，选择了参照美元。币制转换进展很顺利，到1967年就已经基本完成了。

垂直起降飞机

1966

大多数飞机是靠机翼或旋翼起飞的，而垂直起降飞机则是靠发动机向下猛然喷气来升空的，这使它既具有直升机的灵活性，又有喷气式飞机的速度。升空后，它的发动机转向后喷气，从而产生向前的动力。第一架投入实际使用的垂直起降飞机是英国霍克·西德利飞机制造公司生产的鹞式飞机。它依照早期试验型隼鹰式战斗机设计，并于1966年8月试飞成功。它不需要跑道，所以可以进出作战地区，对地面部队进行支援。现在已有多个国家的空军装备了鹞式飞机。

心脏移植

1967

1967年，南非外科医生克里斯蒂安·巴纳德实施了世界上第一例心脏移植手术。虽然术后病人只存活了18天，但要是不进行手术，他应该只能活一天。在接下来的一年中，巴纳德和来自世界各地的医生又做了100多例心脏移植手术。起初，手术效果并不理想，但随着新技术的开发和防止异体排斥的新药物的出现，心脏移植手术现在已经成了心脏病患者最后的“救命稻草”。

脉冲星

1967

1967年，英国剑桥大学年轻的天文学家乔斯林·贝尔·伯内尔发现了一种新的无线电发射源，它源源不断地发出短促而密集的脉冲。她和她的老师安东尼·休伊什教授后来意识到，这是旋转的超新星（见第82页）残存部分发出的旋转波束，就像警车上的旋转警灯一样。每当这些波束射向地球的时候，就会产生一次脉冲。现在人们已发现了300多颗脉冲星。

烟雾报警器

1967

烟雾报警器的尖叫声可以提醒着火建筑里的人们，让他们尽快逃生。它利用光感器或低水平放射能来探测火灾发生时产生的烟雾微粒。1967年，美国BRK电子公司设计了第一个家用烟雾报警器，并在1969年获得官方认可。20世纪80年代，由于强有力的市场推销和安全宣传，烟雾报警器已经进入了数百万个家庭。

图形用户界面

1968

计算机屏幕上的图形用户界面（如视窗、图标和菜单）现在看来是如此正常，可是在1969年的旧金山美国计算机大会上，当美国工程师道格拉斯·恩格尔巴特和他的小组首次展示这一系统的原型机时，在场的人无不为之惊叹。当时还是研究生的艾伦·凯就是其中之一，他后来在此基础上提出了计算机屏幕是由图标组成的虚拟工作台的概念。

图形用户界面

“视窗—图标—菜单”这种设计的灵活性极强。图中显示的是一个博物馆的数据库。

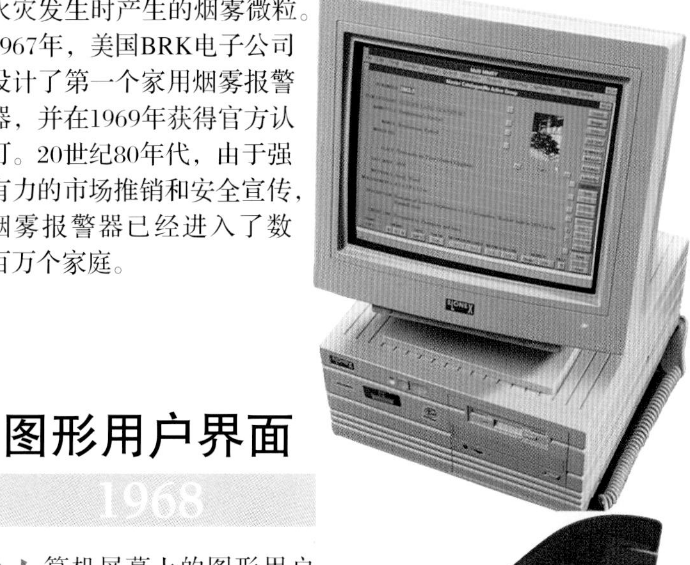

垂直起降喷气机

1968年，鹞式GR1飞机在英国法恩伯罗航空展以及飞越大西洋的竞赛中，表现出了卓越的性能。这种以布里斯托尔（后来的劳斯莱斯）飞马MK101发动机为动力的飞机，于1969年正式加入英国皇家空军。

主起落架内含缓速轮

悬挂武器的支架

翼下辅助起落架可使飞机在地面保持平衡

喷气口可直接向地喷气

1968年	美国黑人民权运动领袖马丁·路德·金来到田纳西州孟菲斯市，他准备参加那里一个疗养院工人的罢工游行。但他在汽车旅馆阳台上遭枪击身亡，终年39岁。凶手詹姆斯·厄尔·雷被判处99年监禁。
1968年	1月9日，沙特阿拉伯、科威特、利比亚三国在贝鲁特创建了阿拉伯石油输出国组织（OPEC），总部设在科威特。

风 帆

1968

风帆手比其他海上运动员更接近海浪。帆板创意出自此项运动的狂热爱好者美国人纽曼·达比，但第一个申请此专利的却是加利福尼亚州的风帆手吉姆·德雷克和霍伊尔·施韦策。1968年，他们用的风帆长达3.5米，重达27千克。现代的风帆要更短更轻，一般只有12千克重。

工友牌折叠工作台

1968

工友牌折叠工作台还可以当大虎钳使用。1968年，英国工程师罗恩·希克曼发明了这种工作台，并以“迷你工作凳”为名申请了专利。但他并没有得到任何生产商的青睐，于是只好自己生产。最后，他的想法被布莱克与德克尔工具厂看中，并于1972年以“工友牌”折叠工作台为名推向市场。1975年，这种工作台已销售了数百万台。

胰岛素的结构

1969

胰岛素（见第186页）是一种对健康至关重要的激素。1955年，英国生化学家弗雷德·桑格尔发现了它的51个氨基酸的排列顺序，但它的原子空间排列方式（人工合成胰岛素不可或缺的信息）最后是由英国晶体检测专家多萝西·霍奇金于1969年发现的。她用X射线分析了胰岛素晶体的结构。X射线晶体结构分析是20世纪初的物理学家劳伦斯·布拉格最先提出的。

软 盘

1970

最早的软盘直径达20厘米，容量却只有100KB。约从1970年起，IBM的工程师们就用它来更新主机程序。1973年，IBM发明了能接收用户输入信息的软盘驱动器，但磁盘没有变小。1980年，索尼公司推出了9厘米的小软盘。现在，软盘已经成了历史遗物，其地位早已被在线分享与存储等新媒体所取代。

微处理器

1971

微处理器使个人拥有计算机成为可能，但它的发明却纯属偶然。1969年，日本计算器制造商比吉康公司请美国芯片制造商英特尔公司开发一种新的科学计算器芯片。英特尔公司的工程师特德·霍夫就想，设计一个可编程的芯片，比把所需功能都加在芯片上要容易得多。1970年比吉康公司倒闭时，英特尔公司买回芯片专利权，并在1971年推出了“可编程芯片微型计算机”——英特尔4004。虽然用现在的标准来看，它的速度很慢，但它是第一款微处理器，它将引出强大的现代计算机。

芯片

微处理器

这是两个英特尔8008处理器，是早期4004处理器的升级版。这里展示的是拆掉外壳的内部芯片结构。

凯夫拉纤维

1971

凯夫拉纤维是一种塑料。在相同重量下，它的强度是钢的5倍。它是美国化学家斯蒂芬妮·柯欧拉克、赫伯特·布莱兹和保罗·摩根发明的。它与尼龙的化学成分很像，但由于增加了一个化学基，所以它的强度和硬度大大增加。这使它能用在一些对强度要求很高的地方，比如子午线轮胎和防弹背心。它还可以用于飞机和船舶使用的纤维强化面板、高尔夫球杆和防火布料。它还能抵御刹车产生的高温，从而取代石棉。

凯夫拉纤维

产于1996年这件凯夫拉纤维加固版防弹衣，是用来防御子弹和刺刀的。

食品加工机

1971

食品加工机不同于食品搅拌器，它可以用来切割和搅拌蔬菜等固体食品。它带有电动机，能很快完成用刀或者搅拌器几个小时才能完成的工作。第一台这种家用食品加工机“美嘉和”，

1969年 7月20日，美国的阿波罗11号的登月舱降落到月球表面，宇航员阿姆斯特朗成功登上月球，成了第一个登上月球的人。

1972年 3月，周恩来总理和美国总统尼克松签署了《中华人民共和国和美利坚合众国联合公报》。两国于1979年建立了正式外交关系。

是法国工程师皮埃尔·韦尔顿在1971年发明的。他的灵感来自他原先设计的专业食品加工机“机器人古佩”。

电子游戏

1972

第一个成功的电子游戏“乒乓”是美国计算机迷诺兰·布什内尔于1972年设计的。虽然它非常简单——屏幕上两个球拍在来回拍一只球，却让酒吧里的顾客都对此着了迷，因为他们从来没有看到过这样的东西。它的原型游戏机安装在加利福尼亚州森尼韦尔的安迪·卡普小酒吧里，不过，这台游戏机没过多久就不能运行了，因为它的硬币盒被人们塞满了。后来个人计算机上也安装了这种游戏，至今仍有人在玩。

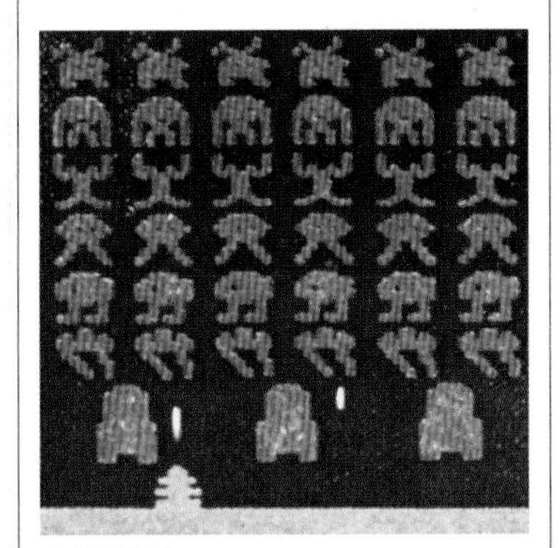

电子游戏

游戏设计大师西角友宏的经典游戏——空间大战，制作于1978年，至今仍有人在玩。

CAT扫描仪

1972

普通的X光片只从一个角度拍摄照片。如果从几个角度拍摄，再加以运算，就可以了解病人更多的情况。英国工程师戈弗雷·霍恩斯菲尔德和美国物理学家艾伦·科马克分别对此进行了独立研究。科马克主要在数学计算上做出了贡献，而霍恩斯菲尔德则制造出了第一台实用的机器。他的CAT扫描仪利用X射线和计算机沿身体的长轴进行连续的断层扫描以获取图像。1972年，对该机进行使用测试时，医生们第一次看到了人体内的三维图像。

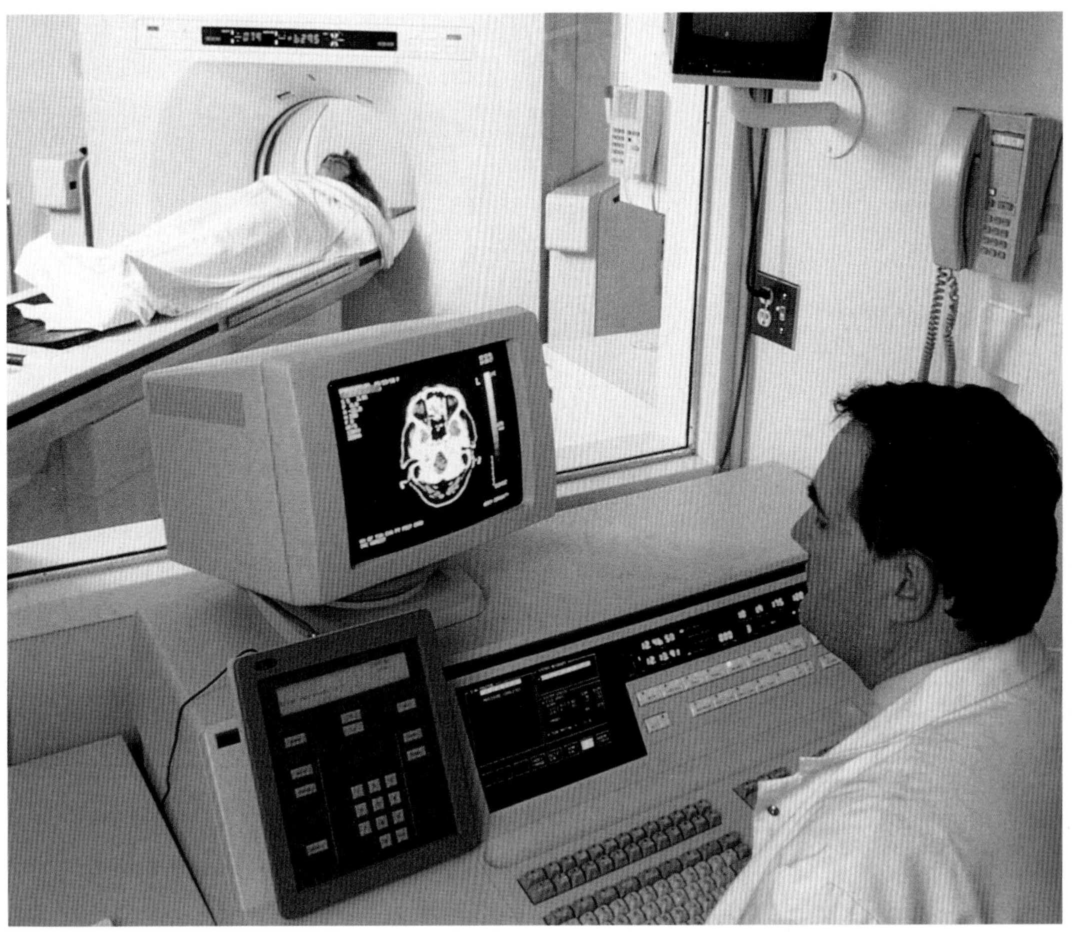

CAT扫描仪

病人的头部进入X射线扫描仪后，放射技师在逐层扫描病人的大脑。

袖珍计算器

1972

最早的袖珍计算器是佳能生产的“口袋计算器”，重约880克。它是在美国得克萨斯仪表公司的工程师杰克·基尔比、杰里·梅里曼和詹姆斯·范塔塞尔的研究基础上研制而成的，并于1970年投入市场。1972年，英国发明家克莱夫·辛克莱借助技术的进步，也发明了一种袖珍计算器。他的“执行者”计算器厚度只有1厘米。

基因工程

1972

生物体的基因是由其DNA携带的。1969年，美国生化学家发明了把DNA分割成小块的方法。然后在1972年，美国生化学家斯坦利·科恩和生物学家赫伯特·博耶尝试把一种有机体的DNA割断，再为其接上从另一种生物体上取下的基因，以期改变生物体的遗传特征，这就是基因工程。目前人们利用这种方法已创造出了许多有用的新细菌和新植物。不过也有人对这种基因变化的长期影响表示担忧。

1972年 在德国慕尼黑夏季奥林匹克运动会上，22岁的美国游泳选手马克·施皮茨破纪录地夺得了7枚金牌。

1972年 7月23日，世界上第一颗地球资源技术卫星发射成功，简称ERTS。它由美国发射，轨道高约900千米，1975年改名为陆地卫星。

臭氧层破坏

这张电脑图像显示的是1991年南半球上空臭氧层的臭氧平均分布情况。

蓝色部分代表变薄了的臭氧层

塑料汽水瓶

1973

大多数塑料经受不住碳酸汽水的压力，因此制瓶商长期以来只能用玻璃制作汽水瓶。后来美国工程师纳撒尼尔·韦思研制出了用PET塑料制造高强度瓶子的方法。合成纤维在生产过程中经过拉伸处理，强度会增加，于是他设计了一种可在塑料塑形时进行平面拉伸的工具，由此生产出了第一只塑料汽水瓶，并在1973年申请了专利。

空间站

1973

空间站是能提供数人食宿和试验设备的太空基地。1971年，苏联发射了空间站“礼炮1号”，做了最早的尝试。但不到6个月它就坠毁了。第一个成功的空间站是美国国家航空航天局于1973年5月发射的重达75吨的“天空实验室”。1974年2月，工作人员正式进入该实验室。它被用来观测太阳和一颗彗星，并在太空中进行农业生产实验。它一直服役到1979年。

脉冲双星

1974

1974年，美国天文学家约瑟夫·泰勒和他的学生拉塞尔·赫尔斯发现了一颗不寻常的脉冲星，每隔8小时，它的脉冲周期就改变一次。他们推断，这颗脉冲星在围绕另一颗尚未被看见的星体旋转。当这颗脉冲星朝地球方向运动时，多普勒效应的作用使脉冲变密，而当它逐渐远离地球时，这一作用则使脉冲变疏。它的轨道似乎在变得越来越小，这表明它正如爱因斯坦所预言的那样，正在辐射引力波。

臭氧层遭破坏

1974

20世纪80年代，科学家们注意到大西洋上空的臭氧保护层突然变稀薄了，但这其实在人们的预料之中。美国化学家马里奥·莫利纳和舍伍德·罗兰早在1974年就发现喷雾器中使用的气体在强烈阳光下会迅速分解，从而产生破坏臭氧层的氯气。荷兰化学家保罗·克鲁岑也曾预言汽车尾气中的二氧化氮会对臭氧层产生同样的作用。许多国家已经开始采取措施来减少这些污染物。

PET扫描仪

1974

PET扫描仪能生成活体（尤其是大脑）内部的图像。它通过正电粒子与负电粒子相撞时产生的γ射线来进行显像，并通过综合来自几个γ射线传感器的信息，来跟踪一种被修改后进入人体能发出正电粒子的物质。第一台用于人体研究的PET扫描仪由美国化学家迈克尔·菲尔普斯和他的学生爱德华·霍夫曼于1974年研制而成。

超级计算机

1976

即使有了今天功能强大的计算机芯片，在进行大规模计算时，科学家还是离不开超级计算机。这些大型机器有几个处理器同时运行，可以对数据进行超高速处理。1976年，美国工程师西摩·克雷创造了第一台超级计算机“克雷一号”。它每秒钟可以进行2.4亿次运算，到了1985年，它的运算速度已达每秒10亿次以上。

像滑翔机一样又长又薄的飞翼

改装后的自行车，在驾驶舱内驱动推进器

1973年	举世闻名的澳大利亚悉尼歌剧院竣工。它造型优美，犹如扬帆启航的船队，该剧院设计者为丹麦设计师约恩·乌松。
1974年	美国化学家保罗·约翰·弗洛里获诺贝尔化学奖。他成功证明了链的数量随尺寸增加而成倍减少，并在加聚反应中引入了链转移概念，改进了动力学方程，使高分子尺寸分布更易被理解。

导电塑料

1977

一般来说，金属能导电，而塑料不能导电。但是美国化学家艾伦·黑格和新西兰化学家艾伦·G.马克迪尔米德以及日本化学家白英树成在1977年发明了导电塑料。他们利用碘释放出聚乙炔中的电子，将这种塑料的电阻减少到了十亿分之一。导电塑料在某些情况下甚至可以发光，其潜在的可能性无可限量。

磁共振成像仪

1977

有些原子核在磁场中可以吸收能量。因此，当某人置身于巨大的磁场中时，用无线电波对其进行探测，就可以得到这个人身体内部的图像。磁共振成像仪（MRI）能检测出化学成分的变化，所以能发现人体内不正常的细胞。美国化学家保罗·劳特伯尔和美国医生雷蒙德·达马迪安对磁共振成像仪的发明都做出了很大贡献。1977年，达马迪安从磁共振成像仪上获得了第一张人体磁共振图像。

磁共振成像仪
这个试验版的磁共振成像头套把无线电波传入人脑。

公共密钥密码系统

1977

1975年，美国密码专家惠特菲尔德·迪菲和马丁·赫尔曼共同设计了公共密钥密码系统，它能使人们安全地发送电子信息。1977年，美国研究人员罗恩·里弗斯特、阿迪·沙米尔和伦纳德·阿德勒曼把这套系统应用于实际当中。人们发出一个公共密钥，说明所发送的信息应当如何编码。信息发出后，接收者必须要有匹对的密钥才能解读信息。一个公共密钥就是一个数百位的数，再强大的计算机也要花上好几年才能破译。

人力飞行

1977

人类独自飞行的梦想在17世纪破灭了，因为当时的科学家发现这样需要很大的机翼以及超越人类能力范围的力气。但随着现代塑料的发明，制作又长又轻的飞翼成为可能。如果有了这样的飞翼，那么人类靠腿部的力量就可以飞行了。美国工程师保罗·麦卡克莱迪为他的“蝉翼飞鹰”制作了长达29米的飞翼。1977年8月23日，由自行车运动员布莱恩·艾伦负责驱动螺旋桨，他们成功地进行了首次人力飞行。两年后，艾伦骑着“蝉翼信天翁”飞越了英吉利海峡。

人力飞行
“蝉翼信天翁”这个名字来源于翼架上的薄膜，以及长长的飞翼。

聚酯纤维薄膜层

飞翼可以拆卸，方便运输

基因的外显子与内含子

1977

在刚发现DNA携带基因时，科学家还以为它们是一个接一个地和分子串在一起的。但美国生物学家菲利普·夏普和英国生物学家理查德·罗伯茨却在1977年发现，其实基因是被一串串不起任何作用的DNA隔离或分割开的。科学家把那些起积极作用的基因称为基因的外显子，而把那些不起积极作用的基因称为基因的内含子。基因在开始工作前，细胞会先将内含子切除再进行复制。

1975年　4月4日，一家名叫微软的科技公司在美国成立，创办者是比尔·盖茨和保罗·艾伦。微软公司是世界计算机软件开发的领军者。

1976年　非裔美籍作家亚历克斯·哈利出版了小说《根》，激起了人们对非裔美国人的历史的兴趣。这本书以非洲黑奴昆塔·肯特的生平为线索展开，有力地揭示了时代间和种族间的关系。

个人计算机

1977

最初的3种个人计算机都是于1977年问世的。其中康懋达PET和坦迪TRS-80都几乎已经被人们遗忘了，但自带显示器和插件扩展卡的苹果Ⅱ型机，却影响至今。虽然其他机器也不错，但是苹果机的推广者和设计者——美国的史蒂夫·乔布斯和斯蒂夫·盖瑞·沃兹尼亚克的成就是无人能比的。

全球定位系统

1978

如果你有一只全球定位系统（GPS）接收机，那么你就不会迷路了。现在的GPS起源于1978年美国空军发射的两颗“导航之星”。接收器能接收24颗卫星中的4颗发出的信号，每一颗卫星上都有一只时间极为准确的原子钟。接收机通过把接收信号的时间与实际时间，以及当时4颗卫星的已知位置进行对比计算，可以确定自身所在位置。

试管婴儿

1978

1978年7月25日，世界上第一个“试管婴儿”路易丝·布朗在英国降生。英国妇科专家帕特里克·斯特普托先从路易丝的母亲体内取出了一个卵子，他的同事罗伯特·爱德华兹则在其中加入父亲的精子，再把受精卵植入母亲的子宫。受精卵在子宫里发育成一个健康的婴儿。21年后，路易丝成了幼儿园的保育员。

移动电话

1979

移动电话是美国贝尔实验室首创的。1979年，在芝加哥进行了首次移动电话试验，到1983年，就开通了第一条公共线路。1981年，斯堪的纳维亚也启动了自己的移动电话系统。所有的移动电话使用的都是同样的原理。因为无线电的频率比较少，而用户却数以百万计，基站所占用的频率范围是有限的，它们把一定区域内的电话转接到固定的电话网络中，而在这一范围之外的频率可以重新被使用。当通话者到了不同频率的地区时，计算机会自动把他们的电话转接到新地区的频率上。这种技术几乎不会出现差错。

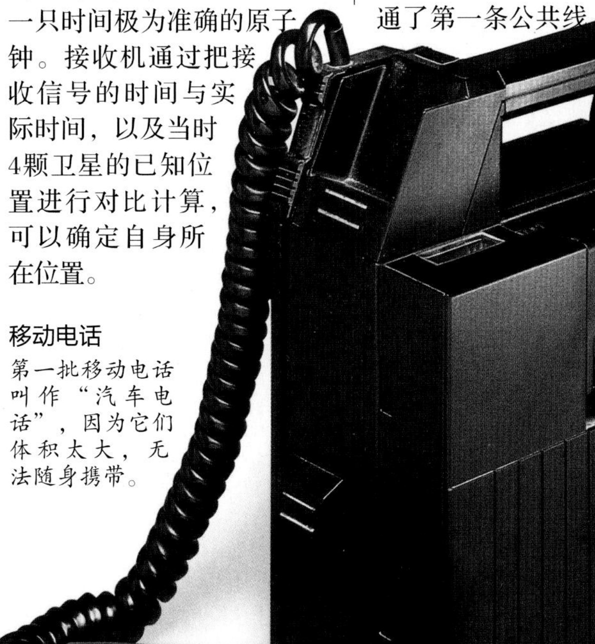

移动电话

第一批移动电话叫作“汽车电话”，因为它们体积太大，无法随身携带。

计算机的兴起

1975年，美国计算机业余爱好者斯蒂夫·盖瑞·沃兹尼亚克在好友史蒂夫·乔布斯的鼓励下，制造了苹果Ⅰ型计算机，并将其推向市场。它只是一块电路板，销售对象也只是电子爱好者。但乔布斯发现计算机的市场非常广阔，于是就让沃兹尼亚克设计一种外形美观，只要接上电源就能运行完整的机器。苹果Ⅱ型机改变了计算机工业，受到了IBM这样的大公司的重视。

业余爱好者的兴起

个人计算机是在无数电子爱好者的共同努力中诞生的。从20世纪70年代初开始，他们就在自己的卧室或者车库里制作原始的机器，并为它们编写程序。

苹果Ⅰ型机

牵牛星8800

1975年，第一台整体计算机——牵牛星8800问世。它没有显示屏，没有键盘，也几乎没有内存，可是它的简易性却能让计算机先驱茶饭不思。

文字处理软件

1979

到20世纪70年代末，个人计算机已经可以显示文字。随着打印机价格的下降，它们必然会取代打字机。美国软件开发者西摩·鲁宾斯坦看准了这个机会，开始编写文字处理软件。1979年，在第一次尝试失败后，他再度尝试，并开始着重编写“文字之星”（WordStar）程序。他使用了简短易记和非打印的代码，把这些代码录入一个文件以说明所使用的字体和编排格式。虽然他的软件售价高达450美元，但还是很快就占领了2/3的市场份额，在之后的5年里销售了100万套。到20世纪80年代末，人们还在使用它。

1979年 3月7日，旅行者1号发现木星是带有光环的行星。这一发现是旅行者1号飞往木星任务的第一个主要惊人发现。飞船到达木星的最近点的16小时前所拍摄的11份曝光照片表明，这条光环像一条模糊的白色带子。

1979年 为纪念联合国《儿童权利宣言》（1959）通过20周年，联合国第31届大会决定，将1979年定为国际儿童年。

苹果Ⅱ型机

计算机解放

20世纪70年代初，有些人（包括好莱坞女星的儿子特德·纳乐逊在内）开始想让所有人都掌握计算机能力。个人计算机和因特网把这种能力赋予了许多西方人。可是世界上大多数人仍然接触不到计算机。

电子制表软件

1979

电子表格程序可以显示相关数据同步连续更新的表格，这个简单的想法对推动计算机的销售也许超过了其他任何软件。1979年，当美国一名学生丹尼尔·布里克林和一位程序设计员鲍勃·弗兰克森推出他们设计的电子表格程序VisiCalc时，所有人都为之赞叹。人们惊讶地发现，只要更改一个数据，立刻就能直观地看到其他数据的变化。人们因此有了新的数据管理工具。

随身听

1979

盛田昭夫是日本索尼公司的创始人之一。他发明了一种可以随身携带的小录放机，并取名为“随身听”（Walkman）。但这不是个规范的英文单词。所以，1979年它进入美国市场时用的商标是Soundabout，而在英国用的则是Stowaway。

透明区域能看到磁带播放的情况

可调节耳机

耳机线

耳机能让使用者听音乐时不干扰旁人

随身听

这是早期在英国销售的Stowaway立体声随身听，有些设计在后来的机型上消失了，比如两个耳机孔。

细胞地址代码

1980

一个健康的人体内，不同的蛋白质都处于恰当的位置上。1980年，德国医生京特·布洛贝尔发现了这是如何形成的——每种蛋白质都携带着独有的氨基酸序列，即控制它在体内运动的分子代码。细胞壁会对代码做出反应，封锁不该进来的蛋白质而让有用的蛋白质进入，如果细胞壁本身需要这种蛋白质，那这种蛋白质就会附着在细胞壁上。

1980年	莫斯科夏季奥运会第22届夏季奥林匹克运动会，于1980年7月19日至8月3日在苏联的首都莫斯科举行。
1981年	1月15日，中国第一座原子能反应堆改建成功。这座反应堆是1956年5月开始兴建的，两年后正式运转。

胚胎发育的遗传控制

1980

果蝇繁殖速度快，携带较多的染色体，是进行遗传研究的理想实验对象。1978年，美国遗传学家爱德华·路易斯发现，果蝇的基因沿着染色体排列的顺序与其控制的身体部位的顺序一致。1980年，德国遗传学家克里斯汀·纽斯林-沃尔哈德和美国遗传学家艾瑞克·威斯乔斯发现，在发育过程中只有140组基因起到了关键作用：有些基因控制身体的大致形状，有些则确定各部分的特征。这类研究帮助科学家了解了人类的生育发展情况。

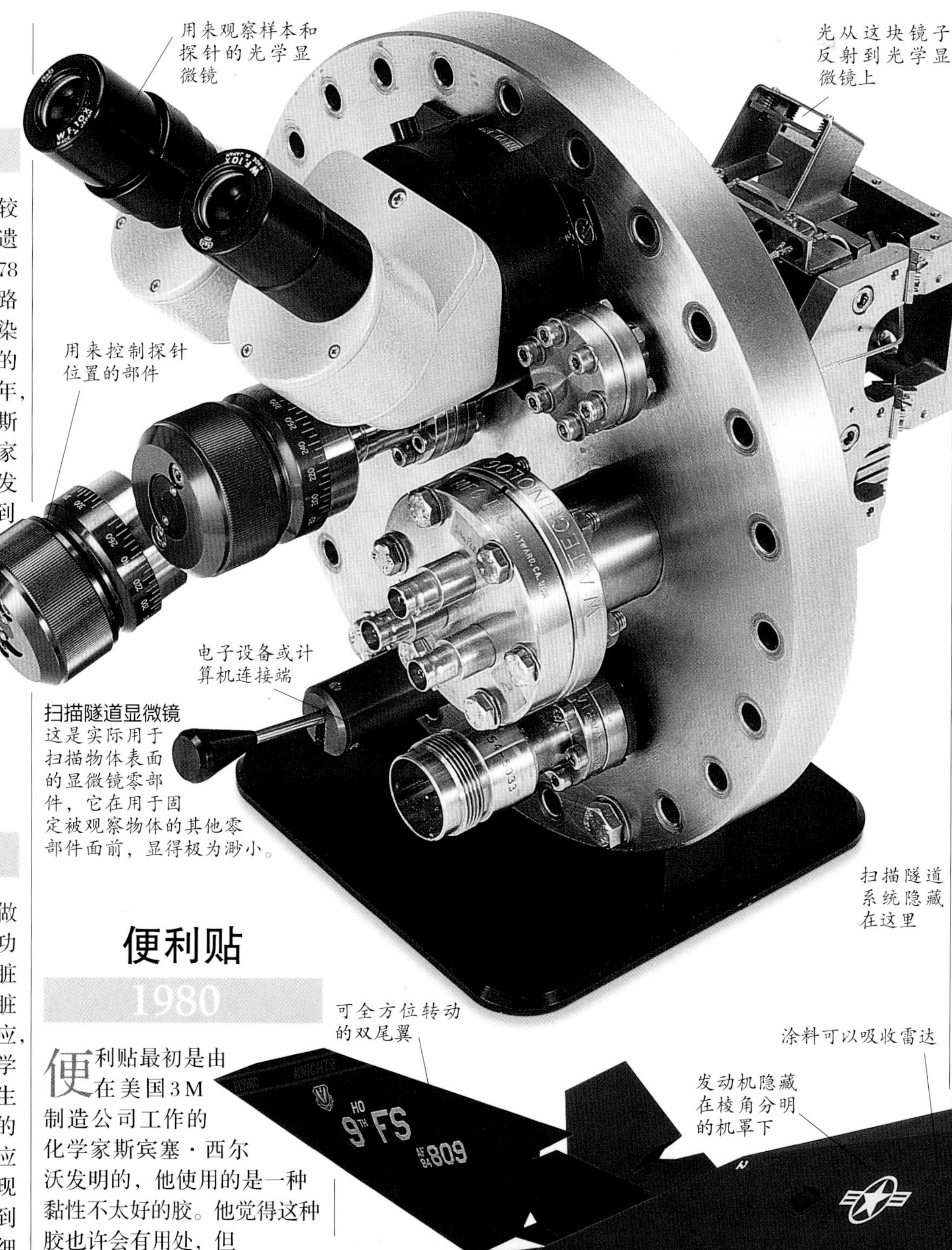

扫描隧道显微镜
这是实际用于扫描物体表面的显微镜零部件，它在用于固定被观察物体的其他零部件面前，显得极为渺小。

G蛋白

1980

如果细胞不对某种东西做出反应，身体的某项功能就无法起作用。比如，心脏细胞对肾上腺素反应，使心脏加强收缩，眼睛细胞对光反应，会引起神经脉冲。美国药理学家马丁·罗德贝尔借助美国生化学家阿尔弗雷德·吉尔曼的研究成果，找到了刺激与反应之间的联系。1980年，他发现了G蛋白。这种蛋白质在受到刺激之后，会使含G蛋白的细胞产生反应。他的研究成果帮助解释了包括霍乱在内的一些疾病的机理。

便利贴

1980

便利贴最初是由在美国3M制造公司工作的化学家斯宾塞·西尔沃发明的，他使用的是一种黏性不太好的胶。他觉得这种胶也许会有用处，但想不出该把它用在什么地方。后来，他的同事阿特·弗赖伊帮他想到了一种用途。阿特是唱诗班的，需要一些不会从乐谱上掉下来的书签。涂上了这种胶的纸就可以满足这个需求。经过多次改良后，这种可随时撕下的黏胶纸又有了许多其他用处。1980年，3M公司推出了便利贴。

1982年	9月25日，中国女排国家队以3：0战胜秘鲁队，夺得第九届世界女子排球锦标赛冠军。
1982年	9月19日，美国卡内基·梅隆大学的斯科特·法尔曼教授在电子公告板上第一次输入了这样一串ASCII字符：“：-）”。人类历史上第一张电脑笑脸就此诞生。

扫描隧道显微镜

1981

1981年由瑞士物理学家格尔德·宾宁和海因里希·罗雷尔发明的扫描隧道显微镜，可以观察到单个原子的三维状态。它用一根探针扫描金属表面，但不与其接触，加入小电压后，金属上就会形成一条电子“隧道”，即产生电流。在扫描过程中，通过控制信号来控制探针的升降以保持电流恒定，这样控制信号的波动就可以被转化成极度精准的金属表面图像。

IBM个人计算机

1981

1980年，美国计算机巨头IBM公司发现，台式计算机既是一种威胁，也是一次机遇。公司的一位经理威廉·洛提出公司应当开发个人计算机。当时一个叫微软的小公司负责为IBM提供操作系统。当年秋天，设计方案敲定。公司的另一位经理唐·埃斯特里奇负责生产工作。1981年8月12日，IBM在纽约正式把个人电脑投入市场。由于供不应求，几天之内个人电脑的产量就翻了四番。

航天飞机

1981

航天飞机用火箭发射进入太空，却能像普通飞机一样返回地面。与普通飞机不同的是，它每次航行都要附带一个巨大的燃料箱和几个推进器，整个装置重达2000吨。燃料箱用完即弃，而推进器则可循环使用。1981年3月12日，在用喷气式飞机进行了几次试验发射之后，“哥伦比亚”号航天飞机在卡纳维拉尔角发射升空。它在太空飞行了54个小时，然后降落在了加利福尼亚州的爱德华空军基地。此后它还进行了多次航天飞机飞行任务。

光　盘

1982

飞利浦电子公司和索尼公司都不愿意重蹈覆辙，它们在前一次竞争中各自推出的录像系统都被VHS击败。因此，这一次它们合作发明了光盘。1980年，两家公司基本达成了一致，于是开始研制光盘驱动器和光盘生产工艺。1982年，光盘播放器终于上市发售，这款飞利浦电子公司的光盘播放器上，有着由索尼公司制造的关键部件。

聚合酶链式反应

1983

现在，侦探和医生只要用少量DNA就可以知道一个人的身体秘密。只需要一两个小时，聚合酶链式反应就可以复制出很多的DNA分子以供分析。这种方法是美国生化学家凯利·穆利斯于1983年发明的，他用一台机器加热DNA分子，使其分成两条分子链，然后用聚合酶即可把它们组合成更多的DNA分子。

隐形飞机

1983

隐形主要是为了防止飞机被雷达发现。这种想法并不新奇：第二次世界大战期间，德国潜艇就使用了一种技术，在其表面覆盖可吸收雷达的材料，以降低被发现的概率。另一项技术是把物体做成特殊造型，使雷达波无法反射到发射源。1983年，第一架隐形飞机，即洛克希德·马丁公司制造的F-117A战斗机，就用了上述两种技术。尽管它造型怪诞并涂有特种涂料，但还是有一架在南斯拉夫的上空被发现并被击落。

旋风式真空吸尘器

1983

见第238～239页，詹姆士·戴森用旋风式真空吸尘器征服世界的故事。

隐形飞机

F-117A隐形战斗机外形棱角分明，能抵消雷达。其特殊的黑色涂层甚至能吸收雷达，同时在夜间也不易被看见。

1983年　2月16日（星期三）被称为“灰烬星期三”。澳大利亚的一场丛林大火夺去了72个人的生命，其中包括12名消防员，损失达4亿美元。

1983年　在美国内华达州的布莱克罗克，英国企业家理查德·诺布尔驾驶他的“冲刺2号”喷气式汽车创造了陆地行驶的最高时速纪录，他的速度达1019.467千米/小时，比之前的世界纪录高出17.797千米/小时。

互联网

1983

1963年，美国国防部高级研究计划署（ARPA）信息处理中心的主任兼心理学家李克·里德，开始建造他著名的“星际计算机网络”，该网络的官方名称为阿帕网。他的目标是把所有研究电脑连接起来。1966年，该项目由网络专家拉里·罗伯茨接手。到了1970年，阿帕网已经开始使用应用包交换技术，这是一种使互联网成为可能的传输交换技术。数据传输程序在1978年被修正，在1983年被强制执行。极大地促进了现代互联网的发展。

无尘施工槽

像图示的施工槽，几分钟即可组装好，而且比早期的需要几个小时才能做好的施工槽安全得多。

最顶的“杯子”固定在建筑上

“杯子”连接固定起来形成完整的槽

无尘施工槽

1984

1984年，荷兰建筑设备供应商G. H. 乌鲁特和A. J. 乌鲁特兄弟发明了新型施工槽。在此之前，建筑工人一般用木板自制施工槽，这样会弄得到处都是尘土，有些大块物体还会从施工槽中掉出来。乌鲁特兄弟从一次性杯子中得到灵感，如果这些杯子没有杯底，就可以形成一个灵活的管道。他们制造了很多这样的“大杯子”，还增设了链条和绞车，并说服了建筑工人购买他们的产品。

3D图像计算机

1984

电影和广告使用的计算机合成图像都是用特殊的图像计算机合成的。美国工程师詹姆士·克拉克是第一个看到这种计算机前景的人。他本来是为科学研究和军事目的而开发这种计算机，但在1984年，他把一个这样的工作平台给了导演乔治·卢卡斯，让他用于制作电影《星球大战》。从此，他开创了一个全新的市场。今天，数字演员可以取代多余的演员，而且某些电影甚至不需要演员就可以完成。

DNA指纹

1984

每个人的DNA都是独一无二的。DNA指纹是用来对比罪案中找到的DNA和嫌疑人的DNA的。1984年，英国遗传学家埃里克·杰弗里斯发明了DNA技术。首先用酶把DNA分裂成碎片，每个人的DNA分裂的结果都不一样。将碎片在凝胶中电泳分离，有些会比其他运动得快，形成点状图谱，通过微波显像与原始DNA进行对比就可以得出结果。这是可以作为庭审证据的。2013年，先进的DNA序列技术已经发展到可以区分双胞胎的程度了。

3D图像计算机

图像计算机在电影《泰坦尼克号》中制造了无数个“演员”。

电脑人物的动作以真实演员为基础

1983年	12月，中国第一台每秒运算亿次以上的计算机——“银河”在长沙研制成功。
1984年	在印度中央邦的首府博帕尔，一家杀虫剂工厂发生泄漏，共有50吨致命气体泄漏到居民区，造成2500人死亡，5万人短暂性伤残，并给无数的人造成了永久性影响。

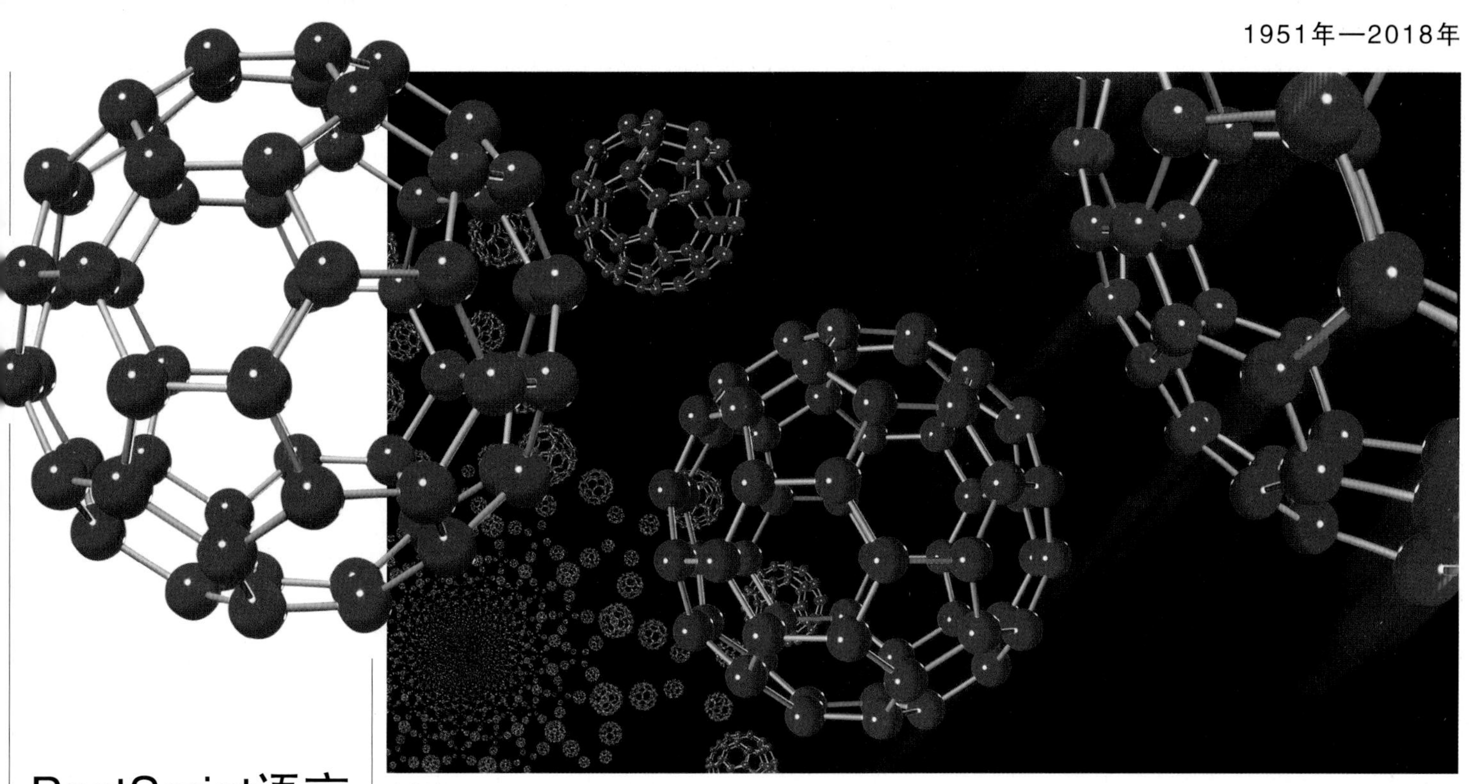

富勒烯

富勒烯的分子是一个半规则多面体。巴克明斯特·富勒的巨型穹顶设计就是以这种多面体为基础产生的。

PostScript语言

1984

PostScript语言是一种描述打印页面的语言。任何支持该语言的打印机都能打印出PostScript文件。这种语言只描述形状，不发出具体指令，因此打印结果由打印机的质量决定。1984年，美国计算机科学家约翰·瓦诺克和查尔斯·格什克发明了这种语言，并由他们的公司——奥多比（Adobe）系统公司推出。后来苹果公司把它用在他们的激光打印机上时，阿尔德斯公司又给它增加了专业排版软件PageMaker，桌面排版系统便问世了。

富勒烯

1985

科学家一直只知道碳有3种形态：金刚石、石墨和无定形碳。1985年，英国化学家哈里·克罗托和美国化学家理查德·斯莫利、罗伯特·柯尔用激光束蒸发石墨，得到了由60个碳原子组成的空心球结构分子，于是他们以美国建筑师富勒（穹隆结构的发明者）的名字将其命名为富勒烯。此后科学家又发现了一些其他结构的富勒烯。

Windows操作系统

1985

苹果公司的麦金托什计算机设置了一项新标准。它采用了指向——点击界面，这样IBM公司使用的以文本为基础的命令符操作系统MS-DOS就显得落后了。1985年，微软公司推出了视窗操作系统Windows进行反击，但个人计算机用户想保留他们的原有程序，而用MS-DOS来运行Windows的速度很慢。1987年，微软推出新版Windows，由于它与麦金托什的系统很像，引起了法律纠纷。1990年，Windows 3.0正式推出，超越了它曾模仿过的麦金托什进而统领了市场。

网中网

网有很多，可是以大写字母I开头的Internet（因特网）却只有一个。互联网可以是任何一个连接多个小网络的网络。因特网则是连接成千上万个互联网的庞大的全球网络。它由几个骨干网络（如美国的NSFNET和欧洲的EBONE等）组成，许多小的区域网和局域网都与它们相连，而它们又连接着众多的个人计算机用户。

获取信息

家用计算机是通过因特网服务站（ISP）的计算机连接到因特网上的，这台计算机又通过服务站的网络与因特网相连，具有自己独特的网络地址。每个人的数据作为独立的“信息包”在网上流转，再通过路由器这种特殊的计算机找到自己的正确路径。

数据交换

使用因特网的计算机必须会“说”其正规语言——TCP/IP，这实际上是两个协议。TCP指的是传输控制协议，主要管理在不同计算机上运行的程序之间的信息交换。IP指的是网际协议，它能保证数据在网上找到自己的正确路径。

1984年 3月5日，欧洲航天局在法属圭亚那的库鲁航天中心成功发射了阿里亚娜运载火箭，将一颗国际通信卫星组织的通信卫星送入了轨道。

1985年 爱尔兰音乐家鲍勃·格尔多夫在伦敦温伯利体育场组织举行了一场长达16小时的“生命援助”慈善募捐音乐会。许多世界级的表演艺术家都参加了这次活动，活动所得的钱款全部捐献给了世界上的穷人。

驯服旋风

詹姆斯·戴森无布袋吸尘器在全世界风靡

早期的真空吸尘器

吸尘器从1902年被发明到戴森引进旋风技术的期间，所有的吸尘器都是使用布袋的。有些早期的吸尘器更是直接靠手来驱动。用电驱动的吸尘器吸尘量大，效果也好得多。

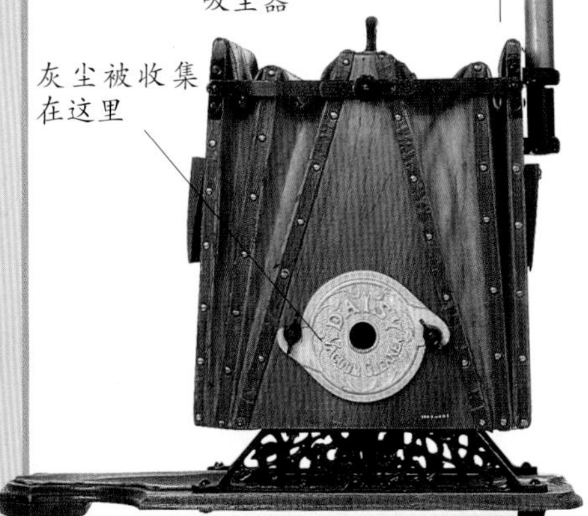

20世纪初的早期真空吸尘器

工业旋风器是用来收集像锯木厂的锯末这样一些废弃的微粒的。戴森从中得到启发，但他面临着如何把这个原理用于比工业旋风器小得多的家用电器上这个巨大挑战。

夜深了，英国的一个工厂大院里有人在蹑手蹑脚地前行，他注视厂房屋顶上那个巨大的金属圆锥体很久了，接着，在匆匆画了几张圆锥草图后就消失在了夜色之中。这是詹姆斯·戴森第一次接触工业旋风离尘器——工厂用的空气除尘设备。这是一次改变命运的接触。

第二天，在自己那个制造手推车的小工厂里，戴森依样画葫芦地制造出了一个旋风分离器。他希望在自己给手推车喷漆的时候，这个东西能吸走空气中的油漆粉尘。工厂里已经有一台用过滤布抽气的电扇了，可是使用这个电扇就要每个小时清理一次过滤布。而在旋风分离器里，空气在锥体里旋转，粉尘就像水在甩干机里一样被甩出来，最后沉降到锥体底部。

接着，戴森灵机一动，他在英格兰巴斯的家里有一台大功率的吸尘器。早期的吸尘器自被发明以来就没有再被改进过。它们需要经常换新的袋

子，因为吸进的粉尘很快就会堵住袋子的小孔，降低其吸附能力。这些布袋就像他厂里的过滤布一样。现在他把过滤布换成了旋风离尘器，他心想，能不能把吸尘器的布袋也换成旋风器系统呢？

戴森赶回家里，用硬纸板做了个工业旋风器的模型。他把一台老式吸尘器上的布袋拽下来，换上用硬纸板做的锥体。令他非常高兴的是，这个没有布袋的吸尘器效果很不错。他做出了一项重要发明，此时是1978年。

虽然他的第一台“G-Force”吸尘器在1983年就上了《设计》杂志的封面，而且在1986年传到了日本，但是他的双旋风吸尘器直到15年后才开始投入生产。这15年里，他潜心于他所钟爱的工程研究，以及他所厌恶的与商人和律师打交道上。最后他不得不自己生产自己发明的东西，因为他不想让自己的发明被竞争对手剽窃或压制。

1993年，双旋风吸尘器终于推向市场。顾客的第一反应是震惊：它有焕然一新的外观，而它的销售量也在猛增。两年后，戴森的无布袋双旋风吸尘器成了英国最抢手的吸尘器，它在全世界的销售额每天达100万美元。他终于驯服了旋风。

20世纪40年代的胡佛真空吸尘器广告

戴森的“G-Force”旋风吸尘器，1986年在日本上市销售

变化的动力

日本顾客喜爱“G-Force”吸尘器不同寻常的粉红色。这是首批投产的旋风吸尘器。戴森说，这种颜色的灵感来自法国南部普罗旺斯田野上的晨曦。

詹姆斯·戴森

这里所看到的多旋风吸尘器只是戴森的许多创意之一。他在伦敦皇家艺术学院的学习经历培养了他的创造力。在发明旋风吸尘器之前，他还发明了一种新式的小船以及一种球轮推车。与他的创造性同样重要的是，他还有一种“不达目的，誓不罢休”的执着精神。

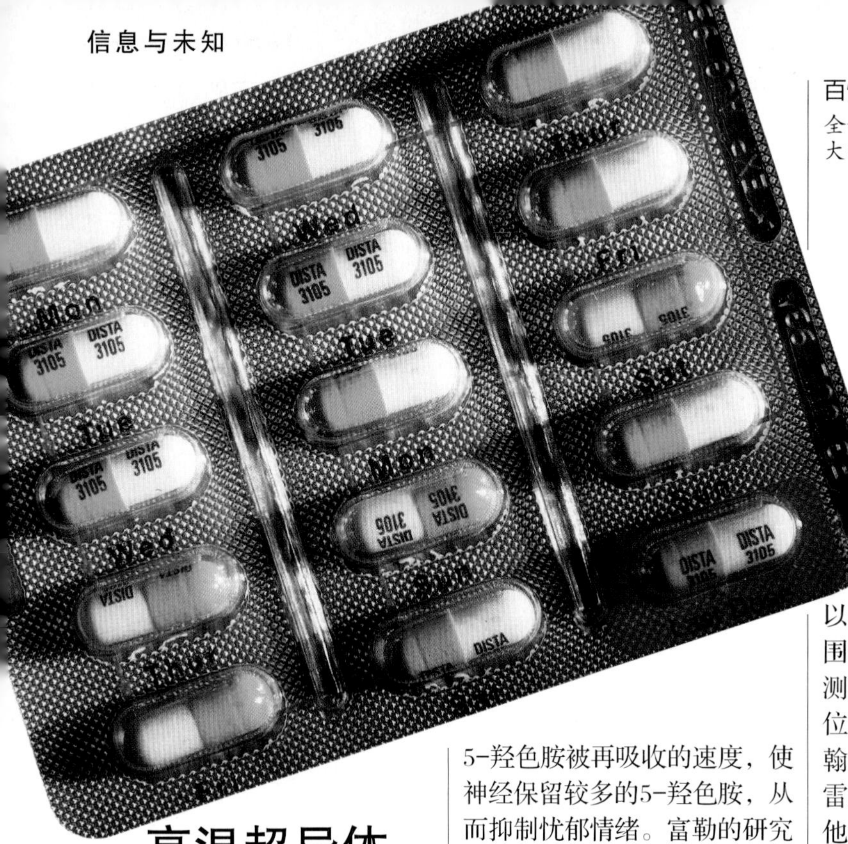

百忧解

全世界服用这种抗抑郁药的人数大约有4000万。

高温超导体

1986

用于强电磁中的超导体对电流不产生任何阻力，但是它们只能在超低温下工作。1986年，德国物理学家格奥尔格·贝德诺尔茨和瑞士物理学家亚历克斯·米勒发现了一种可以在稍高的温度下工作的超导材料——钡镧铜氧化物。他们的发现激发了人们对其他超导材料的研究。1988年，研究人员发现了一种类似的氧化物，它在-148℃的情况下呈现超导特性，这种温度使用廉价的液态氮就可以达到。

百忧解

1987

1972年，由美国生化学家雷·富勒领导的研究小组合成了复方氟西汀。15年后，它被制成了抗抑郁药百忧解。氟西汀可以降低神经化学物质5-羟色胺被再吸收的速度，使神经保留较多的5-羟色胺，从而抑制忧郁情绪。富勒的研究借助了瑞士神经学专家阿尔维德·卡尔松的某些成果。而卡尔松研制的另一种抗抑郁药，由于副作用较强而被抛弃了。

高温超导体

像这样的电磁铁需要利用超导体来传输强大的电流。电磁铁被封闭在冷却室里。

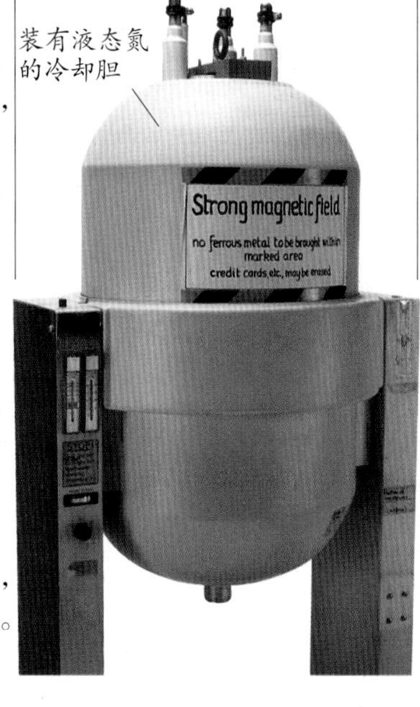

超大质量黑洞

1987

超大质量黑洞的质量相当于千百万个太阳的质量之和，它们能把周围的一切摧毁。但天文学家相信它们与宇宙的诞生有关。可以根据它们附近的星体或物质围绕其进行的超高速旋转来探测其存在的位置。1987年，3位天文学家，加拿大的约翰·柯梅迪、美国的艾伦·德雷斯勒和道格拉斯·里奇斯通，他们独立发现了一个相当于3000万个太阳质量的黑洞。自那以后，科学家们又发现了许多超大质量黑洞。

囊肿性纤维化基因

1989

囊肿性纤维化发病时，浓稠的黏液会堵塞肺部和肠子。如果父母都患有这种病，就会将这种病遗传给他们的孩子。1989年，加拿大多伦多儿童医院的遗传学家徐立之教授和美国密歇根大学的遗传学家弗朗西斯·科林斯发现了这种病的遗传基因。我们因此得以检查出囊肿性纤维化基因的携带者，进而使未来治好这种病成为可能。

万维网

1990

万维网诞生于位于瑞士欧洲核子研究组织（CERN）的英国物理学家蒂姆·伯纳斯-李手中。那里的科学家需要获得分布在世界各地的计算机上的信息。因此，伯纳斯-李提出了一个解决方案——网络。1990年，他编写了一个程序，并规定了网络的运行标准，很快这个网络就在欧洲核子研究组织中投入使用，而公众在一年后也能够使用万维网了。

基因疗法

1990

基因疗法专家尝试通过置换遗传病患者的有问题的基因来让他们恢复健康。第一个获得正式批准可以接受基因疗法的病人，是一个患有先天免疫系统疾病的4岁女孩。1990年，美国遗传学家弗伦奇·安德森从她的血液中取出一些白细胞，植入问题基因的正常复制体中，再把白细胞放回她的体内。此后还需定期的后续治疗，以确保她体内有足够的经过基因修正的白细胞。这个小女孩现在逐渐能像正常人一样生活了。

数字移动电话

1991

第一代移动电话使用的是一种简单但却不安全的模拟无线电信号，声音会或多或少被直接转化成无线电波。1982年，欧洲电信标准学会成立的移动通信特别小组

1986年　10月7日，科学家在美国的亚利桑那州发现了一些保存完好的恐龙骨架化石。据考古学家测定，它们已经有约2.25亿年的历史。

1989年　6月12日至26日，联合国在维也纳召开麻醉品滥用和非法贩运问题部长级会议，会议提出了“爱生命，不吸毒”的口号，与会议代表一致同意将6月26日定为“国际禁毒日”。

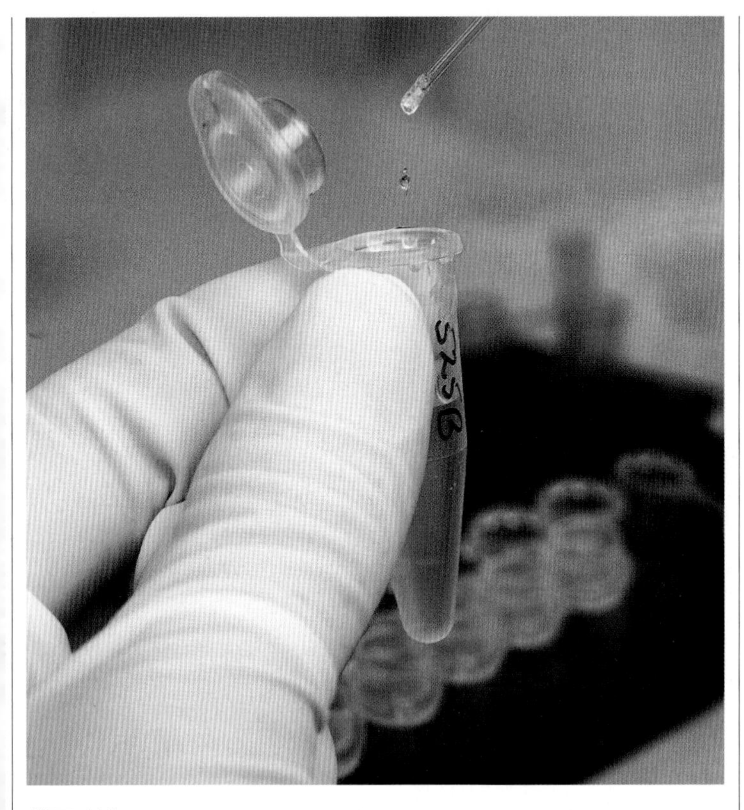

基因疗法

科学家从溶液中提取出一条纯DNA，再把它从有机体中分离出来。

（GSM）为欧洲及其他地区开发了一套数字通信系统。数字电话把声波变成描述声波形状的数字代码，然后通过无线电发送出去。1991年，GSM系统的试验版完成。次年，欧洲各主要电信运营商开始使用该系统。现在，全球170多个国家的移动通信都在使用GSM系统。

表达序列标签

1991

基因是一组在DNA分子上的化学单元序列。用筛选的办法可以从数以千计的单元中找出这些特定的基因。由于DNA上除了基因以外的其他成分大都是“垃圾”，所以筛选基因需要很长的时间。美国遗传学家克莱格·文特尔用活细胞的功能把这些垃圾去除，所留下的就是基因片段。他用这些“表达序列标签”进行试验，希望发现哪些基因片段对应哪些遗传特征。这也意味着他可以更快地捕捉到基因。1991年，他发现了330多种新基因，使当时已知的基因种类增加了10%。

一次性摄像头

1992

外科手术的切口越小越好，因此内窥镜就成了现代外科手术的重要器械。它是一种光导纤维器械，医生可以通过一个“锁孔”大小的切口查看病人体内的情况。1992年，美国施乐辉公司申请了一种比较灵活，可以进入体内探视的摄像头专利。由于消毒困难，这种摄像头都是一次性的，用完即弃。

图像网络浏览器

1993

最初的万维网网址完全是基于文本的。它可以传送图像，但是不能附带文本。1993年，美国国立超级计算应用中心发布了第一个图像网络浏览器Mosaic，改变了这一状况。这个由21岁的美国学生马克·安德烈森开发的浏览器，改变了我们使用网络的方式。现在直接由Mosaic派生出来的Netscape（“网景”浏览器，也是安德烈森开发的）和Internet Explorer（IE浏览器），内容更加丰富，使用也更方便，成了网络用户的首选。

图像网络浏览器

火狐浏览器，推出于2002年，支持75种语言

1990年	4月24日，哈勃空间望远镜由发现号航天飞机发射升空，进入地球轨道。
1993年	在威尼斯双年展上，英国艺术家达明安·赫斯特用他的作品《母子分离》震惊了保守的评论家。

海尔-波普彗星

1997年4月，海尔-波普彗星运行到近日点，它的彗尾比地球与太阳之间的距离还要长。

转基因食品

1994

几个世纪以来，农民和种植者一直在改变着我们食物的基因结构。最早的由遗传工程（见第229页）生产并获准上市销售的转基因食品，是美国加州基因公司生产的佳味（Flavr Savr）西红柿。他们将普通西红柿的一个基因进行了修改，使其长得比较结实，不会因为采摘时间推迟变得太软而影响运输，这也意味着它的口感会更好。紧接着，其他转基因食品，如大豆等，也陆续出现了。

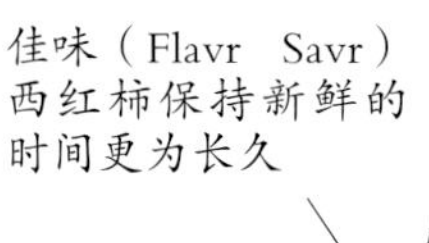

佳味（Flavr Savr）西红柿保持新鲜的时间更为长久

海尔-波普彗星

1995

1995年，两位美国业余天文爱好者艾伦·海尔和托马斯·波普独立意外发现了一颗彗星。它离地球的距离是其到太阳距离的7倍，这是业余爱好者所发现的最远的一颗彗星。专业的天文工作者发现，它的亮度是哈雷彗星的1000倍，其彗核直径约50千米。1997年，它运行到近日点，用肉眼就能看见。现在，它已经隐入了太空，要想再次见到它，需要等待2400年。

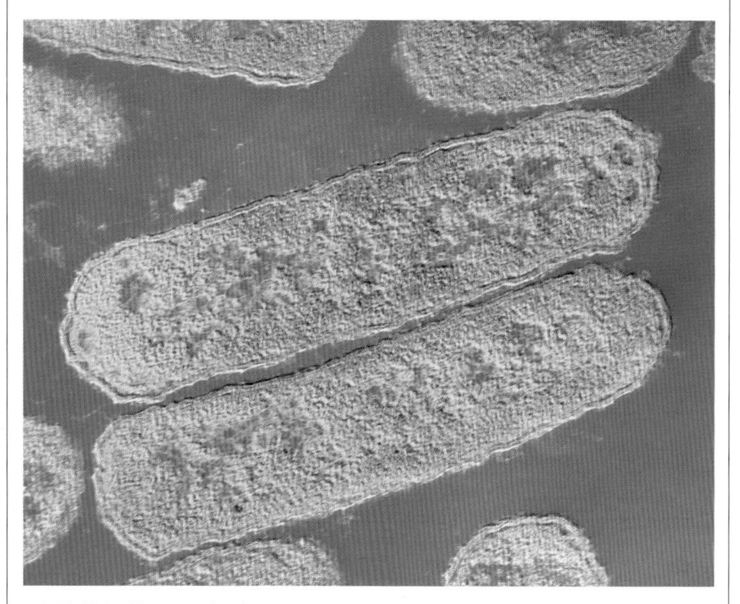

完整的细菌DNA序列

流感嗜血杆菌（上图）是第一种被揭示完整DNA序列的生命体，20世纪90年代，该项工作由美国基因研究所完成。

完整的细菌DNA序列

1995

一个生物体完整的基因序列，也就是基因组，隐藏在组成它的数以百万计的DNA之中。要想研究基因组，科学家必须先列出这些单元的正确序列。第一个被完整揭示出DNA序列的自由生物体，是能引起脑膜炎的流感嗜血杆菌。由美国基因组研究所遗传学家罗伯特·弗莱施曼领导的小组利用了“鸟枪”法（又称“霰弹测序法”）：他们先把这个细菌的DNA随意打散成数千个小段，然后用计算机对它们进行完整的排序。1995年，他们发表这项研究成果的时候，受到了各界极大的赞扬。

1994年 跨越英吉利海峡的英法海底隧道开通，实现了人们几十年来想用铁路把英法两国连在一起的梦想。建设该隧道共历时8年，投资总额约达105亿英镑。

1994年 南非举行了第一届不分种族的选举后，恢复了在联合国的席位，纳尔逊·曼德拉领导的非洲国民大会在大选中获胜，他还成了南非首任黑人总统。

网上零售

1995

2001年，绝大多数网上零售店垮了，但其中最老的那些却幸存了下来。亚马逊网上书店（它现在也销售其他东西）是美国计算机科学家杰夫·贝佐斯在1994年创建的。1995年7月，它售出了第一本书。继承从车库起家的美国创业传统，极具商业头脑的贝佐斯也是从车库里开始创建他的网站的。他还亲自为网站编写软件，并用了全世界第二长的河流来为它命名。

全计算机制作的电影

1995

制作大型动画片既耗时又耗资。到了20世纪90年代初期，动画制作的大部分工作已经可以由专业的图像计算机来完成了。第一部用这种技术制作的电影是迪士尼的《玩具总动员》，讲的是一个手工牛仔玩具与一个批量生产出来的外星队长对抗的故事。这部电影于1995年上映，它的成功促使了其他用计算机制作的电影的问世，其中包括《虫虫特工队》和《怪物公司》。

对费马大定理的证明

1995

17世纪法国数学家皮埃尔·费马的最后一个尚未得到证明的定理是：如果n是大于2的整数，就不可能存在正整数X,Y,Z，能满足方程$X^n+Y^n=Z^n$。费马说他证明过，可是却没有把它写下来。1993年，英国数学家安德鲁·怀尔斯发表了长达200页的证明，但其他数学家发现这些证明中存在一些漏洞。到了1995年，在以前的学生理查德·泰勒的帮助下，怀尔斯修补了这些漏洞，费马大定理终于得到了证明。

火星上的生命

1996

1996年8月，美国地质学家戴维·麦凯发布了一条关于小行星的消息，他说这颗小行星上有曾经存在过生命的证据。这颗45亿年前诞生的小行星是1984年在南极发现的，但直到1994年科学家才确认了它来自火星。经过两年的研究，科学家在其内发现了有机化学物质，这说明这颗小行星上有过细菌。在这颗小行星的表面并没有发现这种化学物质，这就排除了地球对其污染的可能性。它里面还有细菌分泌的无机化合物，但科学家普遍认为这个证据的意义不大。

网上零售

亚马逊是世界最大的网上零售商，它在全世界有超过80个超巨型仓库。

克隆羊多莉

1997

见第244～245页，关于伊恩·威尔穆特和基思·坎贝尔创造克隆羊多莉的故事。

新脑细胞的生长

1998

人们过去认为，一旦我们的大脑细胞发育完全，就不会再有新的细胞生长出来。1998年，美国的神经学家弗雷德·盖茨和瑞士的彼特·艾瑞克森证明，事实并非如此。他们用一种能显示细胞分裂的化学物质，把一个患病晚期的志愿者的脑细胞标示出来，在该志愿者死亡后，对其大脑进行解剖检测后发现，其还在世的时间里每天大约会有1000个这样的新细胞诞生。这一发现印证了人的脑细胞在发育完全后也会有新细胞生长出来。

“微星”微型无人侦察机

1998

与大型飞机相比，小型飞机更难被检测到。1989年，美国洛克希德·马丁公司推出了“微星”微型无人侦察机。它的机翼只有12厘米长，可以装载一个微摄像头和信号发送器，其飞行高度为60米，能向地面上的人发送至关重要的图像情报。

1996年　11月7日，美国发射了火星全球勘测者号火星探测器，在经历10个月的飞行后进入火星轨道。

1997年　7月1日，香港回归，中华人民共和国香港特别行政区正式成立。

克隆成年哺乳动物

伊恩·威尔穆特和基思·坎贝尔，完美克隆出了一只羊——多莉

伊恩·威尔穆特

伊恩·维尔穆特生于1944年。1974年他进入苏格兰爱丁堡的动物繁殖研究站（即现在的罗斯林研究所）工作。在那里，他和基恩·坎贝尔一起，研究出了一种用部分发育的胚胎来克隆动物的方法。1995年，他们用这种方法克隆了两只羊，“梅甘”和“莫拉格”，它们是伊恩用成年羊进行克隆之前的两次探路试验。

1997年2月22日（星期六）的晚上，正在休假的哈里·格里芬突然接到了一个电话。他在苏格兰罗斯林研究所的工作之一就是跟记者打交道。但这个电话搅乱了他的周末，因为就在第二天，一家星期日报纸报道了他们准备保密到下个星期的事情：他们研究所的科学家与生物技术公司PPL治疗学家合作克隆出了一只羊，一只与其本体完全一样的羊。

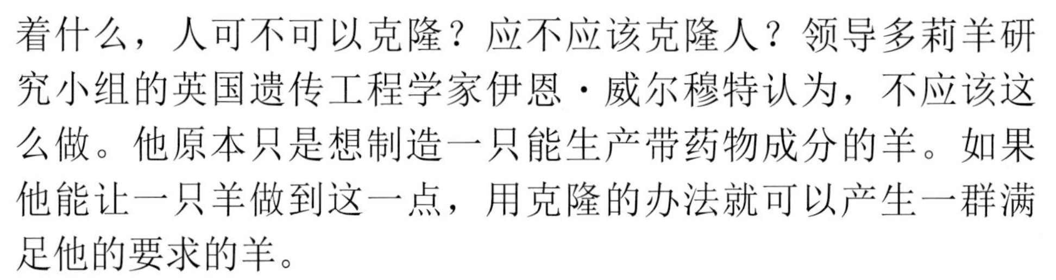

6LL3号羊羔——多莉出生于1996年。所有媒体都想弄明白这只羊对于人类来说究竟意味着什么，人可不可以克隆？应不应该克隆人？领导多莉羊研究小组的英国遗传工程学家伊恩·威尔穆特认为，不应该这么做。他原本只是想制造一只能生产带药物成分的羊。如果他能让一只羊做到这一点，用克隆的办法就可以产生一群满足他的要求的羊。

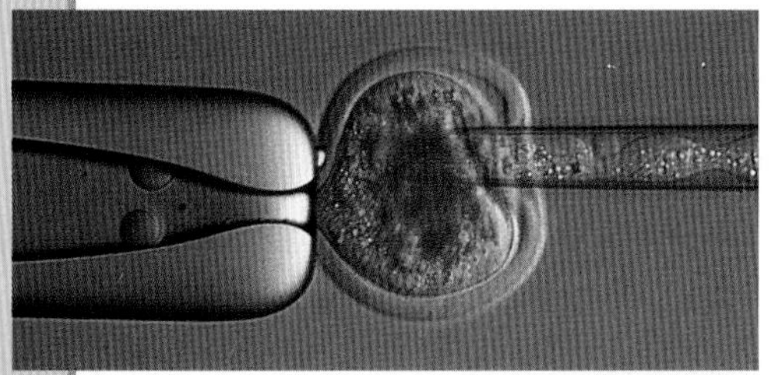

从卵细胞中吸走细胞核。

如何克隆动物

要克隆一个动物，首先要在实验室里用特殊的条件来培育它的细胞，然后把它的细胞植入一个去除了细胞核的卵细胞中，接着用微电击激活这个新的细胞。虽然从1952年开始，就已经有人把遗传物质从一个细胞移植到另一个细胞，但克隆的成功率依然很小。

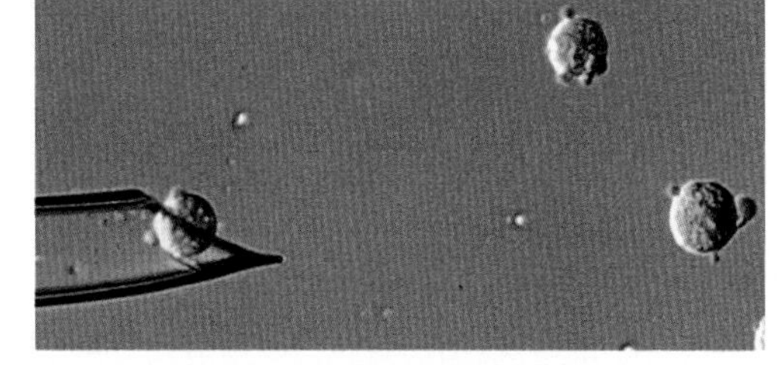

采集一个在实验室里培育的成年细胞

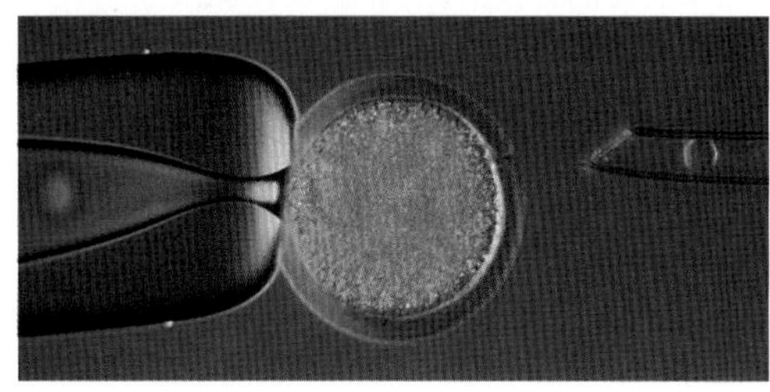

左边的移植管把去除了细胞核的卵细胞固定好，再把右边完整的成年细胞植入其中

科学家以前也克隆过动物，但所用的都是发育初期的细胞，随着胚胎的发育，它的细胞开始出现分工：有些会长成神经，有些会长成肌肉，等等。而任何类型的细胞都不需要用到的基因就会“关闭”起来。正因为如此，才可以从一套基因中创造出许多不同类型的细胞，而且，尽管每个成年细胞都包括了所有的基因，但是每一种基因都用上的成年细胞却一个也没有。

1995年，罗斯林研究所的另一位科学家基思·坎贝尔找到了一种让时光倒流的办法，他使一个成熟细胞具有了早

1997年2月23日，星期日，英国《观察者报》报道了多莉的故事后，全世界的报纸都聚焦在了多莉身上。

期胚胎细胞的特性。他把这些成年细胞放在培养皿里，利用含有极少量“生长因素”的基质——实际上是让这些细胞挨饿。这样的“挨饿”使得在发育后被“关闭”的基因重新活跃起来。用这种方法处理过的细胞，其整套基因都处于活动状态，只要把它放入一个去除了细胞核的卵细胞里，就能形成一个新生命的起点。

威尔穆特从一只羊身上取出一个卵细胞，用极小的细管把其遗传物质吸走，然后植入另一只羊经过“挨饿”处理的乳腺细胞，接着加以微弱的电击使这个卵细胞分裂，变成一个胚胎，最后他们把这个胚胎放进第三只羊的子宫，他们反复做了277次试验后才得到了多莉——其他胚胎都在不同的生长阶段死去了。

多莉长得并不像孕育它的那只羊，也不像提供卵细胞的那只羊，但却跟那只提供乳腺细胞的羊长得一模一样。多莉的外形是由那个细胞核中的基因决定的，它是世界上第一只克隆羊。

多莉当妈妈了

1998年4月13日，多莉产下了一只名叫邦尼的小羊羔，证明了它是一只功能健全的羊。第二年3月，多莉又生下了一胎三胞胎（图中是3只羊羔与它们的妈妈多莉在一起）。这些羊羔都很正常，但多莉看上去却比它的实际年龄要大很多。

MP3压缩标准

1998

从网上下载音乐时，如果不进行压缩以剔除无关紧要的信息，将永远都无法完成下载。但如果这样做，音乐的质量就会降低。但MP3（MPEG Audio Layer3）则可以用较高的质量来保证压缩效果。这项技术是德国的夫劳恩霍夫研究所开发，由活动图像专家组（MPEG）于1998年发布的。尽管它在网上的使用出现了一些版权问题，但小小的MP3播放器确实是最好的随身音乐播放器。

移动卫星电话

1998

在没有基站的边远地区，移动电话就不能使用了。早在1982年，人们就通过在地球上空轨道中运行的卫星来传输电话信号。1998年投入运营的铱星移动电话网，用的是在较低轨道的66颗卫星。由于刚开始用户没有达到预期的数量，所以铱星电话网络只好关闭，但现在它又恢复运营了。

固碳纳米管“肌肉”

1999

1999年，随着富勒烯组成的“肌肉”问世，更好的机器人又向我们迈进了一步。机器人通常都是电动或气动的，这些驱动器又重又慢，可是用“巴基纸”（由数以亿万计的碳管分子形成的薄片）制造的驱动器却表现出极佳的性能。这种“肌肉”是由美国科学家雷·鲍曼领导的国际研究小组开发的，给它加上很低的电压，它就会弯曲。虽然这个弯曲幅度很小，但产生的力量却远远大过人的肌肉。只要加以适当的杠杆作用进行调节，它就可以驱动一个机器人。

生物分子发动机

1999

分子发动机体积很小，只包含几个分子。1999年，由美国工程师卡洛·蒙泰马尼奥领导的研究小组展示了一台用蛋白质分子制造的发动机，其转轴直径只有12纳米（即1毫米的12/10,000,000），转速达每分钟200转，其动力来源于蛋白质和酶腺苷三磷酸酯的化学反应。只要把它放在这种溶液中，它就会转动起来。这样的发动机也许会在未来应用于肉眼看不见的微型泵中。

本体培养移植器官

1999

异体排斥和缺少器官捐献者使器官移植变得困难。1999年，美国医生安东尼·阿塔拉证明，用原器官上的几个细胞就可以培养出一个完整的新器官。他从狗的乳房取下肌肉细胞和衬细胞，把它们放在塑料球周围来生长成新的乳房。人工乳房被移植到狗身上后的功能表现正常。

利奇神经计算机

1999

1999年，美国物理学家比尔·迪托展示了第一台由活神经细胞相连组成的计算机。他的“利奇”计算机

移动卫星电话

普通的卫星电话使用高轨道卫星。它们的移动性能并不好，因为使用时必须仔细对准所选定的卫星。

1999年	南非白人作家约翰·马克斯韦尔·库切成为第一位两度获得英国布克奖的作家。他在1983年首次以小说《迈克尔·K的生活和时代》获得该奖，同年以《耻》二度获奖。并于2003年获得了诺贝尔文学奖。
2000年	随着电脑的时钟从1999年变为2000年，世纪之交最可怕的“虫子”——千年虫，只是轻轻地“咬了一口”，尽管有些老的芯片还是把2000年默认为1900年，但预言中的世界大乱却并没有发生。

只能进行一些简单的运算，而且还需要一台计算机才能显示计算结果，不过它的确能进行计算。迪托的目的是开发出无须编程就能够思考的计算机。

基因打靶羊

2000

基因打靶就是在生物体的基因组中的某一特定点插入一个新的基因，而不是像之前一样随机插入。它能使这个新基因发挥正常的功能，并遗传给这个生物体的后代。第一个往大型动物的基因中插入新基因的人是苏格兰遗传科学家肯尼斯·麦克里斯。他把能产生某种酶的基因植入羊细胞的DNA中，再把这个细胞核移植到卵细胞中，然后把这些卵细胞植入母羊体内，这个细胞长成的羊的奶里就会含有这样的酶。

骨细胞的体外培养

2000

2000年，英国切尔西及西敏医院的朱莉娅·波拉克和她的小组发现，人的骨细胞可以在体外进行培养，这些细胞通过一种名叫生物玻璃的含硅、钙和磷的陶瓷材料，就能聚合起来。这种技术是英国科研人员拉里·亨奇于20世纪60年代开发的。现在人们希望把富含骨细胞的生物玻璃注入患者体内，来帮助断裂的骨头生长，或用于治疗老年人的骨质疏松。

人类基因组

2000

人类基因组存在于一个人类独有的长长的DNA序列（A、T、G或C）之中。2000年6月26日，两个相互竞争的小组——由弗朗西斯·柯林斯带领的公共人类基因组计划（HGP）以及由克雷格·文特尔负责的私人的塞勒拉基因组计划，同时宣布了他们的人类基因组序列草图，但他们的草图都不完整。塞勒拉小组发现的序列多一些，可是他们的成果是要收费的，而人类基因组计划则是免费的。2001年2月，这两个研究组都公布了比较完整的基因组信息。

克隆濒危动物

2001

亚洲白肢野牛已被列入濒危物种名单。2001年1月，在美国爱荷华州，一只叫诺亚的小白肢野牛从一只家牛的肚里来到这个世界。它是科研人员菲利普·达米亚尼用一头已经死去8年的白肢野牛的冷冻皮肤细胞克隆出来的。他把这些细胞核与去除了基因的家牛卵细胞结合在一起，然后把产生出的胚胎植入母牛体内。诺亚是实验中唯一存活下来的胚胎，但它后来死于感染。

了不起的开端

人类基因组计划只是一个开端，这个项目可能要持续一个世纪的时间。科学家将能利用它做许多事情，其中之一就是找出基因与疾病之间的联系。这项研究将涉及多个领域，其中比较重要的是功能基因组学（研究基因的功能）和结构基因组学（研究使它们发挥作用的蛋白质形状）。

克雷格·文特尔教授，前塞勒拉基因计划负责人

人类基因组计划

这一全球性计划始于1990年，原本计划于2005年完成，后来提前至2003年完成。这一计划的主要参与组织中，美国有4个，英国有1个，中国有1个，还有至少17个其他国家的研究中心也对此做出了贡献，并且其研究结果免费向所有人公布。

塞勒拉基因组

塞勒拉基因研究小组是1998年由美国生物实验设备公司——PE公司与克雷格·文特尔教授共同建立的。它有世界最大的基因生产工厂，并大量使用超级计算机进行研究。学术与商业组织需要付费来订阅该公司的基因信息。

克隆濒危动物

这头白肢野牛是在亚洲森林里被发现的，它以草和竹笋为食。

2000年 这一年的8月4日，伊丽莎白王太后迎来她的百岁生日。人们看到她和她的三代皇室子孙在白金汉宫的阳台上，并亲切地称她为“伊丽莎白妈妈”。

2001年 7月13日，国际奥林匹克委员会主席萨马兰奇先生在莫斯科宣布：北京成为2008年奥运会主办城市。

自洁玻璃

2001

烦琐的清洁窗户玻璃的工作可能很快就会成为历史。2001年，英国皮尔金顿公司宣布，由化学家凯文·桑德森率领的小组发明了一种自洁玻璃。这种自洁玻璃的秘密就在于玻璃上的特别涂层。当雨水在玻璃上流过时，就能把自洁玻璃上面的灰尘冲刷干净。这一涂层非常薄，它能同时起到催化剂的作用，使紫外线和氧气能清除附在玻璃上面的灰尘。

iPod

最基础的iPod有足以容纳1000首曲子的空间与能够显示照片与专辑封面的彩色屏幕。

iPod

2001

苹果公司于2001年发布了一款现在非常有名的音乐播放器：第一款能够容纳1000首歌曲的便携式播放器。早期的模式用的是MP3压缩标准（见第246页），但iPod使用更为有效的文件形式，这种文件形式是苹果系统所独有的。到2005年，iPod配有的歌曲已经超过150万首。这些歌曲以及相关的唱片集都可通过苹果的iTune商店下载。除了光滑的白盒子与超酷的使用界面，iPod没有包含任何新技术，它仅仅是由一个硬盘驱动与一个控制驱动组成并给音乐解码的微型电脑。它独特的形象和可在短时间内找到任何曲子的功能，使它迅速取代了显得笨重的随身听（见第233页）。

木星的更多卫星

2002

2002年，夏威夷大学的天文学家表明，木星的卫星比我们想象的更多。通过在夏威夷火山口使用3.6m的望远镜观察，他们发现了11颗新卫星。这让木星的卫星总数达到了39颗——远远多于太阳系中其他行星所拥有的卫星数。说它们是卫星，这或许有些夸张，因为它们并非巨大的圆形物体，而是相对较小的一堆不规则石块，它们是被木星巨大的重力场所捕获的。到2013年，人们发现有67颗卫星在环绕木星运行。

单原子晶体管

2002

2002年，康奈尔大学的科学家创造了第一个以单原子为基础的晶体管。植入特殊设计的分子之中的是钴的单原子。当分子连接到电路时，通过仪器改变电流而控制电压，钴原子则对受控电压做出反应。虽然这仅仅是普通晶体管所做的事，但这个发明向新的事物——分子电子技术迈进了一步。这种技术允许电路在未来以化学合成为基础，并取代当前硅晶体的蚀刻技术。

合成病毒

2002

任何病毒都能够在合适的受害者细胞的基因遗传机制中大量复制自身。然而，在2002年，纽约州立大学的研究组首次从头开始合成了一个病毒。通过使用在网上下载的脊髓灰质炎的病毒基因图谱，他们利用普通的化学物质做出了这个病毒的复制品。

超韧纤维

2003

防弹衣上的塑料纤维是十分强韧的，但在2003年，田纳西大学与都柏林三一学院的科学家纺出了一种比塑料纤维强韧17倍的纤维。它是由管状的纳米碳（即完全由碳构成的管状分子）制成的，这种纳米碳分散在一块柔软的塑料上。这种纤维的可能用途包括制作更优质的安全带与防爆毯。

最古老的行星

2003

尽管宇宙的年龄大约为137亿岁，但是，我们太阳系的行星仅仅是在45亿年前才形成的。2003年，哈勃空间望远镜确认了一颗形成于127亿年前（即在宇宙形成10亿年后）的行星。行星PSR B1620-26c，也就是行星玛土撒拉（Methuselah），隶属于一个距离地球5600光年的星系。在被望远镜捕捉到之前，它一直被认为是一些“波动”的恒星数据。

合成病毒

脊髓灰质炎的病毒在它的遗传核心周围有20个五面体。

外层由4种不同的蛋白质组成（图中的颜色并不是真实的）

2002年 12个欧盟成员国将它们的货币转化为欧元，自此，许多欧洲国家不再接受传统的货币，欧元成为欧元区唯一合法货币。自1999年以来，欧盟国的货币都是以欧元为基础的。

2003年 4月15日，中国、美国、英国、日本、法国、德国六国政府首脑联合宣布，6个国家的科学家完成了人类基因组30亿对碱基的测序，从而揭示了人类生命“天书”的奥秘。

最古老的行星

游荡于地球600千米之外的哈勃空间望远镜能够侦测出类似于玛士撒拉这种通常无法在我们的环境中看到的对象。

火星上的水

2004

2003年，美国国家航空航天局向火星发射了“勇气”号与“机遇”号两部火星探测车。它们的工作是探测这颗行星，尤其是寻找过去生命的迹象。“机遇”号首先发现了很久以前火星上有水流动的地质证据。2004年，“勇气”号发现了更为清晰的相关证据。尽管这些探测车并没有发现现存的液态水，但是，沉积岩的存在以及由于水侵蚀而形成的外形都表明，火星上有水存在过。2013年，于2011年发射的“好奇”号火星探测车通过加热火星表面的土壤而侦测到水蒸气，火星的灰尘中包含了2%的水分。

火星上的水

“机遇”号火星探测车（左侧）传送回来的图像（即上面的图像）表明了沉积岩的诸多层次以及水滴对岩石产生的效果。

2004年	印度洋发生地震，并造成迅速移动的巨大海啸，给周边国家的沿海地区带来了可怕的灾难，导致将近25万人在灾难中丧命。
2005年	1月14日，惠更斯号探测器成功登陆土星最大的卫星——土卫六，并通过它搭乘的美国“卡西尼号”飞船成功传回了所拍摄的土卫六照片及其他数据。

低成本扫雷

2005

这个世界布满了地雷，每年有超过15,000人被地雷炸死或炸残。扫清地雷所耗的成本巨大，直到2005年，英国工程师保罗·理查兹基于南非的情况，发明了地雷焚烧装置。该装置不用炸药，而用瓶装的石油气与氧气切入地雷并摧毁地雷，这种处理地雷的方法成本更低。

智能手机

2007

2007年，苹果公司发布了iPhone，它搭载的iOS操作系统，能使之变为一个可上网且能通电话的掌上电脑。这种手机能够运行应用程序，包括新闻、社交网络与游戏。苹果手机的图标设计类似于流行的苹果随身播放机的图标，而且它还有一个触摸屏。苹果手机的需求量巨大，其他的移动电话公司也很快设计出了相似的智能手机。

合成器官移植

2011

2011年7月，世界上第一次合成器官移植手术成功实施，这个器官是在实验室中长大的。与病人气管相似的一个Y字形的塑料模型被创造出来，接下来被连接到病人的干细胞。这意味着病人的身体将会接受这个合成的器官。这次手术为无须捐赠者的器官移植铺平了道路。先前的合成器官要么出自病人的身体器官，要么是部分出自捐赠者的器官。

希格斯玻色子

2012

2012年7月4日，科学家在瑞典的欧洲核子研究中心发现了一个有可能是希格斯玻色子的粒子，这是一种理论上的亚原子粒子，它是物质拥有质量的原因。在20世纪70年代，彼得·希格斯与弗朗索瓦·恩格勒曾提到它的存在。尽管这个被发现的粒子尚未被确证为希格斯玻色子，但是，希格斯与恩格勒由于这个有希望的发现而在2013年被共同授予了诺贝尔物理学奖。

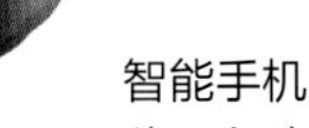

智能手机

第一部苹果手机的绝大部分部件是由铝制成的，其设计也较为简单。

希格斯玻色子

这个强子对撞机是一台巨大的机器，通过粒子的共同撞击来发现希格斯玻色子。

深海中的生命

2013

无论在哪里，只要有水，似乎就能存在生命。一组科学家研究了源自海底地壳的岩石样本，这些岩石样本出自洋面以下的2.6千米处，或出自海床以下350～580米处。科学家发现了岩石中的微生物。在没有阳光、氧气或养料的情况下，这些微生物的生存依靠的似乎是岩石与水之间的化学反应所生成的能量。这是一种潜在的重要生态系统，它或许遍及整个海底地壳，而地球表面积的60%都被海底地壳所覆盖。相似的生命形式也有可能存在于其他行星上。

类地行星

2013

2013年，一组天文学家研究了来自美国国家航空航天局的开普勒太空观察站的数据。这些数据显示，在太阳系之外，可能还有3000多个行星。这些行星中有许多被发现在恰当的距离之下绕着恒星旋转，这就可能有着类似于地球的温度，让这些行星变得适宜居住。基于这些数据，这些科学家估计，整个银河系或许包含了400亿颗这样的行星。

类地行星

作为一颗绕恒星运行的行星，类地行星的亮度略微有所减弱。开普勒通过寻找这些减弱的亮度来发现行星。

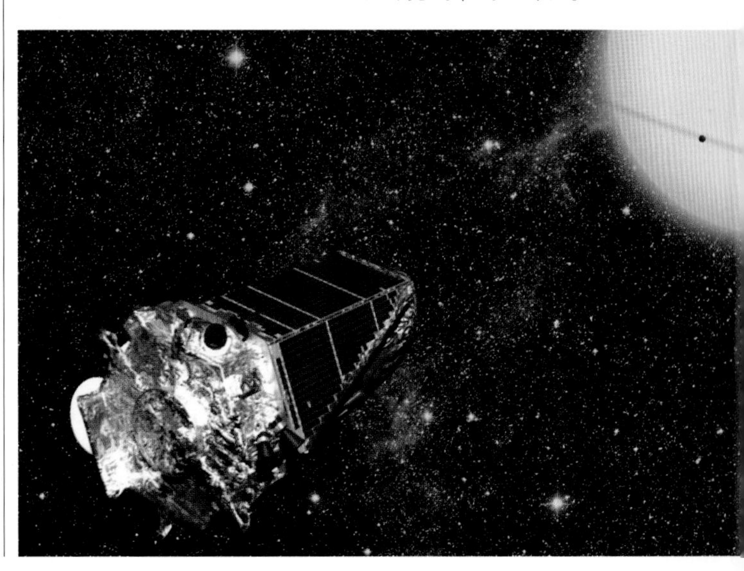

2009年　贝拉克·奥巴马成为第一名非洲裔美国总统。

2013年　第一位南非黑人总统纳尔逊·曼德拉逝世，上亿人观看了他的葬礼。

可回收火箭

2017年，SpaceX发射了“猎鹰9号”火箭，将X-37B航天器送入轨道。

可回收火箭

2015

巨大的火箭进入太空需要付出高额的成本，绝大部分成本用在了摆脱地球引力上。一旦火箭完成了工作，它就变成了太空垃圾。2011年，企业家埃隆·马斯克建立了美国太空探索技术公司（SpaceX）并成功开发出一种火箭，这种火箭可以返回地球并再次使用。2015年12月，埃隆·马斯克的火箭事业迎来了第一个里程碑，“猎鹰9号”火箭在发送完卫星后，第一级火箭成功着陆。

亚马逊智能音箱

2015

自从1968年的电影《2001：太空漫游》中出现了会说话的计算机哈尔之后，人们就一直梦想着发明一台可以与人交流的机器。第一个接近这种目标的设备是2011年苹果公司推出的手机，内置了Siri助手。苹果手机将语音发送到强大的计算机，计算机会对所接收到的语音进行即时分析并发出行动指令。亚马逊把这个想法带到了用户的家里，开辟了一个新世界。除了购物和播放歌曲，亚马逊的智能音箱还可以控制房子几乎任何地方的取暖和照明。

AlphaGo

2016

1996年，超级电脑深蓝挑战国际象棋世界冠军卡斯帕罗夫，并获得了胜利。在20年后，一个叫AlphaGo的人工智能系统又打败了韩国围棋手李世石。在围棋大赛中，AlphaGo用了围棋2500年历史中从未出现过的招数，让观众大感吃惊。AlphaGo是一个人工神经网络，它是由软件元素组成的系统，就像真正的脑细胞一样，它们相互通信，并根据接收的信息来改变决策。

载人无人机

2016

高效率的电池和电动机的出现，使得以新的方式飞行的机器成为可能。无人机就是用4个或更多的小型高速旋翼来代替固定翼或一个大型转速较慢的旋翼。早期的无人机大小不同，不能载人。在2016年举行的全球消费电子展上，我国无人机制造商亿航智能展示了“亿航184”，这是第一种为载客而设计的商用无人机。它能自动飞行，不需要飞行员。它可以垂直起飞，并可以飞行23分钟。未来，它可以开展“飞行”出租车（flying taxi）服务。

詹姆斯·韦伯空间望远镜

2018

詹姆斯·韦伯空间望远镜是人类有史以来建造的最大的空间望远镜，从1996年起就一直在建造中，直至2020年8月依旧没有进入太空。它的主反射镜口径宽达6.5米，以前的空间望远镜与之相比则相形见绌。它的4个仪器系统主要使用红外光观测，使我们能够看到目前无法到达的恒星和行星。预计在2021年，法属圭亚那的“阿丽亚娜5号”火箭将把它推进到地球和太阳之间的固定位置，它将至少在那里停留5年的时间。

詹姆斯·韦伯空间望远镜

工程师们在测试主镜后检查望远镜。

社交媒体的兴起

社交媒体是人们用来分享见解、经验和观点的平台，现阶段主要包括微博、微信、百度贴吧，等等。社交媒体在互联网的基础上蓬勃发展，尤其是手机的出现，让社交媒体爆发出令人目炫的能量。有些社交媒体可以让有影响力的人直接与数百万人交谈，不仅制造了人们社交生活中争相讨论的热门话题，也吸引了传统媒体的争相跟进。

微信

微信是腾讯公司于2011年1月21日推出的一个为智能终端提供即时通信服务的免费应用程序，由张小龙所带领的腾讯广州研发中心产品团队打造。

微博

微博是一种基于用户关系信息分享、传播以及获取的，通过关注机制分享简短实时信息的广播式社交网络平台。2009年8月，新浪推出“新浪微博”内测版，成为门户网站中第一家提供微博服务的网站。

百度贴吧

百度贴吧是全球最大的中文社区。百度贴吧是结合搜索引擎建立的一个在线交流平台，它使那些对同一个话题感兴趣的人们聚集在一起，方便他们展开交流和互相帮助。

2018年　苹果公司（Apple）成为首家市值突破1兆美元的公司。

走向未来　最精彩的部分属于未来，新的发明将以我们难以想象的方式继续改变我们的世界。

致谢

多林·金德斯利公司感谢英国科学博物馆的全体人员，特别是以下各位： Neil Brown, Sam Evans, Ela Ginalska, Kevin Johnson, Ghislaine Lawrence, Bob McWilliam, and Peter Morris. **Also:** Louise Pritchard and everyone at Bookwork, who made this book happen; plus Caryn Jenner for proofreading.

本书出版商由衷地感谢以下名单中的人员提供图片使用权：**Position Key: c=centre; b=bottom; l=left; r=right; t=top**
123RF: Phive2015 1bl, ssilver 1cl. **Courtesy of Apple:** 249bl. **Advertising Archives:** 166bl, 180tc, 184br, 190tl, 193cl, 229cl. **AKG London:** 38cl, 56–57t, 71, 74t, 79tr, 83br; Erich Lessing 15tr, 18tr; Gilles Mermet 43tr; Instrumentmuseum, Berlin 116; Paris Bibliotheque Nationale 64tl; Postmuseum, Berlin 129cr. **Alamy Images:** ZUMA Press, Inc. 250bl. **Ancient Art & Architecture Collection:** 39cr, 39br, 11tr, 24bl, 26br, 29cr, 32–33t. **Antiquarian Images:** 38tl. **The Art Archive:** 58; Biblioteca Nazionale Marciana Venice/Dagli Orti 52bl. **Ashmolean Museum:** 6bl, 35c. **Bradbury Science Museum:** Los Alamos 208cra, 208cr. **Bridgeman Art Library, London / New York:** 105tl; Bible Society, London 59tr; Bibliotheque Nationale, Paris 69tr; Christie's Images, London 66tl; Down House, Kent 143cr; Giraudon 62tr; Natural History Museum, London 6tr, 79tc. **British Library:** 22bl, 23br, 55, 76bc. **British Museum:** 6br, 7r, 8l, 12tc, 16–17, 19, 22b, 22tl, 22tc, 22cl, 23tr, 24–25t, 26tl, 27, 30cl, 44t, 46br, 48tl, 49tr, 60bl. **Corbis:** 41bc, 59b, 70, 95br, 96cr, 98tl, 105b, 112–3, 140bl, 147tr, 183cr, 247b, 63cr, Martial Trezzini/EPA 250tc; Minnesota Historical Society 118cl. **The Culture Archive:** 134tr, 149cr. **Danish National Museum:** 40tr, 53. **DK Images:** 1br, Anthony Posner 1tr; The National Railway Museum 1bc, 4tl, 72tr, 172tr, 172tl, 172tl, 172br, 212tl; The Science Museum 212tr; Anthony Ponser 212br, 212bl. **Dreamstime网站：** Pressureua 241b. **Mary Evans Picture Library:** 12cl, 18br, 31tr, 63bl, 66bl, 66bc, 80–81, 131tr, 132bl, 135, 184c. **Football Museum:** 51t, 72tl. **Linton Gardiner:** 2tl, 138br, 172tr, 172bl, 182bl3. **Getty Images:** Simon Dawson/Bloomberg 243. **Glasgow Museum:** 202bc. **Ronald Grant Archive:** 20th Century Fox 236br. **Robert Harding Picture Library:** 92bl; Dr. Denis Kunkel/ Phototake NYC 95tr; Ellen Rooney 41t. **Hulton Archive:** 3tr, 118–9. **iStockphoto:** 2–3tc, 72tr. **Museum of London:** 12tl. **NASA:** 212br; 249tl; JPL/Cornell 249l, 249br; Kepler Mission/ Wendy Stenzel 250br. **National Maritime Museum:** 4–5tc, 14–15b, 37tr, 86–87b, 102t, 104tl, 106br. **Natural History Museum:** 6tr, 14bl. **Peter Newark's Pictures:** 76cla. **Robert Opie Collection:** 160tl, 195cl, 196, 198tl. **Christine Osborne:** 13r. **Quadrant Picture Library:** The Flight Collection 226–7. **Royal Horticultural Society, Wisley:** Lindley Library 21. **Saint Bride Printing Library:** 2br, 6bl, 76clb, 212tl. **Saxon Village:** Crafts 69ca, Crafts 104bl. **Science & Society Picture Library:** 2bl, 3br, 3bl, 6tl, 6tl, 6br, 7c, 7l, 8–9b, 10–11c, 10b, 16cl, 17tr, 20r, 24bl, 30–31, 33br, 34tl, 34–35, 37c, 40br, 40tl, 40bl, 40br, 40tr, 42cl, 44bl, 45, 47, 52tr, 54b, 60–61, 60r, 62cl, 65c, 67tc, 68c, 72bl, 72br, 72br, 72bl, 73r, 73tl, 74–75, 75br, 78, 80cl, 80t, 82c, 82b, 84–85, 84tl, 85c, 86tl, 86–87cb, 88, 89tl, 89br, 90, 91tc, 91r, 92, 92–93, 93tr, 93c, 96tl, 97b, 99cr, 100bl, 101, 102–103b, 103cr, 104tl, 104br, 104br, 104tr, 104tr, 104bl, 106tl, 107br, 108–9, 109tr, 110–1, 111tr, 112tl, 114–5t, 115tr, 115c, 115b, 117, 119, 120cl, 120bl, 120bc, 121tr, 121br, 122–3, 124, 125cl, 125t, 126bl, 126–7, 128, 130cl, 131cr, 131bc, 132tl, 133cl, 133t, 134bl, 137c, 137t, 138tl, 138tl, 138tr, 138tr, 138bl, 138bl, 138br, 139tr, 139tc, 140c, 141, 144tl, 144–5, 145, 146b, 148–9, 149tc, 150tl, 150–1b, 152bl, 152tl, 152c, 153br, 154cl, 153cr, 154–5, 155tr, 156tr, 156cr, 156bl, 157, 159, 160–1, 161r, 162bl, 162br, 163tl, 163r, 164–5, 165cr, 166ca, 166–7, 168bl, 168–9, 169c, 169br, 170tl, 170bc, 170cl, 170cl, 171tr, 171br, 172bl, 172br, 173tr, 173bl, 174bl, 175br, 176bl, 176br, 177, 178clb, 179tr, 180c, 181l, 181r, 182tl, 185tr, 185bl, 186b, 187, 188–9, 189br, 190–1, 191tr, 192cla, 192cl, 193br, 194–5, 195tr, 197br, 198br, 199cl, 200cb, 200–1b, 201, 202cl, 203tc, 203br, 205tl, 205br, 206tl, 208tl, 208tr, 209b, 210tl, 210br, 211, 212bl, 212tr, 213bc, 213cr, 214l, 215br, 215t, 218tl, 218–9, 219ca, 219cra, 220tl, 220–1b, 221tr, 222cl, 222bc, 224tc, 225l, 226tl, 227c, 228cr, 228bc, 230tc, 230–1, 231tr, 232bl, 232–3t, 233tr, 233br, 234tr, 240tl, 240bc, 241tl, 242tl; Graseby Medical 186c; NASA 94, 188bl, 174–5. **Science Photo Library:** endpapers, 48cl, 66tl, 178bc, 179cra, 189cr, 202cb, 203tr, 204tl, 207br, 216tl, 216tc, 217tr, 221ca, 223, 229tr, 236t, 244cla, 244cl, 244cb, 244bc, 246, 247tr, 248bl; CNRI 242cb; James M. Hogle, Harvard Medical School 248br. **Statens Historika Museum:** Stockholm 50–51. **Superstock Ltd.:** 46tl, 77tr. **Topham Picturepoint:** 245cr. **TRH Pictures:** 199tr. **Art Directors & TRIP:** 39tr, 85br, 236l, 33c. **University Museum of Archaeology and Anthropology, Cambridge:** 40bl, 40tl, 50br. **University of Archaeology and Anthropology:** 2br, 20c, 72tl. **Matthew Ward:** 182bl1, 182bl2. **Barrie Watts:** 192bl1, 192bl2, 192bl3.
Cover images: Front: 123RF网站: Phive2015 cb, ssilver bl, br; **Dorling Kindersley:** The National Railway Museum cl, cr, Anthony Posner. Hendon Way Motors ca, The Science Museum, London tl, tr; **Dreamstime网站:**Tony Bosse ftl, ftr, Jakkapan Jabjainai fbl, fbr, Masezdromaderi fclb, fcrb, Tanyashir cla/ (Syringe), cra/ (Syringe), Timurd clb, crb, Korn Vitthayanukarun cla, cra; **iStockphoto网站:** Hudiemm / Getty Images Plus tc; NASA: MSFC fcla, fcra; **Back: 123RF网站:** Phive2015 cb, ssilver bl, br; **Dorling Kindersley:** The National Railway Museum cl, cr; **Dreamstime网站:** Jakkapan Jabjainai clb/ (Gramophone), crb/ (Gramophone), Masezdromaderi clb, crb; **NASA:** MSFC cla, cra; **Spine:** **123RF网站:** Phive2015.
其他图片版权属于多林·金德斯利公司。欲了解更多信息请访问DK Images网站。
插图由Peter Dennis绘制。